高等职业教育水利类新形态一体化数字教材

水利水电建筑工程国家级高水平专业群建设教材

水工建筑物

主 编 李梅华

中国水利水电出版社

www.waterpub.com.cn

·北京·

内 容 提 要

　　本书为校企合作开发的高职水利类专业教材，适用于水电建筑工程、水利水电工程技术、水利工程监理、水利工程等水利类专业。全书共分 3 个模块、12 个教学项目，包括水资源与水利工程、河流与洪灾防治、水利枢纽与水工建筑物、重力坝、拱坝、土石坝、岸边溢洪道、水工隧洞、水闸、低水头闸坝、过坝建筑物、渠系建筑物等。

　　本书可供水利大类、土木建筑类专业的师生和技术人员参考使用。

图书在版编目（CIP）数据

水工建筑物 / 李梅华主编. -- 北京 : 中国水利水
电出版社, 2022.5
高等职业教育水利类新形态一体化数字教材　水利水
电建筑工程国家级高水平专业群建设教材
ISBN 978-7-5226-0479-4

Ⅰ. ①水… Ⅱ. ①李… Ⅲ. ①水工建筑物－高等职业
教育－教材 Ⅳ. ①TV6

中国版本图书馆CIP数据核字(2022)第026536号

书　名	高等职业教育水利类新形态一体化数字教材 水利水电建筑工程国家级高水平专业群建设教材 **水工建筑物** SHUIGONG JIANZHUWU
作　者	主编　李梅华
出版发行	中国水利水电出版社 （北京市海淀区玉渊潭南路 1 号 D 座　100038） 网址：www.waterpub.com.cn E - mail：sales@mwr.gov.cn 电话：(010) 68545888（营销中心）
经　售	北京科水图书销售有限公司 电话：(010) 68545874、63202643 全国各地新华书店和相关出版物销售网点
排　版	中国水利水电出版社微机排版中心
印　刷	清淞永业（天津）印刷有限公司
规　格	184mm×260mm　16 开本　20.75 印张　505 千字
版　次	2022 年 5 月第 1 版　2022 年 5 月第 1 次印刷
印　数	0001—2000 册
定　价	65.00 元

凡购买我社图书，如有缺页、倒页、脱页的，本社营销中心负责调换

前言

本教材依据《国务院关于印发〈国家职业教育改革实施方案〉的通知》（国发〔2019〕4号）、《中共教育部党组关于印发〈高校思想政治工作质量提升工程实施纲要〉的通知》（教党〔2017〕62号）、《教育部关于印发〈高等职业教育创新发展行动计划（2015—2018年）〉的通知》（教职成〔2015〕9号）、《国家中长期教育改革和发展规划纲要（2010—2020年）》、《教育部等四部门印发〈关于在院校实施"学历证书＋若干职业技能等级证书"制度试点方案〉的通知》（教职成〔2019〕6号）等文件精神编写而成。

随着新经济、新技术、新职业的涌出和水利产业结构的调整，校企"双元"合作，研制开发符合新时代水利工程建设特点教材并配套开发信息化教学资源。在教材编写、信息化资源开发过程中，按照国家、行业的新规范、新标准，在以下方面进行创新：基于"1＋X"证书制度的"岗·课·证"融通，教材的内涵既符合专业教学标准的要求，又覆盖"大坝安全智能监测技能等级证书"要求；将水利行业企业新技术、新工艺、新流程、新规范融入教材内容；体现了"互联网＋职业教育"，增加了彩色工程图片、二维码、微课视频、PPT、工程案例、能力拓展等立体化的教材和教学资源，适应开展线上线下混合式教学、在线学习等模式；把科学、求实、创新等新时代水利精神贯穿于教材开发全过程，挖掘、提炼都江堰工程、三峡工程、南水北调工程等著名水利工程所蕴含的思想政治元素融入教材中，具备以德树人的教育功能；体现新时代治水理念，泄水建筑物设计考虑生态用水要求，并增加气盾坝、钢坝等生态水利工程中的新型闸坝。

本教材由黄河水利职业技术学院李梅华担任主编，黄河水利职业技术学院陈诚、郭振宇担任主审。本教材的项目一、项目三、项目五、项目六、项目八任务二由黄河水利职业技术学院李梅华编写，项目二、项目十一由黄河水利职业技术学院张安然、袁斌编写，项目四由黄河水利职业技术学院方琳编写，项目七由黄河水利职业技术学院赵海滨编写，项目八任务一、项目十由黄河水利职业技术学院赵青编写，项目九由黄河水利职业技术学院王智阳、重庆市水利电力建筑勘测设计研究院王涛共同编写，项目十二由黄河水利职业技术学院耿会涛编写。

在本教材的编写过程中，河南黄河河务局耿明全教授、郑州市水利建筑勘测设计院耿传宇教授等提供水利水电工程生产实际案例和行业最新发展趋势，参与了课程内容架构、组织设计等研讨工作，在此表示感谢，另外，教材中一部分图片来自水利行业专业网站，在此深表感谢！

由于书中难免存在疏漏之处，恳请广大读者批评指正。

编者

2021 年 4 月

课件

习题

图片

"行水云课"数字教材使用说明

"行水云课"水利职业教育服务平台是中国水利水电出版社立足水电、整合行业优质资源全力打造的"内容"＋"平台"的一体化数字教学产品。平台包含高等教育、职业教育、职工教育、专题培训、行水讲堂五大版块，旨在提供一套与传统教学紧密衔接、可扩展、智能化的学习教育解决方案。

本套教材是整合传统纸质教材内容和富媒体数字资源的新型教材，将大量图片、音频、视频、3D动画等教学素材与纸质教材内容相结合，用以辅助教学。读者可通过扫描纸质教材二维码查看与纸质内容相对应的知识点多媒体资源，完整数字教材及其配套数字资源可通过移动终端APP"行水云课"微信公众号或中国水利水电出版社"行水云课"平台查看。

内页二维码具体标识如下：

· Ⓐ为拓展资源
· Ⓥ为视频
· Ⓣ为习题
· Ⓒ为课件
· Ⓟ为图片

多 媒 体 资 源 索 引

序号	资 源 名 称	资源类型	页码
0-1	课件	◉	
0-2	习题	Ⓣ	
0-3	图片	Ⓟ	
1-1	水资源与水循环	▷	1
1-2	拓展资源	△	15
2-1	河流的水文要素	▷	17
3-1	水利枢纽分类	▷	27
3-2	水利水电枢纽工程等别划分	▷	27
3-3	水库的特征水位和库容	▷	31
3-4	水工建筑物的分类	▷	35
3-5	水工建筑物的特点	▷	36
3-6	水工建筑物的级别划分	▷	37
4-1	重力坝的特点	▷	40
4-2	重力坝的分类	▷	40
4-3	非溢流坝断面设计	▷	42
4-4	溢流坝的泄水方式	▷	45
4-5	重力坝的材料	▷	53
4-6	重力坝坝体的防渗与排水措施	▷	56
4-7	重力坝的坝内廊道系统	▷	60
4-8	重力坝深式泄水孔概述	▷	62
4-9	重力坝坝基的开挖与清理	▷	68
4-10	重力坝的加固处理	▷	70
4-11	重力坝坝基的防渗与排水	▷	71
5-1	拱坝的定义	▷	82
5-2	拱坝对地形地质要求	▷	84
5-3	水平拱圈参数的选择	▷	87

序号	资 源 名 称	资源类型	页码
5-4	拱坝坝身泄水方式	⏵	94
5-5	拱坝的构造	⏵	99
5-6	拓展资源	⏶	103
6-1	土石坝坝型	⏵	108
6-2	坝顶高程确定	⏵	109
6-3	坝坡确定	⏵	112
6-4	土石坝坝顶结构	⏵	113
6-5	黏土（砾石土）心墙	⏵	113
6-6	斜墙坝	⏵	115
6-7	坝体排水	⏵	118
6-8	土石坝护坡与坝面排水	⏵	122
6-9	护坡	⏵	122
6-10	土石坝坝面排水	⏵	124
6-11	土石坝地基处理	⏵	125
6-12	混凝土防渗墙	⏵	126
6-13	防渗铺盖	⏵	126
6-14	渗透破坏	⏵	134
6-15	管涌	⏵	134
6-16	黏土截水槽	⏵	135
6-17	反滤层	⏵	135
6-18	面板坝结构	⏵	138
7-1	溢洪道的概述	⏵	146
7-2	非常溢洪道的概念与分类	⏵	147
7-3	进水渠	⏵	149
7-4	控制段	⏵	151
7-5	泄槽	⏵	155
7-6	消能防冲和出水渠	⏵	157
7-7	侧槽溢洪道的布置特点	⏵	159
8-1	水工隧洞的认知	⏵	162
8-2	水工隧洞进口建筑物	⏵	166
8-3	进口段	⏵	168

序号	资 源 名 称	资源类型	页码
8-4	固结灌浆与回填灌浆	◉	173
8-5	洞身段	◉	174
8-6	出口段	◉	174
8-7	黄河小浪底工程水工隧洞	◉	177
9-1	水闸的类型	◉	181
9-2	水闸的工作特点	◉	182
9-3	水闸的组成	◉	183
9-4	闸孔的形式	◉	184
9-5	闸底板布置与构造	◉	186
9-6	闸墩布置与构造	◉	187
9-7	胸墙布置与构造	◉	189
9-8	工作桥与交通桥布置与构造	◉	190
9-9	闸室分缝布置与止水	◉	191
9-10	过闸水流的特点	◉	196
9-11	底流消能工构造	◉	199
9-12	海漫与防冲槽	◉	202
9-13	地下轮廓线布置	◉	202
9-14	防渗及排水设施构造	◉	203
9-15	侧向绕流防渗措施	◉	208
9-16	闸门类型	◉	209
9-17	启闭机类型	◉	210
9-18	两岸连接建筑物的形式与布置	◉	212
9-19	两岸连接建筑的结构形式	◉	215
10-1	橡胶坝的特点和适用条件	◉	219
10-2	橡胶坝的形式	◉	222
10-3	橡胶坝的坝袋与消能防冲	◉	225
10-4	橡胶坝坝基锚固与布置	◉	227
10-5	橡胶坝充排水设施	◉	230
10-6	拓展资源	◬	238
11-1	船闸工作原理	◉	240
11-2	船闸的类型	◉	240

序号	资 源 名 称	资源类型	页码
11-3	船闸的布置	⊙	245
11-4	升船机的工作程序	⊙	249
12-1	渠道	⊙	254
12-2	渡槽的分类	⊙	262
12-3	梁式渡槽	⊙	262
12-4	渡槽的纵向支撑	⊙	269
12-5	渡槽的基础	⊙	273
12-6	拱式渡槽	⊙	276
12-7	倒虹吸的分类	⊙	286
12-8	倒虹吸的布置与构造	⊙	289
12-9	跌水	⊙	309
12-10	陡坡	⊙	311

目录

前言

"行水云课"数字教材使用说明

多媒体资源索引

模块一　水资源与水利枢纽

项目一　水资源与水利工程 ······················· 1
 任务一　水资源 ······················· 1
 任务二　水利工程 ······················· 7

项目二　河流与洪灾防治 ······················· 16
 任务一　河流 ······················· 16
 任务二　洪水及洪灾防治 ······················· 22

项目三　水利枢纽与水工建筑物 ······················· 27
 任务一　水利枢纽 ······················· 27
 任务二　水工建筑物 ······················· 35

模块二　挡水建筑物

项目四　重力坝 ······················· 39
 任务一　重力坝概述 ······················· 40
 任务二　重力坝的坝体结构 ······················· 42
 任务三　重力坝的材料及构造 ······················· 53
 任务四　重力坝的深式泄水孔 ······················· 62
 任务五　重力坝的地基处理 ······················· 67
 任务六　碾压混凝土重力坝 ······················· 73
 任务七　其他形式的重力坝 ······················· 77

项目五　拱坝 ······················· 82
 任务一　概述 ······················· 82
 任务二　拱坝的布置 ······················· 86
 任务三　拱坝的泄洪和消能 ······················· 94

　　任务四　拱坝的构造 ………………………………………………………… 99

项目六　土石坝 ……………………………………………………………… 104

　　任务一　土石坝概述 ………………………………………………………… 104

　　任务二　土石坝断面设计 …………………………………………………… 109

　　任务三　土石坝的坝体结构 ………………………………………………… 113

　　任务四　土石坝地基处理 …………………………………………………… 125

　　任务五　土石坝与坝基、岸坡及其他建筑物连接 ………………………… 130

　　任务六　土石坝的渗透变形 ………………………………………………… 134

　　任务七　混凝土面板堆石坝 ………………………………………………… 136

项目七　岸边溢洪道 ………………………………………………………… 144

　　任务一　岸边溢洪道的分类及特点 ………………………………………… 144

　　任务二　正槽溢洪道 ………………………………………………………… 148

　　任务三　侧槽溢洪道 ………………………………………………………… 157

项目八　水工隧洞 …………………………………………………………… 160

　　任务一　水工隧洞概述 ……………………………………………………… 160

　　任务二　水工隧洞的构造 …………………………………………………… 162

模块三　引调水建筑物

项目九　水闸 ………………………………………………………………… 179

　　任务一　水闸分类及特点 …………………………………………………… 179

　　任务二　闸室的布置和构造 ………………………………………………… 183

　　任务三　水闸的消能防冲 …………………………………………………… 195

　　任务四　水闸的防渗排水 …………………………………………………… 202

　　任务五　闸门与启闭机 ……………………………………………………… 208

　　任务六　水闸两岸连接建筑 ………………………………………………… 212

项目十　低水头闸坝 ………………………………………………………… 219

　　任务一　橡胶坝 ……………………………………………………………… 219

　　任务二　新型闸坝 …………………………………………………………… 230

项目十一　过坝建筑物 ……………………………………………………… 239

　　任务一　船闸 ………………………………………………………………… 239

　　任务二　升船机 ……………………………………………………………… 249

项目十二　渠系建筑物 ……………………………………………………… 253

　　任务一　渠道 ………………………………………………………………… 254

任务二　渡槽 ·· 261

任务三　倒虹吸管 ·· 285

任务四　桥梁 ·· 296

任务五　涵洞 ·· 303

任务六　跌水与陡坡 ·· 308

参考文献 ·· 315

模块一 水资源与水利枢纽

项目一 水资源与水利工程

任务一 水 资 源

一、水资源与水环境

水是生命之源、生产之要、生态之基。水是大自然的重要组成物质、是生命的源泉、是生态环境系统中最活跃和影响最广泛的因素，是生活、农业、工业、生态等各个方面不可取代的重要资源。水资源在国民经济建设的各行各业中均占有重要地位，当今，在人口不断增长、城市规模不断扩大、工农业生产迅速发展、人民日益增长的美好生活需求下，世界各国都在把水当作一种宝贵的资源进行研究、开发、保护和利用。

1-1
水资源与
水循环

水资源是指地球表层可供人类利用又可更新的气态、液态或固态的水。一般指通过工程措施供人类利用、可以恢复和更新的淡水资源，包括地表水资源和地下水资源。地表水资源是指河流、湖泊、冰川等地表水体中由降水形成的、可以逐年更新的水资源；地下水资源是指储存于饱水带岩土空隙中的重力水，一般指降水和地表水入渗补给的地下水资源。

水既是重要资源，又是环境要素，良好的水环境是维持生态平衡的基础条件。水环境主要由地表水环境和地下水环境两部分组成。地表水环境包括河流、湖泊、水库、海洋、池塘、沼泽、冰川等；地下水环境包括泉水、浅层地下水、深层地下水等。水环境恶化，将引发生态问题，如河湖萎缩、水体污染、地下水衰竭、水土流失、海水入侵以及生物物种减少等。实践证明，在保证水资源的安全供给与有效利用情况下，减少水利工程建设对生态环境系统的破坏，可以保证生态系统的自我修复和良性循环发展。

天然水体不仅提供水量，供给灌溉、供水、生态环境的需要，还蕴藏可再生的能源——水能。人们采用工程措施将天然水能转化为电能（水力发电）为人类服务。广义的水能资源包括河流水能、潮汐水能、波浪能、海流能等能量资源；狭义的水能资源指河流的水能资源，也是目前人们最易开发和利用的比较成熟的水能资源。根据世界能源会议的资料，全世界水力资源理论蕴藏量为 50.5 亿 kW，可能开发利用的达

22.61 亿 kW。我国水力资源很丰富，理论蕴藏量为 6.76 亿 kW，可能开发利用的达 3.78 亿 kW，居世界首位。由于水能具有可再生、清洁、成本低等优点，被世界各国广泛利用。据 1999 年的统计资料，一些发达国家水力资源可开发程度已超过 60%，而我国只达到 19.3%，因此我国水力资源开发利用的潜力巨大。

二、地球上的水

地球上的水总体积约为 1385984.61 万亿 m^3，其中海洋水量约为 1338000 万亿 m^3，占地球总储水量的 96.538%；陆地水量约为 47984.61 万亿 m^3，占地球总储水量的 3.462%。陆地水量并不全是淡水，淡水储量约为 35000 万亿 m^3，占陆地水储量的 73%，其中大部分分布于冰川、多年积雪、南北两极和多年冻土中。地球上的水尽管数量巨大，而能直接被人们生产和生活利用的水只是其中一少部分，约占地球总水量的 0.34%，主要分布在湖泊、河流、土壤以及 600m 深度以内的含水层中。地球上的水体分布见表 1-1-1。

表 1-1-1　　　　　　　　　地球上的水体分布

水体种类		水量/万亿 m^3	占总水量的百分比/%	咸水量/万亿 m^3	占总水量的百分比/%	淡水量/万亿 m^3	占总水量的百分比/%
海洋水		1338000	96.538	1338000	96.538	0	0.000
地表水	冰川与冰盖	24064.1	1.736	0	0.000	24064.1	1.736
	湖泊水	176.4	0.013	85.4	0.006	91	0.007
	沼泽水	11.47	0.001	0	0.000	11.47	0.001
	河流水	2.12	0.000	0	0.000	2.12	0.000
	合计	24254.09	1.750	85.4	0.006	24168.69	1.744
地下水	重力水	23400	1.688	12870	0.929	10530	0.760
	地下水	300	0.022	0	0.000	300	0.022
	合计	23700	1.710	12870	0.929	10830	0.781
其他水	土壤水	16.5	0.001	0	0.000	16.5	0.001
	大气水	12.9	0.001	0	0.000	12.9	0.001
	生物水	1.12	0.000	0	0.000	1.12	0.000
合计		1385984.61	100.000	1350955	97.473	59093.31	2.527

全球淡水资源不仅短缺而且地区分布极不平衡。按地区分布，巴西、俄罗斯、加拿大、中国、美国、印度尼西亚、印度、哥伦比亚和刚果 9 个国家的淡水资源占了世界淡水资源的 60%。随着世界经济的发展，人口不断增长，城市日渐增多和扩张，各地用水量不断增多。据联合国估计，1900 年，全球用水量只有 4000 亿 m^3/a；1980 年为 30000 亿 m^3/a；2000 年，需增加到 60000 亿 m^3/a。80 个国家和地区约 15 亿人口淡水不足，其中 26 个国家约 3 亿人极度缺水。由此可见，地球上的淡水资源数量极为有限，需要人类珍惜，任何无节制的开发、利用都可能造成对我们生存环境的破坏。

三、水循环

空中的气态水因冷凝成液态或固态，并以雨、雪、雹、露等形式降于地面的现象称为降水；江、河、湖、海及地表以下的水因太阳的热力作用而形成气态水，称为蒸发；地表水渗入土壤或地面以下的过程称为下渗；降水或冰雪融化后，沿流域的不同路径向河流、湖泊、沼泽和海洋汇集的水流称为径流；径流一般分为河川径流、地下径流，其中沿地表流动的水流称地表径流，沿地下流动的水流称地下径流。降水、蒸发、下渗、径流等水文现象与水利水电工程、环境工程、市政工程、交通工程等的关系非常密切。

地球表面的各种水体，在太阳的辐射作用下，从海洋和陆地表面蒸发上升到空中，并随空气流动，在一定的条件下，冷却凝结形成降水回到地面。一部分降水经地面、地下形成径流，并通过江河流回海洋；一部分降水又重新蒸发到空中，重复上述过程。这种水分不断交替转移的现象称为水文循环，简称水循环，如图1-1-1所示。

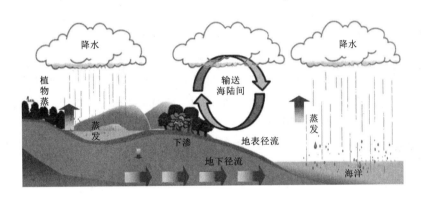

图1-1-1　地球上水循环示意图

水循环是地球上最重要、最活跃的物质循环之一，它对地球环境的形成、演化和人类生存都有着重大的作用和影响。正是由于水循环的存在，才使得人类生产和生活中不可缺少的水资源具有可再生性，使其有别于石油或天然气等不可再生的资源。水资源在开采利用后，能够得到大气降水的补给，处在不断的开采、补给和消耗、恢复的循环之中，可以不断地供给人类利用和满足生态平衡的需要。在不断的消耗和补充过程中，水资源具有恢复性强的特点，但水资源的蓄存量是有限的，并非用之不尽、取之不竭。

四、我国水循环的路径

我国位于欧亚大陆的东部、太平洋的西岸，处于西伯利亚干冷气团和太平洋暖湿气团的交锋带。因此，水汽主要来自太平洋，由东南季风和热带风暴将大量水汽输向内陆形成降水，雨量自东南沿海向西北内陆递减，而相应的大多数河流则自西向东注入太平洋。例如长江、黄河、珠江等。其次是印度洋水汽随西南季风进入我国西南、中南、华北以至河套地区，成为夏、秋季降水的主要源泉之一，径流的一部分自西南一些河流注入印度洋，如雅鲁藏布江、怒江等，另一部分流入太平洋。大西洋的少量水汽随盛行的西风环流东移，也能参加我国内陆的水循环。北冰洋水汽借强盛的北风经西伯利亚和蒙古进入我国西北，风力大而稳定时，可越过两湖盆地直至珠江三角洲，但水汽含量少，引起的降水并不多，小部分经由额尔齐斯河注入北冰洋，大部分汇入太平洋。鄂霍茨克海和日本海的水汽随东北季风进入我国，对东北地区春、夏季降水起着相当大的作用，形成径流注入太平洋。

我国河流与海洋相通的外流区域占全国总面积的 64%，河水不注入海洋而消失于内陆沙漠、沼泽和汇入内陆湖泊的内流区域占 36%。最大的内陆河是新疆的塔里木河。

五、我国水资源的特点

1. 水资源总量多，人均占有水资源量少

我国多年平均水资源总量为 2.81 万亿 m^3（河川多年平均年径流量 2.7 万亿 m^3），水资源总量少于巴西、俄罗斯、加拿大、美国和印度尼西亚，居世界第六位。据统计，中国人均水资源量只有 $2100m^3$，仅为世界人均水平的 28%，在联合国 2006 年对 192 个国家和地区的评价中，我国人均水资源量位于第 127 位。我国正常年份缺水 500 多亿立方米，近 2/3 的城市存在不同程度的缺水，随着城市人口剧增，生态环境恶化，工、农业用水技术落后，浪费严重，水源污染，更使原本贫乏的水资源"雪上加霜"，水资源已成为国家经济建设发展的瓶颈。水利部预测，2030 年中国人口将达到 16 亿，届时人均水资源量仅有 $1750m^3$。在充分考虑节水的情况下，预计用水总量为 7000 亿～8000 亿 m^3，要求的供水能力比目前增长 1300 亿～2300 亿 m^3，全国实际可利用水资源量接近合理利用水量的上限，水资源开发难度将急剧增加。

2. 水资源分布时空不均衡

水资源分布空间不均衡。我国地域辽阔，由于南北纬度的差异、东西距海远近的悬殊，加之地形变化复杂，全国降水量地区分布极不均匀，总的趋势由东南向西北递减。秦岭、淮河以南年降水量一般在 800mm 以上，属于湿润和十分湿润地区，其中台湾东北部最大年降水量达 6569mm，是我国降水量最多的地区。秦岭—淮河以北年降水量一般小于 800mm，属于干旱和半干旱地区，其中新疆南部塔里木盆地和青海西部柴达木盆地年降水量不足 25mm，是我国降水量最少的地区。

受季风气候的影响，我国降水的年际变化大，年内分配也很不均匀，且降水越少的地区年际和年内的变化也越大。我国南部地区最大年降水量是最小年降水量的 2～4 倍，北部地区一般是 3～6 倍，且常有连续丰水年和连续枯水年出现。我国多数地区的雨季为 4 个月，南部在 3—6 月或 4—7 月，4 个月的降水量占年降水量的 50%～60%；北部雨季多为 6—9 月，4 个月的降水量占年降水量的 70%～80%，最大月与最小月降水量的比值一般都达十几倍和几十倍。东南沿海一带降水量超过 2400mm，新疆部分地区降水量仅为 50mm。

降水是我国河川径流最主要的补给来源。我国河川径流量的时空分布和降水量的时空分布有着基本一致的规律和特点，河川径流的年际和年内变化与降水量的年

际和年内变化有着十分密切的正相关关系。降水量多的湿润地区，一般也是河川径流量充沛的丰水地区，降水量少的干旱地区往往也是河川径流量贫乏的缺水地区。南部地区最大年径流量一般为最小年径流量的 2～4 倍，北部地区一般为 3～8 倍。多数地区连续最大 4 个月的径流量一般占全年径流量的 60%～80%。

3. 水资源分布与人口、耕地、矿产等资源分布及经济发展状况极不匹配

我国降水和水资源的区域分布与人口、耕地、矿产等资源分布及经济发展状况极不匹配。由于我国南部水资源有余，北部水资源不足的不利局面，影响和制约着农业的布局和发展。长江及其以南各河流域，年径流量占全国径流总量的 81%，但国土面积只占全国总国土面积的 36%，人口占全国总人口的 40%；长江及其以北各河流域，年径流量占全国径流总量的 19%，但国土面积只占全国总国土面积的 64%，人口占全国总人口的 60%；我国华北和东北南部地区水资源紧缺，供不应求的矛盾日益突出。西北地区水资源贫乏，在经济有了较大发展后，水资源成为制约经济发展的重要因素。

我国降水量和水资源量年际变化悬殊和年内高度集中的特点，不仅给水资源的开发利用带来了困难，也是造成水旱灾害频繁发生的根本原因。据史料记载，从公元前 206 年（西汉初）到 1949 年的 2155 年间，我国共发生过较大的水灾 1029 次，较大的旱灾 1056 次，几乎年年有灾。清光绪三年至五年（1877—1879 年）晋、冀、鲁、豫连续三年大旱，因饥饿而死者达 1300 万人。1928 年的特大旱灾，影响到华北、西北和西南地区的 13 个省 535 个县，灾民达 1.2 亿人。在中华人民共和国成立后的 60 年中，每年水旱灾害受灾面积 4 亿多亩（1 亩约为 666.67 m²），占耕地面积的近 30%。受灾面积超过 4 亿亩的严重旱灾平均每四年发生一次。对农业生产影响最大的连续干旱，如 1959—1961 年的连续 3 年干旱，每年受旱面积都在 5 亿亩以上。目前，我国农业平均每年因旱成灾面积达 2.3 亿亩。

我国每年水灾面积 1 亿多亩，主要发生在东部大江大河的中下游地区，其中以黄淮海流域和长江中下游区域最为严重，受灾面积约占全国的 3/4 以上。1931 年夏，长江流域普降暴雨，水灾遍及湘、鄂、浙、赣、豫、皖、苏 7 省 206 县，淹没农田 5000 余万亩，灾民 800 多万人，其中被洪水夺去生命的达 14.5 万人，死于饥饿、瘟疫者不计其数。1998 年我国长江中下游地区发生特大洪水，直接经济损失 2000 多亿元。

六、水资源保护与节约用水

地球上水资源日益短缺，据统计，全世界还有超过 10 亿的人口用不上清洁的水。我国水资源由于上述种种原因，导致水资源严重不足，加上水资源利用中还存在以下主要问题：一是水资源短缺与浪费、过度利用并存。我国水资源补给主要来源是大气降水，但我国年均降水量远低于世界陆地年均降水量。然而，从生活到生产，我国都存在浪费使用水资源的现象。二是水资源污染。工业发达的城镇附近水域污染最为突出，并且城市水污染向农村转移出现加速趋势。水安全问题事关我国经济社会发展稳定和人民健康福祉，因此，要增强水忧患意识、水危机意识，节约用水，合理的开发、利用、保护水资源。

节约用水，加强水资源的合理利用与保护，主要应采取以下措施：

（1）总量控制。充分利用智慧水利手段，推进江河湖泊水量合理分配，明确江河湖泊水量分配指标、区域用水总量控制指标、生态流量管控指标、水资源开发利用和地下水监管指标，控制用水总量来促进节水。

（2）明确节水标准，推进节水落地。建立覆盖节水目标控制、规划设计、评价优先、计量计算的完整标准体系，制定覆盖农作物、工业产品、生活服务业的先进用水定额，全面建立节水标准的定额体系，把标准定额体系作为约束用水户用水行为的依据，使节水真正落地。

（3）实施节水评价，限制用水浪费。与取用水相关的水利规划、需开展水资源论证的相关规划、与取用水相关的水利工程项目、办理取水许可的建设项目等4类规划和建设项目开展节水评价。从严叫停节水不达标的项目，从源头把好节水关。

（4）强化监管，保证节水落实。完善国家、省、市三级重点监控用水单位名录，建设全天候的用水智能监测体系，实现在线监测，对水资源供、用、耗、排等各环节工作进行全面监管，将用水户违规记录纳入全国统一的信用信息共享平台，防止和纠正浪费水行为。

（5）调整水价，倒逼节水。加快建立反映市场供求、水资源稀缺程度和供水成本的水价形成机制，按照不同行业特点建立多层次供水价格体系，适当拉大高耗水行业与其他行业用水的差价，实施农业水价综合改革。加快水权水市场、合同节水管理、节水认证、水效标识、水效领跑等机制创新，靠价格杠杆实现节水。

（6）发展节水技术，提高节水水平。建立产学研深度融合的节水技术创新体系，围绕用水精确计量、水资源高效利用、节水灌溉等重点领域，深入开展节水产品技术、工艺装备研究，攻关一批关键核心技术，遴选一批管用实用的节水技术和设备，全面提高节水水平。

（7）加大社会宣传力度，唤起全民节水意识。逐步将节水纳入国家宣传、国民素质教育和中小学教育活动，创建节水科普场馆，发挥好媒体作用，鼓励社会各方积极参与节水活动，积极培育社会水道德观念和水文明行为习惯。

2019年4月，国家发展改革委、水利部联合印发《国家节水行动方案》，提出到2020年，节水政策法规、市场机制、标准体系趋于完善，万元国内生产总值用水量、万元工业增加值用水量较2015年分别降低23％和20％，规模以上工业用水重复利用率达到91％以上，节水效果初步显现；到2022年，全国用水总量控制在6700亿 m^3 以内，节水型生产和生活方式初步建立；到2035年，全国用水总量控制在7000亿 m^3 以内，水资源节约和循环利用达到世界先进水平。需要通过总量强度双控、农业节水增效、工业节水减排、城镇节水降损、重点地区节水开源、政策制度推动、市场机制创新等方法，提高水资源利用效率，形成全社会节水的良好风尚，以水资源的可持续利用支撑经济社会持续健康发展。

目前我国治水的主要矛盾转变为人民群众对水资源水生态水环境的需求与水利行业监管能力不足的矛盾，按照"水利工程补短板、水利行业强监管"的水利改革发展总基调，加快转变治水思路和方式，把坚持节水优先、强化水资源管理贯穿于治水的全过程，融入经济社会发展和生态文明建设的各方面，不断提高国家水安全保障能力，以水资源的可持续利用促进经济社会可持续发展。

坚持以水定城、以水定地、以水定人、以水定产，把水资源作为最大的刚性约束，合理规划人口、城市和产业发展，坚决抑制不合理用水需求，大力发展节水产业和技术，大力推进农业节水，实施全社会节水行动，推动用水方式由粗放向节约集约转变，促进经济社会发展与水资源水环境承载能力相协调。

任务二 水 利 工 程

水是生命之源、生产之要、生态之基。兴水利、除水害，事关人类生存、经济发展、社会进步，历来是治国安邦的大事。为解决水资源在时间上和空间上的分配不均匀、来水和用水不匹配的矛盾，需要修建水利水电工程，节约用水、开发、利用、保护、配置水资源，充分发挥水资源的综合效益。水利工程是指对自然界的地表水和地下水进行控制、治理、保护、调配、开发利用，以达到除害兴利的目的而修建的工程。一项水利工程同时为防洪、灌溉、发电、航运等多种目标服务的，称为综合利用水利工程。水利工程的根本任务是除水害、兴水利，前者主要是防止洪水泛滥和旱涝成灾；后者则是从多方面利用水资源为人民造福，包括灌溉、发电、供水、航运、养殖、旅游、改善生态环境等。新时代水利工程就是保障人、资源、环境和经济社会协调发展，达到水生态环境系统健康发展、人与自然和谐共处、水资源可持续利用、经济增长和社会繁荣的目的。

一、水利工程的分类

水利水电工程按其承担的任务可分为防洪工程、灌溉与排水工程、水力发电工程、给水与排水工程、航道和港口工程、生态水利工程等。水利水电工程也可按其对水的作用分类，如蓄水工程、泄水工程、取水工程、输水工程、提水（扬水）工程、水质净化和污水处理工程等。目前，为了充分利用水资源，合理利用水利工程，大多修建综合利用水利工程。

（一）防洪工程

防洪工程是指为控制、防御洪水以减免洪灾损失所修建的工程，主要有堤防工程、河道整治工程、分洪工程、滞（蓄）洪工程等。河道整治主要是通过整治建筑物等措施，防止河道冲蚀、改道和淤积，使河流的外形和演变过程都能满足防洪与兴利等各方面的要求。黄河是我国的第二大河，"黄河宁，天下平"是不同历史发展时期人们的共同心愿，黄河洪水治理按照"上拦下排，两岸分滞"的体系进行工程布置，黄河的泥沙处理措施为拦、调、排、放、挖。黄河的治理历来是兴国安邦的大事，黄河的治理开发史就是一部中华民族发展和进步的奋斗史。

"上拦下排"。"上拦"就是在河流的中游、上游植树造林、避免水土流失、减少泥沙入河；兴建水库，调（滞）蓄洪水，防治山洪。水库在汛期可以拦蓄洪水，削减洪峰，保护下游地区安全，拦蓄的水量还可以用来满足灌溉、发电、航运、供水和养殖的需要。"下排"就是在中、下游平原地区修筑防洪堤坝，整治河道，提高河道泄洪能力,减轻洪水威胁。这是治标的办法,不能从根本上防治洪水,在"上拦"工程没有完全控制洪水之前,筑堤防洪仍是一种重要有效的措施。黄河流域的"上拦"工程是,在黄河上、中游干流上建设龙羊峡、拉西瓦、李家峡、刘家峡等30余座水利枢纽工程,调蓄洪水,建设治沟骨干工程、淤地坝、小型蓄水保土工程,开展生态修复和封禁治理等水土流失治理措施;"下排"工程就是在黄河下游干流通过修筑黄河大堤、丁坝、跺、护岸、疏浚河道等工程措施,整治河道,提高河道泄洪能力。

"两岸分滞"是在河道两岸适当位置,修建分洪闸、引洪道、滞洪区等分洪工程和蓄滞洪工程,将超过河道安全泄量的洪峰流量通过泄洪建筑物,分流到该河道下游或其他水系,或者蓄于低洼地区(滞洪区),以保证河道两岸保护区的安全。黄河下游的防洪工程建设有两岸大堤长约1400km、北金堤滞洪区(设计分洪流量10000 m^3/s,渠村分洪闸,56孔,每孔宽12m,闸室总宽749m)、东平湖滞洪区(最大蓄洪量40亿 m^3)。

滞洪区的规划与兴建应根据实际经济发展情况、人口因素、地理情况和国家的需要,由国家统筹安排。为了减少滞洪区的损失,必须做好通信、交通和安全措施等工作,并做好水文预报,只有万不得已时才运用分洪措施。

(二)灌溉与排水工程

灌溉与排水工程就是通过建闸修渠等工程措施,形成良好的灌排系统,以调节和改变农田水分状态和地区水利条件,使之符合农业生产发展的需要。灌溉排水工程如下。

1. 取水工程

从河流、湖泊、水库、地下水等水源适时适量地引取水量,用于农田灌溉的工程称为取水工程。在河流中引水灌溉时,取水工程包括抬高水位的拦河坝(闸)、控制引水的进水闸、排沙用的冲沙闸、沉沙池等。当河流流量较大、水位较高能满足引水灌溉要求时,可以不修建拦河坝(闸)。当河流水位较低又不宜修建坝(闸)时,可建提灌站,提水灌溉。

2. 输水配水工程

将一定流量的水流输送并配置到田间的建筑物统称为输水配水工程。如渠道及渠道上的涵洞、渡槽、分水闸等。

3. 排水工程

排水工程指各级排水沟及沟道上的建筑物。其作用是将农田内多余水分排泄到一定范围以外,使农田水分保持适宜状态,满足通气、养料和热状况的要求,以适应农作物的正常生长。如排水沟、排水闸等。

(三)水力发电工程

水力发电工程就是将具有巨大能量的水流通过水轮发电机组转换为机械能、电能的工程设施。

水头和流量是水力发电的两个基本要素。为了有效地利用天然河道的水能,常采用工程措施,修建能集中落差和流量的水工建筑物,使水流符合水力发电的要求。在山区常用的水能开发方式是拦河筑坝,形成水库,它既可以调节径流又可以集中落差。在坡度很陡或有瀑布、急滩、弯道的河段，而上游又不许淹没时，可以沿河岸修建引水建筑物（渠道、隧洞）来集中落差和流量，开发水能。

（四）给水与排水工程

给水工程是从水源取水，经过净化使之符合工业生产和居民生活的水质标准，经过加压，用管网供给城市、工矿企业等用水部门的工程设施。给水工程的任务是供给城市和居民区、工业企业、铁路运输等部门用水，并须保证上述用户在水量、水质和水压方面的要求，同时要担负用水地区的消防任务。排水工程是城镇、工矿企业排出的生活污水、工业废水以及降水等收集、输送、处理和排放的工程系统。排水工程的基本任务是保护环境免受污染，以促进工农业生产的发展和保障人民的健康与正常生活。

水资源一经使用即成为污水，从住宅、工业企业和各种公共建筑中不断地排出各种各样的污水和废弃物，这些污水大多含有大量有机物或细菌、病毒，如不加以控制，任意直接排入水体（江、河、湖、海、地下水）或土壤中，将会使水体或土壤受到严重污染，甚至破坏原有的自然环境，引起环境问题，造成社会公害。因此污水排放必须符合国家规定的《污水综合排放标准》（GB 8979—1996）。

（五）航道和港口工程

航道和港口工程是指为改善和创建航运条件而兴建的各项工程设施。航运包括船运与筏运（木、竹浮运）。发展航运对物质交流、繁荣市场、促进经济和文化发展是很重要的。它具有运费低廉，运输量大，投资小，节能低碳等优点。内河航运有天然水道（河流、湖泊等）和人工水道（运河、河网、水库、闸化河流等）两种。

利用天然水道通航，必须进行疏浚、河床整治、改善河流的弯曲情况、设立航道标志，以建立稳定的航道。当河道通航深度不足时，可以通过拦河建闸、坝的措施抬高河道水位；或利用水库进行径流调节，改善水库下游的通航条件。人工水道是人们为了改善航运条件，开挖人工运河、河网及渠化河流，以节省航程，节约人力、物力、财力。

在航道上如建有闸、坝等挡水建筑物时，应同时修建通航建筑物（船闸、升船机等）。如果船舶不多，货运量不大时，可以设中转码头；如果航线较为重要，运输任务较大时，则应采用升船机、船闸、过木道等建筑物，使船只、木排直接通过。例如在长江三峡工程中同时设置了船闸和升船机来满足长江的通航需要。

（六）生态水利工程

传统水利水电工程用于防洪、灌溉、发电、供水、航运、养殖等方面，对于保障社会安全、促进经济发展方面发挥了巨大的作用，往往忽视了河流生态系统的健康与可持续性的需求。传统水利水电工程建设和运行，对于河流生态系统具有双重影响。水利工程对河流生态系统形成的负面影响有：①从河流、水库中超量引水，使得河流本身流量无法满足生态用水的最低需要，引起河流干涸、断流，致生态系统的退化；②自然河流的渠道化，即将蜿蜒曲折的天然河流改造成直线或折线形的人工河流或人工河网、河道横断面几何规则化、河床材料的硬质化，引起水域生态系统的结构与功能随之发生变化，特别是生物群落多样性将随之降低，致使淡水生态系统退化；③自然河流的非连续化。河流的连续性不仅包括水流的水文连续性，还包括营养物质输移的连续性、生物群落的连续性和信息流的连续性。大坝将河流拦腰斩断，不设鱼道的大坝对于洄游鱼类是致命的屏障。据联合国《世界水资源开发报告》（2002年）估计，在地球生态系统中，因河流开发和改造与陆地淡水密切相关的生物有24％的哺乳动物和12％的鸟类受到生存的威胁。目前考察过的占总数1/10的鱼类中，有1/3面临绝种。由于栖息地环境被干扰，陆地的水域生态多样性普遍下降。

传统水利工程虽然满足了人类社会发展的需求，却忽视了河流生态系统的健康与可持续性的需求。20世纪80年代以来，人们对于河流治理有了新的认识：河流治理不但要符合工程设计原理，还要满足维护生物多样性的需求。生态水利工程是满足人类社会需求、兼顾水域生态系统健康与可持续性需求的水利工程。主要内容包括河流健康评估、工程的生态调度、污染水体生态修复等。

另外，还有渔业水利工程、海涂围垦工程等。

二、我国古代水利工程的发展概况

从大禹治水开始，我国治水的历史已有几千年。几千年来，我国的水利工程建设绵延不断，在防洪治河、灌溉与排水、航运等方面都取得了突出的成就。古代劳动人民修建了郑国渠、都江堰、灵渠、京杭大运河等大批水利工程，在历史上对于经济社会发展起过重要作用，有些工程至今仍发挥着效益，表现了中华民族的勤劳和智慧。

（一）防洪治河工程

黄河中、下游是华夏文明的发源地，但由于流域内水土流失严重，水少沙多、水沙关系不协调，致使黄河成为灾害频繁的河流，以"善淤、善决、善徙"著称。从春秋时期开始，在黄河下游沿岸修建的堤防，经历代整修加固，已形成1800多千米长的黄河大堤，为我国的治河防洪、堤防工程的建设与管理提供了丰富的经验。

在江浙一带经常遭受海潮侵袭，早在公元前334年的晋朝就开始修筑海塘，保护滨海广大农田。经过历代的完善和扩大，到11世纪已初具规模。多数海塘用巨石砌成，绵延数百里。明代不仅用其来防潮，而且利用它抵御外患。

（二）灌溉工程

在春秋战国时期，我国就有了较为完善的灌溉系统。公元前597年，今安徽寿县修建的芍陂，是我国史书记载的最早的蓄水灌溉工程。秦代在川陕一带修建的都江堰、郑国渠等灌溉工程，对于促进当时农业的发展发挥了重要的作用。灌溉面积达1000多万亩的四川都江堰工程是公元前256年李冰为蜀太守时兴建的，距今已有2200多年的历史。工程建成后，成都平原成为有水利而无水害之地，享有"天府之国"的美誉。四川都江堰工程经过历代的改建、维修、管理运用，至今依然为我国的农业发展发挥着巨大的效益。秦渠、汉渠、汉延渠及唐徕渠等灌溉工程，在当时促进了宁夏、内蒙古平原一带灌溉的发展，使宁夏一带成为"塞上江南"，内蒙古河套一带有"黄河百害，唯富一套"之说。我国宁夏引黄古灌区、都江堰、灵渠、福建莆田木兰陂、寿县芍陂等19处古代水利工程均被纳入世界灌溉工程遗产（截至2019年统计）。

（三）航运工程

我国是世界上最早开凿运河的国家。秦始皇为了开发岭南，统一中国，解决运输军粮等问题，派史禄负责开凿灵渠（广西兴安县），又称兴安运河，是世界上最古老的运河之一，有着"世界古代水利建筑明珠"的美誉。历时约五年，于公元前215年建成。运河建成后，连接了湘江和漓江，沟通了长江和珠江两大水系，畅通了长江沿岸地区与珠江两广地区的物资和文化交流。南北大运河的修建，早在战国时期吴国开始修建邗沟，是联系长江和淮河的古运河。以后又修建了鸿沟、白沟、平虏渠等，进而将长江、淮河、黄河和海河等水系联系起来。但是它们是在不同的目的要求下开凿的，整个水系没有统一考虑，规模大小不一，造成航运困难，已经满足不了隋朝统一全国后新的政治经济的要求。公元605—610年，在旧有水系的基础上，先后修通了通济渠、山阳渎、永济渠及江南运河，终于开通了一条南达余杭，北抵涿郡，全长2400km的水运通道，这就是隋代的大运河。元代建都北京后，于1289年及1292年修建通惠河和会通河，构成了京杭大运河。京杭大运河全长1794km，是世界上最长的运河。大运河经过以后历代的修建和改善，船只可以从杭州到通州，为当时及今后的南北交通、发展航运等发挥了重要作用。

三、中华人民共和国成立后水利水电工程建设成就

中华人民共和国成立70多年来，党和政府高度重视水利事业，治水方略不断完善。特别是改革开放40多年来，我国经济实现了跨越式发展。对水利认识不断提高，水利不仅关系到防洪安全、供水安全、粮食安全，而且关系到经济安全、生态安全、国家安全。治水思路不断完善：党的十五届三中全会提出"水利建设要实行兴利除害结合，开源节流并重，防洪抗旱并举"的水利工作方针；2012年，党的十八大报告将生态文明建设纳入中国特色社会主义事业"五位一体"总体布局，把水利放在生态文明建设的突出位置，水利与"中国梦"紧密相连；2014年，习近平总书记就保障国家水安全发表重要讲话，明确提出"节水优先、空间均衡、系统治理、两手发力"的新时期治水思路，对水利事业赋予了新内涵、新任务、新要求。

中华人民共和国成立70多年来，我国水利建设成就举世瞩目，建成了一批以黄河小浪底工程、长江三峡工程、南水北调工程等为标志的世界闻名的大型水利水电工程，为我国经济建设的长期快速发展奠定了稳定的基础。水利投资用途也由最初的农业水利的单一建设，发展为防洪工程、水资源工程、水土保持及水生态建设工程和智慧水利水电工程等多角度、全方位的水利水电工程建设。

1. 防洪体系有效减轻了洪水的灾害，保障了人民生命财产安全

中华人民共和国成立后，按照"蓄泄兼筹"和"除害与兴利相结合"的方针，对大江大河进行了大规模的治理。根据全国第一次水利普查结果，截至2011年年底，建成水库9.8万余座，总库容9323.12亿 m^3（表1-1-2）。其中，已建水库9.7万座，总库容8104.10亿 m^3；在建水库756座，总库容1219.02亿 m^3。全国累计修建、加固各类堤防41.36多万km（表1-1-3）。全国主要江河初步形成了以堤防、河道整治、水库、蓄滞洪区等为主的工程防洪体系，以及预测预报、防汛调度、洪泛区管理、抢险救灾等非工程防护体系，使我国主要江河的防洪能力有了明显的提高。

70 多年来，水利建设取得的成效在抵御历年发生的洪水中发挥了重要作用，大大减轻了灾害损失。

表 1-1-2 　　　　　　　　　不同规模水库数量和总库容汇总表

水库规模	合计	大 型			中型	小 型		
		小计	大（1）型	大（2）型		小计	小（1）型	小（2）型
数量/座	98002	756	127	629	3938	93308	17949	75359
总库容/亿 m³	9323.12	7499.85	5665.07	1834.78	1119.76	703.51	496.38	207.13

表 1-1-3 　　　　　　　　　不同级别堤防长度汇总表

堤防级别	合计	1 级	2 级	3 级	4 级	5 级	5 级以下
长度/km	413679	10739	27286	32669	95523	109278	138184
比例/%	100	2.6	6.6	7.9	23.1	26.4	33.4

2. 灌溉与排水工程的发展，有效改善了农业生产条件

中华人民共和国成立 70 多年来，我国建成规模以上水闸 10 万多座、泵站 9.5 万处、各类灌区 2.2 万处，耕地灌溉面积超过 10 亿亩。完成大型灌区、重点中型灌区续建配套和节水改造任务，节水灌溉从无到有，我国农田灌溉水有效利用系数提高到为 0.54（2017 年统计）。加快推进小型农田水利建设，加强灌区末级渠系建设和田间工程配套，促进旱涝保收高标准农田建设。因地制宜兴建中小型水利设施，支持山丘区小水窖、小水池、小塘坝、小泵站、小水渠等"五小水利"工程建设。发展节水灌溉，推广渠道防渗、管道输水、喷灌、滴灌、集雨补灌等技术。农田水利事业的发展，不仅提高了农业抗御水旱灾害的能力，促进了农业生产发展，还为林牧渔业的发展，为改善农村生活条件和生态环境，繁荣农村经济等方面起到了重要作用。

3. 供水事业有效保障了城乡社会经济的发展和人民生活水平的提高

中华人民共和国成立 70 多年来，我国坚持蓄引提与合理开采地下水相结合，以县域为单元，兴建了一大批蓄水、引水、提水、调水以及河湖水系连通工程，形成了比较完善的供水保障体系，显著提高供水保障能力，基本解决缺水城镇、人口较集中乡村的供水问题。为了满足城市迅猛发展对水的需求，我国修建了一大批远距离城市供水水源工程，如南水北调中线工程、南水北调东线工程、引滦入津、引滦入唐、引碧入连、引黄济青、西安黑河引水工程等，有效地解决了城市各行各业及人民生活对水的需求。

积极推进集中供水工程建设，提高农村自来水普及率。有条件的地方延伸集中供水管网，发展城乡一体化供水。加强农村饮水安全工程运行管理，落实管护主体，加强水源保护和水质监测，确保工程长期发挥效益。

4. 水土保持有效改善了生产条件和生态环境

实施国家水土保持重点工程，采取小流域综合治理、淤地坝建设、坡耕地整治、造林绿化、生态修复等措施，有效防治水土流失。中华人民共和国成立 70 多年来，全国累计治理水土流失面积 99.16 万 km²。其中，工程措施 20.03 万 km²，植物措施

77.85万km²,其他措施1.28万km²。共有淤地坝5.84万座,淤地面积927.57km²,其中,库容在50万~500万m³的骨干淤地坝5644座,总库容57.01亿m³。经过初步治理的地区,有效地保护了国土资源,减轻了对河道和水库的淤积,促进了当地经济的发展。加强重要生态保护区、水源涵养区、江河源头区、湿地的保护。实施农村河道综合整治,大力开展生态清洁型小流域建设。

5. 水力发电已成为我国日益重要的能源供应

我国水能资源丰富,水能资源蕴藏量为6.76亿kW,居世界第一位,可开发资源为3.78亿kW,居世界第一位。在保护生态和农民利益前提下,加快水能资源开发利用。统筹兼顾防洪、灌溉、供水、发电、航运等功能,科学制定规划,积极发展水电,加强水能资源管理,规范开发许可。经过70多年的开发建设,一大批举世闻名的水利水电枢纽工程已经建成或正在建设。根据全国第一次水利普查结果,截至2011年年底,我国已建成水电站约4.68万座,装机容量约3.33亿kW(表1-1-4)。其中,规模以上水电站中,已建水电站约2.22万座,装机容量约3.27亿kW;在建水电站1324座,装机容量1.10亿kW。已经建成的三峡工程水电站有32台水轮发电机组,总装机容量2240万kW,正在建设白鹤滩水电站有16台水轮发电机组,装机容量1600万kW。

表1-1-4　　　　　　　　不同规模水电站数量和装机容量汇总表

水电站规模		数量/座	装机容量/万kW
合计		46758	33288.93
规模以上 (装机容量≥500kW)	小计	22190	32729.79
	大(1)型	56	15485.50
	大(2)型	86	5178.46
	中型	477	5242.00
	小(1)型	1684	3461.38
	小(2)型	19887	3362.45
规模以下(装机容量<500kW)		24568	559.14

6. 推行河(湖)长制、加强河湖管理保护工作、河湖管理有了新突破

由中共中央、国务院办公厅于2016年12月印发并实施的《关于全面推行河长制的意见》,2018年1月印发了《关于在湖泊实施湖长制的指导意见》,到2018年年底前,我国全面建立河长制、湖长制。自河(湖)长制建立以来,我国的江河湖泊实现了从"没人管"到"有人管"、从"管不住"到"管得好"的重大转变。

全面建立省、市、县、乡四级河长体系,各级河长由党委或政府主要负责同志担任。全国共明确省、市、县、乡四级河长30多万名、四级湖长2.4万名,设立村级河长93万多名、村级湖长3.3万名,实现了河长、湖长"有名"。各级河长负责组织领导相应河湖的管理和保护工作,包括水资源保护、水域岸线管理、水污染防治、水环境治理等,牵头组织对侵占河道、围垦湖泊、超标排污、非法采砂、破坏航道等突出问题依法进行清理整治,协调解决重大问题;对跨行政区域的河湖明晰管理责任,协调上下游、左右岸实行联防联控;对相关部门和下一级河长履职情况进行督导,对

目标任务完成情况进行考核，强化激励问责。各有关部门和单位按照职责分工，协同推进各项工作。管好盛水的"盆"护好"盆"中的水。切实发挥各级河湖长的作用，集中解决河湖"乱占、乱采、乱堆、乱建"等"四乱"问题，管好河道湖泊空间及水域岸线，着力解决"水多、水少、水脏、水浑"等问题，管好河道湖泊中的水体，河湖面貌明显改善，河湖管理成效明显。

四、"十四五"时期水利改革发展的重点任务

回顾已经过去的 70 多年，水利事业成就辉煌。但是，水资源形势依然严峻，水资源时空分布极不均匀、水旱灾害频发这一老问题依然存在，而水资源短缺、水生态损害、水环境污染等新问题越来越突出、越来越紧迫。治水主要矛盾已经从人民群众对除水害兴水利的需求与水利水电工程能力不足的矛盾，转变为人民群众对水资源水生态水环境的需求与水利行业监管能力不足的矛盾。2019 年，水利部在深刻分析我国治水矛盾变化基础上，提出了"水利工程补短板、水利行业强监管"的水利改革发展总基调，明确了今后一个时期管水治水思路。只有以新时代治水方针为引领，尊重自然、经济和社会发展规律，统筹解决水安全问题，促进人水和谐相处。

整体而言，"补短板"的重点是补好防洪工程、供水工程、生态修复工程、信息化工程等几个方面的短板。

（一）防洪工程

由于我国部分江河控制性枢纽工程不足，一些河流堤防防洪标准较低，部分城市积水内涝问题凸显，水库安全度汛风险总体较高，蓄滞洪区建设相对滞后等情况，加强病险水库除险加固、中小河流治理和山洪灾害防治，推进大江大河势控制，开展堤防加固、河道治理、控制性工程、蓄滞洪区等建设，提升水文监测预警能力，完善城市防洪排涝基础设施，全面提升水旱灾害综合防治能力。

（二）供水工程

针对我国部分区域工程性缺水问题突出，农村饮水安全还不巩固，大中型灌区灌溉水源保障能力不足、骨干灌排工程配套不完善等情况，推进城乡供水一体化、农村供水规模化标准化建设，尤其要把保障农村饮水安全作为脱贫攻坚的底线任务，全面解决建档立卡贫困人口饮水安全问题，加快解决饮水型氟超标问题，进一步提高农村地区集中供水率、自来水普及率、供水保证率和水质达标率。加快实施《全国大中型灌区续建配套节水改造实施方案（2016—2020 年）》，确保按期完成大型和重点中型灌区配套改造任务，积极推进灌区现代化改造前期工作，加快补齐灌排设施短板。深入开展南水北调东中线二期和西线一期等重大项目前期论证，在满足节水优先的基础上开工一批引调水、重点水源、大型灌区等重大节水供水工程，加快推进水系连通工程建设，提高水资源供给和配置能力。

（三）生态修复工程

由于河湖萎缩、地下水超采、水土流失等生态问题，深入开展水土保持生态建设，加快推进坡耕地整治、侵蚀沟治理、小流域建设和贫困地区小流域综合治理。加强重要生态保护区、水源涵养区、江河源头区生态保护，推进生态脆弱河湖生态修复，实施生态修复工程。

（四）信息化工程

针对水利行业信息化发展总体滞后，基础支撑不足、技术手段单一等情况，聚焦洪水、干旱、水工程安全运行、水工程建设等水利信息化业务需求，加强水文监测站网、水资源监控管理系统、水库大坝安全监测监督平台、水利信息网络安全建设，推动建立水利遥感和视频综合监测网，建设水利大数据中心，整合提升各类应用系统，增强水利信息感知、分析、处理和智慧应用的能力，以水利信息化驱动水利现代化。

21 世纪是充满生机和希望的世纪。新的世纪，水利人将弘扬"忠诚、干净、担当，科学、求实、创新"的新时代水利精神，落实"节水优先、空间均衡、系统治理、两手发力"的新时代治水思路，以解决水利改革发展不平衡、不充分问题为导向，以加快完善水利基础设施网络为重点，以大力推进水生态文明建设为着力点，以全面深化改革和推动科技进步为动力，推进依法治水科技兴水，为全面建成社会主义现代化强国提供有力的水利支撑和保障。

1-2 Ⓐ

拓展资源

项目二 河流与洪灾防治

任务一 河 流

河流是指陆地表面宣泄水流的通道，是江、河、川、溪的总称。较大的河流称为河或江，较小的河流称为溪。在地球上的各种水体中，虽然河流的水面面积和水量都是最小，但它是水循环的一个重要组成部分，对气候和植被等都有重要的影响，与人类的关系最密切，是水资源的主要载体，是人类社会文明的摇篮。河流在人类生活、生产、生态环境等方面发挥着巨大的作用，在中华文明史的几千年里，对江河资源的利用使原始农业灌溉逐步发展成传统水利，进而成为农耕文明。都江堰、灵国渠、京杭大运河等工程两千多年来一直造福于人民。

一、干流、支流和水系

降水经过地面和地下向河流补给水源，由于重力作用，上游水流不断切割和冲蚀河床，使河床逐渐扩大。这样，使最初的沟壑变成小溪、小河，最后汇集为大江大河。

干流是指水系内汇集全流域径流的河流。直接或间接流入干流或湖泊的河流称为支流，在水系中，按水量和从属关系，支流可分为一级、二级、三级等。直接汇入干流的支流称为一级支流，汇入一级支流的河流称为二级支流。

由干流、各级支流、流域内的湖泊、沼泽和地下暗河形成的彼此连通的水网系统称为水系，也叫河系或河网。水系一般以它的干流或以注入的湖泊、海洋名称命名，如黄河水系、长江水系、太湖水系、太平洋水系等。

二、河流的分段

河流可按其地貌特征及水力特性进行分段，一条发育完整的河流可分为河源、上游、中游、下游及河口等河段。

（1）河源。河流的发源地。河流最初形成地表水流的源头部分，一般为溪涧、泉水、冰川、雪山、沼泽或湖泊等。

（2）上游。直接连接河源的河流上段，其特点是河谷窄、坡度大、水流急、下切强烈，常有瀑布、急滩。河谷断面多呈 V 形，河床多为基岩或砾石。

（3）中游。上游以下的河流中段。其特征是河流的比降较缓、下切力不大而侧蚀显著、流量较大、水位变幅较小，河谷断面多呈 U 形，河床多为粗砂。

（4）下游。中游以下的河段。其特征是比降小、流速慢、水流无侵蚀力、淤积显著、流量大、水位变幅小、河谷宽广，河谷断面多呈为复合式断面，河床多为细砂或淤泥。

（5）河口。河流注入海洋、湖泊或其他河流的河段称河口，它是一条河流的终点，也是河流流入海洋、湖泊或其他河流的入口。其特点是流速骤减、断面开阔、泥沙大量淤积，往往成沙洲。因沉积的沙洲平面呈扇形，常称为河口三角洲，如黄河三角洲、长江三角洲等。

黄河干流分段。上游与中游的分界点是内蒙古的托克托的河口镇，中游与下游的分界点是河南郑州的桃花峪。

流入海洋的河流，称为入海河流。我国内陆地区许多河流由于沿途渗漏或蒸发损失，常在与其他河流汇合前就已枯竭而没有河口，称为内陆河，俗称为"瞎尾河"。新疆的塔里木河就是一条长度为中国第一、世界第二的内陆河。

2-1

河流的水文
要素

三、河流的基本特征

通常用河流长度、横断面、纵断面、河道纵坡等表示河流的基本特征值，它是进行水利工程规划和水工建筑物设计的基本数据，一般依据实测地形图计算而来。

（一）河流长度

河流长度是指自河源到河口，沿河道干流中泓线（沿河槽相邻各横断面表面最大流速点的连线）量取的长度，又称河长。由于河流蜿蜒曲折，不易直接量测。一般在河道地形图上按比例尺量出，以千米计算。

（二）河流的横断面

河道中经常行水、输沙的部分称为河床，也称为河槽。在枯水期和中水期水流经过的河床称为基本河床，在洪水期漫溢到两岸滩地所形成的河床称为洪水河床。一般情况下，河流上游为峡谷，中游有滩地，下游位于冲积层上。

河流的横断面是指与主流方向相垂直的断面，河流各种典型横断面如图1-2-1所示。河底线与水面线之间所包围的平面，又称为过水断面。河槽横断面是决定河槽输水能力、流速分布、流向的重要因素。当水流涨落变化时，过水断面的形状和面积也随之变化。

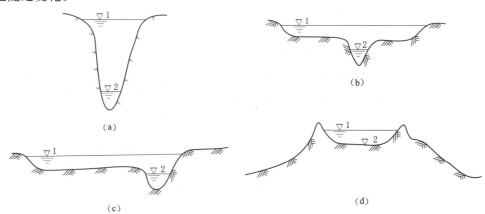

（a）

（b）

（c）

（d）

图1-2-1 河流横断面示意图

（a）V形断面；（b）、（c）U形复合断面；（d）黄河下游地上悬河断面

1—洪水位；2—枯水位

（三）河流的纵断面

河流谷底最深处的连线称为深泓线。沿河流深泓线切开的断面称为河流纵断面。

测出河槽底部转折点的高程，以河流投影长度为横坐标、高程为纵坐标，绘出河槽纵断面图（图1-2-2）。纵断面图表示出河流的纵坡和落差的沿程分布，这是推算水流特性和估计水能资源的主要依据，也是河流的特征值。

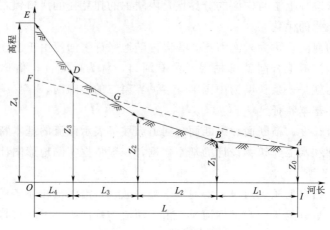

图1-2-2　河槽纵断面

（四）河道纵坡

河段两端的河底高程差称为河床落差，河源与河口的河底高程之差为河流总落差。单位河长的河床落差称为河道纵坡，又称为河道纵比降，通常以千分数或小数表示。当河段纵断面近似为直线时，河道比降可按式（1-2-1）计算

$$J = \frac{Z_1 - Z_2}{L} = \frac{\Delta Z}{L} \qquad (1-2-1)$$

式中　J——河段的总比降；

Z_1、Z_2——河段上、下断面河底高程，m；

L——河段的长度，m。

当河流不是直线时，将河道纵断面按坡度转折点分成若干段，如图1-2-3所示，从河道纵断面图的最下游断面河底 A 点开始作 AF 直线与河源处纵坐标交于 F 点，要求梯形 $AFOI$ 的面积与多边形 $ABCDEOI$ 的面积相等，得出河道平均比降 J 的计算公式为

$$J = \frac{(Z_0 + Z_1)L_1 + (Z_1 + Z_2)L_2 + \cdots (Z_{n-1} + Z_n)L_n - 2Z_0 L}{L^2} \qquad (1-2-2)$$

式中　$Z_0, Z_1, Z_2, \cdots, Z_n$——河槽纵断面上各转折点的高程，m；

$L_1, L_2, \cdots, L_n$——河槽纵断面上各转折点间的距离，m；

L——河流的长度，m。

黄河干流各个河段水文特征值见表1-2-1。

四、河流的水文要素

河流的水文要素是指用以表达水文现象的量值，如水位、流量、含沙量、降水、蒸发、水质、水温等。

表 1-2-1　　　　　　　　　　黄河干流各个河段水文特征值

河段名称	起讫地点	流域面积/km²	河长/km	落差/m	比降/‰	汇入支流/条
全河	河源至河口	794712	5463.6	4480.0	0.82	76
上游	河源至河口镇	428235	3471.6	3496.0	1.01	43
	1. 河源至玛多	20930	269.7	265.0	0.98	3
	2. 玛多至龙羊峡	110490	1417.5	1765.0	1.25	22
	3. 龙羊峡至青铜峡	122722	793.9	1220.0	1.54	8
	4. 青铜峡至河口镇	174093	990.5	246.0	0.25	10
中游	河口镇至桃花峪	343751	1206.4	890.4	0.74	30
	1. 河口镇至禹门口	111591	725.1	607.3	0.84	21
	2. 禹门口至三门峡	190842	240.4	96.7	0.4	5
	3. 三门峡至桃花峪	41318	240.9	186.4	0.77	4
下游	桃花峪至河口	22726	785.6	93.6	0.12	3
	1. 桃花峪至高村	4429	206.5	37.3	0.18	1
	2. 高村至艾山	14990	193.4	22.7	0.12	2
	3. 艾山至利津	2733	281.9	26.2	0.09	0
	4. 利津至河口	574	103.6	7.4	0.07	0

注　1. 汇入支流是指流域面积在 1000km² 以上的一级支流。

　　　2. 落差从约古宗列盆地上口计算。

　　　3. 流域面积包括内流区。

（一）水位

河流某断面某时刻的水位，是指该时刻该断面的水面对于某一基准面的高程，以米计。基准面（基面）是指计算水位和高程的起始面。历史上我国各河流的基面并不一致，有大连、大沽、黄海、废黄河口、吴淞、珠江等基面。1956 年我国规定以黄海（青岛）多年平均海平面作为统一的高程基面，称为黄海绝对基面。目前，我国统一采用 1985 年黄海平均海面基面，称为 1985 国家高程基准。

河道的防汛水位由低到高依次有设防水位、警戒水位、保证水位、分洪水位等。

（1）设防水位是指汛期河道堤防是已经开始进入防汛阶段的水位，即江河洪水漫滩以后，堤防开始临水。此时，堤防管理单位由日常的管理工作进入防汛阶段，开始组织人员进行巡堤查险，并对汛前准备工作进行检查落实。

（2）警戒水位是指江河、湖泊中的水位在汛期上涨、可能造成防洪工程出现险情，开始警戒并准备防汛工作的水位。江河水位达到警戒水位，堤防临水到一定深度，可能出现险情，防汛部门应警惕戒备，密切注意水情、工情、险情的发展变化，在各自防守堤段或区域内增加巡堤查险次数，开始日夜巡查，并组织防汛队伍上堤防汛，做好准备。警戒水位根据堤防质量、保护重点以及历年险情分析制定。

（3）保证水位是指保证堤防及其附属建筑物在汛期安全运用的上限洪水位；当水位达到或接近保证水位时，防汛进入全面紧急状态，堤防临水时间已长，堤身土体可能达到饱和状态，随时都有出险的可能。保证水位的拟定是以堤防规划设计和河流曾经出现的最高水位为依据，考虑上下游关系、干支流关系以及保护区的重要性制定的，并经上级主管机关批准。

（4）分洪水位是指根据防洪规划启用分洪工程的水位，根据分洪口以下原河道安全泄量确定的。分洪水位是调度运用分洪工程的一项重要指标，当预报河湖洪水将超过分洪水位时，说明洪水将超过堤防安全防御标准，而需要运用分洪工程控制洪水。分洪对蓄滞洪区内居民的生活和经济活动影响很大，分洪要慎重。

（二）流量

河流是指在单位时间内流经某一过水断面的水的体积，单位为 m^3/s。河流某断面某时刻的流量，是指在该时刻单位时间内流经该断面的水体积。表示流量随时间的变化过程用流量过程线 $Q\text{-}t$，其下的面积称为径流总量。用一定时段的径流总量除以相应的时间（s），得到计算时段的平均流量，如月平均流量、年平均流量等。

（1）径流总量 W。一定时段内通过河流某一断面的水量，称为该时段的径流总量，简称径流量。常见的有月径流量、年径流量等，常用单位有 m^3、万 m^3、亿 m^3等。径流总量与平均流量的关系如下

$$W = QT \qquad (1-2-3)$$

式中　Q——时段平均流量，m^3/s；

　　　T——计算时段，s。

（2）径流深 Y。将一定时段的径流总量平均铺在流域面积上所得到的水层深度，称为该时段的径流深，以毫米计。

$$Y = \frac{W}{1000F} \qquad (1-2-4)$$

式中　W——计算时段的径流量，m^3；

　　　F——河流某断面以上的流域集水面积，km^2。

（3）径流模数 M。一定时间内单位流域面积上所产生的平均流量称为径流模数，如洪峰流量模数、年平均径流模数（年径流模数），单位为 $m^3/(s \cdot km^2)$。

$$M = \frac{Q}{F} \qquad (1-2-5)$$

在水利水电工程规划设计中，年径流量是一个很重要的数据。年径流量是指在一个水文年度内，通过河流某断面的水量，称为该断面以上流域的年径流量。它可用年平均流量（m^3/s）、年径流深（mm）、年径流总量（万 m^3 或亿 m^3）或年径流模数 $[m^3/(s \cdot km^2)]$ 表示。

在水文水利计算中，年径流量通常按水文年度或水利年度统计。水文年度以水文现象的循环规律来划分，即从每年汛期开始时起到下一年汛期开始前止；对于北方春汛河流，则以融雪情况来划分水文年。水利年度是以水库蓄泄周期来划分的。水文年和水利年的起止日期划分各地不一，各地均有具体规定。

（三）含沙量

天然河流中会挟带着各种不同粒径的泥沙。河流泥沙主要来源于流域坡面上被风

雨、径流侵蚀的土壤，以及河床被水流冲刷的砂砾。河流泥沙对水流的水情及河流的变迁有着重大的影响。泥沙能直接引起河床变化，引起水库、湖泊、渠道的淤积，给防洪、灌溉、供水、航运带来困难。泥沙也有有利的一面，如用作建筑材料，适量地淤灌田地可以改良土壤，增加农田产量。

河流向下游输送的不同颗粒大小泥沙的总称为全沙。按照泥沙的运动方式，全沙可以分为悬移质和推移质两种类型。悬移质又称悬沙，是指悬浮于水中随水流一起运动的泥沙。推移质又称为底沙，是指在河床面上以滑动、滚动或跳跃的方式运动的泥沙。

在河流泥沙运动中，底沙、悬沙是相互联系、互相转化的。同一粒径的泥沙，在不同河段或同一河段的不同时间由于流速的变化，可以做推移运动，也可以呈悬移状态下移。

河流中的泥沙可以用含沙量表示。含沙量是指单位水体中所含的悬移质泥沙的总量，用 ρ 表示，以 kg/m^3 计。

五、流域

流域是河流的集水区域，通常根据流域面积来确定流域的大小，如图 $1-2-3$ 所示。出流断面为 I 时，其相应流域面积为 A（阴影部分），出流断面为 II 时，其相应流域面积为 A 和 B，即虚线所包围的全部区域。河流某一断面以上的集水面积称为河流在该断面的流域面积。当不指明断面时，流域面积是对河口断面而言的。

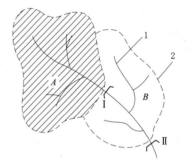

图 $1-2-3$　流域示意图
1—河道；2—分水线
I、II—出流断面

1. 流域的分水线

流域的边界线称为分水线（分水岭、分水界），是分开相邻流域的高地或山脊的连线，又称为地表水分水线。如秦岭是长江与黄河的分水岭，秦岭以北的径流汇入黄河，秦岭以南的径流则汇入长江。但两个流域的边界不一定是山岭，湖泊、沼泽、河堤甚至一些平坦的地区都可以成为分水岭。如黄河下游南大堤是黄河流域与淮河流域的分水岭。

注入河流的水量除地面径流以外，还有地下径流，因而划分流域既要考虑地面分水线亦要考虑地下分水线，两者不一定重合（图 $1-2-4$），地表水分水线与地下水分水线重合的流域称为闭合流域，地表水分水线与地下水分水线不重合的流域称为不闭合流域。

2. 流域面积

流域分水线和流域出流断面所包围的面积称为流域面积，其单位为 km^2。流域是河流集水区域，如其他条件相同，流域面积的大小就可决定径流的多少，所以一般河流的水量是从河源到河口越往下游越丰沛。一般可在适当比例尺的地形图上先勾绘出流域分水线，然后用求积仪或数方格的方法量出其面积，在数字化地形图上也可以用有关专业软件量计。

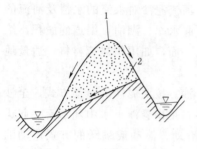

图 1-2-4 分水线示意图
1—地面分水线；2—地下分水线

3.流域的自然地理特征

流域的自然地理特征包括流域的地理位置、气候条件、地形特征、地质构造与土壤特性、植被覆盖、湖泊、沼泽、塘库等。

（1）地理位置。主要指流域所处的经纬度以及距离海洋的远近。一般是低纬度和近海地区雨水多，高纬度地区和内陆地区降水少。如我国的东南沿海一带雨水就多，而华北、西北地区降水就少，尤其是新疆的沙漠地区更少。

（2）气候条件。主要包括降水、蒸发、温度、风等。其中对径流作用最大的是降水和蒸发。

（3）地形特征。流域的地形可分为高山、高原、丘陵、盆地和平原等，其特征可用流域平均高度和流域平均坡度来反映。同一地理区，不同的地形特征将对降雨径流产生不同的影响。

（4）地质构造与土壤特性。流域地质构造、岩石和土壤的类型等都将对降水形成的河川径流产生影响，同时也影响到流域的水土流失和河流泥沙。

（5）植被覆盖。流域内植被可以增大地面糙率，延长地面径流的汇流时间，同时加大下渗量，从而使地下径流增多，洪水过程变得平缓。另外，植被还能减少水土流失，降低河流泥沙含量，涵养水源；大面积的植被还可以调节流域小气候，改善生态环境等。植被的覆盖程度一般用植被面积与流域面积之比的植被率表示。

（6）湖泊、沼泽、塘库。流域内的大面积水体对河川径流起调节作用，使其在时间上的变化趋于均匀；还能增大水面蒸发量，改善流域小气候。通常用湖沼塘库的水面面积与流域面积之比的湖沼率来表示。

以上流域各种特征因素，除气候因素外，都反映了流域的物理性质，承受降水并形成径流，直接影响河川径流的数量和变化，所以水文上习惯称为流域的下垫面因素。当然，人类活动对流域的下垫面影响也越来越大，如人类在为了充分利用水资源而修建水库、塘堰，以及植树造林、城市化等，明显地改变了流域的下垫面条件，因而使河川径流发生变化，影响到水量与水质。在人类活动对环境的影响中也有不利的一面，如水土流失、水质污染以及河流断流等。

任务二　洪水及洪灾防治

洪水是指由降雨、冰雪消融或堵塞等原因使河道水位在较短时间内明显上涨的大流量水流。当洪水超过江河的行洪能力时，洪水就会溢出河道或者冲垮河堤、湖堤，对人类生产和生活带来损害。

一、洪水及重现期

我国绝大多数河流的洪水都是由暴雨引起的，在水文分析中用流量随时间的变化过程来表示洪水过程线，如图 1-2-5 所示。

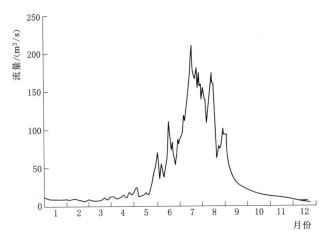

图 1-2-5 洪水过程线

　　一次洪水过程可以用洪峰流量、洪水总量和洪水过程线三个控制性要素描述，通常称为洪水三要素。洪峰流量是一次洪水过程中瞬时最大流量；洪水总量是一次洪水过程的总水量。

　　在设计任何水工建筑物时，需要选择某种标准的洪水（如 100 年一遇、1000 年一遇）作为设计依据，即设计洪水标准。若设计洪水标准选过大，建筑物本身虽很安全，但工程规模大，投资过多而不经济；反之，虽可以节省资，但增加防汛负担。因此，需要选择对设计的水工建筑物较为恰当的标准（如 100 年一遇、1000 年一遇）推求出符合此标准的洪水作为设计的水文依据。

　　设计洪水是符合设计标准的洪水（如 100 年一遇 1%、1000 年一遇 0.1%）。设计洪水特性的三个控制性的要素为设计洪峰流量 Q、设计洪水总量 W 和设计洪水过程线。

　　设计洪峰流量是指设计洪水的最大流量。对于堤防、桥梁、涵洞及调节性能小的水库等，一般依据设计洪峰流量。大型水库调节性能高，洪峰流量的作用就不显著，而洪水总量则起着决定防洪库容大小的重要作用。设计洪水过程线是指符合工程设计要求的某一频率的洪水过程线。

　　在水利工程的规划设计时，一般应同时考虑洪峰和洪量的影响，要同时控制洪峰流量和洪水总量。设计洪水过程线包含了设计洪水的所有信息，是水库防洪规划设计计算时的重要洪水资料。

　　河流某一断面的洪峰流量各年不同。从多年的情况来看，较小的洪峰流量出现的机会较多，较大的洪峰流量出现的机会较少。洪峰流量出现的概率一般用重现期来表示。

　　重现期指不小于某特定洪峰流量，出现一次的平均间隔时间，单位是年（a）。洪水标准也可用频率来表示，重现期与设计频率成倒数关系。在水文计算中重现期是指平均多少年可能出现一次，并非一定出现。例如，百年一遇洪水的洪峰流量为 $800\text{m}^3/\text{s}$，就是指平均一百年可能出现一次洪峰流量不小于 $800\text{m}^3/\text{s}$ 的洪水。常用重现期 50 年一遇、100 年一遇、1000 年一遇其相对应的频率分表为 2%、1%、0.1%。

工程设计中如果设计标准为 $p=1\%$，就是说从长期来看，只有 1% 的机会出现这么大的洪峰流量。

二、洪灾

洪灾是由于江、河、湖、库水位猛涨，堤坝漫溢或溃决，水流入境而造成的灾害。洪灾威胁人民生命安全、财产损失，洪灾至今仍是一种影响最大的自然灾害。防治洪灾已成为世界各国保证社会安定和经济发展的重要公共安全保障事业。2018 年，我国平均降水量 664mm，较常年多 6%。全国 31 省（自治区、直辖市）2149 县（市、区）19515 乡（镇）遭受洪涝灾害，受灾人口 5576.55 万人，因灾死亡 187 人、失踪 32 人，紧急转移 836.25 万人，倒塌房屋 8.51 万间，83 座城市进水受淹或发生内涝，直接经济损失 1615.47 亿元，占当年 GDP 的 0.18%。

洪水灾害的影响主要表现在如下两个方面。

（一）洪灾对国民经济的影响

1. 对农林牧渔业的影响

严重的洪灾常常造成大面积农田被淹、作物被毁，致使作物减产甚至绝收。1950—2000 年的 51 年中，全国平均农田受灾面积 937 万 hm^2，成灾面积 523 万 hm^2。2018 年，我国因洪涝农作物受灾面积 642.698 万 hm^2，其中成灾面积 313.116 万 hm^2、绝收面积 69.160 万 hm^2，因灾粮食减产 121.30 亿 kg，经济作物损失 166.66 亿元，大牲畜死亡 278.83 万头，水产养殖损失 37.62 亿 kg，农林牧渔业直接经济损失 657.71 亿元。

2. 对交通运输业的影响

洪灾不仅对农林牧渔业产生巨大影响，对工业和交通运输业的影响业非常巨大。我国不少铁路干线处于洪水严重威胁之下，在七大江河中下游地区，有京广、京沪、京九、陇海和沪杭甬等重要铁路干线，受洪水威胁的铁路长度超过 1 万 km，西南、西北地区铁路常受山洪泥石流袭击，这些地区的铁路干线为山洪泥石流高强度多发区。因洪灾造成铁路中断、停止行车的事故是很严重的。中国公路网络里程长，水灾造成公路运输中断的影响遍及全国城乡各个角落。随着公路建设迅速发展，水毁公路里程也成倍增加，中国所有山区公路都不同程度受山洪、泥石流的危害，西部 10 余条国家干线，频繁受到泥石流、滑坡灾害。川藏公路沿线大型泥石流沟就有 157 条，每年全线通车时间不足半年。1954 年大洪水中，作为南北大动脉的京广铁路就曾中断运行 100d。2018 年，全国因洪涝铁路中断 101 条次，公路中断 48179 条次。

3. 对城市和工业的影响

城市人口密集，是国家政治经济文化中心，工业产值中约有 80% 集中在城市。我国大中城市基本沿江河分布，受江河洪水严重威胁，有些依山傍水的城市还受山洪、泥石流等灾害的危害。我国 600 多座城市中，90% 有防洪任务。20 世纪 90 年代以来，我国城市化进程显著加快，大量人口从内地涌向沿海沿江城市，城市面积迅速扩张，新扩张的城区往往是洪水风险较高而防洪能力较低的区域。由于城市资产密度高，对供水、供电、供气、交通、通信等系统的依赖增大，一旦遭受洪水袭击，损失更为严重。2018 年，全国因洪涝停产工矿企业 71402 个，机场、港口临时关停 263 个次，供电线路中断 13720 条次，通信中断 68293 条次。

（二）洪灾对生态环境的影响

洪水灾害不仅带来巨大的经济损失，对生态环境也会造成极大破坏。对环境的破坏主要表现为以下三个方面：

（1）对生态环境的破坏。水土流失问题是我国严重的生态环境问题之一，而暴雨山洪是引起水土流失的主要因素。水土流失危害不仅严重制约着山丘区农业生产的发展，而且给国土整治、江河治理以及保持良好生态环境带来困难。至 2000 年，全国水土流失面积 356 万 km^2，约占国土总面积的 37%，每年土壤流失量约 50 亿 t，大量泥沙淤积在河、湖、水库中，同时带走大量氮、磷、钾等养分。

（2）对河流水系的破坏。中国河流普遍多沙，洪水决口泛滥致使泥沙淤塞，对河道功能的破坏极其严重，尤其是河道泛滥改道，对水系的破坏范围极广，影响深远。

（3）对水环境的污染。洪水泛滥对水环境的污染，主要是造成病菌蔓延和有毒物质扩散，直接危及人民的身体健康。

洪灾的严重程度与区域的人口、经济有关。洪灾发生的区域，人口越密集、经济越发达，损失就越严重。

三、洪灾的防治

灾害防御有利于提高经济效益，有利于社会的安定和发展。洪涝灾害的防治工作包括两个方面：一方面减少洪涝灾害发生的可能性；另一方面尽可能使已发生的洪涝灾害的损失降到最低。防洪措施有防洪工程措施和防洪非工程措施。

1. 防洪工程措施

防洪工程措施是指为防御洪水而采取的修筑堤防、整治河道、修筑分洪工程和水库等工程技术手段。加强流域综合治理，在上游建库、中下游筑堤，流域拦水拦沙，洼地开沟，能调节蓄水，有蓄有排，既防洪又防旱。

做好河势控制。加固堤防、疏浚河道，修建分洪、蓄滞洪区，提高河道行洪能力，防止洪水漫溢。清除堤坝内人为障碍物，严禁和限制围湖造田、围海造田，坚持退耕还湖，发挥工程调蓄的作用。加强河流流域治理和山洪灾害防治。

2. 防洪非工程措施

防洪非工程措施是指通过法律、政策、经济手段和防洪工程以外（卫星遥感等）的技术手段，以减少洪灾损失的措施。包括增强人们对洪水灾害的认识，提高人们防灾减灾的意识；利用卫星遥感等科技手段，及时准确的监测、预报和预警是防灾减灾工作的关键，在防御灾害过程中，充分利用现代化的监测手段对水文、气象、水位、流量等进行精准监测、预报，适时发出预警信息；加强组织领导，健全组织体系，落实防汛责任。

四、防洪减灾认识和对策的转变

江河洪水是一种自然现象，而洪水灾害则是由于人类在开发江河以及冲积平原的过程中，进入洪水泛滥高风险区而产生的问题。因为洪水灾害是人类社会与自然环境共同作用的产物，因此，防洪减灾是人类社会永恒的主题之一。

受自然地理气候条件的影响，加之我国适于人类开发利用的地区主要集中在江河流域的中下游平原，因此，如何处理好防洪减灾问题贯穿于整个中华民族的发展史。回顾我国防洪减灾历史，大致可划分为以下四个阶段：

第一阶段，是以解决人类生存安全和基本生活需求为主要目标的原始水利阶段。在原始阶段人们临水而居，但为躲避洪水的危害，不得不"择丘陵而处之"，居住在洪水淹不到的高处。这一时期人类生产力低下，对洪水灾害的控制能力较低，把洪水灾害看作为人力无法抗拒的灾害，不得不乞求上苍的保佑。在这个阶段里，人与水的关系以人主动适应水或自觉地服从自然为主要特征，也可以称为人类被动适应自然的阶段，其间长达几十万年。

第二阶段，是以建设工程来改造河川，调蓄洪水，制止洪水为害的传统治水阶段。自战国时期自然科学有了很大的进步，人们利用和改造自然的能力有所提高，对治水防灾也有了新的认识，主张发挥人的主观努力去控制和利用自然。这一时期工程措施成为防洪的主要技术手段，人类和洪水的关系进了一步，可以"水来土掩"，限制水的泛滥。这一阶段是以改造自然的能力提高和无度地向自然索取为主要特征。

第三阶段，是以"人与自然相和谐"为主要特征的现代治水阶段。当主要依靠工程技术措施治水出现困境时，迫使人们转换思路，开始思考其中的原因和解决途径。"相和谐"不是主张一味向洪水退让，而是强调科学地规划。加强环境建设，调整经济布局与产业结构，改进种植制度等，使之与洪水规律相适应。和谐也不是降低工程技术措施的作用，而是更合理地规划、建设、管理好防洪工程体系，通过科学调度以充分发挥其功能。可见，"人与自然和谐"不是抽象的哲学概念，而是现实的水利可持续发展之路。

新阶段的治水方略将实现由战胜洪水到设法减轻水灾损失的转变。到20世纪90年代后期，特别是在1998年大洪水之后，中国的治水理念发生了根本性改变，积极倡导和实践由控制洪水向洪水管理转变。在防洪减灾实践中，在充分利用当今高度发达的科学技术的同时，更加注重人水和谐，实现人类社会可持续发展。

第四阶段，"节水优先、空间均衡、系统治理、两手发力"新时代治水思路。山水林田湖草是个生命共同体，治水要统筹自然生态的各个要素，统筹治水和治山、治水和治林、治水和治田等。这就要求准确把握自然生态要素之间的共生关系，通过对水资源水生态水环境的系统监管，统筹推进山水林田湖草的系统治理，补齐水生态修复治理短板。

项目三 水利枢纽与水工建筑物

任务一 水 利 枢 纽

水利枢纽是指为了综合利用水资源，达到防洪、灌溉、发电、供水、航运、水生态等一项或多项水利任务，需要在一个相对集中的场所修建若干不同类型的建筑物组合体。水工建筑物是指控制和调节水流，防治水害、开发利用保护水资源，实现水利工程目标的建筑物。水利枢纽的作用可以是单一目标的，也可以是多目标的。满足防洪、灌溉、发电、供水、航运、水生态等两项以上目标的水利枢纽，承担多项任务，称为综合性水利枢纽。

水利枢纽按承担任务的不同，可分为蓄水枢纽、取水枢纽，也可分为防洪枢纽、灌溉（或供水）枢纽、水力发电枢纽和航运枢纽等。防洪枢纽是为防止或减轻可能的洪水灾害而兴建的水利枢纽；灌溉（或供水）枢纽是指从水源引取具有一定水位和足够流量的水流，以满足工农业用水的需要；水力发电枢纽的作用是集中河流的落差，将水的势能转化为动能，通过水轮发电机转化为电能；航运枢纽的作用是抬高河流的水位，增加航道的水深，减小河道的流速，以改善内河航运条件。

3-1 ◉

水利枢纽
分类

水利枢纽按照其所在地区的地貌形态分为平原地区水利枢纽和山区、丘陵区水利枢纽；按照承受水头大小分为高、中、低水头水利枢纽。

一、水利水电工程分等

洪水泛滥造成洪灾，给城市、乡村、工矿企业、交通运输、水利水电工程、动力设施、通信设施及文物古迹以及旅游设施等带来巨大的损失。为保证防护对象的防洪安全，需投入资金进行防洪工程建设和维持其正常运行。防洪标准高，工程规模及投资运行费用大，工程风险就小，防洪效益大；相反，防洪标准低，工程规模小，工程投资少，所承担的风险就大，防洪效益小。因此，防洪标准选定的原则就是处理好防洪安全和社会经济的关系，应经过认真的分析论证，考虑安全和经济的统一。

3-2 ◉

水利水电枢纽
工程等别划分

为了贯彻执行国家的经济和技术政策，达到既安全又经济的目的，把水利水电工程按其规模、效益及其在经济社会中的重要性分为五等，一等工程等别最高，五等工程等别最低。工程规模是对水利水电工程用库容、坝高、水电张装机容量、灌溉面积等特性指标所反映的工程的大小，按水利水电工程规模分为五个，分别是大（1）型、大（2）型、中型、小（1）型、小（2）型。根据《水利水电工程等级划分及洪水标准》（SL 252—2017）规定，水利水电工程的等别，按表1-3-1确定。综合利用的水利水电工程，当按其各项用途分别确定的等别不同时，应按其中的最高等别确定整个工程的等别。

表 1-3-1 水利水电工程分等指标

工程等别	工程规模	水库总库容/亿 m³	防洪			治涝	灌溉	供水		发电
			保护人口/万人	保护农田面积/万亩	保护区当量经济规模/万人	治涝面积/万亩	灌溉面积/万亩	供水对象重要性	年引水量/亿 m³	发电装机容量/MW
Ⅰ	大（1）型	≥10	≥150	≥500	≥300	≥200	≥150	特别重要	≥10	≥1200
Ⅱ	大（2）型	<10，≥1.0	<150，≥50	<500，≥100	<300，≥100	<200，≥60	<150，≥50	重要	<10，≥3	<1200，≥300
Ⅲ	中型	<1.0，≥0.10	<50，≥20	<100，≥30	<100，≥40	<60，≥15	<50，≥5	比较重要	<3，≥1	<300，≥50
Ⅳ	小（1）型	<0.10，≥0.01	<20，≥5	<30，≥5	<40，≥10	<15，≥3	<5，≥0.5	一般	<1，≥0.3	<50，≥10
Ⅴ	小（2）型	<0.01，≥0.001	<5	<5	<10	<3	<0.5		<0.3	<10

注 1. 水库总库容指水库最高水位以下的静库容；治涝面积指设计治涝面积；灌溉面积指设计灌溉面积；年引水量指供水工程渠首设计年均引（取）水量。

2. 保护区当量经济规模指标仅限于城市保护区；防洪、供水中的多项指标满足1项即可。

3. 按供水对象的重要性确定工程等别时，该工程应为供水对象的主要水源。

不同等别的枢纽工程，其所属建筑物的设计、施工标准也不同，以达到既安全又经济的目的。由于水工建筑物工程量大，当设计和施工标准稍有差异，所需的劳力、投资和设备就会又很大的增减。设计标准稍高，势必造成大量浪费；标准低又可能对安全不利。

当量经济规模等于防洪保护区人均 GDP 指数与保护区人口数量的乘积。防洪保护区人均 GDP 指数为防洪保护区人均 GDP 与全国 GDP 的比值。

二、取水枢纽

取水枢纽由壅水坝或拦河闸、水电站厂房、船闸和进水闸等建筑物组成。由于拦河闸（坝）的上下游水头差不大，称作中、低水头水利枢纽。由于地形开阔，取水枢纽布置通常将挡水建筑物、过坝建筑物、泄水建筑物和电站厂房一字布置（图1-3-1）。取水枢纽布置除了要考虑取水问题，还要妥善处理好消能防冲、泥沙淤积问题。取水枢纽按照是否设置拦河闸（或壅水坝）可分为无坝取水枢纽、有坝取水枢纽。

（一）无坝取水枢纽

无坝取水枢纽（图1-3-2）是指不设拦河闸、壅水坝等拦河建筑物，在天然河道上左右岸开口、自流取水的方式及工程设施。无坝取水是最简单、最常用的方法。一般用于河道比较开阔、流量较大的平原河流。取水枢纽由进水闸、冲沙闸、沉沙池及上下游整治建筑物等组成。世界灌溉工程遗产之一都江堰工程就是典型的无坝取水枢纽工程。

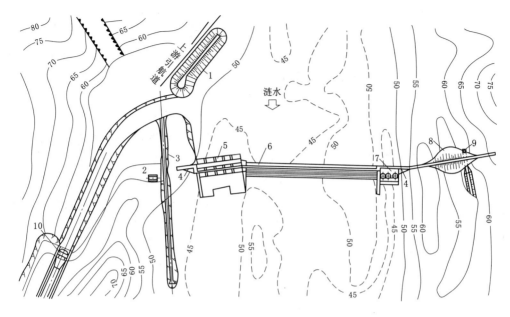

图 1-3-1　韶山灌区洋潭引水枢纽

1—导航堤；2—机房；3—斜面升船机；4—重力坝；5—泄洪闸；6—溢流坝；

7—水电站；8—土坝；9—洋潭支渠进水口；10—进水闸

　　无坝取水枢纽的优点是工程简单、投资少、施工容易、工期短及收效快，而且不影响河道航运、发电及渔业，对河床演变影响小。其缺点是受河道的水位变化影响大，枯水期引水保证率低；在多泥沙河流上引水时，还会引入大量的泥沙，使渠道淤积；当河床变迁时，一旦主流脱离引水口，会导致引水困难，甚至引水口被泥沙淤塞而报废。

　　无坝取水一般有弯道凹岸式取水、导流堤式取水、引渠式取水等形式。弯道凹岸式取水的取水口一般布置在弯道的凹岸，利用弯道环流原理，引取河流表面含沙量小的水流。导流堤式取水是指在引水口前修建导流堤以抬高水位、增加

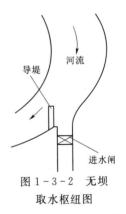

图 1-3-2　无坝
取水枢纽图

引水流量而不截断河流的取水方式及工程设施。引渠式取水是指在进水闸前设置断面较大的引水渠沉沙以减少入渠泥沙的取水方式及工程设施。

　　（二）有坝取水枢纽

　　有坝取水枢纽（图 1-3-3）是指修建拦河建筑物、控制河道水流、保证自流取水方式的工程设施。有坝取水枢纽适应于当河流枯水位较低不能满足引水要求时，可筑坝（闸）抬高水位以便自流取水，一般由进水闸、壅水坝（拦河闸）和冲沙闸三部分组成，世界灌溉工程遗产之一湖北襄阳长渠渠首，在有通航、发电、过木、过鱼等综合利用要求的枢纽中，还应根据需要设置船闸、水电站、筏道、鱼道等专门建筑物。进水闸用来从河道中引取水量，壅水坝（拦河闸）用来抬高水位，便于自流引水，冲沙闸用于冲刷淤积在进水闸前的泥沙。

29

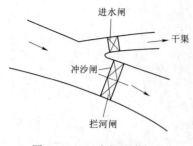

图 1-3-3　有坝取水枢纽
工程图

有坝取水枢纽优点是取水保证率高，缺点是工程量大、造价高，且破坏了天然河道的自然状态，改变了水流、泥沙运动的规律，尤其是在多泥沙河流上，会引起渠首附近上下游河道的变形，影响渠首的正常运行。

三、蓄水枢纽

水利枢纽通过拦河筑坝，拦蓄洪水，形成水库，称作蓄水枢纽。蓄水枢纽必须具有三大水工建筑物（图 1-3-4）。挡水建筑物——各种拦河坝；泄水建筑物——溢洪道、及泄水隧洞等；取水建筑物——水电站进水口、灌溉隧洞进水口等。此外还有一些附属水工建筑物，如水电站厂房、通航、过木及过鱼建筑物等。这类枢纽一般修建在河流上游或中游，通常可形成一定调节能力的水库。当枢纽兼有防洪、发电和通航等多项综合任务时，尤其是洪峰高、装机规模大和过船吨位大的情况，枢纽布置必须妥善处理好泄洪、发电、导流和通航等建筑物之间的相互关系，以免互相干扰。

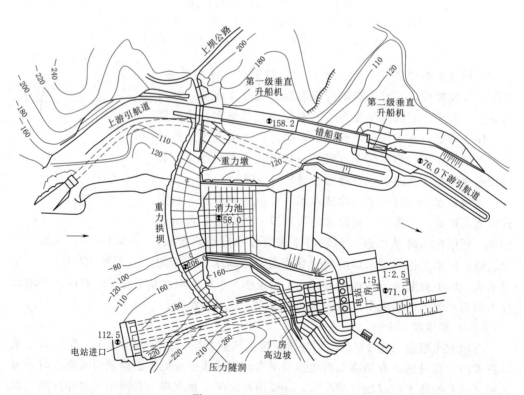

图 1-3-4　隔河岩水电站

修建水库可以保证灌溉和水力发电的需要，而且可以减少下游的洪水灾害，所以修建水库可以达到综合利用的目的。

四、水库

河川径流在年内和年际间的分配很不均匀。汛期或丰水期，水量丰沛，一般超过用水量，甚至造成洪涝灾害；而枯水期或枯水年的水量，往往又不够用。如华北地区河流在春季农作物需要灌溉时正是枯水季节，来水量不能满足灌溉需要；但夏季洪水出现时，又会淹没农田，危害农作物。显然，河流的天然来水量与人类的生产、生活、生态环境的用水量之间存在矛盾，为解决这一矛盾，修建水库，进行径流调节（按照国民经济各个用水部门的要求，通过工程措施对地表径流和地下径流在时间和空间上进行重新分配），这是最普遍的、有效的工程措施。通过拦河筑坝，在坝上游形成水库，将多余水量蓄在库内，以补枯水季节的不足。

3-3
水库的特征
水位和库容

水库作用是拦洪蓄水和调节水流，以达到防洪、灌溉、供水、发电、养鱼等目的。按照工农业生产的需要，人工地重新分配河流天然径流，称为河川径流调节。径流调节按照调节周期（水库一次蓄泄循环的历时）的长短可分为：年调节（水库按照用水部门的需水过程对一个水文年度内的来水径流进行的调节，即调节周期为一个水文年）和多年调节（将丰、枯水年之间的天然径流加以重新分配，调节周期为若干水文年）。进行年调节和多年调节的水库分别称为年调节水库、多年调节水库。

（一）水库特性曲线

水库的水面高程称为库水位，库水位以下的蓄水容积称为库容。一般地，坝越高，库容越大。但在不同的河流上，即使坝高相同，其库容一般不相同，这主要与库区内的地形及河流的比降等特性有关。如库区内地形开阔，则库容较大，如为峡谷，则库容较小。河流比降小，库容就大；比降大，库容就小。根据库区河谷形状，分峡谷型水库和湖泊型水库两种。

对于同一座水库来讲，水位越高则水库面积越大，库容越大。不同水位有相应的水库面积和库容，水域面积、库容对径流调节有直接影响，是水库最主要的特性资料。因此，在设计时，必须先计算库水位-水域面积、库水位-库容关系曲线（图1-3-5）。

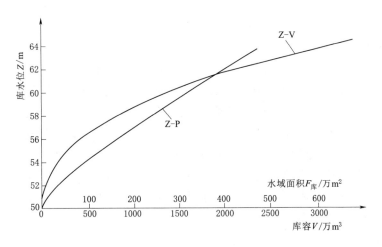

图1-3-5　水库特性曲线

为绘制库水位-水域面积、库水位-库容关系曲线，一般可根据 1/10000～1/5000 比例尺的地形图，用求积仪或数方格等方法。求得不同高程时水库的水域面积，即水库某一水位相应的等高线与坝轴线所包围的面积，然后以水库水位为纵坐标，水面面积为横坐标，绘制库水位-水面面积关系曲线。水库面积特性曲线是研究水库库容、淹没范围和计算水库蒸发损失的依据。

（二）水库特征水位和库容

水库的规划设计，首先要合理确定各种库容和相应的库水位，即要根据河流的水文条件、坝址的地形地质条件和各用水部门的需水要求，通过调节计算，并从经济、技术、生态、社会等方面进行全面的综合评价，确定水库的各种特征水位及相应的库容。这些特征水位和库容各有其特定的任务和作用，体现着水库正常工作的各种特定要求，也是规划设计阶段确定主要水工建筑物的尺寸（如坝高和溢洪道大小）和估算工程投资、效益的基本依据。

水库的总库容可分为死库容、兴利库容和防洪库容三部分，由各种特征水位划分（图 1-3-6）。

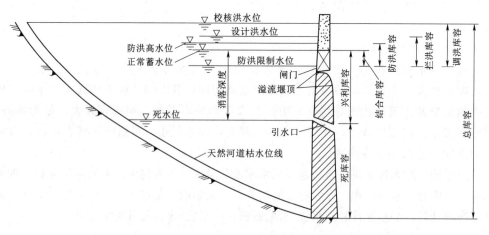

图 1-3-6 水库特征水位及其相应库容示意图

1. 死水位

死水位是指在正常运用情况下，水库允许消落的最低水位。死水位以下的库容称为死库容。水库正常运行时一般不能低于死水位。除非特殊干旱年份或其他特殊情况，如战备要求、地震等，为保证紧要用水、安全等要求，经慎重研究，才允许临时动用死库容部分存水。水库在供水期末，可以放空到死水位，以便能充分利用水库库容和河川来水，而死水位以下，则应视为运行禁区。

确定死水位所应考虑的主要因素：考虑泥沙淤积的需要；库区航运和渔业的要求；对于北方地区的水库，因冬季有冰冻现象，尚应计及在死水位冰层以下，仍能保留足够的容积供鱼群栖息。

2. 正常蓄水位

水库在正常运行条件下，为了满足灌溉、发电、供水等兴利目标，水库允许蓄水的上限水位，称为正常蓄水位（又称为正常高水位、兴利水位）。正常蓄水位到死水位之间的库容为兴利库容（又称调节库容）（图1-3-6），是水库实际可用于径流调节的库容。正常蓄水位与死水位之间的深度，称为消落深度，又称工作深度。

正常蓄水位是水库最重要的特征水位之一。因为它直接关系到一些主要水工建筑物的尺寸、投资、淹没、综合利用效益及其他工作指标。大坝的结构设计、其强度和稳定性计算，也主要以它为依据。

正常蓄水位是一个重要的设计数据。因此，在水库建成运行时，必须严格遵守设计规定，才能保证工程效能的正常发挥，满足对用户正常供水、供电的需要。

3. 防洪限制水位

水库在汛期允许兴利蓄水的上限水位，称为防洪限制水位，又称为汛期限制水位，也是水库在汛期防洪运用时的起调水位。兴建水库后，为了汛期安全泄洪和减少泄洪设备，常要求预留一部分库容作为拦蓄洪水、削减洪峰之用。这个水位以上的库容就是作为滞蓄洪水的库容。只有在出现洪水时，水库水位才允许超过防洪限制水位。当洪水消退时，水库水位应回到防洪限制水位。

防洪限制水位是水库很重要的参数，它比死水位更重要，它的牵涉面更广。防洪限制水位应尽可能定在正常蓄水位以下，以减少专门的防洪库容，特别是当水库溢洪道设闸门时，一般闸门顶高程与正常蓄水位齐平，而防洪限制水位就常定在正常蓄水位之下。防洪限制水位与正常蓄水位之间的库容，称为结合库容，又称为共用库容或重叠库容，它在汛期是防洪库容的一部分、汛后又是兴利库容的一部分。

4. 防洪高水位

当水库遇到下游防护对象的设计标准洪水时，在坝前达到的最高水位，称为防洪高水位。只有当水库承担下游防洪任务时，才需确定这一水位。防洪高水位至防洪限制水位之间的库容称为防洪库容。它用以控制洪水，满足水库下游防护对象的防洪要求。

5. 设计洪水位

当水库遇到大坝的设计洪水标准时，在坝前允许蓄水的上限水位，称为设计洪水位。它与防洪限制水位之间的水库容积称为拦洪库容。设计洪水位是水库的重要参数之一，它决定了设计洪水情况下的上游洪水淹没范围，同时又与泄洪建筑物尺寸、形式有关。

6. 校核洪水位

当水库遇到大坝校核洪水标准时，在坝前达到的最高水位，称为校核洪水位。它至防洪限制水位间的水库容积称为调洪库容。

校核洪水位（或正常蓄水位）以下的全部库容就是水库的总库容。校核洪水位（或正常蓄水位）至死水位之间的库容称为有效库容。总库容是水库最主要的一个指标。在规划、设计水库时，上述的各特征水位按设计指标均已拟定。

黄河小浪底水利枢纽工程的特征水位分别是死水位230m、正常蓄水位275m、设计洪水位274m、校核洪水位275m；总库容126.5亿m³，其中防洪库容40.5亿m³、淤沙库容75.5亿m³、调水调沙库容10.5亿m³。

长江三峡工程特征水位分别是死水位155m、正常蓄水位175m、设计洪水位

175m、校核洪水位 180.4m、防洪限制水位 145m；总库容 393 亿 m^3，防洪库容 221.5 亿 m^3、兴利库容 165 亿 m^3。

（三）水库对周围生态环境的影响

水库不仅具有防洪、灌溉、供水、发电、养鱼等对人类生活带来有利的一面，同时也会对周围环境产生淹没、移民、植被的破坏、地下水位上升、诱发地震等不利的影响。

1. 水库对上游生态环境的影响

（1）淹没与移民。每座水库都要在不同程度上淹没土地、迁移库区居民，淹没陆生动植物的栖息地、淹没水生动植物栖息环境、破坏原陆生植物系统，引起资源的变化。淹没区如有重要矿产、城镇、工业设施或有保护价值的古迹，就需要研究水位的标准是否合适。对有纪念性的建筑物可以加以保护和迁移，如河北省岗南水库回水影响了平山县西柏坡村。为保证工程效益，已确定的水库规模不变，只是将西柏坡村有纪念性的建筑物向高处迁移。

（2）地下水位变化。水库蓄水以后，上游地下水位随之上升。为上游利用地下水灌溉创造了有利的条件，但也可能带来下列一些不利后果：由于地下水位的上升，可能引起耕地的盐碱化，使农作物减产以至土地荒废；房屋地基被地下水浸润，可能发生下陷，倒塌房屋；当地下水露出，使地表洼地成为沼泽时，易造成蚊虫孳生。

（3）岸坡坍塌。水库蓄水以后，库区周边，由于浸润、风浪、冰凌的撞击、沿岸水流的掏刷，土质岸坡可能坍塌，有的水库岸坡坍塌宽度达数十米，不但增加了水库的淤积，也威胁了岸坡附近的生产企业和居民点的安全。一般土质的岸坡坍塌以后，岸坡变缓，可逐渐趋向稳定。

（4）水库淤积。库区由于水面增加，水流变缓，由河道型变为湖泊型，水文条件改变较大。挟带泥沙的水流进入水库后，流速减小，挟沙能力减弱，泥沙颗粒由粗到细，逐渐下沉，形成淤积。

水库的泥沙淤积将带来很多不良后果。水库的有效库容损失，大量的泥沙不仅淤积在死库容内，而且侵占兴利库容，使水库的效益大大降低；泥沙淤积有时向上发展远远超过泥沙未淤积时水库的回水末端，这种现象称为"翘尾巴"，引起水库水位抬高，回水相应延长，因而扩大了淹没范围；水库泥沙淤积于通航建筑物上下游引航道和回水变动库段航道内，影响航运；水库淤积发展到一定程度，洪水带来的大量泥沙和水草就可能运行到坝前，造成进水口的堵塞，较粗的泥沙使水轮机、金属闸门等过流部件严重磨损。

黄河三门峡水库由于泥沙淤积过快，导致不能按原设计发电。水库建成 1.5 年内，水库泥沙淤积 15.34 亿 m^3，黄河潼关附近泥沙淤积 4.5m，在渭河口形成"拦门沙"，渭河入黄口上移 5km，渭河变成地上悬河，导致 12 条南山支流入渭不畅，洪涝灾害频生。

2. 水库对下游生态环境的影响

（1）下游滩地的改善。由于水库控制了径流，使下游河流的洪涝灾害大为减轻，促使农业增产。受洪涝灾害的河滩地、沼泽地也会变成高产的农田。

（2）下游河床的变形。由于水库下泄的水流含沙量小，流速大、冲刷能力强，引起下游河床的冲淤不平衡，使得下游河床偏移，产生变形。在坝下游河道因受水流冲刷，造成水位下降，原来的下游引水工程，由于水位降低，不能取得足够的水量；原来的护岸工程及桥梁基础受到淘刷，影响建筑物的安全。

（3）影响鱼类或水生生物迁徙。修建水库，打破原有的生态环境，影响水库下游河段水生动植物及其栖息环境，生物物种因其生存和生活空间的丧失而面临濒危或灭绝。大坝修建阻断了洄游鱼类的迁徙通道；水体泥沙含量降低可能导致鱼卵难以附着在泥沙上，导致鱼群繁衍困难；水库下泄水流温度较低，也会影响鱼类的排卵，这些都影响到鱼群的生存状况。所以，即使无通航要求的河道，为维持河道的鱼类生存、保证饮用的井水水源、保持一定的地下水水位，水库应下泄一定的流量，维持河道生态系统健康的需求。

任务二　水 工 建 筑 物

一、水工建筑物的分类

（一）按建筑物的用途划分

水工建筑物按其用途可分挡水建筑物、泄水建筑物、输水建筑物、取水建筑物、整治建筑物、水电站建筑物、渠系建筑物、通航建筑物、过木建筑物、过鱼建筑物等。

（1）挡水建筑物。用以拦截江河水流，形成水库或壅高水位以及阻挡河水泛滥或海水入侵的水工建筑物。如各种坝和闸、为抗御洪水或挡潮，沿江河海岸修建的堤防、海塘等。

（2）泄水建筑物。用以宣泄多余水量或泥沙、冰凌等的水工建筑物。如溢流坝、溢洪道、泄洪洞等。

3-4

水工建筑物的分类

（3）输水建筑物。为灌溉、发电、和供水的需要从上游向下游输送水的水工建筑物，如输水洞、引水管、渠道、渡槽等。

（4）取水建筑物。从水源取水的水工建筑物，是输水建筑物的首部建筑物，如进水闸、扬水站等。

（5）整治建筑物。用以整治河道，改善河道的水流条件，如丁坝、顺坝、锁坝、导流堤、护岸等。

（6）水电站建筑物。为将水流落差蕴藏的水能转变为电能而修建的建筑物，如电站厂房。

（7）渠系建筑物。在各级渠道上修建的水工建筑物，如渠首闸、渡槽、倒虹吸管、跌水、陡坡等。

（8）通航建筑物。修建在河道上或水位集中落差处、使船只上下安全通过的建筑物，如船闸、升船机。

（9）过木建筑物。为使木筏或散漂木材通过闸、坝而修建的建筑物，如漂木道、过木机。

（10）过鱼建筑物。为使鱼类通过闸、坝而修建的建筑物，如鱼道、鱼梯、鱼闸。

有些水工建筑物在枢纽中的作用并不是单一的，如溢流坝既能挡水、又能泄水；

水闸既可挡水，又能泄水、取水。

（二）按建筑物使用时间划分

水工建筑物按使用的时间长短分为永久性水工建筑物和临时性水工建筑物两类。

（1）永久性水工建筑物。这种建筑物在工程运用期长期使用，根据其在工程中的重要性又分为主要建筑物和次要建筑物。主要建筑物是指在工程中起主要作用、失事后将造成下游严重灾害或严重影响工程效益的水工建筑物，如闸、坝、泄水建筑物、输水建筑物及水电站厂房等；次要建筑物是指在工程中作用相对较小、失事后对工程效益影响不大的水工建筑物，如挡土墙、导流墙、工作桥及护岸等。

（2）临时性水工建筑物。仅在工程施工和维修期间使用，如围堰、导流建筑物等。

二、水工建筑物的特点

水工建筑物与其他土木建筑物相比，除了工程量大、投资多、工期较长之外，还具有以下几个方面的特点。

（1）工作条件复杂。挡水建筑物蓄水以后，除承受自重外，还承受地震力、风压力、水压力、浪压力、冰压力、地震动水压力等水平推力，对建筑物的稳定影响极大；挡水建筑物承受水头，形成渗流，对建筑物产生渗透压力、侵蚀，甚至发生渗透破坏；当水流通过水工建筑物下泄时，高速水流可能引起建筑物的空蚀、振动以及对下游河床和两岸的冲刷。

水工建筑物因地质问题而发生事故的屡见不鲜。由于水工建筑物的自身重量很大，其基础大多在水下，发生问题难以察觉、及时处理，所以对地质条件要求较高。

（2）施工条件复杂。水工建筑物的修建，需要解决施工导流问题。第一，要求在施工期间，保证建筑物安全的前提下，水流应下泄顺畅，通航要求应能得到满足。第二，由于工程进度紧迫，工期比较长，截流、度汛需要抢时间、争进度，否则将导致工期延长，不能按时竣工。第三，施工技术复杂，水工建筑物的施工受气候影响较大。如大体积混凝土的浇筑需要温度控制措施、复杂的地基处理较难；填土工程要求一定的含水量和一定的压实度，雨季施工困难很大。第四，地下、水下工程多，排水施工难度比较大。第五，交通运输比较困难，高山峡谷地区更为突出等。

（3）对经济影响巨大。水工建筑物承担防洪、灌溉、发电、航运等任务，同时又可以改善生态环境，改良土壤植被，发展旅游，甚至建成优美的城市等，对社会经济影响巨大。但是，如果处理不当也可能产生不利的影响。水库蓄水越多，效益越高，淹没损失也越大，不仅导致大量移民和迁建，还可能引起库区周围地下水位的变化，直接影响到工农业生产，甚至影响生态环境；库尾的泥沙淤积，可能会使航道恶化。挡水建筑物一旦失事或决口，将会给下游人民的生命财产和国家建设带来灾难性的损失。由于"75·8"雨型恶劣，致使洪汝河流域内板桥、石漫滩2座大型水库；竹沟、田岗2座中型水库和58座小型水库失事，其中以板桥水库的库容最大，危害惨烈，震惊中外。❶

---

❶ 摘自板桥水库官方网站资料。

三、水工建筑物的级别划分

水利枢纽中的不同水工建筑物按其所属工程的等别、作用和其重要性，分为5级。其中1级水工建筑物级别最高。级别高的水工建筑物，对设计及施工的要求也高，级别低的建筑物则可以适当降低。水库及水电站工程永久性水工建筑物，应根据其所属工程的等别和其重要性按表1-3-2确定级别。多用途的水工建筑物级别，应按规模指标较高的确定。

3-6 ▶
水工建筑物
的级别划分

表 1-3-2　　　　　　　　　永久性建筑物级别

工程级别	主要建筑物	次要建筑物	工程级别	主要建筑物	次要建筑物
I	1	3	IV	4	5
II	2	3	V	5	5
III	3	4			

失事后损失巨大或影响十分严重的水利水电工程，经论证并报主管部门批准，其2~5级主要建筑物可提高一级设计，并可按提高后的级别确定洪水标准。水头低、失事后造成损失不大的水利水电工程，经论证并报主管部门批准，其1~4级主要水工建筑物可降低一级设计，并可按降低后的级别确定洪水标准。

穿越堤防、渠道的永久性水工建筑物的级别，不低于堤防、渠道的级别。

相应水库大坝为2、3级水工建筑物，若坝高超过表1-3-3数值者，其级别可提高一级，但洪水标准不予提高。水库工程中最大坝高超过200m的特高坝，其级别应为1级，其设计标准应专门研究论证，并报上级主管部门审查批准。

表 1-3-3　　　　　　　　　水库大坝提级指标

坝　　　型	坝 的 原 级 别	
	2	3
	坝　　　高/m	
土石坝	90	70
混凝土坝、浆砌石坝	130	100

当水工建筑物基础的工程地质条件复杂或实践经验较少的新型结构时，2~5级建筑物可提高一级设计，但洪水标准不予提高。

拦河闸永久性水工建筑物级别，应根据其所属工程等别按表1-3-2确定。当拦河闸的级别为2级、3级时，其校核洪水过闸流量分别大于$5000\text{m}^3/\text{s}$、$1000\text{m}^3/\text{s}$，其级别可以提高一级，但洪水标准不予提高。

其他水工建筑物的级别划分请参考《水利水工工程等级划分及洪水标准》（SL 252—2017）。

四、永久性水工建筑物洪水标准

水利水电工程永久性建筑物的洪水标准分为设计洪水标准和校核洪水标准两种情况，按山区、丘陵区和平原、滨海区分别确定。

当山区、丘陵区水库工程永久性挡水建筑物的挡水高度低于15m，且上下游最大水头差小于 10m 时，其洪水标准按平原、滨海区标准确定；当平原、滨海区水库工程永久性挡水建筑物的挡水高度高于 15m，且上下游最大水头差大于 10m 时，其洪水标准应按山区、丘陵区标准确定，其消能防冲洪水标准不低于平原、滨海区标准。

堤防、渠道上的闸、涵、泵站及其他建筑物的洪水标准，不应低于堤防、渠道的防洪标准，并应留有安全裕度。

（1）山区、丘陵区水库工程永久性水工建筑物的洪水标准。山区、丘陵区水库工程永久性水工建筑物洪水标准，按表 1-3-4 确定。

表 1-3-4　　　　　　山区、丘陵区水库工程永久性水工建筑物洪水标准

项　　目		永久性水工建筑物级别				
		1	2	3	4	5
设计洪水标准/重现期/年		1000～500	500～100	100～50	50～30	30～20
校核洪水标准/重现期/年	土石坝	可能最大洪水或 10000～5000	5000～2000	2000～1000	1000～300	300～200
	混凝土坝、浆砌石坝	5000～2000	2000～1000	1000～500	500～200	200～100

（2）平原、滨海区水库工程的永久性水工建筑物洪水标准。平原、滨海区水库工程的永久性水工建筑物洪水标准，应按表 1-3-5 确定。

表 1-3-5　　　　平原、滨海区水库工程的永久性水工建筑物洪水标准

项　　目	永久性水工建筑物级别				
	1	2	3	4	5
设计洪水标准/重现期/年	300～100	100～50	50～20	20～10	10
校核洪水标准/重现期/年	2000～1000	1000～300	300～100	100～50	50～20

当挡水建筑物采用土石坝和混凝土坝混合坝型时，其洪水标准应采用土石坝的洪水标准。

（3）对土石坝，失事后对下游将造成特别重大灾害时，1级永久性水工建筑物的校核洪水标准，应取可能最大洪水或重现期 10000 年一遇；2～4 级永久性水工建筑物的校核洪水标准，可提高一级。

（4）对混凝土坝、浆砌石坝永久性水工建筑物，如洪水漫顶将造成极严重的损失时，1级永久性水工建筑物的校核洪水标准，经专门论证并报上级主管部门批准，可取可能最大洪水或重现期 10000 年一遇。

（5）拦河闸、挡潮闸挡水建筑物及其消能防冲建筑物设计洪水标准，应根据其建筑物级别按表 1-3-6 确定。

表 1-3-6　　　　拦河闸、挡潮闸永久性水工建筑物洪（潮）水标准

建筑物级别		1	2	3	4	5
洪水标准/重现期/年	设计	100～50	50～30	30～20	20～10	10
	校核	300～200	200～100	100～50	50～30	30～20
潮水标准/重现期/年		≥100	100～50	50～30	30～20	20～10

模块二　挡　水　建　筑　物

项目四　重　力　坝

重力坝是主要依靠坝体自身重力产生的抗滑力来维持坝体稳定的挡水建筑物，常用混凝土或浆砌石建造，横断面一般做成上游面铅直的、近似于三角形。重力坝轴线一般为直线，地形和地质条件不容许的，也可布置成折线或曲线。

重力坝是最早出现的坝型之一。早在公元前 2900 年，埃及人就已经开始在尼罗河上修建浆砌石重力坝。中国于公元前 3 世纪在连通长江与珠江流域的灵渠工程上，修建了一座高 5m 的砌石溢流坝，迄今已运行 2000 多年，是世界上现存的，使用历史最久的一座重力坝。到 19 世纪，水泥问世后才出现了混凝土重力坝（图 2-4-1）。20 世纪 60 年代后，由于施工技术的发展和机械化水平的提高，重力坝的坝高、坝型、结构、施工方法等均产生了很大的变化。

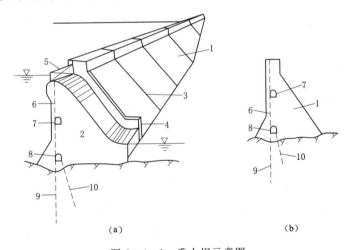

图 2-4-1　重力坝示意图

（a）重力坝布置示意图；（b）非溢流坝典型断面图

1—非溢流重力坝；2—溢流重力坝；3—横缝；4—导墙；5—闸门；6—坝体排水管；7—交通、检查和坝体排水廊道；8—坝基灌浆、排水廊道；9—防渗帷幕；10—坝基排水孔幕

世界上最高的重力坝是瑞士（1962 年建成）的大狄克逊坝（Grand Dixence）整体式重力坝，坝高为 285m。我国已建的重力坝有三峡水电站实体重力坝（181 m）、

官地重力坝（168m）、乌江渡重力坝（165m）、刘家峡重力坝（148m）、向家坝混凝土重力坝（162m）、新安江（105m）、丹江口（110m）等，其中70m以上的高坝占13%，龙滩碾压混凝土重力坝高达216.5m。

任务一 重力坝概述

一、重力坝的特点

重力坝之所以被广泛采用，是因为它具有以下几方面的优点：

（1）工作安全，运行可靠。重力坝断面尺寸大，筑坝材料强度较高，耐久性好，而坝内应力较小，因此，抵抗洪水漫顶、渗漏、侵蚀、地震和战争等破坏的能力都比较强。据统计，在各种坝型中，重力坝失事率相对较低。

（2）对地形、地质条件适应性强。几乎任何形状的河谷断面都可修建重力坝，重力坝对地基地质条件的要求相对较低，一般修建在岩基上，当坝高不大时，也可修建在土基上。

（3）泄洪方便，导流容易。重力坝所用的材料抗冲能力强，断面尺寸较大，适于坝顶溢流或在坝体内设置泄水孔，施工期可以利用坝体导流。

（4）施工方便，维护简单。大体积混凝土，可以采用机械化施工，在放样、立模和混凝土浇筑等环节都比较方便。在后期维护，扩建，补强，修复等方面也比较简单。

（5）受力明确，结构简单。重力坝沿坝轴线用横缝分成若干坝段，各坝段独立工作，结构简单，受力明确，稳定和应力计算都比较简单。

重力坝同时也存在下列缺点：

（1）坝体断面尺寸大，材料用量多，材料的强度不能得到充分发挥。

（2）坝体与坝基接触面积大，坝底面扬压力大，对坝体的抗滑稳定不利。

（3）坝体体积大，混凝土在凝结过程中产生大量水化热和硬化收缩，将引起不利的温度应力和收缩应力。因此，在浇筑混凝土时，需要有较严格的温度控制措施。

二、重力坝的类型

（1）按坝的高度分类。坝高低于30m的为低坝，高于70m的为高坝，介于30～70m之间的为中坝。坝高是指坝基最低面（不含局部有深槽或井、洞部位）至坝顶路面的高度。

（2）按泄水条件分类。根据坝顶是否泄洪，分为溢流重力坝和非溢流重力坝。溢流坝段和设有泄水孔的非溢流坝段统称为泄水坝段，其余为挡水坝段。

（3）按筑坝材料分类。有混凝土重力坝和浆砌石重力坝。

（4）按坝体结构形式分类。①实体重力坝（整个坝体除若干小空腔外均用混凝土填筑的坝）；②宽缝重力坝（两个坝段之间的横缝中部扩宽成空腔的混凝土重力坝）；③空腹（腹孔）重力坝（在重力坝坝体内沿坝轴线方向布置大型纵向空腹的坝）；④预应力锚固重力坝；⑤装配式重力坝；⑥支墩坝（大头坝、连拱坝、平板坝）。重力坝和支墩坝的形式如图2-4-2所示。

（5）按施工方法分类。有浇筑混凝土重力坝和碾压混凝土重力坝。

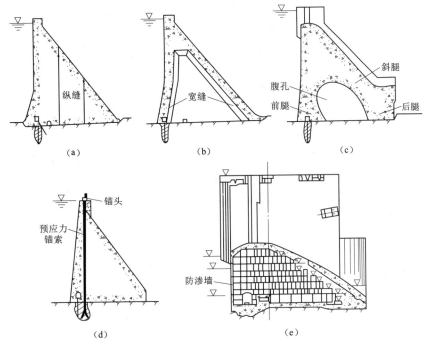

图 2-4-2　重力坝的形式
（a）实体重力坝；（b）宽缝重力坝；（c）空腹重力坝；
（d）预应力锚固重力坝；（e）装配式重力坝

三、重力坝的布置

重力坝通常由非溢流坝段、溢流坝段、泄水孔坝段及其相应的附属建筑组成。重力坝的附属建筑主要包括导墙、闸墩、交通桥、廊道、泄水孔、取水管道等。

重力坝坝址一般应选在地质条件好的狭窄河谷处，以节省工程量。在进行坝体布置时，应结合枢纽布置全面考虑，合理安排泄洪、供水、发电、灌溉、航运、排沙、排漂、过鱼等建筑物的布置，避免相互干扰。考虑泄洪建筑物的布置，使其顺应河势，下泄水流不致冲淘坝基和其他建筑物的基础及岸坡，并使其流态和冲淤不致影响其他建筑物的使用。坝体可根据以下功能要求设置泄水孔：①有泄洪要求时；②地震设计烈度为Ⅷ度以上或坝基地质条件极为复杂，或有其他降低、放空库水要求时；③有下游供水、灌溉要求时；④有排沙要求时；⑤施工期有泄洪要求，又适宜于结合为永久泄洪孔时；⑥有下泄生态用水要求时。

重力坝坝轴线（代表坝平面位置的一根基准线）一般布置成直线，垂直坝轴线方向设横缝（大坝在垂直于坝轴线方向每隔一定距离设置的竖向永久接缝），将坝体分成若干个独立工作的坝段（两条相邻横缝之间的坝体），以免因坝基发生不均匀沉陷和温度变化而引起坝体开裂。各坝段的外形应尽量协调一致。当地形、地质及运用等条件有显著差别时，应尽量使上游面保持齐平，下游面可按不同情况分别采用不同的下游边坡，使各坝段均达到安全经济的目的。

溢流坝段、泄水孔坝段通常布置在河床主流位置，两端以挡水坝段与岸坡相连。溢流坝坝顶布置有闸墩、工作桥、交通桥等坝顶建筑物。溢流坝的尾部应根据坝高、坝基及下游河床和两岸地形地质条件接以适当的消能建筑物。当需布置一些其他建筑物时，应根据地形、地质、水力、施工及运行条件，有机地、妥当地进行安排。

任务二 重力坝的坝体结构

重力坝的坝体结构根据坝的受力条件以及坝址的地形地质、水文气象、建筑材料、施工工期等条件，通过总体技术经济比较确定，各坝段上游面协调一致，坝段两侧横缝上游面止水设施呈对称布置，坝顶高程应高于水库最高静水位。

一、非溢流重力坝的典型断面设计

（一）重力坝的基本断面

重力坝承受的主要荷载是静水压力和自重，控制断面尺寸的主要指标是稳定和强度要求，因为作用于上游面的水平水压力呈三角形分布，而且三角形断面外形简单，底面和基础接触面积大，稳定性好，所以非溢流坝段的基本断面呈三角形，其顶点在水库最高静水位附近，基本断面上部可设坝顶结构，坝体的上游面可为铅直面、斜面或折面。

4-3

非溢流坝断面设计

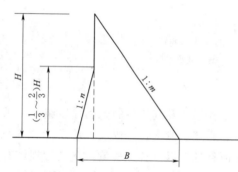

图 2-4-3 重力坝的基本断面

实体重力坝上游坝坡采用 $1:0.2\sim 1:0$。坝坡采用折面时，折坡点高程应结合电站进水口、泄水孔等布置，以及下游坝坡优选确定，折坡点一般位于 $1/3\sim 2/3$ 坝高处，以便利用上游坝面水重增加坝体的稳定性。下游坝坡可采用一个或几个坡度，应根据稳定和应力要求并结合上游坝坡同时选定。下游坝坡宜采用 $1:0.6\sim 1:0.8$。对横缝设有键槽进行灌浆的整体式重力坝，可考虑相邻坝段联合受力的作用选择坝坡。坝底宽为 $B=(0.7\sim 0.9)H$（H 为坝高或最大挡水深度），如图 2-4-3 所示。

（二）非溢流重力坝的实用断面

基本断面拟定后，要进一步根据作用在坝体上的荷载以及运用条件，并考虑坝顶交通、设备和防浪墙布置、施工和检修等综合需要，把基本断面修改成实用断面。

1. 坝顶宽度

为了满足设备布置、运行、检修、施工、交通、抗震、特大洪水时抢护等的需要，坝顶必须有一定的宽度。考虑坝体各部分尺寸协调美观，一般情况坝顶宽度可采用最大坝高的 $8\%\sim 10\%$，且不小于 4m；碾压混凝土坝坝顶宽不小于 5m；若有交通要求时，应按交通要求确定；若坝顶布置移动式启闭设施时，坝顶宽度要满足安装门机轨道的要求。

坝顶布置应综合考虑交通、闸门、启闭设备、操作检修、电气设备、监测和消防等布置要求；坝顶布置应结合工程的建筑总体规划，与周围环境相协调。

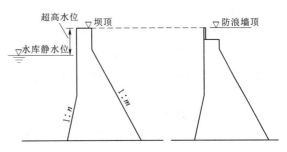

图 2-4-4 重力坝的坝顶高程

2. 坝顶高程

为了交通和运用管理的安全，非溢流重力坝的坝顶高程应高于水库最高静水位。坝顶上游一般设置防浪墙，以降低坝顶高程，节约工程量（图 2-4-4）。防浪墙顶部高程应高于波浪顶部高程，其与正常蓄水位或校核洪水位的高差 Δh 由式（2-4-1）确定，应选择两者中防浪墙顶高程的高者作为最低高程。

$$\Delta h = h_{1\%} + h_z + h_c \qquad (2-4-1)$$

式中 Δh——防浪墙顶至正常蓄水位或校核洪水位的高差，m；

      $h_{1\%}$——超值累积频率为 1% 时波浪高度，m；

      h_z——波浪中心线高出正常蓄水位或校核洪水位的高度，m；

      h_c——安全超高，m，查表 2-4-1。

表 2-4-1 安全超高 h_c 值表   单位：m

水工建筑物结构安全级别 （水工建筑物级别）	Ⅰ（1）	Ⅱ（2、3）	Ⅲ（4、5）
正常蓄水位	0.7	0.5	0.4
校核洪水位	0.5	0.4	0.3

波浪几何要素及风区长度如图 2-4-5 所示，波高 h_L 为波峰到波谷的高度，波长 L 为波峰到波峰的距离，因空气阻力比水的阻力小，所以波浪中心线高出静水面一定高度 h_z。

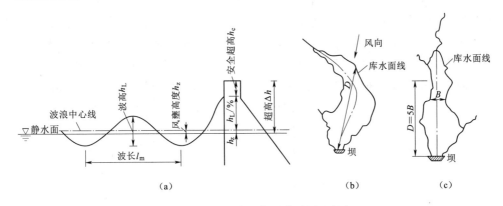

图 2-4-5 波浪几何要素及风区长度

(a) 波浪几何要素；(b)、(c) 风区长度

3. 坝顶布置

坝顶结构布置的原则是安全、经济、合理、实用。故有下列布置形式：①坝顶部分伸向上游 [图 2-4-6 (a)]；②坝顶建成矩形实体结构，必要时为移动式闸门启闭机铺设轨道 [图 2-4-6 (b)]；③坝顶部分伸向下游，并做成拱桥或桥梁结构形式 [图 2-4-6 (c)]。

坝顶排水一般都排向水库。坝顶常设防浪墙，钢筋混凝土结构高度一般为 1.2m，厚度应能抵抗波浪及漂浮物的冲击，与坝体牢固地连在一起，防浪墙在坝体分缝处设置伸缩缝，缝内设止水，如图 2-4-6 所示坝顶下游一侧一般设置栏杆、防护墙等安全防护措施。

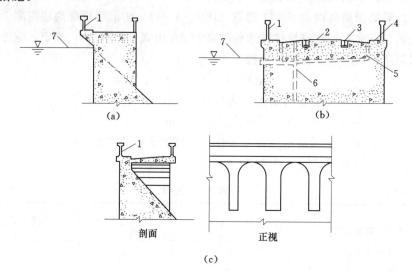

图 2-4-6 坝顶结构布置

1—防浪墙；2—公路；3—起重机轨道；4—人行道；5—坝顶排水管；6—坝体排水管；7—最高水位

4. 实用断面形式

坝体实用断面的上游坝面常采用以下三种形式（图 2-4-7）：①铅直坝面，上游坝面为铅直面，便于施工，利于布置进水口、闸门和拦污设备，但是可能会使下游坝面产生拉应力，此时可修改下游坝坡系数 m 值；②斜坡坝面，当坝基条件较差时，可利用斜面上的水重，提高坝体的稳定性；③折坡坝面，是最常用的实用断面，既可利用上游坝面的水重增加稳定，又可利用折坡点以上的铅直面布置进水口，还可以避

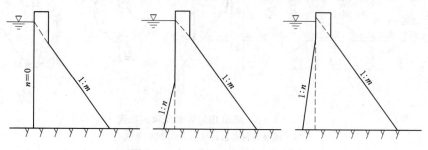

图 2-4-7 非溢流坝断面形式

免空库时下游坝面产生拉应力。坝底一般应按规定置于坚硬新鲜岩基上。

二、溢流重力坝的断面

溢流重力坝简称溢流坝,既是挡水建筑物,又是泄水建筑物。因此,坝体断面设计除要满足稳定和强度要求外,还要满足泄水的要求、下游的消能问题。

（一）溢流坝的设计要求

溢流坝是枢纽中最重要的泄水建筑物之一,将规划库容所不能容纳的大部分洪水经坝顶泄向下游,以便保证大坝安全。溢流坝应满足以下泄洪的设计要求:

（1）有足够的孔口尺寸、良好的孔口体形和泄水时具有较大的流量系数。

（2）使水流平顺地通过坝体,不允许产生不利的负压和振动,避免发生空蚀现象。

（3）保证下游河床不产生危及坝体安全的冲坑和冲刷。

（4）溢流坝段在枢纽中的位置,应使下游流态平顺,不产生折冲水流,不影响枢纽中其他建筑物的正常运行。

（5）有灵活控制水流下泄的设备,如闸门、启闭机等。

溢流坝的确定,既有结构问题,也有冲刷、空蚀、脉动、掺气、消能等水力学问题,对这些问题的研究,近年来虽然在试验和计算方面都取得了很大的进展,但在很多方面仍有待深入研究。

（二）溢流坝的泄水方式

溢流坝的泄水方式有堰顶开敞溢流式和孔口溢流式两种。

1. 堰顶开敞溢流式

根据运用要求,溢流堰顶可以设闸门,也可以不设闸门。

不设闸门时,堰顶高程等于水库的正常蓄水位,泄水时,靠壅高库内水位增加下泄量,这种情况增加了库内的淹没损失和非溢流坝的坝顶高程和坝体工程量。坝顶溢流不仅可以用于排泄洪水,还可以用于排泄其他漂浮物。它结构简单,可自动泄洪,管理方便。适用于洪水流量较小,淹没损失不大的中、小型水库。

当堰顶设有闸门 [图 2-4-8 (a)] 时,闸门顶高程虽高于水库正常蓄水位,但堰顶高程低于正常蓄水位,可利用闸门不同开启度调节库内水位和下泄流量,减少上游淹没损失和非溢流坝的高度及坝体的工程量。与深孔闸门比较,堰顶闸门承受的水头较小,其孔口尺寸较大,由于闸门安装在堰顶,操作、检修均比深孔闸门方便。当闸门全开时,下泄流量与堰上水头 H_0 的 3/2 次方成正比。随着库水位的升高,下泄流量增加较快,具有较大的超泄能力。在大、中型水库工程中得到广泛的应用。

2. 孔口溢流式

在闸墩上部设置胸墙 [图 2-4-8 (b)],既可利用胸墙挡水,又可减少闸门的高度和降低堰顶高程。它可以根据洪水预报提前放水,腾出较大的防洪库容,提高水库的调洪能力。当库水位低于胸墙下缘时,下泄水流流态与堰顶开敞溢流式相同;当库水位高于孔口一定高度时,呈孔口出流。胸墙多为钢筋混凝土结构,常固结在闸墩上,也有做成活动式的。遇特大洪水时可将胸墙吊起,以加大泄洪能力,利于排放漂浮物 [图 2-4-8 (c)]。

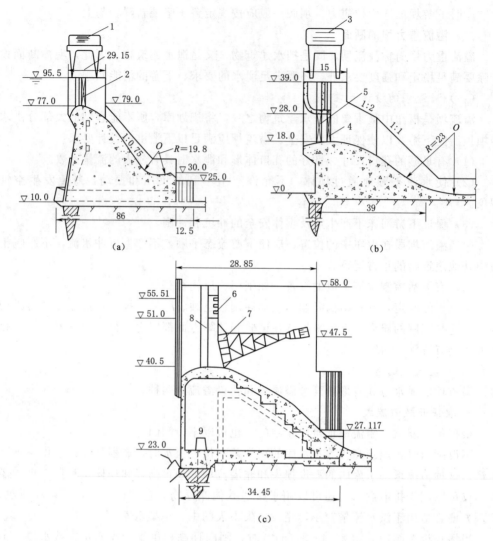

图 2-4-8 溢流坝泄水方式（单位：m）

（a）坝顶溢流式；（b）大孔口溢流式；（c）具有活动胸墙的大孔口

1—350T 门机；2—工作闸门；3—175/40T 门机；4—12×10m 定轮闸门；5—检修门；
6—活动胸墙；7—弧形闸门；8—检修门槽；9—预制混凝土块安装区

（三）溢流坝的断面

溢流坝的基本断面也呈三角形。上游坝面可以做成铅直面，也可以做成折坡面。溢流面由顶部曲线段、中间直线段和底部反弧段三部分组成，如图 2-4-9 所示。设计要求是：①有较高的流量系数，泄流能力大；②水流平顺，不产生不利的负压和空蚀破坏；③形体简单、造价低、便于施工等。

1．顶部曲线段

顶部曲线又称为溢流堰面曲线，常采用非真空断面曲线。采用较广泛的非真空断面曲线有克-奥曲线和幂曲线（或称 WES 曲线）两种。当采用开敞式溢流孔时可采用幂曲线；当设有胸墙时，且胸墙起挡水作用的，可采用孔口溢流的抛物线。

2. 中间直线段

中间直线段的上端与堰顶曲线相切，下端与反弧段相切，坡度与非溢流坝段的下游坡相同。

3. 底部反弧段

溢流坝面反弧段是使沿溢流面下泄水流平顺转向的工程设施，通常采用圆弧曲线，$R=(4\sim10)h$，h 为校核洪水闸门全开时反弧最低点的水深。反弧最低点的流速愈大，要求反弧半径愈大。当流速小于 16m/s 时，取下限；流速大时，宜采用较大值。当采用底流消能，反弧段与护坦相连时，宜采用上限值。

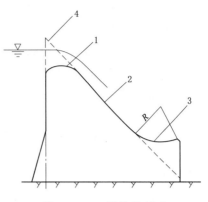

图 2-4-9 溢流坝断面
1—顶部曲线段；2—直线段；
3—反弧段；4—基本断面

挑流消能采用圆弧曲线，结构简单，施工方便，但容易发生空蚀破坏，为此，许多人开展了探求合理新型反弧曲线的研究，如球面、变宽度曲面、差动曲面等。

（四）溢流坝断面与非溢流坝断面的关系

溢流坝的实用断面，是在三角形基本断面的基础上，按堰面曲线的形状修改而成，在断面设计时往往会出现以下两种情况：

1. 溢流坝堰面曲线超出基本三角形断面

如图 2-4-10（a）所示，在坚固完好的岩基上，会出现这种情况，设计时需对基本断面进行修正。先绘出非溢流坝三角形基本断面△102，再绘出堰面曲线 ABCD，将基本三角形△012 平移至今△0'1'2'位置，使下游边 0'2' 与溢流坝面的切线重合，坝上游阴影部分可以省去。

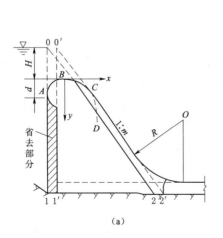
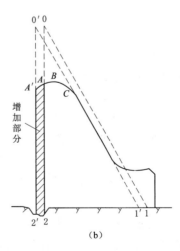

（a）　　　　　　　　　　　（b）

图 2-4-10 溢流坝断面绘制
（a）反弧与护坦连接；（b）反弧与挑流鼻坎连接

2. 溢流堰面曲线落在三角形基本断面以内

如图 2-4-11（b）所示。当坝基摩擦系数较大时，会出现这种情况。为了满足与基本断面协调的要求，可将失去的部分坝体体积补上，通常是在溢流坝顶加一斜直线 AA'，使之与溢流曲线相切于 A 点，增加上游阴影部分坝体体积，同时也满足坝体稳定和强度要求。

（五）溢流坝的上部结构

溢流坝的上部结构主要包括：闸墩、闸门、导墙、工作桥、交通桥、启闭机、胸墙等。

1. 闸墩

闸墩用来分割闸孔，承受闸门传来的水压力，支撑工作桥和交通桥等，如图 2-4-11所示。闸墩包括中墩、边墩和缝墩。

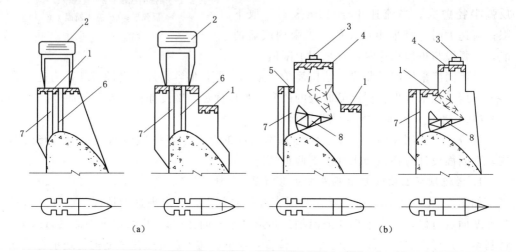

图 2-4-11　溢流坝顶布置图
（a）坝顶布置平面工作闸门；（b）坝顶布置弧形工作闸门
1—公路桥；2—门机；3—启闭机；4—工作桥；5—便桥；6—工作闸门槽；
7—检修闸门槽；8—弧形闸门

闸墩的断面形状应使水流平顺，减小孔口的侧收缩，其上游墩头断面常采用半圆形、椭圆形或流线型，下游断面则多采用逐渐收缩的流线型，有时也采用宽尾墩。闸墩上游墩头可与坝体上游面齐平，也可外悬于坝顶，以满足上部结构布置的要求。

闸墩厚度与闸门形式有关。大型工程上的闸墩采用平面闸门时需设闸门槽，工作闸门槽深 0.5～2.0m，宽 1～4m，门槽处的闸墩厚度不得小于 1m，以保证有足够的强度。弧形闸门闸墩的最小厚度为 1.5～2.0m。如果是缝墩，墩厚要增加 0.5～1.0m，如图 2-4-12所示。由于闸墩较薄，需要配置受力钢筋和温度钢筋。

闸墩的长度和高度，应满足闸门、工作桥、交通桥和启闭机械的布置要求。检修闸门多用活动的门式启闭机，轨距一般在 10m 左右。当交通要求不高时，工作桥可兼做交通桥使用，否则需另设交通桥。门机高度应能将闸门吊出门槽。在正常运用中，闸门提起后可用锁定装置挂在闸墩上。工作闸门一般采用固定式启门机，要求闸

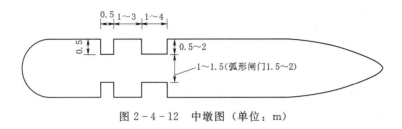

图 2-4-12 中墩图（单位：m）

门吊至溢流水面以上，工作桥应有相应的高度。为了改善水流条件，闸墩需向上游伸出一定长度，并将这部分做到溢流坝顶以下约一半堰顶水深处。交通桥则要求与非溢流坝坝顶齐平。

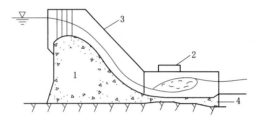

图 2-4-13 边墩和导墙
1—溢流坝；2—水电站；3—边墩；4—护坦

溢流坝两侧一般需要设置边墩，一方面起闸墩的作用，同时也起分隔溢流段和非溢流段的作用，如图 2-4-13 所示。边墩向下游延伸为导墙，直至挑流鼻坎末端，导墙高度应考虑溢流面上由水流冲击波和掺气所引起的水深增高，一般高出水面 1~1.5m。当采用底流式消能时，导墙需延长到消力池末端。当溢流坝与水电站并列时，导墙长度要延伸到厂房后一定的范围，以减少尾水对电站运行的影响。为防止温度裂缝，在导墙上每隔 15m 左右做一道伸缩缝。导墙顶厚为 0.5~2.0m，下部厚度有结构计算确定。

2. 闸门和启闭机

有关闸门和启闭机的内容详见项目九任务五。

（六）溢流坝孔口尺寸

溢流坝孔口尺寸的布置涉及很多因素，如洪水设计标准、下游防洪要求、库水位壅高的限制、泄水方式、堰面曲线以及枢纽所在地段的地形、地质条件等。设计时，先选定泄水方式，拟定若干个泄水布置方案（除堰面溢流外，还可配合坝身泄水孔或泄洪隧洞泄流），初步确定孔口尺寸，按规定的洪水设计标准进行调洪演算，求出各方案的防洪库容、设计和校核洪水位及相应的下泄流量，然后估算淹没损失和枢纽造价，进行综合比较，选出最优方案。

（七）溢流坝的消能防冲

因为溢流坝下泄的水流具有很大的动能，常高达几百万甚至几千万千瓦，潘家口和丹江口坝的最大泄洪功率均接近 3000 万 kW，如此巨大的能量，若不妥善进行处理，势必导致下游河床被严重冲刷，甚至造成岸坡坍塌和大坝失事。所以，消能措施的合理选择和设计，对枢纽布置、大坝安全及工程造价都有重要意义。

通过溢流坝下泄水流的能量主要消耗在三个方面：一是水流内部的互相撞击和摩擦；二是下泄水体与空气之间的掺气摩阻；三是下泄水流与固体边界（如坝面、护坦、岸坡、河床）之间的摩擦和撞击。

消能工消能是通过局部水力现象,把一部分水流的动能转换成热能,随水流散逸。实现这种能量转换的途径有:水流内部的紊动、掺混、剪切及旋滚,水股的扩散及水股之间的碰撞,水流与固体边界的剧烈摩擦和撞击,水流与周围空气的摩擦和掺混等。

常用的消能方式有:底流消能、挑流消能、面流消能、消力戽消能、坝面台阶消能、联合消能等形式。消能形式的选择主要取决于水利枢纽的具体条件,根据水头及单宽流量的大小、下游水深及其变幅、坝基地质、地形条件以及枢纽布置情况等,经技术经济比较后选定。

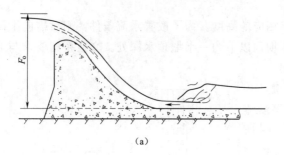

(a)

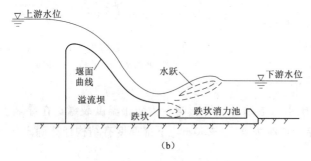

(b)

图 2-4-14 底流消能示意图
(a) 底流水跃消能示意图;(b) 跌坎式底流消能示意图

1. 底流消能

底流消能是在坝下设置消力池,消力坎或综合式消力池和其他辅助消能设施,促使下泄水流在限定的范围内产生水跃 [图 2-4-14 (a)]。主要通过水流内部的旋滚、摩擦、掺气和撞击达到消能的目的,以减轻对下游河床的冲刷。底流消能工作可靠,但工程量较大,宜用于中坝、低坝或基岩较软弱的河道,但不宜用于排漂和排冰。

高坝采用底流消能时,在高水头情况下消力池内的临底流速较大,可能会造成消力池底板的冲刷破坏,影响泄洪安全。因此需要采取措施减小消力池的临底流速。近年来,借鉴苏联萨扬舒申斯克水电站消力池的底板修复经验,通过对向家坝等高坝工程底流消能的设计研究,提出了跌坎底流消能形式,如图2-4-14(b)所示。该消能形式在普通消力池池首设置一定高度的跌坎,将下泄水流高流速区脱离底板,以降低临底流速和脉动压强,提高消力池底板的结构安全。由于跌坎底流消能的流态比较复杂,其跌坎高度、池底高程及池底宽度等参数均应根据水工模型试验确定。

2. 挑流消能

挑流消能是利用溢流坝下游反弧段的鼻坎,将下泄的高速水流挑射抛向空中,抛射水流因掺入大量空气扩散消耗部分能量,而后落到距坝较远的下游河床水垫中产生强烈的漩滚,并冲刷河床形成冲坑,随着冲坑的逐渐加深,大量能量消耗在水流漩滚的摩擦之中,冲坑也逐渐趋于稳定。

挑流消能宜用于坚硬岩石上的高坝、中坝。坝基有延伸至下游的缓倾角软弱结构面，可能被冲坑切断而形成临空面，危及坝基稳定或岸坡可能被冲刷破坏的，不宜采用挑流消能。

挑流鼻坎有连续式、差动式、窄缝式和扭曲式等形式，应经比较选定。常用的挑流鼻坎形式有连续式和差动式两种。

（1）连续式挑流鼻坎（图 2-4-15）。连续式挑流鼻坎构造简单、射程较远，鼻坎上水流平顺、不易产生空蚀。

鼻坎挑射角度，一般情况下取 $\theta=20°\sim25°$，对于深水河槽以选用 $\theta=15°\sim20°$为宜。加大挑射角，虽然可以增加挑射距离，但由于水舌入水角（水舌与下游水面的交角）加大，使冲坑加深。

鼻坎反弧半径 R 一般采用 $(4\sim10)h$，h 为反弧最低点处

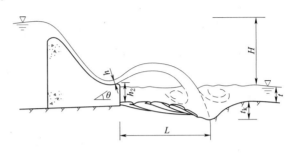

图 2-4-15 挑流消能示意图

h—反弧最低点处的水深，m；θ—挑射角，(°)；H—上下游水位差，m；L—水舌挑距，m；t_k—冲坑深度，m；h_2—鼻坎高度，m；t—下游水深，m

的水深。R 太小时，鼻坎水流转向不顺畅；R 过大时，将迫使鼻坎向下延伸太长，增加了鼻坎工程量。鼻坎反弧也可采用抛物线，曲率半径由大到小，这样，既可以获得较大的挑射角 θ，又不至于增加鼻坎工程量，但鼻坎施工复杂，在实际运用中受到限制。

鼻坎高程应高于鼻坎附近下游最高水位 $1\sim2m$。

挑流消能水舌在空中扩散，使附近地区雾化，高水头溢流坝，雾化区可延伸数百米或更远，设计时应注意将变电站、桥梁和生活区布置在雾化区以外或采取可靠的防护措施。连续式挑流鼻坎构造简单，射程远，水流平顺，一般不易产生空蚀。

（2）差动式挑流鼻坎（图 2-4-16）。与连续式挑流鼻坎不同之处在于鼻坎末端设有齿坎，挑流时射流分别经高坎和低坎挑出，形成两股具有不同挑射角的水流，两股水流除在垂直面上有较大扩散外，在侧向也有一定的扩散，加上高低水流在空中相互撞击，使掺气现象加剧，增加了空中的消能效果，同时也增加了水舌的入水范围，减小了河床的冲刷深度。据试验和原型观测，设计良好的差动式挑流鼻坎下游的冲刷深度比在连续式挑流情况下要减小 $35\%\sim50\%$。

3. 面流消能

如图 2-4-17 所示，面流消能利用淹没在水下的鼻坎将高速水流挑至尾水表面，在主流表面与河床之间形成反向旋滚，使高速水流与河床隔开，避免了对邻近坝址处河床的冲刷。

面流消能宜用于水头较小的中坝、低坝，河道顺直，水位稳定，尾水较深，河床和两岸在一定范围内有较高抗冲能力，可排漂和排冰的情况。它的缺点是对下游水位和下泄流量变幅有严格的限制，下游水流波动较大，在较长距离内不够平稳，影响发电和航运。

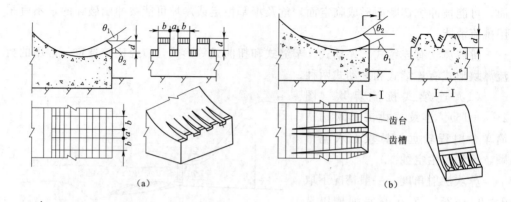

图 2-4-16 差动式挑流鼻坎

（a）矩形差动式鼻坎；（b）梯形差动式鼻坎

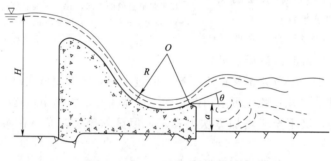

图 2-4-17 面流消能示意图

4. 消力戽消能

如图 2-4-18 所示，消力戽的构造类似于挑流消能设施，但其鼻坎潜没在水下，下泄水流在被鼻坎挑到水面的同时，还在消力戽内、消力戽下游的水流底部以及消力戽下游的水流表面形成三个漩滚，即所谓"一浪三滚"。消力戽的作用主要在于使戽内的漩滚消耗大量能量，并将高速水流挑至水面，以减轻对河床的冲刷。

消力戽下游的两个漩滚也有一定的消能作用。由于高速主流在水流表面，故不需做护坦。消力戽消能也像面流消能那样，宜用于尾水较深且下游河床和两岸有一定抗冲能力的河道。其缺点也和面流消能大体相同。

5. 坝面台阶消能

坝面台阶消能是指在采用台阶式溢流面，消能原理是使下泄水流在台阶之间形成水平轴漩滚，并与坝面主流发生强烈的掺混作用，使水体急剧掺气，其紊流边界层由底部急剧向表面发展，当发展至表面时，水体充分掺气，受台阶阻力也达到最大，消能效果也最明显。目前关于台阶式溢流坝的研究表明，在较小单宽流量情况下，水深较小，底部台阶处的掺气容易发展至水体表面，实现水体充分掺气，从而实现较好的消能效果，因此单独采用台阶式溢流坝消能的设计单宽流量不宜过大，以取得较好的消能效果，目前，坝面台阶消能适用于设计单宽流量一般小于 $20\text{m}^3/(\text{s} \cdot \text{m})$ 的中

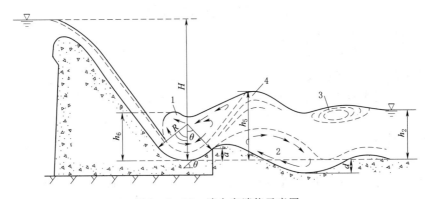

图 2-4-18 消力戽消能示意图
1—戽内漩滚；2—戽后底部漩滚；3—下游表面漩滚；4—戽后涌浪

坝、低坝。

6. 联合消能

联合消能目前在多个工程中均有成功应用，包括宽尾墩-挑流、宽尾墩-消力戽、宽尾墩-消力池、宽尾墩-台阶式溢流坝等形式。如潘家口、隔河岩工程采用宽尾墩-挑流，安康、五强溪、百色工程采用宽尾墩-底流消力池，岩滩工程采用宽尾墩-戽式消力池，水东水电站采用宽尾墩-台阶式溢流坝，大朝山工程采用宽尾墩-阶梯式溢流坝-戽式消力池。联合消能一般用于高坝、中坝，且泄洪量大，河床相对狭窄，下游地质条件较差或单一消能形式经济合理性差的情况。

任务三 重力坝的材料及构造

重力坝挡水后，上游的水通过坝体和坝基向下游渗透，形成水流。渗流不仅引起漏水，还会产生渗透压力。渗透压力会使坝体应力恶化，坝基渗透压力则更会减小坝的有效重力，从而降低坝的稳定性。渗流还会对坝体材料和坝基产生侵蚀，对坝体或坝基造成破坏，影响坝的安全。水面以上的坝面因大气的影响，会受到风化、冰冻等的作用；库水位变化范围内的坝面会受到湿胀、干缩和温度变化的影响。溢流坝溢流面会受到高速水流及所挟带杂物的冲击、空蚀、磨损等的作用。混凝土重力坝的建筑材料主要是混凝土，对于水工混凝土，除强度外还应按其所处的部位和工作条件，在抗渗、抗冻、抗冲耐磨、抗侵蚀等耐久性方面提出不同的要求。

重力坝的坝体材料除应具有必要的强度外，还应具有抗侵蚀性能，上游水位以下的坝面材料还须有较高的抗渗性能，以降低坝内的渗透压力，防止漏水；长期露天的坝面，应具有抗冻、抗风化的性能；库水位变化范围内的坝面，需兼有抗冻、抗渗以及抗湿胀、干缩等的性能；对于溢流面，要求有良好的耐磨、抗冲刷性能等。

4-5
重力坝的材料

一、混凝土重力坝的材料

（一）混凝土的强度等级

坝体常态混凝土强度标准值的龄期一般用 90d，碾压混凝土可采用 180d 龄期，因此在规定混凝土强度设计值时，应同时规定设计龄期。

大坝常用混凝土强度等级有 $C_{90}10$、$C_{90}15$、$C_{90}20$、$C_{90}25$、$C_{90}30$。高于 $C_{90}30$ 的混凝土用于重要构件和部位。混凝土轴心抗压、轴心抗拉强度标准值按表 2-4-2 确定。表中混凝土强度等级按立方体抗压强度标准值确定，而立方体的抗压强度标准值是按标准方法制作养护的边长为 150mm 的立方体试件在 28d 龄期用标准试验的方法测得的具有 95％的保证率的抗压强度。坝体内部的导流底孔、引水管、泄水孔等大孔口孔壁周围的混凝土以及地震设计烈度 8 度以上的坝体混凝土，其强度等级应适当提高。选择混凝土强度等级时，应考虑由于温度、渗透压力及局部应力集中所产生影响。坝体内部混凝土的强度等级不应低于 $C_{90}10$，过流表面混凝土的强度等级不应低于 $C_{28}30$。同一浇块中混凝土强度等级不超过两种，等级差不超过 2 级，分区厚度尺寸最少为 2m。

表 2-4-2　　　　　　　　混凝土强度标准值　　　　　　　单位：N/mm²

强度种类	混凝土强度等级										
	$C_{28}10$	$C_{28}15$	$C_{28}20$	$C_{28}25$	$C_{28}30$	$C_{28}35$	$C_{28}40$	$C_{28}45$	$C_{28}50$	$C_{28}55$	$C_{28}60$
轴心抗压 f_{ck}	6.7	10.0	13.4	16.7	20.1	23.4	26.8	29.6	32.4	35.5	38.5
轴心抗压 f_{tk}	0.9	1.27	1.54	1.78	2.01	2.20	2.39	2.51	2.64	2.74	2.85

注　混凝土强度等级和标准值可内插使用。

（二）混凝土的耐久性

（1）抗渗性。对于大坝的上游面，基础层和下游水位以下的坝面均为防渗部位。其混凝土应具有抵抗压力水渗透的能力。抗渗性能通常用 W（抗渗等级）表示。

大坝混凝土抗渗等级应根据所在部位和水力坡降确定，大坝抗渗等级的最小允许值按表 2-4-3 采用。

表 2-4-3　　　　　　　　大坝抗渗等级的最小允许值

项次	部　　位	水力坡降	抗渗等级
1	坝体内部		W2
2	坝体其他部位按水力坡降考虑时	$i<10$	W4
		$10\leqslant i<30$	W6
		$30\leqslant i<50$	W8
		$i\geqslant 50$	W10

注　1. 表中 i 为水力坡降。
　　2. 承受腐蚀水作用的建筑物，其抗渗等级应进行专门的试验研究，但不得低于 W4。
　　3. 根据坝体承受水压力作用的时间，也可采用 90d 龄期的试件测定大坝混凝土抗渗等级。

（2）抗冻性。混凝土的抗冻性能指混凝土在饱和状态下，经多次冻融循环而不破坏；不严重降低强度的性能。通常用 F（抗冻等级）来表示。

抗冻等级一般应视气候分区、冻融循环次数、表面局部小气候条件、水分饱和程度、结构构件重要性和检修的难易程度，由表 2-4-4 查取。

（3）抗冲耐磨性。指抵抗高速水流或挟砂水流的冲刷、抗磨损的能力。目前，尚未制定出定量的技术标准，一般而言，对于有抗磨要求的混凝土，应采用高强度混凝土或高强硅粉混凝土，其抗压强度等级不应低于$C_{90}20$，要求高的则不应低于$C_{90}30$。

表 2-4-4　　　　　　　　　　大 坝 抗 冻 等 级

气 候 分 区	严 寒		寒 冷		温 和
年冻融循环次数/次	≥100	<100	≥100	<100	—
受冻严重且难于检修部位：流速大于 25m/s、过冰、多沙或多推移质过坝的溢流坝、深孔或其他输水部位的过水面及二期混凝土	F300	F300	F300	F200	F100
受冻严重但在检修条件部位：混凝土重力坝上游面冬季水位变化层；流速小于 25m/s 的溢流坝、泄水孔的过水面	F300	F200	F200	F150	F50
受冻较重部位：混凝土重力坝外露阴面部位	F200	F200	F150	F150	F50
受冻较轻部位：混凝土重力坝外露阳面部位	F200	F150	F100	F100	F50
重力坝下部位或内部混凝土	F50	F50	F50	F50	F50

注 1. 混凝土抗冻等级应按一定的快冻试验方法确定，也可采用 90d 龄期的试件测定。
　　2. 气候分区按最冷月平均气温 T_1 值作如下划分：严寒 $T_1<-10℃$；寒冷 $-10℃≤T_1<-3℃$；温和 $T_1≥-3℃$。
　　3. 年冻融循环次数分别按一年内气温从 $+3℃$ 以上降至 $-3℃$ 以下期间设计预定水位的涨落次数统计，并取其中的大值。
　　4. 冬季水位变化区指运行期内可能遇到的冬季最低水位以下 0.5~1.0m，冬季最高水位以上 1.0m（阳面）、2.0m（阴面）、4.0m（水电站尾水区）。
　　5. 阳面指冬季大多为晴天，平均每天有 4h 以上阳光照射，不受山体或建筑物遮挡的表面，否则均按阴面考虑。

（4）抗侵蚀性。指抵抗环境水的侵蚀性能。当环境水具有侵蚀性时，应选用适宜的水泥和尽量提高混凝土的密实性，且外部水位变动区及水下混凝土的水灰比可参照表 2-4-5 减少 0.05。

表 2-4-5　　　　　　　　　　最 大 水 灰 比

气候分区	大坝混凝土分区					
	Ⅰ	Ⅱ	Ⅲ	Ⅳ	Ⅴ	Ⅵ
严寒和寒冷地区	0.05	0.45	0.50	0.50	0.60	0.45
温和地区	0.55	0.50	0.55	0.55	0.60	0.45

（5）抗裂性。为防止大体积混凝土结构产生温度裂缝，除采用合理分缝、分块和温控措施外，应选用发热量低的水泥、合理的掺和料，减少水泥用量，提高混凝土的抗裂性能。

二、混凝土重力坝的材料分区

由于坝体各部分的工作条件不同，因而对混凝土强度等级、抗渗、抗冻、抗冲耐磨、抗裂等性能要求也不同，为了节省和合理使用水泥，通常将坝体不同部位按不同工作条件分区，采用不同等级的混凝土，如图 2-4-19 所示，重力坝的两种坝段分区情况。

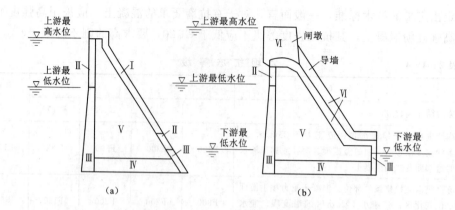

图 2-4-19　坝体混凝土分区示意图

(a) 非溢流坝段;(b) 溢流坝段

Ⅰ区—上游、下游水位以上坝体外部表面混凝土;Ⅱ区—上游、下游水位变化区的坝体外部表面混凝土;
Ⅲ区—上游、下游最低水位以下坝体外部表面混凝土;Ⅳ区—坝体基础混凝土;Ⅴ区—坝体内部
混凝土;Ⅵ区—抗冲刷部位的混凝土(例如溢流面、泄水孔、导墙和闸墩等)

大坝混凝土分区性能要求见表 2-4-6。

表 2-4-6　　　　　　　　　大坝混凝土分区性能要求表

分区	强度	抗渗	抗冻	抗冲刷	抗侵蚀	低热	最大水灰比	选择各分区的主要因素
Ⅰ	+	—	++		+	+	+	抗冻
Ⅱ	+	+	++	—	+	+	+	抗冻、抗裂
Ⅲ	++	++	+		+	+	+	抗渗、抗裂
Ⅳ	++	+				++	+	抗裂
Ⅴ	++	+	+			++	+	
Ⅵ	++	—	++	++	++	+	+	抗冲耐磨

注　表中有"++"的项目为选择各区等级的主要控制因素,有"+"的项目为需要提出要求的,有"—"的项目为不需提出要求的。

三、重力坝坝体的防渗与排水设施

(一) 坝体防渗

在混凝土重力坝坝体上游面和下游面最高水位以下部分,多采用一层具有防渗、抗冻、抗侵蚀的混凝土作为坝体防渗设施,防渗指标根据水头和防渗要求而定,防渗厚度一般为水头的 1/20~1/10,但不小于 2m。

(二) 坝体排水设施

坝体上游面防渗层的下游应设置铅直或近乎铅直的排水管系,以收集坝体内渗水,减小坝体渗透压力。渗入排水管的水可以汇集到下层纵向廊道,沿排水沟或集水管汇入集水井,再用水泵抽排或自流排向下游。

排水管系距上游坝面的距离一般为作用水头的 1/25~1/15,且不小于 2.0m。排

4-6

重力坝坝体
的防渗与排
水措施

水管间距为 2～3m，管内径为 15～25cm。排水管系沿坝轴线一字排列，下部与纵向排水廊道相通，上部通至上层廊道或坝顶（或溢流面）以下，上下端与坝顶和廊道直通，便于清洗、检查和排水，如图 2-4-20（a）所示。

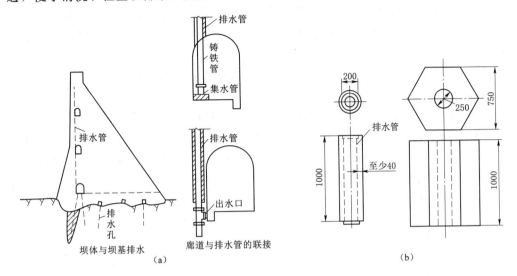

图 2-4-20　重力坝内部排水构造（单位：mm）

（a）坝内排水；（b）排水管

排水管一般用预制无砂混凝土管、拔管、钻孔等。预制成圆筒形和空心多棱柱形，如图 2-4-20（b）所示，在浇筑坝体混凝土时，应保护好排水管，防止水泥浆漏入排水管内，阻塞排水管道。

四、重力坝的分缝与止水

为了满足运用和施工的要求，防止温度变化和地基不均匀沉降导致坝体开裂，需要合理分缝。常见的有横缝、纵缝、施工缝。

（一）横缝

垂直于坝轴线，将坝体分成若干个坝段的缝为横缝，一般沿坝轴线每 15～20m 设一道横缝，缝宽的大小，主要取决于河谷地形，地基特性，结构布置，温度变化，浇筑能力等，缝宽一般为 1～2cm，如图 2-4-21 所示。横缝一般为永久性缝。

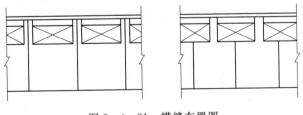

图 2-4-21　横缝布置图

为了使各坝段独立工作，横缝设置与坝轴线垂直的铅直缝面，缝内不设缝槽、不灌浆，但要设置止水。

止水设施一般布置在横缝的上游面、防浪墙、溢流面、下游面最高尾水位以下及坝内廊道和孔洞穿过分缝处的四周等部位。溢流面上的止水应与闸门底坎金属结构埋件相连接形成封闭，防浪墙的止水设置应与坝体止水相连接。高坝上游面附近的横缝止水应采用两道止水片，其间设一道排水井。第一道止水片至上游坝面间的横缝内可贴沥青油毡，有特殊需要的，可在横缝的两道止水片与排水井之间进行灌浆作为止水的辅助设施。

缝宽应大于该地区最大温差引起膨胀的极限值 1cm。夏季施工和冬季施工时所留的缝宽是不相同的。

(1) 止水片（带）。止水片常用的有紫铜片、塑料带、橡胶带等。紫铜片止水一般采用 1.0～1.6mm 厚，扎成可伸缩的⌒形状，中部尖凸部位应指向渗流方向；对于高坝每一侧埋入混凝土内的长度不应小于 250mm，对于中、低坝每一侧埋入混凝土内的长度不应小于 200mm。距坝面 1～2m，应保证接头焊接良好，深入基岩 300～500mm。横缝止水片必须与坝基妥善连接。止水片埋入基岩内的深度为 300～500mm，止水槽混凝土与基岩之间应设锚筋连接。陡坡段坝体与坝基接触面可沿陡坡基岩设置止水埂或止水槽，埋入止水铜片。

重力坝横缝内的止水与坝的级别和高度有关，高坝应采用两道紫铜止水片，中间设沥青井；中低坝可以适当简化，其第一道止水应为紫铜片，对第二道止水及低坝的止水，在气候温和地区可采用塑料止水片，在寒冷地区可采用橡胶水止带，如图 2-4-22 (a)～(c) 所示。

(2) 止水沥青井。沥青井位于两止水片中间，有方形和圆形两种，边长和直径大约为 20～30cm，井内灌注Ⅱ号（或Ⅲ号）石油沥青、水泥和石棉粉组成的填料。井内设加热电极，沥青老化时，加热从井底排出，重填新料。

(3) 缝间填料。缝间可填充软木板，沥青油毡等。缝口用聚氯乙烯胶泥、混凝土塞、沥青等封堵。

(4) 排水井。在横缝止水之后宜设排水井。必要时检查井和排水井合二为一，断面尺寸约 1.2m×0.8m，井内设爬梯和休息平台，与检查廊道相连通。

（二）纵缝

平行于坝轴线的缝称纵缝。纵缝为临时性缝，设置纵缝的目的，在于适应混凝土的浇筑能力和减少施工期的温度应力，待温度正常之后进行接缝灌浆。

纵缝按结构布置形式可分为：①铅直纵缝；②斜缝；③错缝，如图 2-4-23 所示。

1. 铅直纵缝

纵缝方向是铅直的为铅直纵缝，是最常用的一种形式，缝的间距根据混凝土的浇筑能力和温度控制要求确定，缝距一般为 15～30m，纵缝不宜过多。

为了很好地传递压力和剪力，纵缝面上设呈三角形的键槽，槽面与主应力方向垂直，在缝面上布置灌浆系统，纵缝与坝面垂直相交，如图 2-4-24 所示。待坝体温度稳定，缝张开到 0.5mm 以上时进行灌浆。灌浆沿高度 10～15m 分区，缝体四周设置止浆片，止浆片用镀锌铁片或塑料片（厚 1～1.5cm，宽 24cm）。严格控制灌浆压

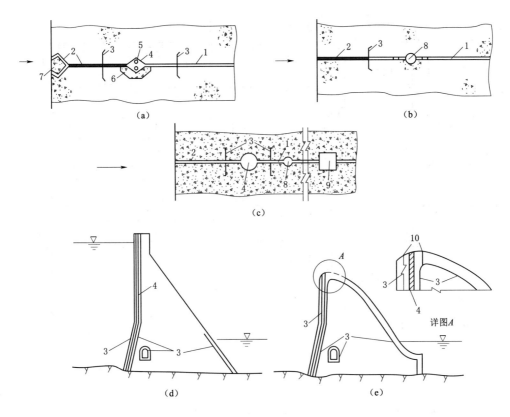

图 2-4-22 横缝止水

（a）带混凝土塞的紫铜片与沥青井联合止水；（b）紫铜片止水；（c）紫铜片与沥青井联合止水；

（d）非溢流坝止水布置；（e）溢流坝止水布置

1—横缝；2—沥青油毡；3—止水片；4—沥青井；5—加热电极；6—预制块；

7—钢筋混凝土塞；8—排水井；9—检查井；10—闸门底槛预埋件

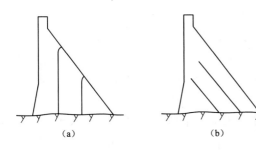
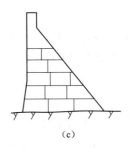

图 2-4-23 纵缝形式

（a）铅直纵缝；（b）斜缝；（c）错缝

力为 0.35～0.45MPa，回浆压力为 0.2～0.25MPa，压力太高会在坝块底部造成过大拉应力而破坏，压力太低不能保证质量。

纵缝两侧坝块的浇筑应均衡上升，一般高差控制在 5～10m 之间，以防止温度变化、干缩变形造成缝面挤压剪切，键槽出现剪切裂缝。

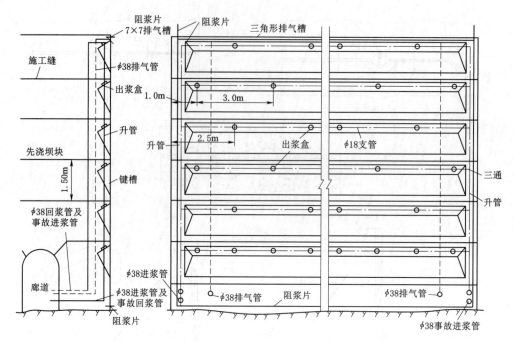

图 2-4-24 纵缝灌浆系统布置图

2. 斜缝

斜缝大致按满库时的最大主应力方向布置,因缝面剪应力小,不需要灌浆。中国的安砂坝成功地采用了这种方法,斜缝在距上游坝面一定距离处终止,并采取并缝措施,如布置垂直缝面的钢筋、并缝廊道等。斜缝的缺点是:施工干扰大,相邻坝块的浇筑间歇时间及温度控制均有较严格的限制,故目前中高坝中较少采用。

3. 错缝

浇筑块之间像砌砖一样把缝错开,每层浇筑厚度 3～4m(基岩面附近减至 1.5～2m),错缝间距为 10～15m,缝位错距为 1/3～1/2 浇筑块的厚度。错缝不需要灌浆,施工简便,整体性差,可用于中小型重力坝中。

近年来世界坝工由于温度控制和施工水平的不断提高,发展趋势是不设纵缝,通仓浇筑,施工进度快,坝体整体性好。但规范要求高坝利用通仓浇筑必须有专门论证。

(三)水平施工缝

坝体上下层浇筑块之间的结合面称水平施工缝。一般浇筑块厚度为 1.5～4.0m,靠近基岩面用 1.5～2.0m 的薄层浇筑,利于散热、减少温升,防止开裂。纵缝两侧相邻坝块水平施工缝不应设在同一高程,以增强水平截面的抗剪强度。上、下层浇筑间歇 3～7d,上层混凝土浇筑前,必须对下层混凝土凿毛,冲洗干净,铺 2～3cm 强度较高的水泥砂浆后浇筑。水平施工缝的处理应高度重视,施工质量关系到大坝的强度、整体性和防渗性,否则将成为坝体的薄弱层面。

五、重力坝的坝内廊道系统

在重力坝的坝体内部,为了满足灌浆、排水,安全监测、检查维修、运行操作、

4-7

重力坝的坝
内廊道系统

坝内交通等要求，在坝体内需设置不同用途的廊道，这些廊道相互连通，构成了重力坝坝体内部廊道系统，如图 2-4-25 所示。

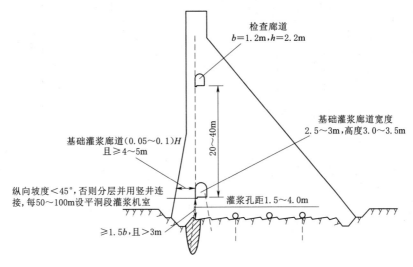

图 2-4-25 廊道布置示意图

（一）基础灌浆廊道

高坝、中坝在坝内靠近上游坝踵部位必须设置纵向基础灌浆廊道，为了保证灌浆质量，提高灌浆压力，要求距上游面应有 $0.05\sim0.1$ 倍作用水头，且不小于 $4\sim5m$；距基岩面不小于 1.5 倍廊道宽度，一般取 3m 以上。廊道的宽度为 $2.5\sim3m$、高度 $3\sim3.5m$。以便满足灌浆作业的要求。廊道的下游侧一般设置排水孔及扬压力观测孔，在廊道最低处设集水井，以便自流或抽排坝体渗水，如图 2-4-26 所示。

灌浆廊道随坝基面由河床向两岸逐渐升高。坡度不陡于 45°，以便钻孔、灌浆及其设备的搬运。当两岸坡度陡于 45°时，基础灌浆廊道可分层布置，并用竖井连接。当岸坡较长时，每隔适当的距离设一段平洞，为了灌浆施工方便，每隔 $50\sim100m$ 宜设置横向灌浆机室。

（二）检查和坝体排水廊道

为检查、安全监测和坝体排水，需要沿坝高每隔 $20\sim40m$ 设置一层坝体检查和排水廊道。断面采用城门洞形，最小宽度 1.2m，最小高度 2.2m，廊道上游壁至上游坝面的距离应满足防渗要求且不小于 3m，如图 2-4-26 所示。对设引张线的廊道应在同一高程上呈直线布置。廊道与泄水孔、导流底孔净距不小于 $3\sim5m$。

为了检查、观测的方便，坝内廊道要相互连通，各层廊道左右岸各有一个出口，要求与竖井、电梯井连通。

对于坝体断面尺寸较大的高坝，为了检查、观测和交通的方便，需设纵向和横向的廊道，坝体内廊道断面应标准化，一般采用城门洞形或矩形，廊道两侧应设排水沟，断面尺寸为 $300mm\times300mm$，底坡不小于 3‰。沿横缝设置的横向廊道可用三角形顶、平底断面。

廊道内应有足够的照明设施和良好的通风条件。

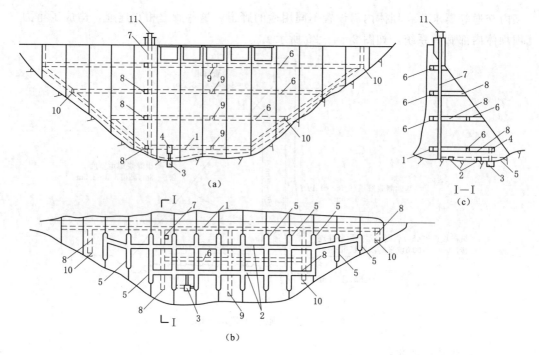

图 2-4-26 坝内廊道系统图

(a) 立面图；(b) 水平断面图；(c) 横断面图

1—坝基灌浆排水廊道；2—基面排水廊道；3—集水井；4—水泵室；5—横向排水廊道；
6—检查廊道；7—电梯井；8—交通廊道；9—观测廊道；10—进出口；11—电梯塔

（三）廊道的应力和配筋

因廊道的存在，破坏了坝体的连续性，改变了周边应力分布，其中廊道的形状、尺寸大小和位置对应力分布影响较大。

廊道周边是否配筋，有以下两种处理方法。过去假定混凝土不承担拉应力配受力筋和构造筋。近来西欧和美国对于坝内受压区的孔洞一般都不配筋。位于受拉区、外形复杂，有较大拉应力的孔洞才配钢筋。

工程实践证明，施工期的温度应力，是廊道、孔洞周边产生裂缝的主要原因，施工中采取适当的温控措施十分重要。为防止产生裂缝后向上游坝面贯穿，靠近上游坝面的廊道应进行限裂配筋。

任务四 重力坝的深式泄水孔

重力坝的深式泄水孔是指位于深水以下、重力坝中部或底部的泄水孔，又称深孔，底部的又叫底孔。由于深水压力的影响，深式泄水孔对孔口尺寸、边界条件、结构受力、操作运行等要求十分严格，以便保证泄流顺畅，运用安全。

一、深式泄水孔的分类和作用

深式泄水孔按其作用分为泄洪孔、冲沙孔、发电孔、放水孔、灌溉孔、导流孔

4-8
重力坝深式
泄水孔概述

等。泄洪孔用于泄洪和根据洪水预报资料预泄洪水，可加大水库的调洪库容；冲沙孔用于排放库内泥沙、减少水库淤积；发电孔用于发电引水；放水孔用于放空水库，以便检修大坝；灌溉孔要满足农业灌溉要求的水量和水温，取水库表层或取深水长距离输送以达到灌溉所需的水温；导流孔主要用于施工期导流的需要。在不影响正常运用的条件下，应考虑一孔多用。发电与灌溉结合，放空水库与排沙结合，导流孔的后期改造成泄洪、排沙、放空水库等。城市供水可以单独设孔，以便满足供水水质、高程等要求，也可利用发电、灌溉孔的尾水供水。

深式泄水孔按其流态可分为有压泄水孔和无压泄水孔。发电孔一般是有压泄水孔；而泄洪、冲沙、放水、灌溉、导流等可以是有压泄水孔也可以是无压泄水孔，但应避免有压流与无压流交替出现，如图2-4-27和图2-4-28所示。

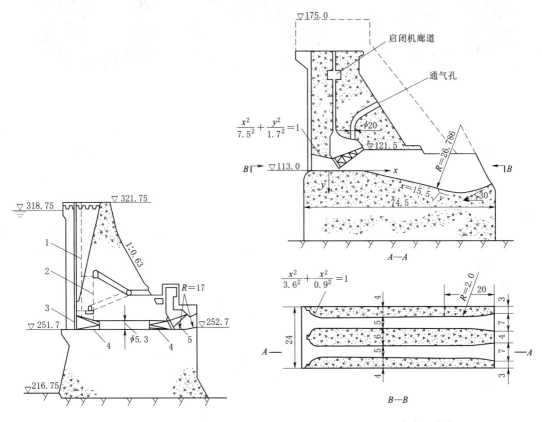

图2-4-27 有压泄水孔（单位：m）

1—通气孔；2—平压管；3—检修门槽；

4—渐变段；5—工作闸门

图2-4-28 无压泄水孔（单位：m）

二、有压泄水孔布置

有压泄水孔的特点是：将工作闸门布置在出口，孔内始终保持满流有压状态；其安装与大坝施工干扰较少；便于运行管理和维修。缺点是闸门关闭时孔内承受较大的内水压力，对坝体应力状态和防渗都不利，故一般多用于水头不大或孔口断面尺寸较小的情况。但由于它具有施工干扰少、便于运行、维修这两条最突出的优点，故在中小型重力坝中用得最多。若水头较大或孔口较大，需用高强度混凝土并配置很多钢筋，还需钢板衬砌，在进口处设置事故检修闸门，平时兼用来挡水，避免满管长期受到很高的内水压力作用。

（一）进水口

为使水流平顺，减少水头损失，增加泄流能力，避免空蚀，进口形体应尽可能符合流线的规律。有压进水口的形状应与锐缘孔口出流实验曲线相吻合，常用的种类有：①圆形喇叭进水口；②三向圆柱面收缩进水口；③三向椭圆曲面收缩进水口。应根据工程规模、重要性来选择，如图 2-4-29 所示。

圆形喇叭进水口　　　　三向圆柱面收缩进水口　　　　三向椭圆曲面收缩进水口

图 2-4-29　有压进水口示意图

对于大中型的、重要的工程用椭圆曲面，或进行水工模型试验确定；一般小型工程为施工方便、应采用圆柱面、斜圆柱面；圆形泄水孔直接连进水口，用喇叭形环面进水口，如图 2-4-30 所示。

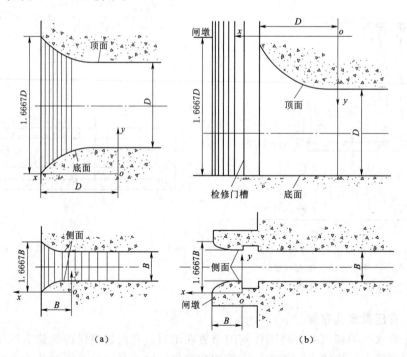

图 2-4-30　泄水孔进口形状

（a）底面为曲线的进口形状；（b）底面为平底的进口形状

（二）闸门和闸门槽

有压泄水孔一般在进水口设拦污栅和检修闸门，在出口压坡段后设工作闸门，工作闸门可用弧形闸门，也可用平面闸门，但检修门一般采用平面闸门。支承平面闸门的闸门槽形体设计不当，容易产生空蚀。水流经过闸门槽时，先是扩散，随即收缩，闸门槽内产生旋涡，流速增大时旋涡中心压力减少，造成水流脱壁，导致负压出现，引起空蚀破坏和结构振动。流速越大，越应引起重视。

闸门槽分矩形闸门槽和矩形收缩型闸门槽两种，如图 2-4-31（b）、（c）所示。中小型工程且流速小于 10m/s 的情况用矩形闸门槽。大中型工程且流速大于 10m/s 的情况为使流态较好，减免空蚀，可采用矩形收缩性闸门槽。

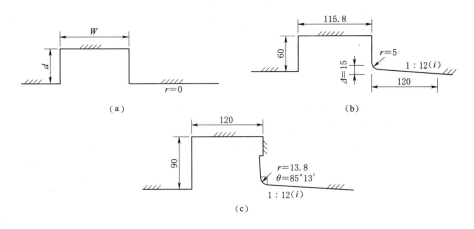

图 2-4-31　深式泄水孔平面闸门槽形式
（a）矩形闸门槽；（b）、（c）矩形收缩型门槽

（三）孔身与渐变段

有压泄水孔多数都采用圆形断面，圆形断面在周长相同的情况下过水能力最大，受力条件最好。在进水口，为适应布置矩形闸门的需要，在矩形断面与圆形断面之间需设置足够长的渐变段，又称为方圆渐变段，防止洞内局部负压的产生和空蚀。渐变段分进口渐变段和出口渐变段。如图 2-4-32 所示。

渐变段的长度应满足断面过渡的需要，一般采用孔身直径的 1.5～2.0 倍，边壁的收缩率控制在 1:5～1:8 之间。为保证洞内有压，出口断面的矩形面积一般小于洞身圆形面积。

（四）出水口

当工作闸门全开，自由泄水时，在坝身有压泄水孔末端，水流从压力流突然变成无压流，引起出口附近压力降低，在出口附近 0.25～1 倍洞径范围内的洞顶出现负压，容易造成气蚀。为了消除负压，在泄水孔末端插入一小段斜坡将孔顶压低，出口断面缩小，一般缩小到泄水孔断面的 85%～90%，孔顶压坡采用 1:10～1:5。出口断面收缩，提高了整个泄水孔内的压力，还有利于防止体型变化和洞体表面不平等原因而引起气蚀。

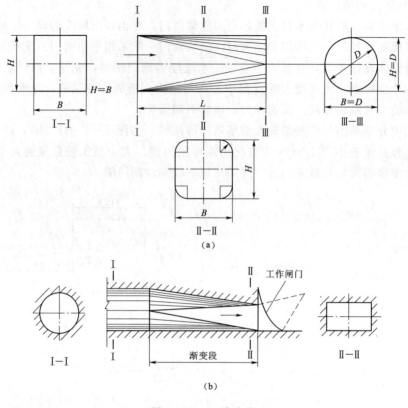

图 2-4-32 渐变段

(a) 进口渐变段；(b) 出口渐变段

（五）通气孔和平压管

平压管是平衡检修闸门两侧水压以减少启门力的输水管道，通气孔是向检修闸门和工作闸门之间的泄水孔道内充气和排气的通道，详见项目八。

三、无压泄水孔布置

无压泄水孔的特点是：将工作闸门布置在进口，工作闸门前的进口段仍为有压孔，为了形成无压水流，需在闸门后将断面顶部升高。由于闸门室和启闭机室都布置在坝内，施工干扰很大，运行管理和维修也很不方便，故无压泄水孔只在高坝泄水或大流量泄水的情况下才用得较多，在中小型重力坝中很少采用。我国的三门峡、丹江口、刘家峡等工程采用了这种形式的有压泄水孔。

无压泄水孔在平面上应布置成直线，过水断面多为矩形或城门洞形，一般由有压段和明流段两部分组成，如图 2-4-33 所示。

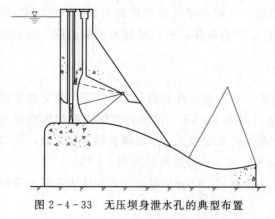

图 2-4-33 无压坝身泄水孔的典型布置

（一）有压段布置

有压段由进口曲面段、检修闸门槽和门槽后部的压坡段三部分组成。进口曲面段与有压泄水孔进口相同，常用 1/4 椭圆曲面，其后接一倾斜的平面压坡段，压坡段的坡度常采用 1:4～1:6，长度约 3～6m。压坡段的坡度以既保证顶板有一定的压力，又不影响泄量和工作闸门后的流态为原则（图 2-4-34）。有压段末端设工作闸门。

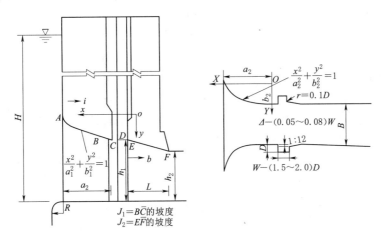

图 2-4-34　无压泄水进水口

a_1—顶部椭圆曲线长半轴，m；b_1—顶部椭圆曲线短半轴，m；a_2—侧墙椭圆曲线长半轴，m；
b_2—侧墙椭圆曲线短半轴，m；r—闸门槽下游圆弧半径，m；W—闸门槽的宽度，m；
D—闸门槽的深度，m；H—泄水孔在库水位下的淹没深度，m；h_1—检修闸门的
高度，m；h_2—工作闸门的高度，m；B—泄水孔的宽度，m；L—压坡段的长度，m

（二）明流段

明流段在任何情况下，必须保证形成稳定的无压流态，严禁明满流交替，故孔顶应有安全超高。明流段为直线且断面为矩形时，顶部到水面的高度可取最大流量时不掺气水深的 30%～50%，明流段为直线且断面为城门洞形状时，其拱脚距水面的高度可取不掺气水深的 20%～30%。

（三）泄水通气孔

无压泄水孔的工作闸门布置在上游进口，开闸泄水时，门后的空气被水流带走，形成负压，因此在工作闸门后孔口顶部需要设置通气孔，在泄流时进行补气。

任务五　重力坝的地基处理

重力坝工作时，作用在坝上的水压力、浪压力、泥沙压力、地震力及坝体自重等荷载使坝体产生应力。同时，通过坝体将这些荷载传给地基，地基受到了很大的压力和剪力作用，因此重力坝的理想地基应有足够强度，受力后较小的变形；有较小的透水性和较强的抗侵蚀性；岩基应完整，没有难以处理的断层、破碎带等。而天然地基由于长期经受地质作用，一般存在风化节理裂隙等缺陷，有时还有断层、破碎带和软

弱夹层，一般较难满足上述要求，因此需要采取适当的处理措施。

混凝土重力坝地基处理后应满足下列要求：①具有足够的强度，以承受坝体的压力；②具有足够的整体性和均匀性，以满足坝体抗滑稳定和减小不均匀沉陷；③具有足够的抗渗性，以满足渗透稳定的要求，控制渗流量，降低渗透压力；④具有足够的耐久性，以防止岩体性质在水或其他外部因素的长期作用下发生恶化。统计资料表明：重力坝的失事有 40% 是因为地基问题造成的。地基处理对重力坝的经济、安全至关重要，要与工程的规模和坝体的高度相适应。

地基处理的主要有：①坝基开挖及清理；②坝基固结灌浆；③坝基的防渗与排水处理；④两岸处理。

一、坝基开挖及清理

4-9

重力坝坝基的开挖与清理

地基开挖与清理的目的是使坝体坐落在稳定、坚固的岩基上。开挖深度应根据大坝稳定、坝基应力、岩石类别和岩体物理力学性质、基础变形和稳定性、上部结构对基础的要求、基础加固处理效果及施工工艺、工期和费用等因素经技术经济比较确定。可考虑通过基础加固处理和调整上部结构的措施，在满足坝基强度和稳定的基础上，减少开挖量。为保护坝基面完整，宜采用梯段爆破、预裂爆破，最后 $0.5\sim1.0$ m 用小药量爆破。

《混凝土重力坝设计规范》（SL 319—2018）规定：坝高或坝段高超过 150m 时，应建在新鲜、微风化基岩上；坝高为 $100\sim150$m 时，应建在新鲜、微风化至弱风化下部基岩上；坝高为 $50\sim100$m 时，可建在微风化至弱风化中部基岩上；坝高小于 50m 时，可建在弱风化中部至上部基岩上。两岸地形较高部位的坝段，可适当放宽。

重力坝的基坑形状应根据地形地质条件及上部结构的要求确定，坝段的基础面上、下游高差不宜过大，若基础面高差过大或向下游倾斜，应开挖成带钝角的大台阶状。台阶的高差应与混凝土浇筑块的尺寸和分缝的位置相协调，并和坝址处的坝体混凝土厚度相适应。对地形高差悬殊部位的坝体应调整坝段的分缝。建基面形状应根据地形地质条件及上部结构的要求确定。上游、下游基础面高差过大往往造成向下游滑动趋势，因此应控制上、下游基础开挖高差。小台阶往往会连通形成向下游倾斜面，应将基础面开挖成大台阶，台阶面略向上游倾斜；大台阶高差应与混凝土浇筑层厚和分缝位置相协调，一般为 $3\sim6$m，坝趾受力最大，坝块厚度不能过小。

两岸岸坡坝段基岩面，尽量开挖成有足够宽度的台阶状，台阶宽度一般不小于坝段宽度的 1/3。岸坡坝段的侧向稳定往往不易满足要求，可适当调整横缝间距，减小坝段宽度或平行坝轴线方向开挖足够宽度的台阶式平台，平台的本身应考虑基岩构造节理的产状，以保证坝段的侧向稳定。此外，也可将全部或部分坝段的横缝进行接缝灌浆以保证坝体侧向稳定。

在坝体混凝土浇筑之前需用风镐或撬棍清除坝基面起伏度很大的和松动的岩块，用混凝土回填封堵勘探钻孔、竖井和探洞等，对坝基面进行彻底的清理和冲洗，保证混凝土与岩基面粘结牢固。

（1）对断层破碎带的处理。对于倾角较陡、走向近于顺河流流向的断层破碎带可采用开挖回填混凝土的措施做成混凝土塞，如图 2-4-35 所示。在选择坝址时，应尽量避开走向近于垂直河流流向的断层破碎带，因为它将导致坝基渗透压力或坝体位移增大，如难以避开，其开挖深度应适当加大。

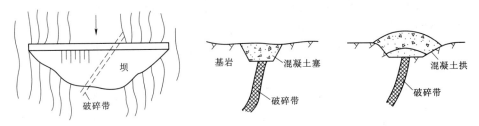

图 2-4-35　断层破碎带处理

（2）对软弱夹层处理。当夹层埋藏较浅时可在坝踵或坝趾部位做混凝土深齿墙，切断软弱夹层直达完整基岩，对埋藏较深较厚、倾角平缓的软弱夹层，可在夹层内设置混凝土塞，或在岩体内设置预应力锚索，如图 2-4-36 所示。

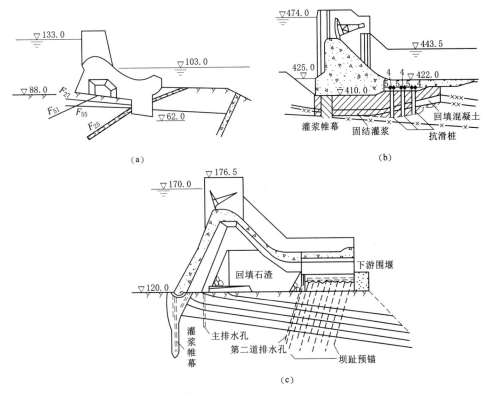

图 2-4-36　软弱夹层的处理（单位：m）
（a）深齿坎；（b）抗滑桩；（c）预应力锚索

（3）对溶洞、溶沟、溶槽的处理。浅层溶洞可直接开挖清除充填物，冲洗干净后回填混凝土，深层溶洞如规模不大，可进行帷幕灌浆，规模较小时可采用回填方法处理。

对岸坡较陡的坝段，在平行坝轴线方向宜开挖成有足够宽度的台阶状，并使水平台阶位于坝段的下部，斜坡位于坝段的上部 [图 2-4-37 (a)]，避免在同一坝段内的岩基面出现较大的凸角 [图 2-4-37 (b)]。若岸坡特别陡，可采取其他结构措施，如锚筋、横缝灌浆等，以确保坝段的侧向稳定。对于岸坡特别陡的中低坝情况，如果岸边岩体没有倾向河床的结构面，可将岸坡开挖成较大的台阶，使每一坝段基本建在各自的平台上，将横缝设置在台阶的凸角处 [图 2-4-37 (c)]，不需作横缝灌浆处理。

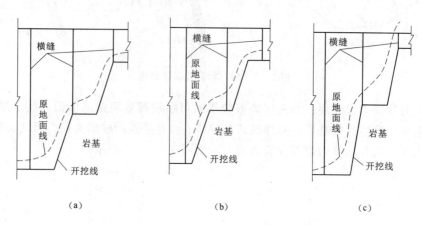

（a） （b） （c）

图 2-4-37 陡岸坡坝段坝基开挖和坝段布置示意图

（a）建议的开挖形状与布置；（b）应避免的横缝布置；（c）特陡岸坡的开挖与布置

二、坝基的固结灌浆

固结灌浆的目的是：提高基岩的整体性和强度，降低地基的透水性。现场试验表明，在节理裂隙较发育的基岩内进行固结灌浆后，基岩的弹性模量可提高 2 倍甚至更多，在帷幕范围内先进行固结灌浆可提高帷幕灌浆的压力和灌浆效果。

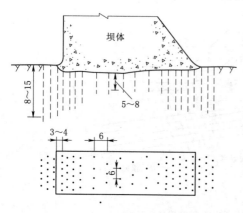

图 2-4-38 固结灌浆孔的布置

固结灌浆是在坝基大面积范围内布置浅孔，用低压水泥浆或水泥砂浆进行灌注以提高基岩的整体性和强度的地理处理方法。

固结灌浆孔一般布置在应力较大的坝踵和坝趾附近、防渗帷幕附近，以及节理裂隙发育和破碎带范围内。灌浆孔呈梅花状或方格状布置（图 2-4-38）：孔距、排距和孔深取决于坝高和基岩的构造情况。孔距和排距一般从 8~12m 开始作为一序孔，采用内插逐步加密的多序孔方法，最终为 3~4m；孔深 5~8m，必要时还可适当加深，帷幕上游区的孔深一般为 8~15m。钻孔方向垂直于基岩面。当存在裂隙时，为了提高灌浆效果，钻孔方向尽可能正交于主要裂隙面，但不宜太缓。灌浆时先用稀浆，而后逐步加大浆液的稠度，灌浆压力一般为 0.2~0.4MPa（无盖重），以不掀动岩石为限。必要时，应先浇筑部分坝体混凝土，加大盖重，灌浆压力可达

0.4～0.7MPa。

地基下如有溶洞、溶槽，除必要的部位进行回填混凝土或浆砌石之外，还应对其顶部和周围岩体加强回填灌浆、接触灌浆和固结灌浆。

4-11

重力坝坝基的
防渗与排水

三、坝基的防渗与排水

（一）坝基的防渗

帷幕灌浆的目的是：降低坝底渗透压力，防止坝基软弱结构面、断层破碎带等岩层中产生渗透破坏，减少坝基渗流量和绕坝渗漏，使坝基扬压力和渗漏量控制在允许范围内。灌浆材料最常用的是水泥浆，有时也采用水泥混合材料灌浆，必要时采用化学灌浆。化学灌浆的优点是可灌性好、抗渗性强，但较昂贵，且污染地下水质，使用时需慎重。

帷幕灌浆是在岩基内平行坝轴线钻一排或几排孔，用高压将水泥浆灌入孔中，并把周围裂隙充填起来，胶结成整体，形成一道防渗帷幕。

防渗帷幕一般布置在靠近上游坝踵附近或在坝踵与坝内灌浆廊道之间，自河床向两岸延伸。靠近岸坡处也可在坝顶、岸坡或平洞内进行。平洞还可以起排水作用，有利于岸坡的稳定。钻头若为铁砂钻头，则钻孔方向一般为铅直，或略为倾斜，倾向上游0°～10°，防止钻孔弯曲；若为金刚石钻头，必要时也可有一定斜度，或与主裂隙面垂直，以便穿过主节理裂隙，提高灌浆效果。

当坝基下有明显隔水层且埋深较浅时，防渗帷幕应深入到隔水层内3～5m，形成封闭式帷幕。当坝下相对隔水层埋藏较深或分布无规律时，可采用悬挂式帷幕，帷幕深度约为0.3～0.7倍水头。防渗帷幕靠近坝上游面布置，自河床向两岸延伸，伸入两侧岸坡的范围、深度以及方向应根据工程地质及水文地质条件确定。帷幕的防渗标准和相对隔水层的透水率应根据不同坝高采用下列控制标准：当坝高大于100m时，透水率 $q=1～3Lu$；当坝高为50～100m时，透水率 $q=3～5Lu$；当坝高小于50m时，透水率 q 不大于5Lu[1]。

帷幕由一排或几排灌浆孔组成。一般坝高100m（含）以上（含100m）的坝可采用两排，坝高100m以下的可采用一排，对地质条件较差的地段，可考虑增加排数以加强防渗帷幕。当帷幕由几排灌浆孔组成时，一般仅将其中的一排孔钻灌至设计深度，其余各排孔的深度取设计深度的1/2～2/3。帷幕孔距一般为1.0～3.0m，排距比孔距略小。施工时，采用逐步加密法，开始孔距可大些，然后在中间加检查孔，如检查孔吸水率仍大于允许值，则将检查孔作为灌浆孔继续灌浆，直至满足要求为止。

帷幕灌浆必须在坝体浇筑到一定厚度作为盖重后进行，以保证岩基表层的灌浆压力。但为了使坝能连续浇筑，帷幕灌浆一般都在廊道内进行。帷幕灌浆的压力应通过试验确定，通常在表层部分，灌浆压力不小于1～1.5倍坝前水头；孔底部分不宜小于2～3倍坝前水头，但以不抬动坝体混凝土和不破坏坝基岩体为原则。灌浆材料一般多用普通硅酸盐水泥，灌浆时浆液由稀逐渐变稠。

---

❶ 透水率的单位Lu（吕容）是指当水压力为1MPa时，每米钻孔长度内注水流量为1L/min时，其透水率为1Lu。

（二）坝基的排水

坝基排水与帷幕灌浆相结合是降低坝基渗透压力的重要措施。重力坝坝基排水通常用排水孔幕，即在建基面的帷幕孔下游 2m 左右钻一排主排水孔。对于中坝，除主排水孔外，还可设 1～2 排辅助排水孔；高坝可设 2～3 排辅助排水孔，必要时，可沿横向廊道设置排水孔。主排水孔距为 2～3m，辅助排水孔距为 3～5m（图 2-4-39）。孔深应根据防渗帷幕和固结灌浆深度及地质条件确定。主排水孔深度约为防渗帷幕深度的 0.4～0.6 倍；高、中坝坝基主排水孔深度不应小于 10m；辅助排水孔深度一般为 6～12m。如坝基有透水层，排水孔应穿过透水层。尾水位较高的坝，采取抽排措施时，应在主排水下游坝基设置纵、横向辅助排水孔。排水孔应在灌浆之后钻孔，以免浆液堵塞排水孔。

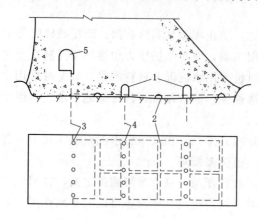

图 2-4-39　基础排水系统

1—坝基排水廊道；2—半圆形排水管；3—主要排水孔；

4—辅助排水孔；5—灌浆廊道

对于重要工程，当坝基基岩裂隙发育，单靠排水孔幕尚不足以减少坝基渗透压力时，可做坝基面排水。

四、两岸处理

若岸坡平缓稳定，岸坡坝段可直接建在开挖的岸坡基岩上 ［图 2-4-40（a）］；若岸坡较陡，但基岩稳定，为使岸坡坝段稳定，可考虑把岸坡开挖成梯级，利用基岩和混凝土的抗剪强度增加坝段的抗滑稳定，但应避免把岸坡挖成大梯级，以防在梯级突变处引起应力集中，产生裂缝 ［图 2-4-40（b）］。

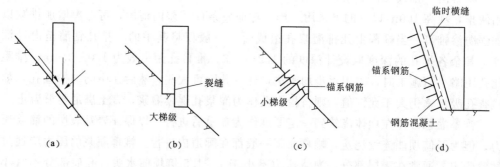

图 2-4-40　重力坝与坝坡的连接

（a）坝段与岸坡直接连接；（b）大梯级连接；（c）小梯级加锚系钢筋连接；

（d）岸壁钢筋混凝土层与坝段连接

当河岸较陡，又有顺坡剪切裂隙时，要校核岸坡沿裂隙的稳定性，必要时应开挖削坡，若开挖量大，也可采用预应力锚系钢筋固定岸坡 ［图 2-4-40（c）、（d）］。

有时河岸十分陡峻，以致岸坡段的一部分建在河床，另一部分坐落在岸坡上，如图 2-4-40 （d）所示。此时，坝段主要由河床支承，岸坡受力较小，坝段混凝土冷却收缩后，易脱离岸壁产生裂缝。因此，可先在岸壁做钢筋混凝土层，并用钢筋锚系在河岸基岩上，在钢筋混凝土层与坝段之间设临时温度横缝和键槽，而后进行灌浆处理；也可不设横缝，使岸坡段与河岸直接接触，但加设锚系钢筋，以承受温度引起的拉应力。

任务六 碾压混凝土重力坝

一、概述

用干硬性混凝土拌和物分层摊铺，用高效振动碾碾压密实的混凝土称为碾压混凝土。在碾压混凝土中浇灌适量的水泥浆，然后用振捣棒振捣密实代替振动碾碾压而形成的混凝土称为变态混凝土或改性混凝土。碾压混凝土坝是利用高效振动碾分层碾压混凝土而筑成的大坝。

碾压混凝土坝是最近几十年发展起来的，它不用振捣器而用振动通过振动碾压密实。碾压混凝土很干硬，用水量少、用水泥也少（约为同标号常规混凝土水泥用量的 1/3～1/2），水化温升较低，不设纵缝，不设或少设横缝，节省分缝模板和支模时间，施工简便安全、速度快、工期短（约为常规混凝土的 1/3～2/3）、收效快、造价低（节省 20%～35%），在技术和经济上都是十分有利的，所以深受欢迎，发展很快。三峡三期围堰采用碾压混凝土重力坝在 5 个月内完成 110 万 m^3 浇筑任务，创造世界上最快的混凝土筑坝记录，为提前发电和加快施工提供了保障，更显出碾压混凝土巨大的优越性。

世界上使用碾压混凝土最早的结构是 1961 年我国台湾石门土坝的围堰混凝土心墙，密实手段从振荡器改用滚筒碾压，当时称为"滚压混凝土"。20 世纪 70 年代初期，一些工程师先后提出改革混凝土材料工艺的建议，即减少混凝土中水和水泥用量，做成无坍落度混凝土，用推土机或平仓机铺开，用振动碾压实，并进行了试验，称为碾压混凝土。1975 年日本开始研究用碾压混凝土筑坝，1980 年年底建成了世界上第一座坝高 88m 的碾压混凝土重力坝。1982 年美国第一次用碾压混凝土修筑上静水坝、柳溪坝和其他几座重力坝，最高的 87m。此后，澳大利亚、法国、苏联、西班牙、巴西、摩洛哥、南非等国也修筑了许多碾压混凝土重力坝，最高的约 80m。

我国于 1979 年开始对碾压混凝土筑坝技术进行试验研究，我国第一座碾压混凝土坝是福建大田县坑口重力坝，高 56.8m，于 1986 年 6 月基本建成。中国的碾压混凝土坝虽然起步略晚于日本和欧美等国家，但由于做了很多充分的研究工作，并学习其他国家碾压混凝土筑坝成功的经验和吸取它们不足的教训，逐渐形成了中国特色的碾压混凝土筑坝技术。我国龙滩碾压混凝土重力坝第一期工程的最大坝高将达 192m，成为目前世界上同类坝中遇高者。有中国"水电之母""水电摇篮"之称的丰满水电站重建工程，碾压混凝土重力坝，坝高 94.5m，于 2019 年 9 月 20 日首台机组投产发电，以引领行业的大气魄，再一次成为行业标杆，再次证明了"中国建造"的实力。

中国的碾压混凝土坝建设无论在坝的种类、数量、高度、还是筑坝技术和研究工作，都已走在世界前列。

二、碾压混凝土坝的材料要求

碾压混凝土材料应包括水泥、砂子、石子、外加剂及粉煤灰等活性掺和料。

（1）水泥。碾压混凝土必须选择符合国家标准的硅酸盐系列水泥。水泥品种及标号与掺和料的品质、掺量经技术经济比较后确定。但所用水泥的生产厂家、品种应相对固定。

（2）砂石骨料。符合常规混凝土要求的砂石骨料，均可用于碾压混凝土，但两者经济指标相近时，优先选用人工骨料。砂的细度模数宜控制在 2.2～3.0 之间，粗骨料粒径不宜大于 80mm，且级配良好，超过 80mm 时应进行专门的论证。由于碾压混凝土对骨料含水量非常敏感，筛洗后的骨料不能马上使用，应堆放 48h 以上，且骨料含水量应小于 50%。

（3）活性掺和料。在碾压混凝土中，大量掺入掺和料，一般可达水泥用量的30%～65%，所以必须严格控制掺和料的质量。粉煤灰及火山灰应符合《粉煤灰混凝土应用技术规范》（GB/T 50146—2014）规定的质量指标。对采用其他矿渣、凝灰岩等活性材料，应进行试验。

（4）混凝土外加剂。因碾压混凝土胶凝材料用量少，混凝土的坍落度为零，采用薄层大仓面铺摊、碾压工艺，为改善混凝土的可碾性，减少用水量降低水化热，需用减水剂；为防止出现冷缝，有效发挥快速连续施工的特点，需用缓凝剂；对北方地区有抗冻要求的碾压混凝土，还需掺入抗冻引气剂。

三、碾压混凝土坝的构筑形式

随着碾压混凝土坝的设计和筑坝技术的发展，碾压混凝土坝的构筑形式和方法也在不断地变化提高。其构筑成坝形式主要有以下几种类型。

1. 外包常态混凝土碾压混凝土坝（金包银）

考虑坝体的抗渗性和抗冻性，将坝体内部用干贫性碾压混凝土填筑，上、下游和坝基面用 2～3m 厚的常态混凝土，形成一种包裹断面形式，俗称金包银，如图 2-4-41所示。图 2-4-42 为日本玉川坝和我国挑井口水库挡水坝段的标准断面。坝体按常规分横缝，采用切缝技术成缝，缝内止水和排水系统与常态混凝土坝相同，并放在常态混凝土层内。这种碾压混凝土坝，层面间接合较好，防渗抗冻效果好，工作可靠。但两种混凝土同时施工，工作干扰大，施工进度较慢。由于坝体中有一定的常态混凝土，整体工程造价有所提高，一般用于寒冷地区的中高坝。

2. 富胶凝材料碾压混凝土坝

将矿渣或粉煤灰作为掺和料，加入到混凝土中，拌和成高胶凝材料的无坍落度混凝土，其胶凝材料约为 150～230kg/m³，粉煤灰掺用量占 60%～70%，利用振动碾压设备进行薄层连续碾压施工，可保持良好的层面胶结，可不再设置专门的防渗层。

这种形式的坝具有强度高、凝聚力强、抗渗性好的特点，坝体断面可设计的小些，节省坝体混凝土方量，但由于所用水泥和粉煤灰较多，混凝土单价有所提高。

目前，也有仅在上游侧 3～5m 范围内用高胶凝材料进行防渗，在坝体其他部位

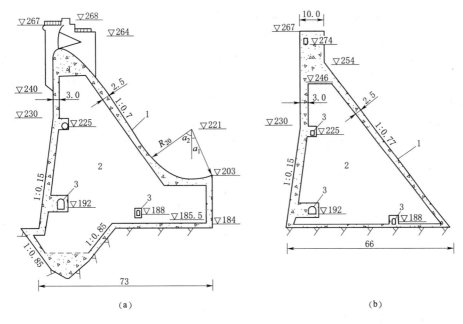

图 2-4-41　外包常态混凝土碾压混凝土坝

(a) 溢流坝典型断面图；(b) 非溢流坝典型断面图

1—常态混凝土；2—碾压混凝土；3—廊道

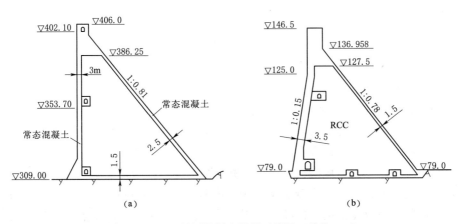

图 2-4-42　碾压混凝土坝断面简图（单位：m）

(a) 日本玉川坝；(b) 河北桃林口碾压混凝土坝

用低胶凝材料填筑，以利减少水泥及粉煤灰用量。

3. 低胶凝材料干贫混凝土碾压坝

在保证坝体强度、耐久性等要求的前提下，尽量减少水泥用量，使水泥用量在 $60 \sim 80 \text{kg/m}^3$ 之间，粉煤灰掺量低，且用水量较少，形成干贫混凝土。连续碾压，快速施工，不设纵缝和横缝。其特点是造价低，混凝土方量较大，施工速度快，渗漏较严重，抗冻性能差。目前该形式的坝应用较少，已逐步改成在其上游设专门的防渗层防渗。

4. 采用专门防渗设施的全断面碾压混凝土坝

在大坝的上游面采用专门的人工防渗材料或高胶凝材料的碾压混凝土进行防渗，如利用复合土工膜合成橡胶薄膜、二级配的碾压混凝土层等，坝体采用干贫低胶凝材料的碾压混凝土（图2-4-43）。全断面碾压，小间隔浇筑。这种坝克服了渗漏严重和抗冻性差的缺点，又能快速施工，加快施工进度，目前各国应用得较多。如我国的温泉堡碾压混凝土拱坝，在其上游常水位以下贴复合土工膜防渗。湖南省的江垭水利枢纽，大坝上游用一层高胶凝碾压混凝土防渗层，全断面碾压，施工速度快，防渗效果好。

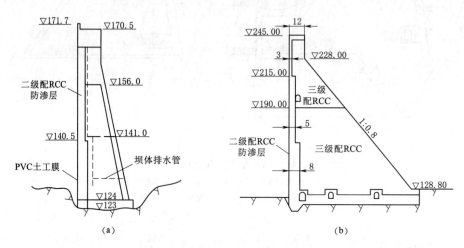

图2-4-43 采用专门防渗设施的碾压混凝土坝断面（单位：m）

(a) 温泉堡拱坝；(b) 江垭大坝

四、碾压混凝土坝的构造

（一）碾压混凝土坝的防渗设施、排水设施

由于碾压混凝土防渗性能较差，为保证坝体防渗功能，常需在坝体上游侧设置一定的防渗设施。目前，碾压混凝土坝的防渗设施有以下几种：

（1）常态混凝土或富胶凝材料碾压混凝土防渗体。在坝体上游面，设置常态混凝土层，用于防渗和抗冻。同混凝土重力坝一样设横缝，这种布置不仅影响施工速度，而且常态混凝土与碾压混凝土的结合带不好处理。为了克服这些缺点，现将常态混凝土层用高胶凝材料的抗渗、抗冻性较好且能满足设计要求的碾压混凝土（即变态混凝土）代替，可使防渗体和坝体同步碾压施工，加快施工进度。

（2）合成材料防渗体。为了加快施工速度，同时防止坝体渗漏，利用复合土工膜、合成橡胶薄膜等合成防渗材料的防渗体。施工时，将防渗材料贴于模板内侧，混凝土碾压完成后，则其粘在碾压混凝土的上游侧。实践证明，其防渗效果较好，利于维护。

（3）沥青砂浆防渗层。在坝体上游侧设置钢筋混凝土预制模板，内侧为碾压混凝土坝体，在二者之间用钢筋连接，并填6~10cm厚的沥青砂浆形成防渗层。

（4）坝体排水。为减小坝体内的渗透压力，在碾压混凝土重力坝上均需布置坝体排水设施。一般设置上游防渗层后，排水管一般为预制的无砂混凝土管。当排水管设在碾压混凝土中时，可采用瓦棱纸包砂柱代替无砂混凝土管，待混凝土碾压一天之后再清除孔内砂柱。

（二）碾压混凝土坝的分缝及廊道

（1）坝体分缝。碾压混凝土坝采用通仓薄层浇筑，故不设纵缝，并可加大横缝间距或取消横缝。但设横缝有利于适应地基不均匀沉降和温度变形。横缝间距应考虑地形地质条件、坝体断面形状、温度应力、施工条件等因素，通过经济技术方案比较确定。一般为 15～30m，碾压混凝土坝的横缝可设成非暴露平面的连续缝，由振动切缝机切割成缝，填以设缝材料。可先切后碾，也可先碾后切，成缝面积不应小于设计缝面的 60％，可也设置不连续的诱导缝，即在成缝位置间隔钻孔并填以干砂或预埋设隔板等形成不连续缝，待混凝土浇筑完成后，由其自行开裂形成一定长度的贯通横缝。

（2）碾压混凝土坝的廊道设置。为满足碾压混凝土坝体内灌浆、排水、观测、检查、交通等要求，必须设置廊道。但为了使坝体构造简单，利于碾压施工，尽量减少廊道层数和数量，一般中低坝设 1～2 层或只设基础灌浆、排水廊道，高坝可根据需要设 2～4 层。廊道可用整体预制构件或预制拱圈现场拼装的方式施工。

任务七　其他形式的重力坝

一、浆砌石重力坝

浆砌石重力坝是用胶结材料和块石砌筑形成的，其特点如下：①就地取材；②水泥用量少（比混凝土重力坝省 50％左右），因而发热量低，可不采取温控措施，不设纵缝，可增加坝段宽度；③不需立模，施工干扰少；④施工技术易为群众掌握，便于组织人工进行施工；⑤人工砌筑，施工质量难于控制；⑥砌体孔隙率较大，需另设防渗设备。

（一）浆砌石重力坝的材料

（1）石料。石料是浆砌石重力坝的主要材料，一般要求上坝石料为质地均匀、无裂缝、不易风化、坚硬密实、表面清洁的新鲜岩石。石料抗压强度为不低于 30MPa。一般要求块石最小边长不小于 20cm。石料按外形可分为毛石、块石和粗料石三种。浆砌石坝的上、下游表面多用粗料石砌筑。

（2）胶结材料。常用的胶结材料有水泥砂浆、细石混凝土。

1）水泥砂浆强度等级有 M7.5、M10 等，通常采用的水泥强度等级有 32.5、42.5、52.5 三种。对于较重要的砌石坝，水泥砂浆的强度等级和相应的配合比应通过试验确定。

2）细石混凝土是由水泥、砂、细石和水，按一定配合比拌和而成的。适用于砌筑块石，它可节省水泥，改善级配，提高砌体的密实度，但不易于捣实，一级配细石混凝土，石料粒径为 0.5～2.0cm，细石用量约为砂石总量的 30％～50％。

3）混合砂浆是在水泥砂浆中掺入一定比例的石灰或黏土等。它可以节约水泥，增加砂浆的和易性，但强度低，凝结时间长，易受侵蚀和风化。混合砂浆一般用于坝体的水上部分和次要部位。常用的混合砂浆有水泥石灰砂浆、水泥烧黏土砂浆、水泥黏土砂浆等。

（二）浆砌石重力坝的坝体防渗

浆砌石重力坝的砌体中存在孔隙和孔隙通道。这些缺陷易导致坝体渗水和漏水，因此，应采取专门的防渗措施。

（1）浆砌石水泥砂浆勾缝防渗层。即在坝体迎水面砌筑一层浆砌石进行防渗，如图 2-4-44 所示。其厚度一般为坝上水头的 1/20～1/15，砌缝厚度不超过 2cm，常用 M7.5 水泥砂浆砌筑，在迎水面上再用 M10 水泥砂浆勾缝。勾缝常采用平缝或凸缝，缝深约 2～3cm，勾缝应选在砌体砂浆开始初凝时进行，以便使勾缝砂浆与砌体砂浆紧密结合。这种防渗体经济、简便，但防渗性较差，适用于中、低水头的浆砌石坝。

（2）混凝土防渗层。在坝体迎水面浇筑一定厚度的混凝土，形成防渗面板，并与坝体结合在一起，如图 2-4-45 所示。面板需嵌入完整基岩内 1.0～2.0m，并与坝基防渗设施连成整体。面板厚度一般为最大水头的 1/30～1/60，其顶部厚度不小于 0.3m。可沿坝轴线方向每隔 15～25m 设一道伸缩缝，缝内设止水，板内一般布置 $\phi6～\phi8$、纵横间距为 20～30cm 的温度钢筋，防渗面板多采用 C15～C20 混凝土，这

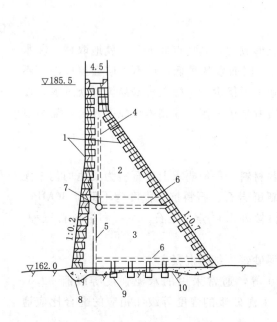

图 2-4-44 浆砌条石重力坝（单位：m）

1—M7.5 水泥砂浆条石；2、3—M2.5、M5 水泥砂浆砌块石；
4、5—多孔混凝土排水管；6—排水沟；7—集水沟；
8—混凝土齿墙；9—坝基排水沟；10—混凝土垫层

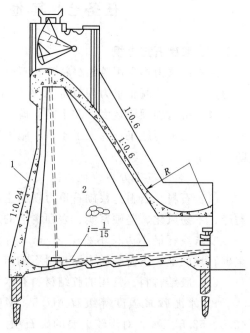

图 2-4-45 浆砌石混凝土防渗面板坝

1—C20 混凝土防渗面板；2—水泥砂浆砌块石

种防渗层的优点是防渗效果好，面板位于坝体表面便于检修；但受气温变化影响大，且施工较复杂。另外，也可将混凝土防渗板布置在距上游面1～2m的坝体内，迎水面用浆砌石或浆砌预制混凝土块砌筑，如图2-4-46所示。

（三）浆砌石重力坝溢流面的衬护

为防止溢流坝面产生气蚀和冲刷，浆砌石坝溢流面应加强衬护。当下泄单宽流量较大时，应采用厚0.6～1.5m的混凝土衬护，并加设温度筋，同时用锚筋与砌体锚固在一起。沿坝轴线方向每隔15～20m设一条伸缩缝；当下泄单宽流量不大时，可只在堰顶和反弧段用混凝土衬护，而直线段可采用细琢的料石衬护；当单宽流量较小时，除堰顶部位用混凝土衬护外，其他部位均可用细琢的料石衬护。

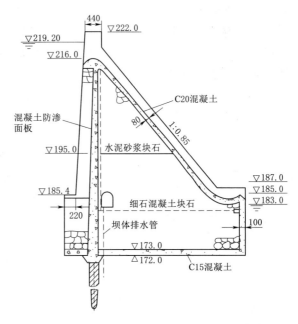

图2-4-46 坝内混凝土防渗板

浆砌石坝因水泥用量少，故发热量小，加上分层砌筑，散热条件较好，故一般不设纵缝，且横缝间距可加大到20～30m，但不宜大于50m，在基岩岩性变化或地形突变处应设横缝，以适应不均匀沉降。为使砌体与基岩紧密结合，在砌石前需先浇一层厚0.5～1.0m的混凝土垫层，垫层面应大致整平，以利砌筑。

浆砌石重力坝坝基的防渗和排水与混凝土重力坝相同。

二、宽缝重力坝简介

宽缝重力坝是在相邻坝段间将横缝挖宽形成宽缝而得名，其布置如图2-4-47所示。

（一）宽缝重力坝的特点

（1）扬压力小，抗滑稳定性好。

（2）工程量节省10%～20%。

（3）坝体混凝土的散热快。

（4）宽缝部位的模板用量大和宽缝倒坡部位的立模复杂。

（5）分期导流不便。

（二）宽缝尺寸布置

坝段宽度L为16～24m。设缝宽为2S，一般缝宽比2S/L采用0.2～0.35，如图2-4-48所示，缝

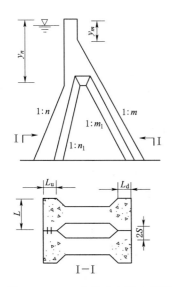

图2-4-47 宽缝重力坝示意图

宽比越大，坝体工程量越小，当缝宽比大于 0.4 时，宽缝部分将产生较大的主拉应力。坝体上游坡通常取 $n = 0.15 \sim 0.35$，下游坡取 $m = 0.5 \sim 0.7$，在强度容许条件下，可适当加大缝宽比，放缓上游坡。宽缝坝块上游头部厚度 L_u 应满足强度、防渗、人防和布置灌浆廊道等要求，通常取 $L_u \geqslant (0.08 \sim 0.12)h$，$h$ 为截面以上水深，且不小于 3.0m；坝块下游尾部厚度 L_d，一般采用 3~5m，缝内上、下游坡比 n_1、m_1 一般应与坝面坡比一致或接近。

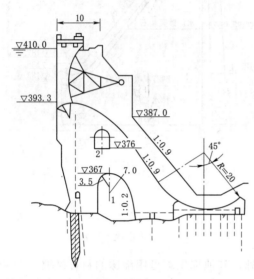

图 2-4-48　空腹重力坝（单位：m）
1—下腹孔；2—上腹孔

三、空腹重力坝

在坝内沿坝轴线方向开设连续的大尺寸空腔时称空腹重力坝，如图 2-4-48 所示。空腔下面不设底板，坝体荷载直接由空腹重力坝的前、后腿传至地基。由于空腔底不设底板，减小了坝底扬压力，增加了坝体的有效重量，故坝体混凝土量较实体重力坝可节省 20%~30%；空腔部位不用清基，可减少坝基开挖量；空腔有利于坝体混凝土散热；腔内可布置水电站厂房，这时空腔底部需设置底板。空腹重力坝的主要缺点是：腹拱（腹孔顶部的拱）设计及腹拱施工复杂，有倒悬模板，钢筋用量较多。

四、支墩坝概述

支墩坝是由一系列顺水流方向的支墩和支承在墩子上游的挡水面板所组成。支墩坝是一种性能良好的坝型，我国自 20 世纪 50 年代以来相继建成佛子岭、梅山连拱坝、磨子潭、柘溪等不同形式的支墩坝。其中梅山连拱坝高达 88m，柘溪大头坝高达 104m。巴西与巴拉圭合建的伊泰普大头坝高达 196m，加拿大的丹尼尔约翰逊连拱坝高达 215m。

（一）支墩坝的类型

按挡水面板的形式，支墩坝可分为平板坝、连拱坝和大头坝，如图 2-4-49 所示。

（1）平板坝是支墩坝中最简单的形式，其上游挡水面板为钢筋混凝土平板，并常以简支的形式与支墩连接。由于简支板的跨中弯矩大，适用于 40m 以下的中低坝。支墩多采用单支墩，中心距一般为 5~10m，顶厚 0.3~0.6m，向下逐渐加厚。靠近上游坝面的倾角为 40°~60°。

（2）连拱坝由支承在支墩上连续的拱形挡水面板（拱筒）承担水压力的一种轻型坝体。支墩有单支墩和双支墩两种；拱筒和支墩之间刚性连接，形成超静定结构，温度变化和地基的变形对坝体的应力影响较大。因此，其适用于气候温和的地区和良好的基岩上。

（3）大头坝是通过扩大支墩的头部而起挡水作用的。其体积较平板坝和连拱坝

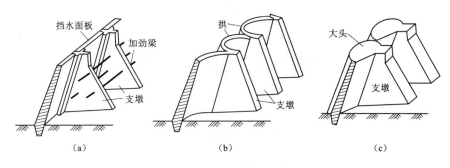

图 2 - 4 - 49　支墩坝的形式
(a) 平板坝；(b) 连拱坝；(c) 大头坝

大，也称大体积支墩坝。它能充分利用混凝土材料的强度，坝体用筋量少；大头和支墩共同组成单独的受力单元，对地基的适应性好，受气候条件影响小，因此大头坝的适应性广，在我国应用较多。

（二）支墩坝的特点

（1）节省混凝土量。支墩坝利用倾向上游的挡水面板，增加了水重，提高了坝体的抗滑稳定性；支墩间留有空隙，便于坝基排水，减小扬压力，节省混凝土方量。与实体重力坝相比，大头坝可节约混凝土 20％～40％，平板坝和连拱坝可节省混凝土30％～60％。

（2）能充分利用材料的强度。支墩可随受力情况调整厚度，充分利用混凝土材料的受压强度，对于平板的抗渗和抗裂要求较高。

（3）部分形式的支墩坝对地质和气候条件要求高。连拱坝和连续式平板坝都是超静定结构，其内力受地基变形和气温变化的影响大，其适于基岩好、气候温和的地区。

（4）施工条件不同。一方面，因支墩间存在空隙，减少了地基的开挖量，便于布置底孔和施工导流；施工散热面增加，坝体温控措施简易。另一方面，施工时立模复杂，且模板用量多，施工难度大。

（5）侧向稳定性差。支墩本身单薄又相互独立，侧向稳定性差，当作用力超过纵向稳定临界值时，支墩可能因丧失纵向稳定而破坏；在受到垂直于河流方向的地震力时，其抗侧向倾覆的能力也较差。

项目五 拱坝

任务一 概述

目前,世界拱坝发展速度仅次于土石坝,且多修建高拱坝、双曲拱坝和薄拱坝。东江水电站混凝土双曲拱坝,坝高157m,是20世纪80年代中国大陆上最高的混凝土双曲薄拱坝,它的建成标志中国拱坝建设进入成熟时期。我国目前高度超过200m的水坝中,拱坝8座,占200m以上大坝总数的47%。这8座拱坝均是双曲拱坝,双曲拱坝是高拱坝发展的趋向,被誉为"近代拱坝"。截至2014年,世界上最高的拱坝,在中国四川凉山彝族自治州的雅砻江锦屏一级水电站坝,混凝土双曲拱坝、坝高305m。这在我国拱坝建设史上是空前的,标志着我国坝工建设的快速发展。

我国建设的拱坝还有:①小湾水电站,混凝土双曲拱坝(位于湄公河),最大坝高294.5m;②白鹤滩水电站(位于金沙江下游),混凝土双曲拱坝,最大坝高289m;③溪洛渡水电站大坝,混凝土双曲拱坝(位于金沙江),最大坝高285.5m;④乌东德水电站(位于金沙江下游),混凝土双曲拱坝,坝高270m;⑤最大最高的重力拱坝是青海省的龙羊峡拱坝,高178m;⑥最薄的拱坝是广东省的泉水双曲拱坝,高80m。为适应不同的地质条件和布置要求,还修建了一些特殊的拱坝,如湖南省凤滩拱坝,采用了空腹形式;贵州省的窄巷口水电站,采用拱上拱的工程措施,以跨过河床的深厚砂砾层。

一、拱坝的特点

拱坝是空间壳体结构,在平面上拱向上游,将荷载主要传递给两岸的山体的曲线形坝。拱坝可以看成由一系列的水平拱圈和一系列竖向悬臂梁所组成,坝轴线(坝顶拱圈上游边线在水平面上的投影)为一曲线,如图2-5-1所示。拱坝所坐落的两岸岩体部分,包括两岸坝体直接浇筑的部位和上、下游一定范围内的岩体称作拱座或坝肩;左右拱圈的分界线称拱坝中心线;在拱坝的中心线处与水平拱圈成正交的铅垂坝体断面称作拱冠梁,一般位于河谷的最深处。

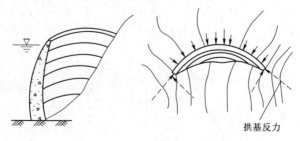

拱基反力

图2-5-1 拱坝示意图

（1）稳定方面。坝体结构既有拱作用又有梁作用，具有双向传递荷载的特点。其所承受的水平荷载大部分由拱的作用传至两岸岩体，其余部分通过竖直梁的作用传到坝底基岩，如图 2-5-2 所示。拱坝在外荷载作用下的稳定性主要是依靠两岸拱端的反力作用，并不完全依靠坝体重量来维持稳定。

（2）结构方面。拱坝是一高次超静定结构，当发生超载或坝体某一部位产生局部裂缝时，坝体的梁作用和拱作用将自行调整，梁向荷载和拱向荷载将相互部分转移，坝体应力将重新分配，原来低应力部位将承担增大的应力，原来高应力部分的应力不再增长，裂缝可能停止发展甚至闭合。所以，只要拱座稳定可靠，拱坝的超载能力是很高的。国内外拱坝的结构模型破坏试验也表明，混凝土拱坝的超载能力可达设计荷载的 5～11 倍。

拱结构是一种推力结构，在外荷作用下内力主要为轴向压力，有利于发挥筑坝材料（混凝土或浆砌块石）的抗压强度。若设计得当，拱圈的应力分布较为均匀，弯矩较小。拱的作用就发挥得更为充分，材料抗压强度高的特点就越能充分发挥，从而坝体厚度就越薄。一般情况下，拱坝的体积比同一高度的重力坝体积可以节省 1/3～2/3，因而，拱坝是一种比较经济的坝型。

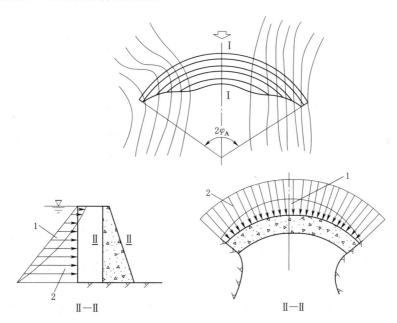

图 2-5-2 拱坝平面及断面图
1—拱荷载；2—梁荷载

拱坝坝体轻韧，弹性较好，整体性好，故抗震性能高。在工程实践中，至今尚未发现有拱坝因地震而破坏或失事，例如意大利的卢美双曲拱坝（高 136m），1975 年 5 月 6 日经历了烈度为Ⅷ～Ⅸ度的地震，实测地震加速度为 0.44g，但坝体安全无损。所以拱坝是一种安全性能较高的坝型。目前，在地震区已修建了不少拱坝，如英吉里拱坝，坝高 272m，修建在Ⅸ级强地震区。

拱坝坝身不设永久伸缩缝，其周边通常固接于基岩上，因而温度变化和基岩变化对坝体应力的影响较显著，设计时，必须考虑基岩变形，并将温度荷载作为一项主要荷载。

（3）泄洪方面。拱坝不仅可以在坝顶溢流，还可以在坝身开设大孔口泄水。目前坝顶溢流或坝身孔口泄水的单宽流量已超过 $200m^3/(s \cdot m)$，见表 2-5-1，国内部分拱坝坝身孔口泄洪工程实例，其中白鹤滩水电站双曲拱坝的坝身的深孔泄洪的单宽流量已超过 $300m^3/(s \cdot m)$。

表 2-5-1　　　　　　　　　国内部分拱坝坝身孔口泄洪工程实例

序号	坝名	坝型	坝高/m	坝身孔口最大泄量/(m³/s)	孔口形式		
					型式	孔数	宽×高/(m×m)
1	锦屏一级	双曲拱坝	305.0	5106	表孔	4	11.0×12.0
				5471	深孔	5	5.0×6.0
2	小湾	双曲拱坝	294.5	8140	表孔	5	11.0×15.0
				8846	深孔	6	6.0×7.0
3	白鹤滩	双曲拱坝	289.0	17991	表孔	6	14.0×15.0
				12107	深孔	7	5.5×8.0
4	溪洛渡	双曲拱坝	285.5	19397	表孔	7	12.5×13.5
				12880	深孔	8	6.0×6.7

拱坝泄洪水流向心集中，对下游消能不利，泄洪孔布置及结构设计中应避免这一不利因素。拱坝坝身单薄，体形复杂，设计和施工的难度较大，因而对筑坝材料强度、施工质量、施工技术以及施工进度等方面要求较高。

二、拱坝对地形和地质条件的要求

5-2
拱坝对地形
地质要求

（一）对地形的要求

地形条件是决定拱坝结构形式、工程布置以及经济性的主要因素。河谷狭窄有利于发挥拱圈作用，降低拱端推力。理想的地形应是河谷较狭窄、左右两岸对称，岸坡平顺无突变，在平面上向下游收缩的峡谷段。坝端下游侧要有足够的岩体支承，以保证坝体的稳定。

拱坝的厚薄程度常以厚高比表示，即拱坝拱冠深处的坝底厚度 T 与坝高 H 的比值。当 $T/H<0.2$ 时，为薄拱坝；当 $T/H=0.2\sim0.35$ 时，为中厚拱坝；当 $T/H>0.35$ 时，为厚拱坝或重力拱坝。

坝址处河谷形状特征常用河谷"宽高比" L/H 及河谷的断面形状两个指标来表示。L/H 值小，说明河谷窄深，拱坝水平拱圈跨度相对较短，悬臂梁高度相对较大，即拱的刚度大，梁的刚度小，坝体所承受的荷载大部分是通过拱的作用传给两岸，因而坝体可设计得较薄。反之，当 L/H 值很大时，河谷宽浅，拱作用较小，荷载大部分通过梁的作用传给地基，坝断面必须设计得较厚。一般情况下，在 $L/H<2$ 的窄深河谷中可修建薄拱坝；在 $L/H=2\sim3$ 的中等宽度河谷中可修建中厚拱坝；在

$L/H=3\sim4.5$ 的宽河谷中多修建重力拱坝；在 $L/H>4.5$ 的宽浅河谷中，一般只应修建重力坝或拱形重力坝。随着近代拱坝建设的发展，已有一些成功的实例突破了这些界限。我国锦屏一级水电站混凝土双曲拱坝，坝高 305m，宽高比 $L/H=1.811$、大坝厚高比 $T/H=0.207$。二滩水电站混凝土双曲拱坝，坝高 240m，大坝厚高比 $T/H=0.232$。美国的奥本三心双曲拱坝，坝高 210m，河谷断面宽高比 $L/H=6$、大坝厚高比 $T/H=0.29$。

（二）对地质的要求

地质条件也是拱坝建设中的一个重要问题。地质条件较好的岩基坝址才能适应拱坝基底应力较大的特点。在坝型比选时，河谷狭窄、地质条件较好的岩基坝址，更能显示拱坝在技术经济上的优势。为满足拱座稳定要求，拱坝轴线两岸需有较完整厚实的山体作支撑，理想的地质条件是：基岩均匀单一、完整稳定、强度高、刚度大、透水性小和耐风化等。但是，理想的地质条件是不多的，工程中应对坝址的地质构造、节理与裂隙的分布，断层破碎带的切割等认真查清。必要时，应采取合理的地基处理措施。

随着经验的积累和地基处理技术水平的不断提高，在地质条件较差的地基上也建成了不少高坝。我国的龙羊峡重力拱坝，基岩被 8 条大断层和软弱带所切割，风化深，地质条件复杂，且位于 Ⅸ 度强震区，但经过艰巨细致的高坝基础处理，成功地建成了高达 178m 的混凝土重力拱坝。

三、拱坝的分类

（1）按拱坝的曲率分。按拱坝的曲率分有单曲拱坝和双曲拱坝。单曲拱坝在水平截面有曲率、呈曲线形，而竖向单曲拱坝 [图 2-5-3（a）]。双曲拱坝在水平截面和竖向截面均为曲线形的拱坝 [图 2-5-3（b）]，可以实现变中心、变半径以调整拱坝上下部的曲率和半径，更好地发挥拱的作用，因此被广泛应用，近 10 年来，我国建设的拱坝多为双曲拱坝。在重力拱坝设计或宽河谷拱坝设计等特定条件下，双曲率拱坝优势不明显时，为简化设计施工条件，可以采用单曲拱坝。

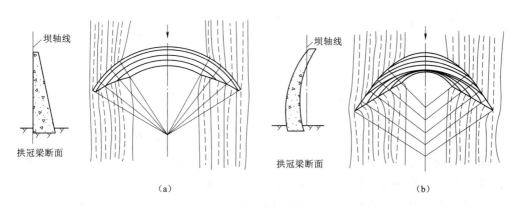

图 2-5-3　单曲和双曲拱坝示意图
（a）单曲拱坝；（b）双曲拱坝

（2）按水平拱圈线型分。水平拱圈线型是指水平拱圈所采用的曲线形式。按水平拱圈线型分为单心圆拱坝、多心圆拱坝、椭圆拱坝、抛物线拱坝、对数螺旋拱坝、双曲线拱坝、统一二次曲线拱坝等。圆弧拱坝拱端推力方向与岸坡边线的夹角往往较小，不利于坝肩岩体的抗滑稳定。多心拱坝由几段圆弧组成，且两侧圆弧段半径较大，可改善坝肩岩体的抗滑稳定条件 ［图 2-5-4（b）、（c）］。变曲率拱坝（抛物线拱，椭圆拱等）的拱圈中间段曲率较大，向两侧曲率逐渐减小，如图 2-5-4（d）～（f）所示。

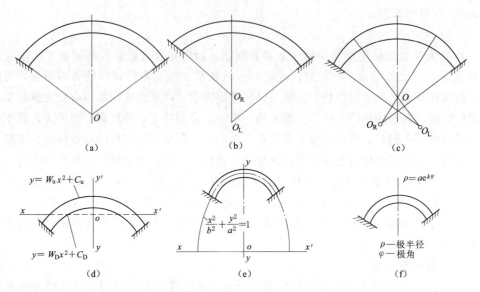

图 2-5-4 拱坝的各种水平拱圈形式

(a) 圆拱；(b) 二心拱；(c) 三心拱；(d) 抛物线拱；

(e) 椭圆拱；(f) 对数螺旋线拱

（3）按坝高分为低坝、中坝和高坝。坝高 30m 以下为低坝；坝高 30～70m（含 30m 和 70m）为中坝；坝高 70m 以上为高坝。

（4）按厚高比分为薄拱坝、中厚拱坝和厚拱力拱坝（重力拱坝）。

（5）按建筑材料和施工方法分，可分为常态混凝土拱坝、碾压混凝土拱坝、浆砌石拱坝。

任务二 拱 坝 的 布 置

拱坝布置任务是拱坝体形选择、坝体的布置。布置设计的总要求是在满足坝体应力和基础稳定要求的前提下，选择合适的体形，使工程量省、造价低、安全度高和耐久性好，同时，拱坝也必须满足枢纽布置及运用要求。

拱坝一般选择在河谷较窄、地质条件较好的岩基坝址上，坝轴线选择在河谷两岸较完整厚实的山体上，根据地形地质、水文等自然条件和枢纽的综合利用要求，以及泄水方式、枢纽建筑物布置、工程施工等因素，经技术经济比较确定。随着生态环境保护越来越重视，大坝设置过鱼设施要求随之提高，低水头拱坝设置鱼道过鱼，中高水头拱坝设置升鱼机过鱼。过鱼设施的布置需要避开坝下消能区。

一、体形选择

拱坝体形应综合考虑坝址河谷形状、地质条件、地震情况、坝体应力、拱座稳定、坝身泄洪布置、工程量、体形适应性及施工条件等因素的影响，通过体形优化后选定。

（一）拱坝中心角 $2\phi_A$

拱坝中心线与拱圈中心线在拱端处曲率半径线之间的夹角为拱圈半中心角 ϕ_A，左右半中心角之和为拱圈中心角。对于一定的河谷、一定的荷载，当应力条件相同时，拱中心角 $2\phi_A$（图 2-5-5）越大（即 R 越小）拱圈厚度 T 越小，就越经济。但中心角增大也会引起拱圈弧长增加，在一定程度上也抵消了一部分由减小拱厚所节省的工程量。当拱厚 T 一定，拱中心角越大，拱端应力条件越好，中心角的选取应从经济和应力考虑。

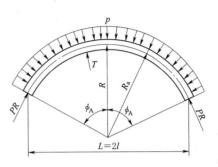

图 2-5-5 圆弧拱圈

从有利于拱座的稳定考虑，要求拱端内弧面切线与可利用岩面等高线的夹角不得小于 $30°$。过大的中心角将使拱端内弧面切线与岩面等高线的夹角减小，对拱座稳定不利。因此，拱圈中心角在任何情况下都不得大于 $120°$。尤其当拱座下游岩体比较单薄时，更应将拱座中心角适当地减小，选用较小的中心角，使拱端推力尽可能地指向山体。

坝肩稳定与坝体应力对水平拱圈中心角的要求是矛盾的，可通过在设计上兼顾应力和稳定两方面的要求，以及选用合理的水平拱圈体形等措施加以解决。由于实际工程常以顶拱外弧线作为拱坝的坝轴线。所以，一般情况下可使顶拱中心角采用实际可行的最大值，往下拱圈的中心角逐渐减小。坝体顶拱最大中心角应根据不同的水平拱圈形式，采用 $75°\sim110°$。

（二）水平拱圈的线型

合理的水平拱圈线形应当是压力线接近拱轴线，使拱截面内的压应力分布趋于均匀。在河谷狭窄而对称的坝址，水压荷载的大部分靠拱的作用传到两岸，采用圆弧拱圈从水压荷载在拱梁系统的分配情况看，拱圈所分担的水荷载并不是沿拱圈均匀分布，而是从拱冠向拱端逐渐减小。因此，最合理的水平拱圈线型应是变曲率、变厚度、扁平的。

由三段圆弧构成的三心圆拱，通常两侧弧段的半径比中间的大 ［图 2-5-4 (c)］，从而可以减小中间弧段的弯矩，使压应力分布均匀，改善拱端与两岸岩体的连接条件，更有利于坝肩的岩体稳定。美国、葡萄牙等国采用三心圆拱坝较多，我国的白山拱坝、紧水滩拱坝和正在施工的李家峡都是采用的三心圆拱坝。

椭圆拱、抛物线拱等变曲率拱，拱圈中段的曲率较大，向两侧逐渐减小，使拱圈中的压力线接近中心线，拱端推力方向与岸坡等高线的夹角增大，有利于坝肩岩体的抗滑稳定。我国的二滩、东风水电站就是采用的抛物线拱坝。

（三）悬臂梁断面

悬臂梁断面应设计合理。在满足应力控制标准、坝身泄洪孔布置的条件下，应合理选择竖向曲率，上游面倒悬度不应大于 0.3：1。

二、拱坝平面布置形式

拱坝平面布置形式一般有：单心圆拱坝；等中心角拱坝；变半径、变中心角拱坝；双曲拱坝的布置。

（一）单心圆拱坝

水平拱圈从上到下采用相同的外半径，拱坝上游坝面为铅直圆筒面，拱圈厚度随水深逐渐加厚，下游面为倾斜面，各层拱圈内外弧的圆心均位于同一条铅直线上，即为等半径拱坝（图 2-5-6），又称为单圆心拱坝。它适用于 U 形或较宽的梯形河谷，各层拱圈均能采用较大的中心角，有利于拱作用的发挥和减小坝体厚度，同时还具有结构简单、设计施工方便，直立的上游面便于进水口或泄水孔控制设备的布置等优点，中、小型拱坝采用较多。

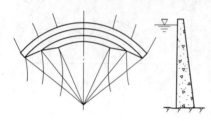

图 2-5-6 定圆心等半径拱坝

当需坝顶溢流时，为使泄水跌落点离坝趾较远，也可采用定圆心等内半径变外半径的布置形式，使坝的下游面为铅直圆筒，上游面为倾斜面。

（二）等中心角拱坝

对于 V 形河谷如仍采用定圆心等半径拱坝，下部拱圈的中心角减小，厚度加大，经济性差。为了使在 V 形河谷中各层拱圈的中心角接近最优中心角，并布置成相等，此时拱圈半径从上到下将逐渐减小，就成为等中心角拱坝（图 2-5-7）。

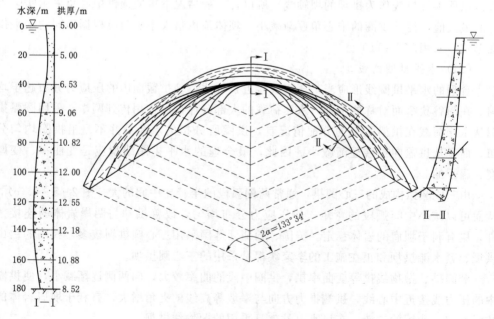

图 2-5-7 等中心角拱坝

这种坝型的缺点是，为了维持圆心角为常数，拱坝的上、下游均形成扭曲面，并且出现倒悬，在靠近两岸部分均倒向上游。

（三）变半径、变中心角拱坝

在拱坝的工程实践中，为了适应河谷条件并力求下部拱的中心角不至于太小，采用比较广泛的是变半径、变中心角拱坝（图2-5-8）。这种坝型在布置上更灵活，并在不同程度上消除了等半径拱坝、等中心角拱坝的缺点，改善了应力状态，是一种较好的坝型。

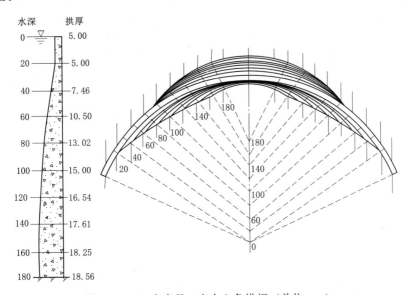

图2-5-8 变半径、变中心角拱坝（单位：m）

（四）双曲拱坝

近代拱坝设计的趋势是尽可能建造双曲拱坝（图2-5-9），前述的变半径、变中心角拱坝在整体形状上已具有双向曲率的结构。双曲拱坝的主要优点有梁系呈弯曲的形状兼有垂直拱的作用，垂直拱在水平拱的支撑下，将更多的水荷载传至坝肩；垂直拱在水荷载作用下上游面受压，下游面受拉，而在自重作用于下则与此相反，因而应力状态可得到改善，材料强度得到更充分的发挥。双曲拱坝易使各层拱圈中心角趋于理想，更适用于V形河谷，被广泛应用在现代拱坝建设中。

根据坝址河谷形状选择拱坝体形时，应符合下列规定：V形河谷，可选用双曲拱坝；U形河谷，可选用单曲拱坝；介于V形与U形之间的梯形河谷，可选用单曲拱坝或者双曲拱坝。当坝址河谷的对称性较差时，坝体的水平拱可设计成不对称的拱，或采用其他措施。当坝址河谷形状不规则或河床有局部深槽时，一般设计成有垫座的拱坝。

当地质、地形条件不利时，选择拱坝体形应符合下列要求：可采用两端拱圈呈扁平状、拱端推力偏向山体深部的变曲率拱坝；可采用拱端逐渐加厚的变厚度拱或设垫座的拱坝；当坝址两岸上部基岩较差或地形较开阔时，可设置重力墩或推力墩与拱坝连接。

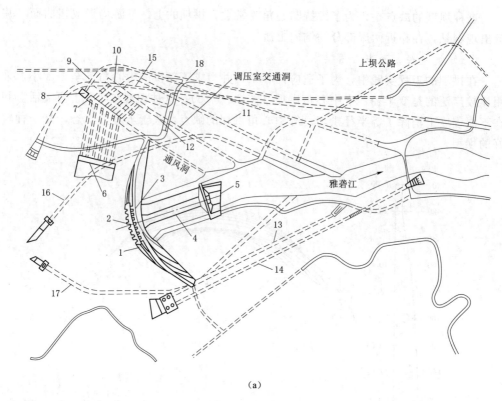

(a)

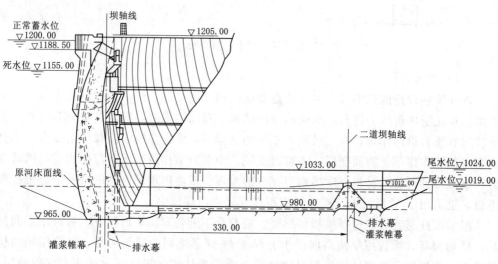

(b)

图 2-5-9 二滩水电站双曲拱坝

(a) 二滩水电站枢纽平面布置图；(b) 二滩水电站泄水建筑物断面图

1—拱坝；2—表孔溢洪道；3—中孔；4—水垫塘；5—二道坝；6—电站进水口；7—厂房；8—安装间；

9—主变压器室；10—尾水调压室；11—1号尾水洞；12—2号尾水洞；13—1号泄洪洞；14—2号

泄洪洞；15—过木机道；16—左岸导流隧洞；17—右岸导流隧洞；18—500kV开关站

三、拱冠梁的形式和尺寸

在 U 形河谷中，可采用上游面铅直的单曲拱坝，在 V 形和接近 V 形河谷中，多采用具有竖向曲率的双曲拱坝。

如图 2-5-10 所示，坝顶厚度 T_C 反映了顶拱的刚度，加大坝顶厚度不仅能改善坝体上部下游面的应力状态，还能改善拱冠梁附近的梁底应力，有利于降低坝踵拉应力。T_C 一般按工程规模、运行和交通要求确定，如无交通要求，一般采用 3～5m。坝底厚度 T_B 是表征拱坝厚薄的一项控制数据，其影响因素有坝高、坝型、河谷形状及地质、荷载、筑坝材料和施工条件等因素。

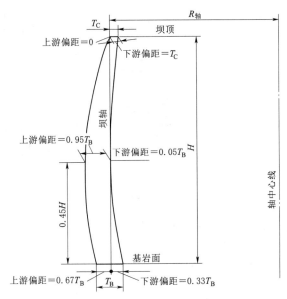

图 2-5-10 拱冠梁尺寸示意图
T_C—坝顶厚度，m；T_B—坝底厚度，m；
H—坝高，m；$R_{轴}$—轴半径，m

拱冠梁断面参考尺寸见表 2-5-2，上游偏距是指拱坝的上游面与坝轴线的距离，下游偏距是指拱坝的下游面与坝轴线的距离。

表 2-5-2   拱冠梁断面参考尺寸表

高 程	坝 顶	0.45H	坝 底
上游偏距	0	0.95	$0.67T_B$
下游偏距	T_C	0	$0.33T_B$

四、拱坝布置要求和步骤

（一）布置要求

实践证明，拱坝任何部位（包括坝与地基的连接部位）的形状和尺寸的突变都会引起应力集中，拱坝布置应遵循"连续"的原则，要求如下。

1. 基岩轮廓线连续光滑

应无突出的齿坎，基岩的岩性应均匀或连续变化，河谷的地形基本对称和变化连续。如天然河谷不满足时，可采用如图 2-5-11 所示的工程措施适当处理。

2. 坝体轮廓线连续光滑

坝体轮廓应力求简单、光滑平顺，避免有任何突变；圆心轨迹线、中心角和内外半径沿高程的变化也应是光滑连续或基本连续的，如图 2-5-12 所示。悬臂梁的倒悬不宜过大。

拱坝坝面倒悬是指上层坝面突出于下层坝面的现象。在双曲拱坝中，很容易出现坝面倒悬的现象。过度倒悬将使施工困难，且在封拱前在自重作用下很可能在与其倒

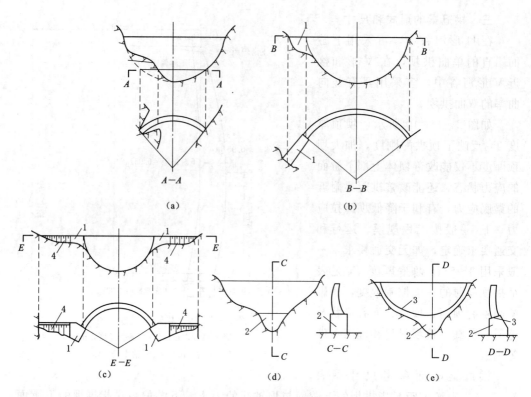

图 2-5-11　复杂断面河谷的处理
（a）挖除岸边凸出部分；（b）设置重力墩或推力墩；（c）设置垫座；
（d）和其他挡水建筑物连接；（e）采用周边缝
1—重力墩；2—垫座；3—周边缝；4—其他挡水建筑物

悬相对的另一侧坝面产生拉应力甚至开裂。对于倒悬的处理，一般有以下几种方式：

（1）使靠近岸边的坝体上游面维持直立，这样，河床中部坝体将俯向下游，如图
2-5-12（a）所示。

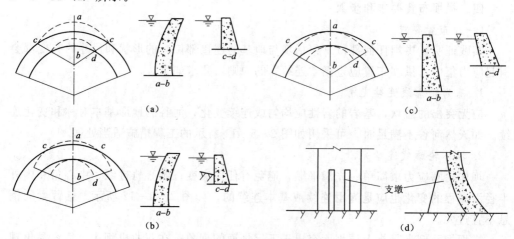

图 2-5-12　拱坝倒悬的处理
（a）处理方式一；（b）处理方式二；（c）处理方式三；（d）处理方式四

（2）使河床中间的坝体上游面维持直立，而岸边坝体向上游倒悬，如图2-5-12（b）所示。

（3）协调前两种方案，使河床段坝体稍俯向下游，岸坡段坝体稍向上游倒悬，如图2-5-12（c）所示。

设计时，应采用第三种方式，以减小坝面的倒悬度。对向上游倒悬的岸边坝段，为不使其下游面产生过大的拉应力，可在上游坝脚处加设支墩，如图2-5-12（d）所示。

（二）布置的步骤

如图2-5-13所示，拱坝的平面布置意图。拱坝的布置无一成不变的固定程序，而是一个反复调整和修改的过程。一般步骤如下：

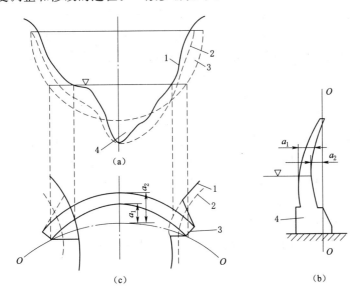

图2-5-13 拱坝布置示意图

（a）沿拱坝基座轴线的地形横断面图；（b）拱冠梁断面；（c）在某高程处切出的水平拱圈
1—原地面线；2—新鲜基岩边界线；3—拱坝支座的周界；4—混凝土垫座

（1）根据坝址地形图、地质图和地质查勘资料，定出开挖深度，画出可利用基岩面等高线地形图。

（2）在可利用基岩面等高线地形图上，试定顶拱轴线的位置。将顶拱轴线绘在透明纸上，以便在地形图上移动、调整位置，尽量使拱轴线与基岩等高线在拱端处的夹角不小于30°，并使两端夹角大致相同。按选定的半径、中心角及顶拱厚度画出顶拱内外缘弧线。

（3）初拟拱冠梁断面尺寸，自坝顶往下，一般选取5～10道拱圈，绘制各层拱圈平面图，布置原则与顶拱相同。各层拱圈的圆心连线在平面上最好能对称于河谷可利用岩面的等高线，在竖直面上圆心连线应为连续光滑的曲线。

（4）切取若干铅直断面，检查其轮廓线是否光滑连续，有无倒悬现象，确定倒悬程度。并把各层拱圈的半径、圆心位置以及中心角分别按高程点绘，连成上、下游面圆心线和中心角线。

（5）进行应力计算和坝肩岩体抗滑稳定校核。修改布置及尺寸，直至满足拱坝布置设计的总要求。

（6）将坝体沿拱轴线展开，绘成拱坝上游或下游展视图，显示基岩面的起伏变化，对于突变处应采取削平或填塞措施。

（7）计算坝体工程量，作为不同方案比较的依据。

任务三　拱坝的泄洪和消能

5-4

拱坝坝身
泄水方式

一、拱坝的泄洪方式

拱坝坝身泄洪方式可以采用坝顶泄流、坝身孔口泄流、坝面泄流、滑雪道泄流、坝后厂房顶溢流、厂房前挑流等。坝顶泄流是指水流从坝顶自由跌落或在坝顶溢流面下游端利用鼻坎挑流的一种泄流方式；坝身孔口泄流是指从设置在坝身中部的较大孔口泄流的一种方式；坝面泄流是指采用重力拱坝之类的厚拱坝时，水流沿下游坝面下泄的一种方式；滑雪道泄流是指在靠近岸边布置的一种水流沿下游坝面或山坡下泄的一种方式，形似一个滑雪道。坝身表孔可以设计为坝顶挑流、跌流、坝面泄流、滑雪道泄流。坝后厂房顶溢流或厂房前挑流由于泄洪时结构振动，近年来应用较少。

拱坝泄洪布置应根据拱坝体形、坝高、泄流量、厂房布置，以及坝址地形、地质、水文、施工条件（包括施工导流及度汛）、运行维修条件、河流生态用水等因素，经综合技术经济比较选定。

坝身泄洪孔按其位置可分为表孔、浅孔、中孔、底孔。表孔是指设于溢流坝顶的开敞式或有胸墙但不阻水的无压泄水孔；浅孔是指淹没深度不大的有压泄水孔；中孔是指大致位于坝体中部高程的有压泄水孔；深孔、底孔是指大致位于坝体下部或底部高程的有压泄水孔。

坝身泄水孔按承担任务可分为供水孔、排沙孔、生态放水孔等。

我国的二滩水电站（图2-5-9）坝体布置3层泄洪建筑物：7个表孔、6个中孔和4个导流底孔（在二期导流结束后予以封堵）。大洪水时，7个表孔、6个中孔、右岸的两条泄洪洞联合泄洪，表、中孔水舌上下碰撞，分散消能。

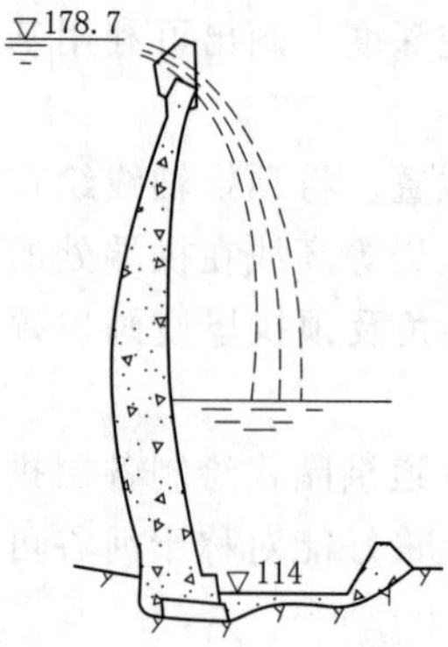

▽178.7

▽114

图2-5-14　自由跌流
与护坦布置（单位：m）

（一）坝顶跌流式泄洪

如图2-5-14所示，坝顶跌流式泄水指水流经坝顶自由跌入下游河床。这种形式适用于基岩良好，单宽泄洪量较小的小型拱坝。由于落水点距坝趾较近，坝下必须设置二道坝、水垫塘、短护坦等工程防护设施。如我国的二滩水电站混凝土双曲拱坝，泄洪表孔布置在拱坝坝顶中央，共7孔，每孔宽11m，高11.5m，堰顶高程1188.5m，安装弧形闸门，呈径向布置，采用水流自由跌落，下游设置水垫塘和二道坝为防冲保护措施。二道坝轴线距拱坝线

330m，坝顶高 1010（河床）～1017m（两岸），二道坝为混凝土重力坝，溢流段坝顶高程 1012m，最大坝高 35m，上游坡采用 1：1.67；下游坡采用 1：1.25，坝顶平台宽度 6.5m；坝内下游侧设灌浆廊道及排水廊道，一道灌浆帷幕和两道排水幕，以降低二道坝及水垫塘底板的扬压力。水垫塘底板为钢筋混凝土结构，底板高程 980m，长 354.14m。下游水垫塘形成深水缓冲了水流对底板护坦的冲击动压。

（二）鼻坎挑流式泄洪

为了使泄水跌落点远离坝脚，常在溢流堰顶曲线末端以反弧段连接成为挑流鼻坎，如图 2-5-15 所示。挑流鼻坎多采用连续式结构，堰顶至鼻坎之间的高差一般不大于 6～8m，大致为设计水头的 1.5 倍，反弧半径约等于堰上设计水头，鼻坎挑射角一般为 15°～25°。由于落水点距坝趾较远，可适用于泄流量较大的轻薄拱坝，一般 $q \leqslant 50\text{m}^3/(\text{s} \cdot \text{m})$。

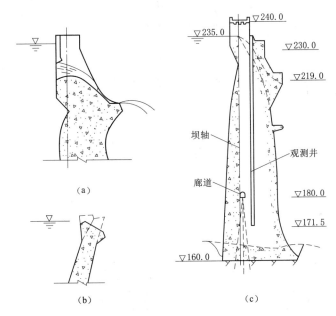

图 2-5-15 拱坝溢流表孔挑流鼻坎（单位：m）

（a）带胸墙的坝顶表孔挑流坎；（b）坝顶表孔挑流孔；（c）流溪河拱坝溢流表孔

（三）滑雪道式泄洪

滑雪道泄洪是指进口控制段位于坝身、通过泄槽将水流挑射到远离坝趾处的泄洪，它是拱坝特有的一种泄洪方式，其溢流面曲线由溢流坝顶和紧接其后的泄槽组成，溢流坝顶位于坝体，泄槽由支墩或其他结构支承，与坝体彼此独立。水流过坝以后，流经泄槽，由槽末端的挑流鼻坎挑出，使水流在空中扩散，下落到距坝较远的地点。由于挑流坎一般都比堰顶低很多，落差较大，因而挑距较远。适用于泄洪量较大、较薄的拱坝。

随着拱坝技术的发展，坝体越来越薄，当泄流量较大时，滑雪道是拱坝的理想泄洪方式。但滑雪道各部分的形状、尺寸必须适应水流条件，否则容易产生空蚀破坏。

所以，滑雪道溢流面的曲线形状、反弧半径和鼻坎尺寸等都需经过试验研究来确定。

我国猫跳河三级修文水电站拱坝（图2-5-16），坝高49m，采用厂房顶滑雪道式泄洪；泉水双曲薄拱坝采用岸坡滑雪道（图2-5-17），左右两岸对称布置，对冲消能。

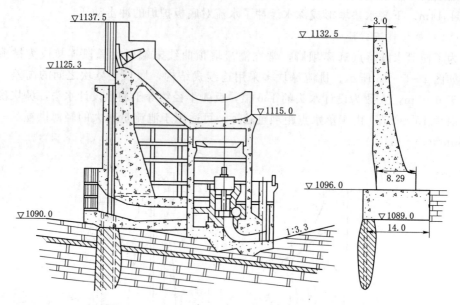

图2-5-16 修文水电站拱坝断面图（单位：m）

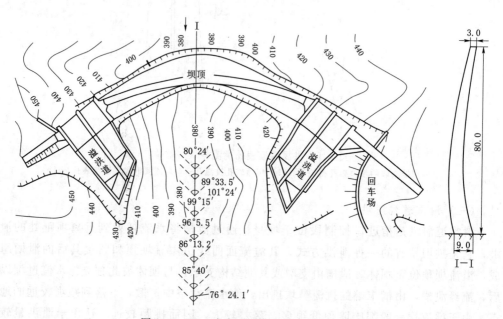

图2-5-17 泉水双曲薄拱坝（单位：m）

东江水电站（图2-5-18）主要由混凝土双曲拱坝、两岸滑雪式溢洪道各一座、左岸放空兼泄洪洞一条、右岸泄洪洞一条、过木道一条和坝后式厂房等组成。坝高

157m，右岸滑雪式溢洪道采用窄缝挑流消能方式。

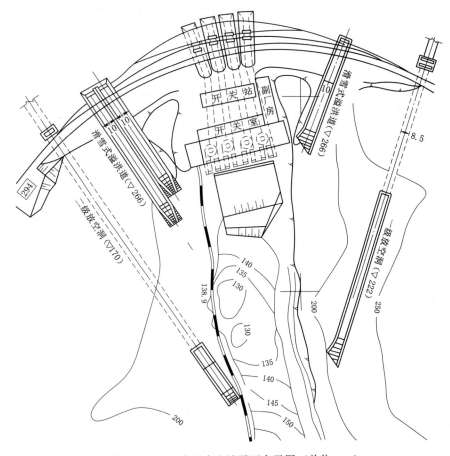

图 2-5-18　东江水电站平面布置图（单位：m）

（四）坝身泄水孔式

在水面以下一定深度处，拱坝坝身可开设孔口用来辅助泄洪、放空水库、排沙或施工期导流。拱坝泄流孔口在平面上多居中或对称于河床中线布置，孔口泄流一般是压力流，比堰顶溢流流速大，挑射距离远。

泄水孔的工作闸门大多采用弧形闸门，布置在出口，进口设事故检修闸门。这样不仅便于布置闸门的提升设备，而且结构模型试验成果表明，在泄水孔口末端设置闸墩及挑流坎后，由于局部加厚了孔口附近的坝体，可显著地改善孔口周边的应力状态，对于孔底的拱应力也有所改善。实践证明，孔口对坝体应力的影响是局部的，不致危及坝的整体安全。为改善局部应力的影响，可在孔口周围布置钢筋。我国的二滩水电站混凝土双曲拱坝，坝体布设 6 个中孔和 4 个放水底孔（在二期导流结束后予以封堵）。泄洪中孔 6 孔，布置在表孔闸墩下方，其孔口尺寸为 6m×5m（宽×高），出口底高程 1120～1122m，出口采用鼻坎挑流式。

二、拱坝的消能和防冲

拱坝水流过坝后具有向心集中现象，水舌入水处单位面积能量大，造成集中冲刷，因此消能防冲设计要防止发生危害性的河床集中冲刷；此外，拱坝河谷一般比较狭窄，当泄流量集中在河床中部时，两侧形成强力回流，淘刷岸坡，因此消能防冲设计要防止危及两岸坝肩的岸坡冲刷或淘刷。因此，对拱坝采用合理的消能防冲措施，对拱坝的安全运行具有重要的意义。

拱坝消能形式采用挑流消能、跌流消能。深式泄水孔也可采用底流消能方式。坝身多种泄水孔口联合运行时，可采用分散消能或对冲消能，泄水建筑物的下游应设置相应的消能防冲设施。下游消能设施可采用消力池、水垫塘、消力戽、短护坦等。

（一）水垫塘跌流消能

水垫塘是在坝体的下游形成足够水域或水深，满足跌流消能的一种消能设施。水

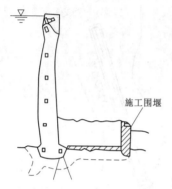

图 2-5-19 乌格朗拱坝消力池

流从坝顶表孔或坝身孔口直接跌落到水垫塘，利用下游水流形成的水垫消能。水垫塘应满足各级流量泄流时水流能形成淹没水跃，底板高程不低于大坝建基面，水垫塘末端设置二道坝。水垫塘底板的混凝土衬砌需要分缝，并设置止水封闭；底板混凝土表面应设置一定厚度的抗冲耐磨层。如法国的乌格朗拱坝，利用下游施工围堰做成二道坝，抬高下游水位（图 2-5-19）；我国的二滩双曲拱坝、白鹤滩水电站土双曲拱坝，坝下设水垫塘和二道坝形成水垫消能。

（二）挑流消能

这是拱坝采用最多的消能形式。鼻坎挑流式、滑雪道式和坝身泄水孔式大都采用各种不同形式的鼻坎，使水流扩散、冲撞或改变方向，在空中消减部分能量后再跌入水中，以减轻对下游河床的冲刷。

为减小水流向心集中，国内外一些拱坝将布置在两侧或一侧的溢洪道的挑流鼻坎做成窄缝式或扭曲挑坎，使挑射出的水舌能沿河谷纵向拉开，既减少落点处单位面积能量又不冲两岸。

（三）对冲消能

当坝身泄洪的泄流量较大、水头较高时，可采用对冲消能、分散消能。对于狭窄河谷中的中、高拱坝，可利用过坝水流的向心作用特点，在拱冠两侧各布置一组溢流表孔或泄水中孔，使两侧水舌在空中冲击、掺气，从而消耗大量的能量，减轻对下游河床的冲刷，但应注意两侧闸门必须同步开启，否则射流将直冲对岸，危害更大。

在大流量的中、高拱坝上，采用高低坎大差动形式，形成水股上下对撞消能。这种消能形式不仅把集中的水流分散成多股水流，而且由于通气充分，有利于减免空蚀破坏。我国的白山重力拱坝采用高差较大的溢流面低坎和中孔高坎相间布置，形成挑流水舌相互穿射，横向扩散，纵向分层的三维综合消能（图 2-5-20），效果很好。但对撞水流造成的"雾化"程度更为严重，应适当加以控制。

我国的二滩水电站河谷狭窄、水头高、流量大，如果采用集中泄洪，将对下游河床造成严重冲刷。采用表孔、中孔和右岸两条泄洪洞的泄洪布置，下游设置二道坝形成水垫消力池。7个表孔采用大差动跌坎，水流平面扩散，设分流齿，在单独泄流时

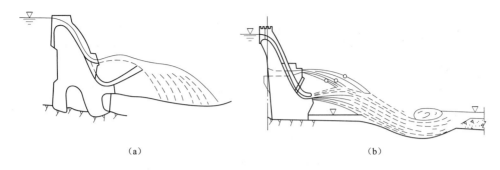

图 2-5-20 拱坝高低大差动坎消能

(a) 凤滩重力拱坝高低坎挑流对撞消能流态；(b) 白山拱坝溢流面低坎与中孔高坎对撞消能流态

可分散水流。6 个中孔挑流鼻坎采用不同挑角，扩散水流。宣泄大流量时，表孔与中孔水流碰撞消能，使水流充分扩散掺气；水垫塘对下游河床有良好的保护作用。这种布置具有以下优点：①3 套泄洪设施，流量分配接近，均能单独宣泄常年洪水，可以互为备用，运行灵活可靠；②3 套泄洪设施单独运行时，有 3 个消能区，每个消能区的下泄能量大致相近，避免了下游产生过大的集中冲刷；③水流扩散碰撞消能效果良好。

二滩水电站，拱坝下游的消能防冲设施包括水垫塘、二道坝、二道坝下游护坦。水垫塘全长 300m，采用复式梯形断面，底宽 40m，底板顶高程 980m，底板分块尺寸为 9m×9m，底板厚度 3～5m，边墙顶高 1032m。水垫塘底板和边墙护坦板块周边设止水，在板缝下设排水廊道和排水暗沟，水垫塘和二道坝构成独立于大坝的排水系统，并在水垫塘左岸设深井水泵房，用专用水泵抽排来自水垫塘和二道坝的渗水。

溪洛渡拱坝采用表孔、深孔结合、分层出流、上下差动、空中扩散、水舌空中碰撞的布置形式。

任务四 拱 坝 的 构 造

一、坝顶布置

坝顶布置应结合工程建筑总体规划，需要与周围环境协调一致。坝顶宽度应根据断面设计和满足运行、交通、观测、照明等要求确定。当无交通要求时，非溢流坝的顶宽一般不小于 3m。溢流坝段坝顶布置应满足泄洪、闸门启闭、设备安装、交通、检修等的要求。坝顶高程应高于水库的最高静水位，并有一定的超高。坝顶上游侧设置防浪墙，与坝体连成整体、并有足够强度的钢筋混凝土结构，兼有安全防护作用，下游侧设置栏杆，防浪墙和栏杆的高度均不低于 1.2m，防浪墙在坝体横缝处设置伸缩缝和止水。

5-5 ▶

拱坝的构造

二、横缝与纵缝

拱坝是整体结构，不设置永久性缝，为方便施工、防止温度裂缝，设置临时性缝。在坝体混凝土冷却到年平均气温左右，混凝土充分收缩后再用水泥灌浆封堵，以保证坝的整体性。临时性缝有横缝、纵缝和周边缝等，如图 2-5-21 所示。

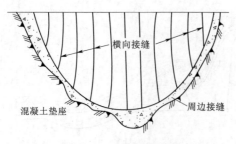

图 2-5-21 拱坝的横缝和周边缝

（1）横缝。横缝的位置与间距，除考虑混凝土温控因素外，还应考虑坝体结构布置（如坝身泄水孔、坝内孔洞布置等）和混凝土施工等。间距一般为 15～25m。横缝一般径向布置，底部缝面与坝基面夹角最好为 90°，最小不小于 60°。缝内设铅直向的梯形键槽，如图 2-5-22 所示，以提高坝体的抗剪强度。缝内应埋设灌浆系统，并进行灌浆。

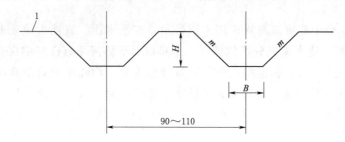

图 2-5-22 横缝梯形键槽示意图（单位：cm）
1—横缝缝面；H—键槽深度，宜为 15～20cm；B—键槽底宽，宜为 15～30cm；
m—键槽坡度，宜为 1∶1.5～1∶2.0

拱坝的横缝的上游面、校核尾水位以下的横缝下游面、溢流面、坝体与边坡接触面等部位均应设置止水，止水片可以采用紫铜片或不锈钢片。为保证止水可靠，高拱坝横缝上游面止水一般设置两道止水片。因横缝必须灌浆，横缝渗水的可能性小，对止水要求比重力坝低。灌浆时，横缝上游面、下游面止水片兼作止浆片。

（2）纵缝。拱坝厚度较薄，一般可不设纵缝。对厚度大于 40m 的拱坝，经分析论证，可考虑设置纵缝。为方便施工，一般采用铅直纵缝，到缝顶附近应缓转与下游坝面正交，避免浇筑块出现尖角。纵缝内一般应设水平向键槽以提高铅直向抗剪强度，键槽形状一般为三角形，键槽的一个面应和一个主应力方向接近垂直。

拱坝的横缝和纵缝都必须灌浆。灌浆压力一般为 0.3～0.6MPa。收缩缝按封拱填灌方式不同，分为窄缝和宽缝两种。窄缝是两个相邻的坝段相互紧靠着浇筑，因混凝土收缩而自然形成的缝，缝中预埋灌浆系统（图 2-5-23），坝体冷却后进行接缝灌浆，混凝土拱坝一般都采用这种窄缝。宽缝又称为回填缝，是在坝段之间留 0.7～1.2m 的宽度，缝面设键槽，上游面设钢筋混凝土塞，然后用密实的混凝土填塞。宽缝散热条件好，坝体冷却快，但回填混凝土冷却后又会产生新的收缩缝。

我国的二滩水电站，大坝为混凝土双曲拱坝，坝高 240m，坝顶弧长 775m，39 个坝段，有 19 个主要接缝灌浆区。大坝不设纵缝，横缝采用球面键槽，如图 2-5-24 所示，球面键槽模板直径 80cm，深 15cm，与常规剪力键模板相比，结构简单，施工方便。

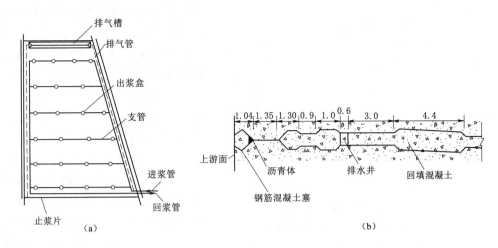

图 2-5-23　拱坝横缝处理措施
(a) 窄缝灌浆；(b) 宽缝回填混凝土

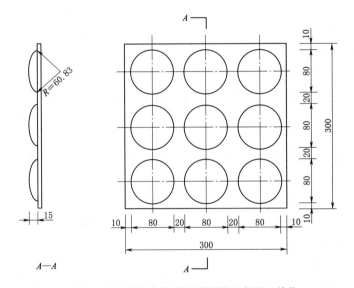

图 2-5-24　二滩拱坝横缝球冠形键槽示意图（单位：cm）

三、坝体防渗和排水

拱坝上游面应采用抗渗混凝土，其厚度为 $(1/15\sim1/10)H$，H 为坝面该处在水面以下的深度。对于薄拱坝，整个坝厚都应采用抗渗混凝土。

坝身内一般应设置竖向排水管，排水管与上游坝面的距离为 $(1/15\sim1/10)H$，一般不少于 3m。排水管应与纵向廊道分层连接，把渗水排入廊道的排水沟。排水管间距一般为 2.5～3.5m，内径一般为 15～20cm，多用无砂混凝土管。对于薄拱坝，坝身可以不设排水管。

四、坝内廊道与交通

拱坝坝内廊道具有基础灌浆、排水、安全监测、检查维修、运行操作、坝内交通

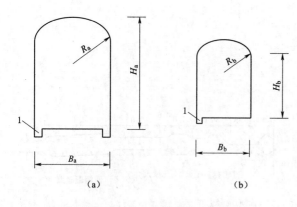

图 2-5-25 廊道断面示意图

(a) 基础灌浆廊道；(b) 交通及监测廊道

1—排水沟，宜为 25cm×25cm；B_a，B_b—廊道宽度，$B_a=250\sim300cm$，$B_a\geq120cm$；H_a，H_b—廊道宽度，$H_a=300\sim400cm$，$H_a\geq220cm$；R_a，R_b—拱顶半径，宜分别大于等于 B_a，B_b

等多种用途。纵向廊道的上游距上游坝面的距离一般为 $0.05\sim0.10$ 倍作用水头，且不小于 3m。基础灌浆廊道底板混凝土厚度，应不小于 3m，宽度为 $2.5\sim3.0m$，高度为 $3.0\sim3.5m$ [图 2-5-25 (a)]；交通及监测廊道最小宽度应为 1.2m，最小高度应为 2.2m [图 2-5-25 (b)]；廊道断面形状为城门洞形或矩形。廊道两侧（或一侧）应设排水沟，排水沟尺寸应为 $0.25m\times0.25m$，底坡一般为 $2‰\sim5‰$。廊道内应有足够的照明设施、良好的通风条件；各种电气设备与线路应绝缘良好并易于检修；必要时可设置应急照明；廊道通向坝外的进、出口，在泄洪和施工度汛时，应有防止廊道进水的措施。

当布置多层廊道时，各层廊道采用电梯、坝后桥、两岸坡道等方式连通。下游坝面分层设置坝后桥。坝后桥与坝体整体连接，其伸缩缝的位置与拱坝横缝布置相适应。桥宽一般为 $1.2\sim1.5m$，在与坝体横缝对应处留有伸缩缝，缝宽 $1\sim3cm$，以适应坝体变形。

中、低高度的薄拱坝，为避免对坝体削弱过多，可以不设廊道，将其检查、观测、交通和封拱灌浆等工作移到坝后桥上进行。

我国的二滩水电站，大坝为混凝土双曲拱坝，坝高 240m，坝顶弧长 775m。为了尽量减小坝体施工的复杂性，二滩拱坝坝内仅布置了 4 层廊道，以满足大坝监测、灌浆、排水、交通等需要。

五、垫座与周边缝

垫座是指设置于拱坝坝体与基岩之间，宽度大于该处坝体厚度的人工地基。周边缝是指设置于拱坝与河床及岸边混凝土垫座之间的接触缝。当拱坝位于地形不规则的河谷或局部有深槽时，在基岩上设置垫座，并在垫座与坝体间设置永久性的周边缝。周边缝一般做成二次曲线或卵形曲线，以保证其上坝体获得对称的较优体形。

垫座作为人工基础，可改善河谷的地形和地质条件，改进拱坝的支承条件。拱坝设周边缝后，梁刚度有所减弱，改变了拱梁分配的比例。周边缝还可减小坝体传至垫座的弯矩，从而减小垫座与基岩接确面间的拉应力，并减小甚至消除坝体上游面的竖向拉应力。利用垫座扩大与基岩的接触面积，可调整和改善坝基的应力条件。图 2-5-26 为卢美拱坝周边缝构造。

六、重力墩

重力墩是拱坝坝端的人工支座。对形状复杂的河谷断面，通过设重力墩可改善支

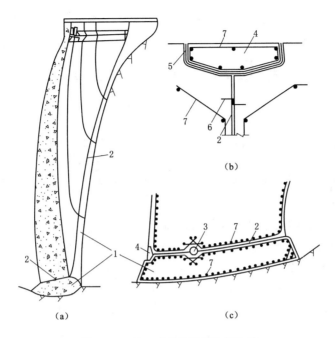

图 2-5-26 卢美拱坝周边缝构造

(a) 横断面图；(b) 防渗排水；(c) 周边缝

1—垫座；2—周边缝；3—排水孔；4—钢筋混凝土堵头；5—防渗材料；6—止水片；7—钢筋

5-6 ⚠

拓展资源

承坝体的河谷断面形状；当河谷一岸或两岸较宽阔，可利用重力墩连接过渡到其他型式坝段。

重力墩承受拱端推力和上游库水压力，靠本身重力和适当的断面来保持墩的抗滑稳定和强度。

项目六 土 石 坝

土石坝是指用土、砂、砂砾石、卵石、块石、风化岩等当地材料填筑而成的挡水坝，又称为当地材料坝。当坝体材料以黏土、砂质黏土为主时，称为土坝；以石渣、卵石、爆破石料为主时，称为堆石坝；当两类材料均占相当比例时，称为土石混合坝。

土石坝是世界各国历史最为悠久的一种坝型。中国在公元前598—前591年，兴建了芍陂土坝（今安丰塘水库），经历代整修使用至今。希腊在公元前1300年修建了一座大型防洪土坝工程至今完好。公元前6世纪在墨西哥城东南260km的普龙和北也门著名的马利布灌区各修建了一座均质土坝，高度分别为19m和20m。

不论是在外国，还是在中国，土石坝都占绝对的优势，世界上土石坝数量占大坝总数的82.9%，在中国土石坝数量占大坝总数的93%。世界上已建的最高土石坝是苏联的努克列坝，坝高317m；塔吉克斯坦正在修建的罗贡坝，坝高335m。据统计，世界上在20世纪80年代末期兴建的百米以上的高坝中，土石坝的比例已达到75%以上；我国已拥有水库大坝98000余座，其中95%以上为土石坝，95%以上是80年代以前建设的老坝。同时，我国也是世界上拥有200m级以上高坝最多的国家，目前世界上建成的200m级以上高坝77座，我国有20座，占26%；在建的200m级以上高坝19座，我国有12座，占63%。双江口水电站拦河坝（坝高312m）、两河口水电站拦河坝（坝高295m）、糯扎渡水电站拦河坝（坝高261.5m）、长河坝水电站拦河坝（坝高240m）等土石坝的坝高均超过200m。

随着我国能源和水利建设事业的发展，大型水利水电工程将日益增多，而水力资源丰富的黄河上游、长江中上游干支流、红水河等建坝地点，大都处于交通不便、地质条件复杂的地区，自然条件相对恶劣，施工困难，修建土石坝具有更强的适用性。因此，我国十分重视因地制宜，积极推广和发展高土石坝的建设。

任务一 土 石 坝 概 述

土石坝历史悠久，是世界坝工建设中应用最广泛的一种坝型。土石坝得以广泛应用和发展的主要原因如下：

（1）可以就地取材，节约大量水泥、木材和钢材，减少工地的外线运输量。由于土石坝设计和施工技术的发展，放宽了对筑坝材料的要求，几乎任何土石料均可筑坝。

（2）能适应各种不同的地形、地质，对地基的要求较其他坝型低，几乎可以建在一切地基上。

（3）土石坝的结构简单，工作可靠，使用年限也较长。

（4）土石坝的施工方法比较简单，既可以人力施工，又可采用高度机械化的设备进行施工，运用管理以及维修加高均较方便。

（5）对于交通不便，而当地又有足够的土石料的山区，土石坝往往是一种比较经济的坝型。

但是，土石坝的运用也会受到以下因素的影响：一般情况下，土石坝的坝顶不允许过水，因此，必须另外修建溢洪道、泄洪洞等建筑物来宣泄洪水，以确保工程安全；土石坝的坝坡比较缓，因此坝的体积大、工程量大等。

一、土石坝的运用特点

土石坝是由散粒体（松散的固体颗粒集合体）结构的土石料经过填筑压实而成的挡水建筑物，因此，在运用中，土石坝与其他坝型相比，在稳定、渗流、冲刷、沉陷等方面具有不同的特点：

（1）稳定方面。土石坝的基本断面形状为梯形或复式梯形。由于填筑坝体的土石料为散粒体，抗剪强度低，上、下游坝坡平缓，坝体体积和重量都较大，所以不会产生水平整体滑动。土石坝失稳的形式主要表现为滑坡（坝坡的滑动或坝坡连同部分坝基一起滑动），如图 2-6-1 所示。土石坝滑坡后，将会影响水库发挥其应有效益，严重的也可能造成垮坝事故。为了保证土石坝在各种工作条件下能保持边坡稳定，应选取合理的坝坡、防渗排水设备，施工中还要认真做好地基处理并严格控制施工质量。

（2）渗流方面。由于土石料是散离体，土体内具有相互连通的孔隙。当有水位差作用时，水会从水位高的一侧流向水位低的一侧。在水头作用下，水穿过土体中相互连通的孔隙发生流动的现象，称为渗流。土石坝挡水后，上、下游存在水位差，在坝体内形成由上游向下游的渗流。坝体内渗流的水面线称为浸润线，如图 2-6-2 所示。渗流不仅使水库损失水量，还易引起管涌、流土等渗透变形。浸润线以下的土料承受着渗透动水压力，并使土的内摩擦角和黏结力减小，对坝坡稳定不利。坝体与坝基、两岸以及其他非土质建筑物的结合面，易产生集中渗流，因此土石坝必须采取防渗措施以减少渗漏，保证坝体的渗透稳定性，并做好各种结合面的处理，避免产生集中渗流，以保证工程安全。

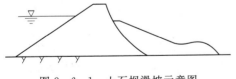

图 2-6-1　土石坝滑坡示意图

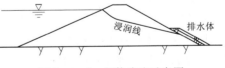

图 2-6-2　坝体渗流示意图

（3）冲刷方面。土石坝为散粒体结构，抗冲能力很低。坝体上、下游水面产生的波浪将在水位变化范围内冲刷坝坡；大风引起的波浪沿坝坡爬升，甚至翻过坝顶，造成严重事故；降落在坝面的雨水沿坝坡下流，也将冲刷坝坡；靠近土石坝的泄水建筑物在泄水时激起水面波动，对土石坝坡也有淘刷作用；季节气温变化，也可能使坝坡受到冻结膨胀和干裂的影响。为避免上述不良影响，应采取以下工程措施：①在土石坝上下游坝坡设置护坡，坝顶及下游坝面布置排水措施，以免风浪、雨水及气温变化带来有害影响；②坝顶在最高库水位以上要留一定的超高，以防止洪水漫过坝顶造成事故；③布置泄水建筑物时，注意进出口离坝坡要有一定距离，以免泄水时对坝坡产生淘刷。

（4）沉陷方面。由于土石料存在较大的孔隙，且易产生相对的移动，在自重及水压力作用下，会有较大的沉陷。沉陷导致坝的高度降低，不均匀沉陷还将导致土石坝产生裂缝。为防止坝顶低于设计高程和产生裂缝，施工时应严格控制碾压标准并预留沉陷量。对于重要工程，沉陷值应通过沉陷计算确定。对于一般的中小型土石坝，如坝基没有压缩性很大的土层，应预留沉陷值（一般取坝高的 $1\%\sim2\%$）。

根据以上土石坝的运用特点，在土石坝布置时，应认真分析研究基本资料，应特别重视并尽量避免或减少土石坝与刚性建筑物的连接；对有条件的坝址，尽量选用开敞式溢洪道，以提高泄洪的超泄能力，使土石坝满足稳定、渗流、变形、冲刷以及不漫顶的要求。

二、土石坝的类型

（一）按坝高分类

土石坝按其高度可分为：低坝、中坝和高坝。根据水利行业标准《碾压式土石坝设计规范》（SL 274—2020）规定：高度在 30m 以下的为低坝，高度在 $30\sim70$m 之间的为中坝，高度超过 70m 的为高坝。土石坝的坝高应从坝体防渗体（不含混凝土防渗墙、灌浆帷幕、截水槽等坝基防渗设施）底部或坝轴线部位的建基面算至坝顶（不含防浪墙），取其大者。

（二）按施工方法分类

（1）碾压式土石坝。用土、堆石、砂砾石等当地材料填筑，并将土石料分层碾压而成的坝，称作碾压式土石坝。这种施工方法在土坝中用得较多。近年来用振动碾压修建堆石坝得到了迅速的发展，本部分主要阐述这种类型的土石坝。

（2）水力冲填坝。将土料用水力输送到筑坝部位经沉淀固结而成的土坝。

（3）定向爆破堆石坝。它是按预定要求埋设炸药，使爆出的大部分岩石抛向预期地点而形成的坝。这种坝增筑防渗部分比较困难。

（三）按坝体材料的组合和防渗体的相对位置分类

根据土料的分布情况，碾压式土石坝又可分为以下几种类型（图 2-6-3）。

1. 均质坝

坝体断面不分防渗体和坝壳，绝大部分由一种土料组成的坝，称为均质坝。整个坝体用以防渗并保持自身的稳定。均质坝分为坝体、排水体、反滤层和护坡等区。由于黏性土抗剪强度较低，因此坝坡较缓，体积庞大，使用土料多；铺土厚度薄填筑速度慢，填筑施工容易受降雨和冰冻影响，不利于加快进度、缩短工期。故均质坝适用于低坝、中坝。

均质坝要求土料应具有一定的抗渗性能，其渗透系数不应大于 10^{-4}cm/s；水溶性盐含量（按质量计）不大于 3%；有机质含量（按质量计）不大于 5%，有较好渗透稳定性，浸水和失水时体积变化小。最常用于均质坝的土料是砂质黏土和壤土。

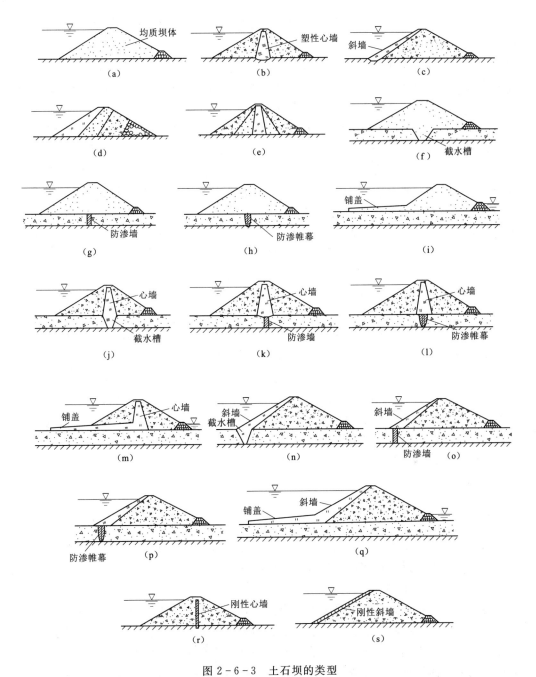

图 2-6-3 土石坝的类型

(a)、(f)、(g)、(h)、(i) 均质坝；(b)、(e)、(j)、(k)、(l)、(m) 黏土心墙坝；

(c)、(d)、(n)、(o)、(p)、(q) 黏土斜墙坝；(r) 刚性心墙坝；(s) 刚性斜墙坝；

(d)、(e) 多种土料分区坝

2．土质防渗体分区坝

土质防渗体分区坝是指坝体由土质防渗体及若干透水性不同的黏性土料分区填筑而成的坝，是高坝、中坝最常用的坝型。渗透系数小的黏性土料做土质防渗体，坝体断面由若干透水性不同的土石料分区构成，可分为心墙坝、斜心墙坝、斜墙坝以及其他不同形式的土质防渗体分区坝。

土质防渗体设在坝体中央的或稍向上游的称为黏土心墙坝或黏土斜心墙坝；土质防渗体设在上游面的称为黏土斜墙坝。土质防渗体分区坝分为防渗体、反滤层、过渡层、坝壳、排水体、护坡、压坡、盖重等区。

防渗体（心墙、斜墙等）一般为壤土或砾石土。土料应具有：①足够的防渗性，一般要求土料渗透系数不大于 10^{-5} cm/s，它与坝壳材料的渗透系数之比应最小，最好不大于 1/1000，以便有效地降低坝体浸润线，提高防渗效果；②足够的塑性（塑性是一种在某种给定载荷下，材料产生永久变形的特性）和渗透稳定性，能适应坝体及坝基的变形而不致产生裂缝；③浸水与失水时体积变化小，防渗体对杂质含量的要求也比对坝体材料的要求为高，一般要求有机质含量（按质量计）不超过 2%、水溶盐含量（按质量计）不超过 3%。红黏土可用于填筑坝的防渗体，用于高坝时，应对其压缩性进行论证。

砾石土（含有碎石、砾石、砂、粉粒、黏粒等组成的宽级配土。有冰碛的、风化的和开挖的风化岩石经碾压后形成的及人工掺和的各种砾石土）具有分布广泛、抗剪强度高、施工方便等优点，其用处越来越广泛，已经逐渐发展为高坝防渗料的首选。砾石土用作防渗体时，粒径大于 5mm 的颗粒含量不超过 50%，最大粒径不大于 150mm 或铺土厚度的 2/3。填筑时不发生粗料集中架空现象。糯扎渡心墙堆石坝的防渗心墙土料中掺入 35% 花岗岩碎石，显著提高了心墙土料的变形模量，减少心墙和堆石体的不均匀沉降和拱效应，防止心墙发生水力劈裂裂缝。另外，掺入的砾石土，在防渗体开裂时，可限制裂缝的展开，改善裂缝形态，减弱沿裂缝的渗流冲蚀。

6-1 ▶
土石坝坝型

心墙坝和斜墙坝的坝壳土料没有防渗要求，只要求有足够的稳定性和透水性，所以很少用黏性土或壤土、砂壤土等建造，而多用粒径级配较好的中砂、粗砂、砂石、卵石及其他透水性较高、抗剪强度参数较大的混合料。均匀的中、细砂料及粉料，特别是颗粒较细的砂料，不均匀系数 η 为 1.5～2.6 时，极易产生液化，可以用于中、低坝的干燥区，但高坝中应尽量不用，在地震区更应忌用。砾石土和风化料也可用作坝壳的材料，但要进行适当的布置和必要的处理。

3. 非土质防渗体坝

防渗体为混凝土、沥青混凝土或复合土工膜，其余部分由土料构成的坝。非土质防渗体分区坝分为防渗体、垫层、过渡层、坝壳、排水体、护坡等区。按防渗体的位置也可分为心墙坝和面板坝两种。非土质防渗体布置在坝的上游面的称为面板坝，常有沥青混凝土面板坝、钢筋混凝土面板坝；在坝体中部用混凝土或钢筋混凝土作为防渗体的土石坝为混凝土心墙坝。

有防渗体的土石坝，为避免因渗透系数和材料级配的突变而引起渗透变形，向上、下游方向分别设置二至三层逐层加粗的材料作为过渡层或反滤层。

在以上这些坝型中，用得最多的是斜墙或斜心墙土石坝，特别是斜心墙的土石混合坝，在改善坝身应力状态和避免裂缝方面具有良好的效能，高土石坝中应用得更多。

三、筑坝材料的填筑要求

黏性土（含砾与不含砾）填筑标准以压实度和最优含水率作为设计控制指标。设计干密度应以击实最大干密度乘以压实度求得。

黏性土的压实度与坝的级别有关，规范规定：1 级、2 级和 3 级以下的高坝，其压实度为 98%～100%；3 级中低坝及 3 级以下的中坝压实度不低于 96%。

砂砾石、砂的填筑标准以相对密度作为设计控制指标。砂砾石的相对密度不低于 0.75，砂的相对密度不低于 0.70，反滤料的相对密度为 0.70。

堆石的填筑标准以孔隙率作为设计控制指标。土质防渗体分区坝和沥青混凝土心墙坝的堆石料，孔隙率为 20%～28%。

任务二 土石坝断面设计

土石坝的基本断面形状为梯形，基本断面尺寸主要包括：坝顶高程、坝顶宽度、坝坡、防渗结构、排水设备的形式及基本尺寸等，如图 2-6-4、图 2-6-5 所示。本节只介绍前三个基本尺寸。

一、坝顶高程

坝顶高程为静水位与相应的超高之和，按规范要求计算，取最大值。超高包括波浪在坝坡上的最大爬高、安全加高等。当坝顶上游侧设有防浪墙时，坝顶超高是对防浪墙顶的要求，因防浪墙不挡水，仅仅是为了防止波浪漫过坝顶，同时为了降低坝顶高程，节约工程量设置的，因此规范规定正常运用条件下，坝顶应高出静水位 0.5m；在非常运用条件下，坝顶应不低于静水位。

这里计算的坝顶高程是指坝体沉降稳定后的数值。因此，竣工时的坝顶高程还应有足够的预留沉陷值。预留竣工后的沉降超高不应计入坝高。对施工质量良好的土石坝，坝顶沉降值约为坝高的 1%。

二、坝顶宽度

坝顶宽度应根据运行、施工、构造、抗震等方面的要求综合研究后确定，坝顶不应作为公共交通道路。高坝的坝顶宽度可选用 10～15m，中低坝可选用 5～10m。坝顶宽度必须考虑心墙或斜墙顶部及反滤层布置的需要。在寒冷地区，坝顶还须有足够的厚度以保护黏性土料防渗体免受冻害。地震设计烈度为Ⅷ度、Ⅸ度时坝顶应加宽。

三、坝坡、马道及步梯

（一）坝坡

土石坝的坝坡根据坝型、坝高、坝的级别、坝体和坝基材料的性质，坝所承受的荷载以及施工、运行条件等因素，经技术经济比较确定。

均质坝、土质防渗体分区坝、沥青混凝土面板或心墙坝、土工膜心墙或斜墙坝坝坡，一般参照已有工程的实践经验初步拟定，再经过核算、修改以及技术经济比较后确定。

土石坝坝坡坡度对坝体稳定及工程量大小均起重要作用。坝坡坡度选择一般遵循以下规律：

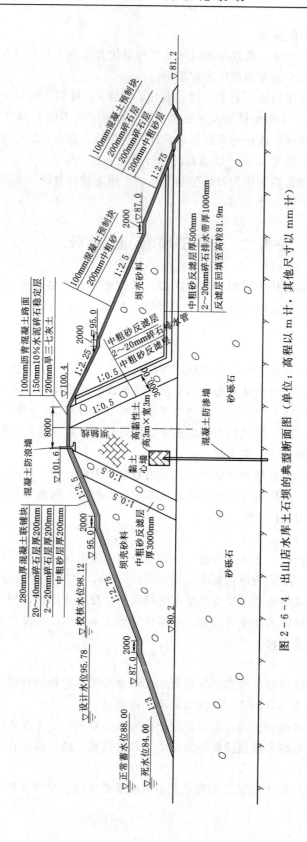

图 2 - 6 - 4 出山店水库土石坝的典型断面图（单位：高程以 m 计，其他尺寸以 mm 计）

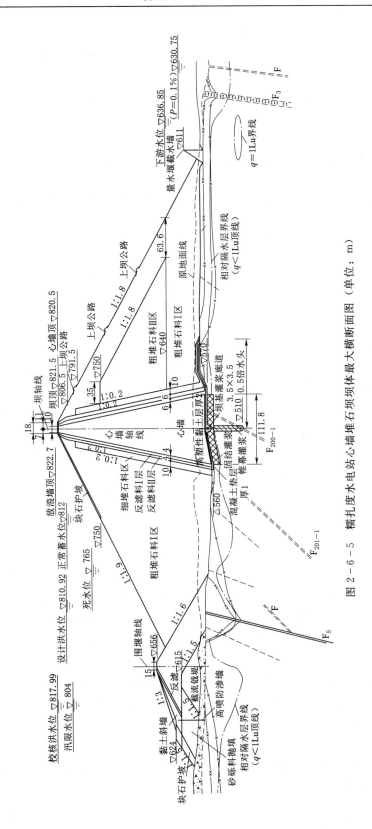

图 2-6-5 糯扎渡水电站心墙堆石坝坝体最大横断面图 (单位: m)

6-3 ▶

坝坡确定

（1）上游坝坡长期处于水下饱和状态，水库水位也可能快速下降，为了保持坝坡稳定，上游坝坡常比下游坝坡为缓，但堆石坝上、下游坝坡坡率的差别要比砂土料为小。

（2）土质防渗体斜墙坝上游坝坡的稳定受斜墙土料特性的控制，所以斜墙的上游坝坡一般较心墙坝为缓。而心墙坝，特别是厚心墙坝的下游坝坡，因其稳定性受心墙土料特性的影响，一般较斜墙坝为缓。

（3）黏性土料的稳定坝坡为一曲面，上部坡陡，下部坡缓，所以用黏性土料做成的坝坡，常沿高度分成数段，从上而下逐渐放缓，相邻坡率差值取 0.25 或 0.5。砂土和堆石的稳定坝坡为一平面，可采用均一坡率。由于地震荷载一般沿坝高呈非均匀分布，所以砂土和石料有时也做成变坡形式。

（4）由粉土、砂土、轻壤土修建的均质坝，透水性较大，为了保持渗流稳定，一般要求适当放缓下游坝坡。

（5）当坝基或坝体土料沿坝轴线分布不一致时，应分段采用不同坡率，在各段间设过渡区，使坝坡缓慢变化。

中、低高度的均质坝，其平均坡度约为 1：3.0。沥青混凝土面板坝的上游坡不陡于 1：1.7。

土质防渗体的心墙坝，当下游坝壳采用堆石时，常用坡度为 1：1.5～1：2.5；采用土料时，常用 1：2.0～1：3.0；上游坝壳采用堆石时，常用 1：1.7～1：2.7；采用土料时，常用 1：2.5～1：3.5。斜墙坝的下游坝坡坡度可参照上述数值选用，取值应偏陡；上游坝坡则可适当放缓，石质坝坡放缓 0.2，土质坝坡放缓 0.5。

人工材料面板坝，采用优质石料分层碾压时，上游坝坡坡度一般采用 1：1.4～1：1.7；良好堆石的下游坝坡可为 1：1.3～1：1.4；如为卵砾石时，可放缓至 1：1.5～1：1.6；坝高超过 110m 时，也应适当放缓。人工材料心墙坝，均可参照上述数值选用，并且上下游可采用同一坡率。

（二）马道

土石坝的马道一般设在坡度变化处，用以拦截雨水，防止冲刷坝面，同时也兼作交通、检修和观测之用，还有利于坝坡稳定。碾压土石坝的马道设置应根据坝坡坡度变化、坝面排水、检修维护、监测巡查、增加护坡和坝基稳定等需要确定，土质防渗体分区坝和均质坝上游坝坡一般少设或不设马道，非土质防渗材料面板坝上游坡不应设马道。下游坝坡也趋向于不设和少设马道。马道最小宽度不小于 1.5m，当马道设排水沟时，排水沟以外的宽度不应小于 1.50m。

近些年，狭窄高陡河谷中的高土石坝，根据施工和运行管理交通要求，在下游坝坡设"Z"形斜马道，作为上坝公路，斜马道之间的实际坝坡可局部变陡，但平均坝坡不陡于设计坝坡。

（三）步梯（踏步）

土石坝的下游坝坡至少设置 1 道坝顶至坝脚的步梯，步梯净宽度应不小于 1.5m。步梯两侧设常常栏杆。

任务三 土石坝的坝体结构

对满足抗渗和稳定要求的土石坝基本断面，尚需进一步通过构造设计来保障坝的安全和正常运行。土石坝坝体各种不同材料有明确的分区，均质坝分为坝体、排水体、反滤层和护坡等区；土质防渗体分区坝分为防渗体、反滤层、过渡层、坝壳、排水体和护坡等区；沥青混凝土和土工膜防渗体分区坝分为防渗体、垫层、过渡层、坝壳、排水体和护坡等区。

一、坝顶

土石坝的坝顶通常由防浪墙、路面、排水设施、下游栏杆组成。坝面布置与坝顶结构应力求经济实用，在建筑艺术处理方面要美观大方，并与周围环境相协调。

土石坝建成初期，坝体变形较大且不稳定，坝顶路面层材料多采用密实的砂砾石、碎石、单层砌石或沥青混凝土等柔性材料，防止防渗体的干裂和雨水冲蚀，适应坝的变形，容易发现坝体内裂缝。建成后一定时间，待坝体沉降基本稳定后，坝顶可以按照需求改建为混凝土路面。为了排除雨水，坝顶应做成向下游侧或上游、下游侧倾斜的横向坡度，采用 2‰～3‰坡度，并应做好向下游的排水系统，在坝顶下游侧设纵向排水沟，将汇集的雨水经坝面排水沟排至下游。

为防止波浪翻越坝顶，需在坝顶上游侧设置防浪墙，高于坝顶 1.0～1.2m（图 2-6-6）。防浪墙应坚固、不透水，并应设置伸缩缝，做好止水。防浪墙可用混凝土或浆砌石修建。墙的基础应牢固的埋入坝内，当土石坝有防渗体时，防浪墙墙基必须与防渗体紧密结合，以防高水位时漏水。中坝坝顶、高坝坝顶下游侧和不设防浪墙的上游侧，应设栏杆、护栏等安全防护措施。

根据工程运用、应急抢险要求，坝顶设照明设施和坝顶停车场地。坝顶停车场地以便工具车、抢险等车辆停放和应急抢险物资的临时堆放。

6-4

土石坝坝顶结构

二、防渗体

土石坝的防渗体作用是减少坝体渗漏，降低浸润性，防止发生渗透变形，保证坝体的渗透稳定性。防渗体主要有心墙、斜墙、铺盖、截水墙等形式，结构和断面尺寸应能满足防渗、构造、施工等方面的要求。土质防渗体断面尺寸应满足渗透比降、下游浸润线和渗透流量的要求。土质防渗体应自上而下逐渐加厚，顶部的水平宽度不小于 3m，以便于机械化施工。土质防渗体顶部应预留竣工后沉降超高。

6-5

黏土（砾石土）心墙

（一）黏土心墙

防渗体为壤土或砾石土，如图 2-6-7 所示。这种防渗体一般布置在坝体中部，有时稍偏上游、略微倾斜，以便于和坝顶的防浪墙相连接，并可使心墙后的坝壳先期施工，得到充分的先期沉降，以避免或减少裂缝。

由于心墙多为黏性土，材料的抗剪强度低，施工质量受气候的影响大，合适的黏土数量也难就近得到满足，所以，一般不应做肥厚的心墙。心墙厚度常根据土壤的允许渗透坡降而定，有时也应考虑降低下游浸润线的需要。《碾压式土石坝设计规范》（SL 274—2020）规定心墙底部厚度不应小于作用水头的 1/4。黏土心墙两侧边

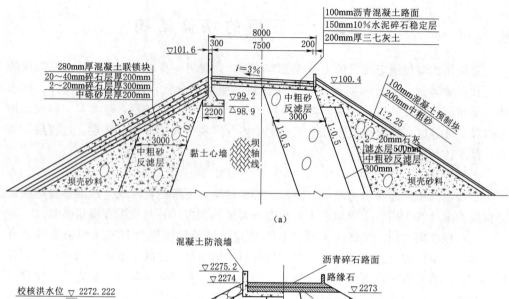

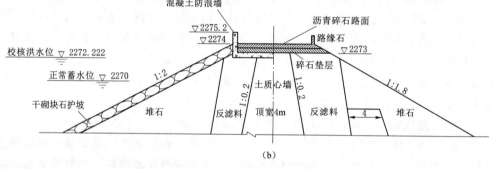

图 2-6-6 坝顶细部设计图

(a) 出山店水库土石坝坝顶细部图（单位：高程以 m 计，其他尺寸以 mm 计）；

(b) 水牛家水电站土石坝坝顶细部图（单位：以 m 计）

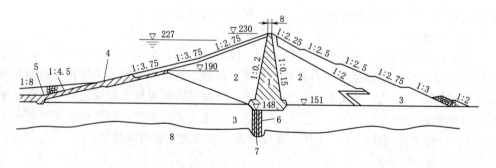

图 2-6-7 黏土心墙土坝

1—黏土心墙；2—半透水料；3—砂卵石；4—施工时挡水黏土斜墙；

5—盖层；6—混凝土防渗墙；7—灌浆帷幕；8—玄武岩

坡在 1:0.15～1:0.3 之间。心墙的顶部应高出设计洪水位（或正常蓄水位）0.3m，且不低于校核水位，应考虑波浪爬高高度的影响。当坝顶有防浪墙时，心墙顶部高程也不应低于设计洪水位。心墙顶与坝顶之间应设有保护层，其厚度不小于该地区的冻结或干裂深度，同时按结构要求不应小于 1m。心墙与坝壳之间应设置过渡层，起反滤层的作用。过渡层的结构虽比反滤层的要求低一些，但也应采用级配良好的、抗风化的细粒石料和砂砾石料，以使整个坝体内应力传递均匀，并保证坝壳的排水效果良好。

心墙与地基岸必须有可靠的连接。如果地基为不透水土基，心墙应嵌入地基，如图 2-6-11 所示。如果地基为岩基，为了防止黏土与岩基表面结合不紧密而产生集中渗流，在基岩面上设置一道或数道混凝土齿墙，如图 2-6-8 所示，齿墙的上部深入心墙 1.0～2.5m，下部嵌入岩基的深度 0.3～0.5m；如果基岩不够新鲜完整，常在心墙的底部设置混凝土齿垫或坐垫，必要时还要在下部进行帷幕灌浆。

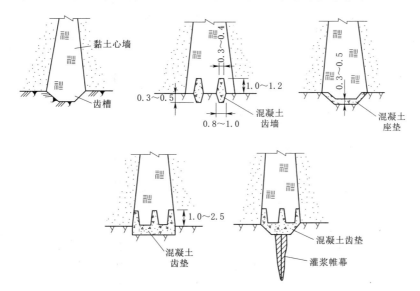

图 2-6-8 心墙与坝基的连接

（二）黏土斜墙

如图 2-6-9 所示，防渗体布置在坝的上游面。黏土斜墙的构造除外型外，其他均与心墙类似。顶厚也不应小于 3m。为保证抗渗稳定，底厚（指与斜墙上游坡面垂直的厚度）不应小于作用水头的 1/5。墙顶应高出设计洪水位 0.6m，且不低于校核水位。同样，如有防浪墙，斜墙顶部也不应低于设计洪水位。

6-6

斜墙坝

为防止斜墙因弯曲、沉降而断裂，其厚度应比仅按渗透稳定条件确定的数值大。斜墙顶部和上游坡都必须设保护层，以防冲刷、冻结和干裂。保护层常用砂、砾石、卵石或碎石等砌成，厚度不得小于冰冻和干燥深度，一般用 2～3m。斜墙及保护层的坡度取决于土坝稳定计算的结果，一般内坡不应陡于 1：2.0，外坡常在 1：2.5 以上。斜墙与保护层以及下游坝体之间，应根据需要分别设置过渡层。上游的过渡层可简单一些，保护层的材料合适时，可只设一层，有时甚至不设；与坝体连接的过渡层，与心墙后的过渡层相似，但为了使应力均匀并适应变形，要求还应高一些，常需设置两层，斜墙与铺盖或截水墙的连接都应坚固，避免接触处产生渗透破坏。

（三）非土料防渗体

非土料防渗体有钢筋混凝土、沥青混凝土、土工膜等。本节介绍沥青混凝土防渗

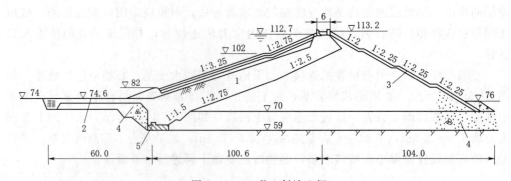

图 2-6-9 黏土斜墙土坝

1—黏土斜墙；2—黏土铺盖；3—砂砾半透水层；4—砂砾石土基；5—混凝土盖板齿墙

体、土工膜防渗体。

沥青混凝土防渗体。混凝土防渗体具有较好的塑性和柔性，渗透系数为 $10^{-7}\sim 10^{-10}\mathrm{cm/s}$，防渗和适应变形的能力较好，产生裂缝时，有一定的自行愈合的功能，而且施工受气候的影响小，故适用于用作土石坝的防渗体材料。当坝址附近缺少防渗土料时，可采用沥青混凝土作防渗体，沥青混凝土即可以用作心墙，也可以用作斜墙。

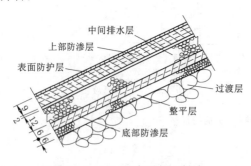

图 2-6-10 沥青混凝土斜墙

沥青混凝土斜墙由密实的沥青混凝土组成，厚 20cm 左右。在防渗层的迎水面涂一层沥青填料保护层，可减缓沥青混凝土的老化，增强防渗效果。在斜墙的下游依次设置斜墙基垫、垫层，斜墙基垫为厚 3~4cm 的沥青碎石，垫层为厚 1~3m 的碎石或砾石，作用是调节坝体变形。按施工的要求，沥青混凝土斜墙的上游坝坡不应陡于 1:1.6~1:1.7，如图 2-6-10 所示。

沥青混凝土心墙不受气候和日照的影响，可以减少沥青的老化速度，对抗震也较有利，但心墙检修困难。沥青混凝土心墙可做成竖直的或倾斜的，对于中、低坝，沥青混凝土心墙底部厚度可采用坝高的 1/60~1/40，但不小于 40cm。顶部厚度不小于 30cm，对于重要的坝还要适当加厚。心墙的两侧设置过渡层，如图 2-6-11 所示。

用作防渗体的沥青混凝土，要求具有良好的密度、热稳定性、水稳定性、防渗性和足够的强度。

土工膜。土工膜是由聚合物制成的一种相对不透水薄膜，传统的土工膜料有聚乙烯 PE 和聚氯乙烯 PVC，国外常用的还有超低密度聚乙烯 VLDPE 和高密度聚乙烯 HDPE。土工膜是一种薄型、连续、柔软的防渗材料，比重较小，延伸性较强，适应变形能力高，耐腐蚀，抗冻性能好，同时，它们对细菌和化学作用有较好的耐侵蚀性，不怕酸、碱、盐类的侵蚀。施工方便，工期短，造价低，使用年限长。

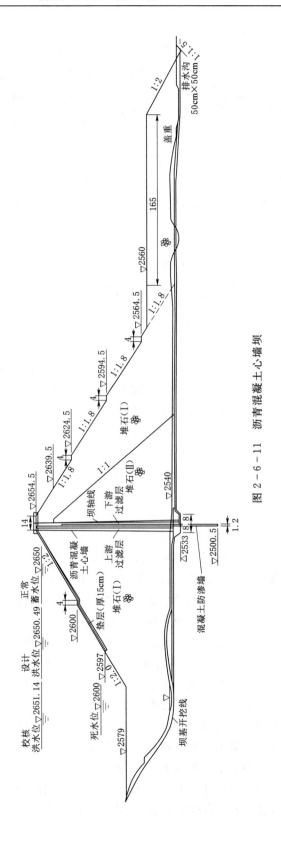

图 2－6－11 沥青混凝土心墙坝

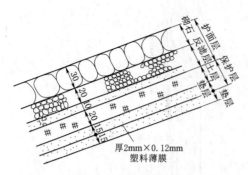

图 2-6-12　膜料防渗结构图

复合土工膜作防渗体已经多年，但多用于病险坝除险加固，单独采用复合土工膜的新建坝相对较少。一般适应于低坝、中坝。对于地质及水文地质条件差、基土冻胀性较大或标准较高的防渗工程，应选用复合土工膜。

土工膜的厚度很薄，易遭破坏，为了有效保护和提高其在坡面上的稳定性，要求按一定的结构形式铺设。膜料防渗结构自下而上包括下垫层、膜料防渗体、上垫层和保护层，如图 2-6-12 所示。

（1）下垫层。采用压实细粒土、细砂层、土工织物、土工网等。当基层土质为均匀平整细粒土或采用土工织物复合土工膜时，可不设下垫层。

（2）上垫层。可采用透水性良好的砂砾料，厚度应不小于 10cm，根据具体情况也可采用无砂混凝土、沥青混凝土、土工织物、土工网等。在采用复合土工膜或当防护层为足够厚度的压实细粒土时，可不设上垫层。

（3）保护层。根据土工膜及上垫层的类型、渠道边坡选择，并满足抗冻要求，可采用素土、砂砾料、浆砌块石或干砌块石、预制或现浇混凝土板等。

如图 2-6-13 所示，西霞院水利枢纽位于黄河干流中游河南省境内，上游距小浪底工程 16km，为小浪底水利枢纽的配套工程。该工程为一个以反调节为主，结合发电，兼顾供水、灌溉等综合效益的兴利工程。西霞院反调节水库为闸坝形式，主要建筑物为土石坝、电站、排沙洞、泄洪洞、引水闸组成。土石坝为复合土工膜斜墙砂砾石坝，最大坝高 21m，坝顶宽 8m，坝顶总长 2609m。

三、坝体排水

土石坝虽有防渗体，但仍有一定水量渗入坝体内。土石坝应设置坝体排水，将渗入坝体内的水有计划地排出坝外，降低浸润线和孔隙压力，改变渗流方向，防止渗流出逸处产生渗透变形，保护坝坡土不产生冻胀破坏。

6-7 ▶
坝体排水

坝体排水应具有充分的排水能力，以保证在任何情况下都能自由地向坝外排出全部渗水，按反滤要求设计，便于监测和检修。

常用的坝体排水有贴坡排水、棱体排水、坝体内排水、综合型排水 4 种形式。坝体排水形式的选择，应结合坝基排水的需要及形式、坝型、坝体填土和坝基土的性质、坝基的工程地质和水文地质条件、下游水位高低及其持续时间、施工情况、排水体的材料、筑坝地区的气候条件等，经技术经济比较后确定。

（1）贴坡排水。将坝体下游坡脚附近渗水排出并保护土石坝下游边坡不受冲刷的表层排水设施。它紧贴下游坝坡的表面设置，它由 1～2 层堆石或砌石筑成，在石块与坝坡之间设置反滤层，如图 2-6-14 所示。

贴坡排水顶部应高于坝体浸润线的逸出点，同时应高于下游最高水位，对 1 级坝、2 级坝超出下游最高水位不小于 2.0m，对 3 级坝、4 级和 5 级中坝、高坝超出下

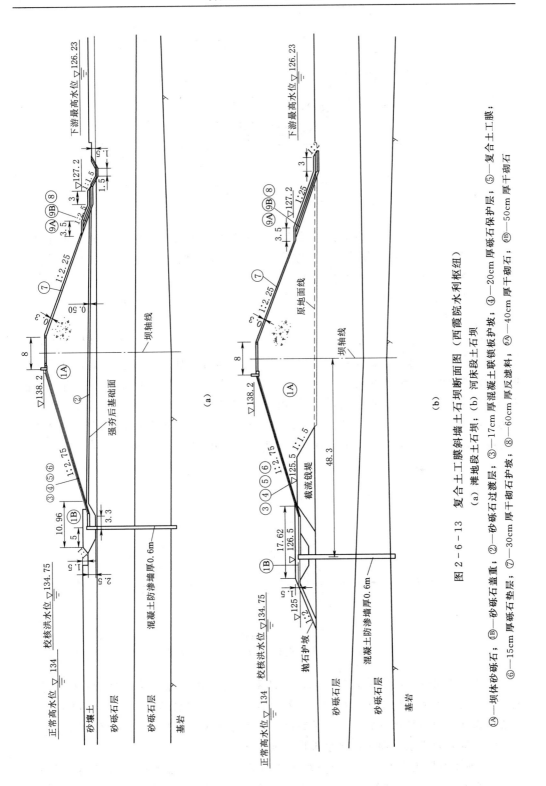

图 2 - 6 - 13 复合土工膜斜墙土石坝断面图（西霞院水利枢纽）

(a) 滩地段土石坝；(b) 河床段土石坝

①A—坝体砂砾石；①B—砂砾石盖重；②—砂砾石垫层；③—17cm厚混凝土联锁板护坡；④—20cm厚砾石保护层；⑤—复合土工膜；
⑥—15cm厚砾石垫层；⑦—30cm厚干砌石护坡；⑧—60cm厚干砌石；⑨A—40cm厚干砌石；⑨B—50cm厚干砌石

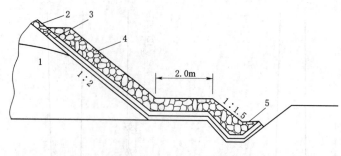

图 2-6-14 贴坡排水

1—浸润线；2—护坡；3—反滤层；4—排水；5—排水沟

游最高水位不小于 1.5m，应超过波浪沿坡面的爬高；并保证坝体浸润线位于冻结深度以下。贴坡排水底部必须设排水沟或排水体，其深度要满足结冰后仍有足够的排水断面，材料应满足防浪护坡的要求。

贴坡排水具有构造简单、节省材料、便于维修，但不能降低浸润线等特点。多用于浸润线很低和下游无水的情况。

（2）棱体排水。在土石坝下游坡脚处用块石、砾石或碎石堆筑而成的棱柱形排水体。其顶部高程应超出下游最高水位，超出高度应大于波浪沿坡面的爬高，且对 1 级坝、2 级坝超出下游最高水位不小于 1.0m；对 3 级坝、4 级和 5 级中坝、高坝超出下游最高水位不小于 0.5m，并使坝体浸润线距坝坡的距离大于冰冻深度。堆石棱体内坡一般为 1:1.25～1:1.5，外坡为 1:1.5～1:2.0 或更缓。顶宽应根据施工条件及检查观测需要确定，但不得小于 1.0m，在棱体上游坡脚处不应出现锐角，如图 2-6-15 所示。

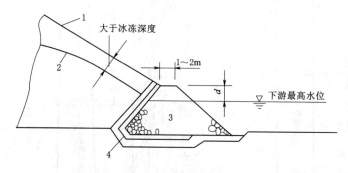

图 2-6-15 棱体排水

1—下游坝坡；2—浸润线；3—棱体排水；4—反滤层

棱体排水可降低浸润线，防止坝坡冻胀和渗透变形，保护下游坝脚不受尾水淘刷，且有支撑坝体增加稳定的作用，是效果较好的一种排水形式。多用于河床部分的下游坝脚处。但石料用量较大、费用较高，与坝体施工有干扰，检修也较困难。

（3）坝体内排水。坝体内排水包括下列形式：

1）坝体内竖式排水。位于土石坝坝体中部或偏下游处的竖向（或倾斜）排水设施（图 2-6-16）。可选择直立式排水、上倾或下倾式排水等形式；使渗透进入坝体的水通过它及早排至下游，保持排水体后坝体干燥，有效地降低坝体的浸润线，并防止渗透水在坝坡出逸。竖式排水是控制渗流的有效形式，均质坝应选用竖式排水。竖式排水的顶部通到坝顶附近，底部设水平排水将渗水引出坝外。

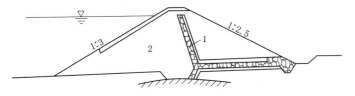

图 2-6-16 坝体内排水
1—竖式排水；2—均质坝

对于下游坝壳用弱透水材料填筑的分区坝，反滤层和过渡层作为竖式排水，底部设水平排水将渗水引出坝外。当反滤层和过渡层不能满足排水要求时，可加厚过渡层或增设排水层。

2) 坝体内水平排水。可选择坝体不同高程的水平排水层，坝底部的褥垫式排水、网状排水带、排水管等形式。

水平排水层是由砂、卵砾石组成，其厚度和伸入坝体内的长度应根据渗流计算确定，排水层中每层料的最小厚度应满足反滤层最小厚度的要求。坝内水平排水伸进坝体的极限尺寸，黏性土均质坝应为坝底宽的 1/2，砂性土均质坝应为坝底宽的 1/3，土质防渗体分区坝应与防渗体下游的反滤层或竖式排水相连接。

网状排水带中，平行于坝轴线的排水带的厚度和宽度及伸入坝体内的深度应根据渗流计算确定。网状排水带中，垂直于坝轴线的排水带宽度应不小于 0.5m，其坡度不应超过 1%，或按不产生接触冲刷的要求确定。

褥垫式排水（图 2-6-17）是在土坝下游坝体与坝基之间用排水反滤料铺设的水平排水体，向下游方向设有 0.005～0.01 的纵坡。当下游水位低于排水设施时，降低浸润线的效果显著，还有助于坝基排水固结。但当坝基产生不均匀沉陷时，褥垫式排水易遭断裂，而且检修困难，施工时有干扰。

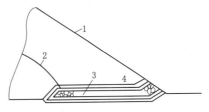

图 2-6-17 褥垫式排水
1—护坡；2—浸润线；3—排水；4—反滤层

当渗流量很大，增大排水带尺寸不合理时，可采用排水管，管周围应设反滤层，形成管式排水。管式排水的构造如图 2-6-18 所示。埋入坝体的暗管可以是带孔的陶瓦管、混凝土管或钢筋混凝土管，还可以是由碎石堆筑而成。平行于坝轴线的集水管收集渗水，经由垂直于坝轴线的横向排水管排向下游。横向排水管的间距为 15～20m。管式排水的优缺点与水平排水相似。排水效果不如水平排水好，但用料少。一般用于土石坝岸坡及台地地段，因为这里坝体下游经常无水，排水效果好。

（4）综合式排水。为发挥各种排水形式的优点，在实际工程中常根据具体情况采用几种排水形式组合在一起的综合式排水，例如下游高水位持续时间不长，为节省石料可考虑在下游正常高水位以上采用贴坡排水，以下采用棱体排水。还可以采用褥垫

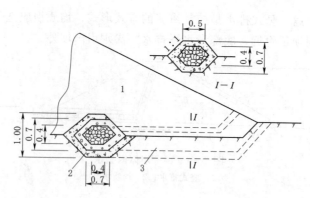

图 2-6-18　管式排水（单位：m）
1—坝体；2—集水管；3—横向排水管

式与棱体排水组合，贴坡棱体与褥垫式排水组合等综合式排水，如图 2-6-19 所示。

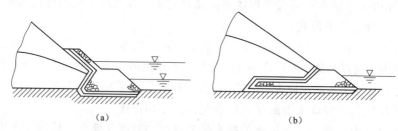

（a）　　　　　　　　　　　　（b）

图 2-6-19　综合式排水
（a）贴坡与棱体排水结合；（b）褥垫与棱体排水结合

6-8 ▶

土石坝护坡
与坝面排水

6-9 ▶

护坡

四、土石坝的护坡

土石坝的上游面，为消减风浪、防止波浪淘刷、冰层和漂浮物的损害、顺坝水流的冲刷等对坝坡的危害，坝表面为土、砂、砂砾石等材料时应设专门护坡。土石坝下游面，为防止雨水、大风、水下部位的风浪、冰层和水流作用、动物穴居、冻胀干裂等因素对坝坡的破坏，也需设置护坡。在严寒和平原地区，护坡工程量很大，维修费用可达相当大的数字，因此合理选择护坡形式，使其能抵抗各种因素对护坡的破坏作用、施工维修方便、节省投资，具有重要意义。

（一）上游护坡

上游护坡的形式有：抛石（堆石）、干砌石或干砌混凝土预制块、浆砌石、现浇的混凝土或钢筋混凝土板、沥青混凝土、水泥土护坡。护坡可选择一种或多种形式。

护坡覆盖的范围，上游坡上部自坝顶起，当设防浪墙时应与防浪墙连接，下部护至坝脚。

（1）抛石（堆石）护坡。它是将适当级配的石块倾倒在坝面垫层上的一种护坡。优点是施工进度快、节省人力，但工程量比砌石护坡大。堆石护坡的厚度一般认为至少要包括 2～3 层块石，这样便于在波浪作用下自动调整，不致因垫层暴露而遭到破坏。当坝壳为黏性小的细粒土时，往往需要两层垫层，靠近坝壳的一层垫层最小厚度为 15cm。

（2）砌石护坡。是用人工将块石铺砌在碎石或砾石垫层上，在马道、坝脚和护坡末端应设置基座。有干砌石和浆砌石护坡。

干砌石应力求嵌紧，通常厚度为 20～60cm。有时根据需要用 2～3 层垫层，它也起反滤作用。砌石护坡构造如图 2-6-20 所示。

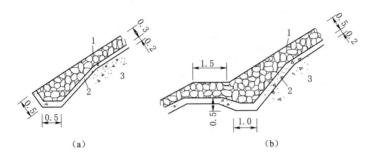

图 2-6-20 干砌石护坡构造（单位：m）

1—干砌石；2—垫层；3—坝体

浆砌石块石护坡能承受较大的风浪，也有较好的抗冰层推力的性能。但水泥用量大，造价较高。若坝体为黏性土，则要有足够厚度的非黏性土防冻垫层，同时要留有一定缝隙以便排水通畅。

砌石护坡所用的石料，应有较高的抗压强度，良好的抗水性、抗冻性和抗风化性，能满足工程运用条件要求的硬岩石料。块石料的重度应大于 22kN/m³；岩石孔隙率不应大于 3%，吸水率（按孔隙体积比例计）不应大于 0.8；块石料的饱和抗压强度不应小于 30MPa，软化系数不应小于 0.75。块石的形状要尽可能做成正方形，最大边长与最小边长之比不应大于 1.5，以避免挠曲折断，保证工程质量。所有的岩石还必须是新鲜的，不应用风化和含黄铁矿的岩石。

（3）混凝土和钢筋混凝土板护坡。当筑坝地区缺乏石料时可考虑采用此种形式。预制板的尺寸一般采用：方形板为 1.5m×2.5m、2m×2m 或 3m×3m，厚为 0.15～0.20m。预制板底部设砾石或碎石垫层。现场浇筑的尺寸可大一些，可采用 5m×5m、10m×10m 甚至 20m×20m。严寒地区冰推力对护坡危害很大，因此也有用混凝土板做护坡的，但其垫层厚度要超过冻深，如图 2-6-21 所示。

（4）沥青混凝土护坡。在坝面上先铺一层 3cm 的沥青混凝土（夯实后的厚度），上铺 10cm 的卵石做排水（不夯），第三层铺 8～10cm 的渣油混凝土，夯实后在第三层表面倾倒温度为 130～140℃ 的沥青砂浆，并立即将 0.5m×1.0m×0.15m 的混凝土板平铺其上，板缝间用沥青砂浆灌满。这种护坡在冰冻区试用成功，如图 2-6-22 所示。

以上各种护坡的垫层按反滤层要求确定。垫层厚度一般对砂土可用 15～30cm 以上，卵砾石或碎石可用 30～60cm 以上。

（二）下游护坡

下游护坡一般采用堆石、抛石、干砌石、卵砾石或碎石、草皮或生态混凝土、土

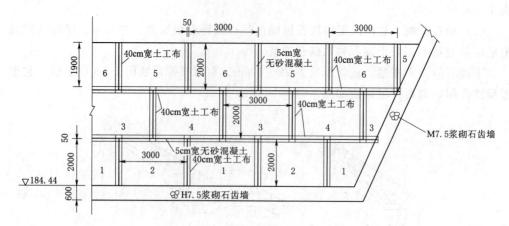

图 2-6-21 混凝土护坡（单位：高程以 m 计，其他尺寸以 mm 计）

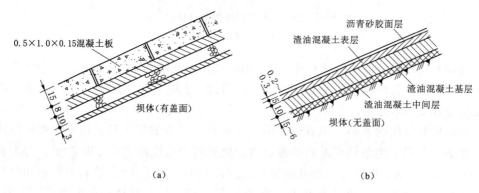

（a）　　　　　　　　　　　　（b）

图 2-6-22 沥青混凝土护坡（单位：m）

（a）有盖面的沥青混凝土护坡；（b）无盖面沥青混凝土护坡

6-10

土石坝坝面
排水

工格室植草、生态袋等生态护坡、钢筋混凝土框格填石等。其护坡范围为由坝顶护至排水棱体或贴坡排水，无排水设施时护至坝脚。

气候温和地区的黏性土均质坝，草皮护坡是常用的形式。若坝坡为无黏性土时，则应在草皮下铺一层厚 0.2～0.3m 的腐殖土，护坡效果良好。碎石或卵砾石护坡，一般直接铺在坝坡上，厚 10～15cm。

堆石、干砌石护坡与被保护料之间不满足反滤要求时，护坡下面按反滤要求设置垫层。护坡垫层的厚度与粒径有关，一般砂土 0.15～0.3m，卵砾石或碎石用 0.3～0.6m。

五、坝坡排水

为了防止雨水的冲刷，除干砌石和堆石护坡外，均必须设置坝面排水，包括坝顶、坝坡、坝肩及坝下游岸坡等部位的集水、截水和排水措施。除堆石坝与基岩坡脚外，坝坡与岸坡连接处均应设排水沟。

在下游坝坡上常设置纵竖向连通的排水沟。有马道时，横向排水沟设置高程与马道一致，并设于马道内侧，拦截雨水。竖向排水沟可每间隔 50～100m 设置一条。坝面上的排水沟用混凝土现场浇筑或浆砌石砌筑。排水沟的横断面，一般深 0.2m、宽 0.3m。

沿土石坝与岸坡的结合处，应设置排水沟以拦截山坡上的雨水。岸坡开挖面顶部应设置排水沟或挡水设施。岸坡开挖顶面以外的地面径流不应排入坝面，岸坡排水与坝体坝基排水形成相对独立的排水体系。

任务四　土石坝地基处理

土石坝对地基的要求虽然比混凝土坝低，可不必挖除地表面透水土壤和砂砾石等，但地基的性质对土石坝的构造和尺寸仍有很大影响。据国外资料统计，土石坝失事约有 40% 是由于地基问题引起的，可见地基处理的重要性。土石坝地基处理的任务是：①控制渗流，使地基以至坝身不产生渗透变形，并把渗流流量控制在允许的范围内；②控制稳定，保证地基稳定不发生滑动；③控制变形，控制沉降与不均匀沉降，以限制坝体裂缝的发生。工程实践证明，竣工后的坝顶沉降量小于坝高的 1%，基本上都没有发生裂缝。

土石坝地基处理应做到技术上可靠，经济上合理。筑坝前要完全清除表面的腐殖土，以及可能发生集中渗流和可能发生滑动的表层土石，例如较薄的细砂层、稀泥、草皮、树根以及乱石和松动的岩块等，清除深度一般为 0.3～1.0m，然后再根据不同地基情况采取不同的处理措施。

岩石地基的强度大、变形小，一般均能满足土石坝的要求，其处理的目的主要是控制渗流，处理方法基本与重力坝相同，本节仅介绍非岩石地基的处理。

6-11

土石坝地基处理

一、砂砾石坝基的渗流控制

砂砾石地基一般强度较大，压缩变形也较小，因而对建筑在砂砾石地基上土石坝的地基处理主要是解决渗流问题。处理的原则一般是减少坝基的渗透量并保证坝基和坝体的抗渗稳定。处理的方法是"上防下排"。属于"上防"的垂直防渗有：混凝土防渗墙，水平防渗的填土铺盖、天然土层和水库淤积铺盖、土工膜铺盖等；属于"下排"的有水平排水垫层、反滤排水沟、排水减压井、排水盖重等。所有这些措施既可以单独使用，也可以联合使用。坝的防渗体、砂砾石覆盖层和基岩内的防渗设施应紧密地连接成一整体，因此坝基防渗处理措施要与两坝肩其他建筑物地基防渗措施统一考虑。

砂砾石地基控制渗流的措施，主要应根据地基情况，工程运用要求和施工条件选定。垂直防渗措施能够截断地基渗流，可靠而有效地解决地基渗流问题，在技术条件允许下又经济合理时应优先采用。土质防渗体分区坝的垂直防渗体设于防渗体底部中间位置，均质坝的垂直防渗体可设于距上游坝脚 1/3～1/2 坝底宽度处。垂直防渗措施的底部应伸入相对不透水层。

（一）挖除砂砾石覆盖层

近年来施工开挖技术及装备水平的提高，开挖相对容易且往往比较经济，对不同的坝高，砂砾石覆盖层深度小于 15m 时，挖除防渗体范围内的砂砾石覆盖层也可能是极经济的方法，采用挖除防渗体和反滤层基面范围内的砂砾石覆盖层，土质防渗体直接坐落在岩基上，更有利于保障渗流安全。

（二）混凝土防渗墙

用钻机或其他设备在土层中造成圆孔或槽孔，以泥浆固壁、孔中浇混凝土，最后连成整体的墙形防渗体，称为混凝土防渗墙，适用于砂砾石覆盖层深度超过 15m 的情况。

防渗墙厚度根据防渗和强度要求确定。按施工条件可在 0.6～1.3m 之间选用（一般为 0.8m），因受钻孔机具的限制，墙厚不能超过 1.3m，如不能满足设计要求则应采用两道墙，此时厚度也不应小于 0.6m，因厚度减小时钻孔数量随之增大，减少的混凝土量已不能抵偿钻孔量增大的代价。因此，采用冲击钻的施工方法，当坝较高，水头较大时，需要采用两道墙，最小厚度不小于 0.6m。但如果用抓斗开挖槽孔，墙的厚度可减小至 0.3m。

混凝土防渗墙的允许坡降一般为 80～100，混凝土强度等级为 C10，抗渗等级 W6～W8，坍落度 8～20cm。墙底应嵌入基岩 0.5～1.0m，顶端插入防渗体，插入深度应为坝前水头的 1/10，且不得小于 2m。

修建混凝土防渗墙需要一定的机械设备，但并无特殊要求，关键是在施工过程中要保持钻孔稳定，不致坍塌，常采用膨润土或优质黏土制成的泥浆进行固壁，这种泥浆还可以起到悬浮和携带岩屑以及冷却和润滑钻头的作用。

从 20 世纪 60 年代起，混凝土防渗墙得到了广泛的应用，积累了不少施工经验，并发展了反循环回转新型冲击钻机、液压抓斗挖槽等技术，在砂卵石层中纯钻工效（100m 以内）平均达到 0.85m/h，进入国际先进行列。黄河小浪底工程，采用深度 70m 的双排防渗墙，如图 2-6-23 所示。

如图 2-6-24 所示，水牛家水电站的拦河大坝为砾石土心墙坝，最大坝高为108m，坝顶宽度 10m。心墙顶部厚度 4m，底部厚 46.8m。心墙下部河床覆盖层采用 1.2m 厚的混凝土防渗墙防渗，防渗墙底部嵌入基岩 1m，防渗墙顶部插入心墙 10m。防渗墙顶接头外侧周边高塑性黏土，黏土区宽 5.2m，高 15m。

近些年来的工程实践表明，随着开挖机械功能和防渗墙施工技术及装备水平的提高，大大降低了垂直防渗措施的施工难度和费用，一般情况下，工程中采用直接挖除覆盖层或采用混凝土防渗墙的形式。

（三）防渗铺盖

防渗铺盖是指在透水地基表面填筑的用以堵截渗流或延长渗径的水平防渗设施，可以看成斜墙、心墙或均质坝体向上游延伸的部分。防渗铺盖构造简单，造价一般不高，但它不能完全截断渗流，只是通过延长渗径的办法，降低渗透坡降，减小渗透流量，所以对解决渗流控制问题有一定的局限性。低坝可采用防渗铺盖。中坝、高坝防渗铺盖，复杂地层、覆盖层渗透系数大和防渗要求高的工程的防渗铺盖，以及利用天然土层和水库淤积的铺盖，应作为辅助防渗措施。铺盖应与下游排水设施联合作用。

防渗铺盖布置如图 2-6-25 所示。

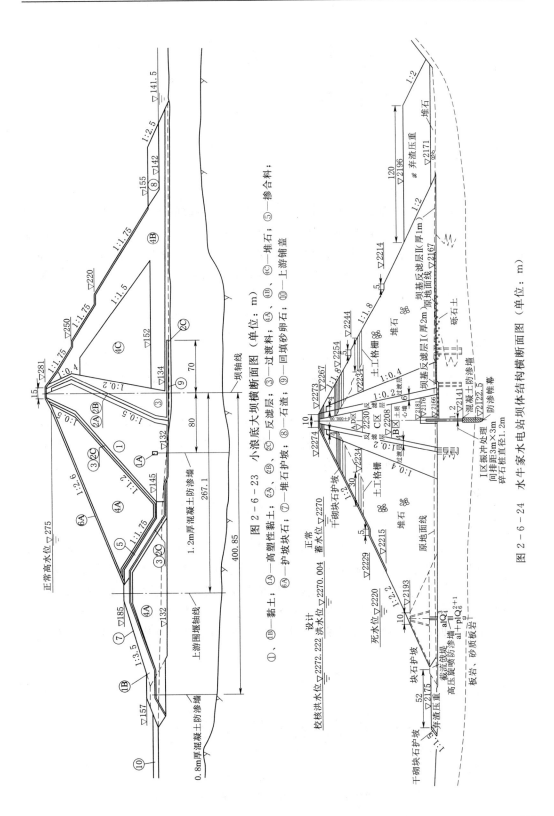

图 2-6-23 小浪底大坝横断面图（单位：m）

①、①B—黏土；①A—高塑性黏土；②A、②B、②C—反滤层；③—过渡料；④A、④B、④C—堆石；⑤—掺合料；⑥A—堆石护坡；⑦—堆石护坡；⑧—石渣；⑨—回填砂卵石；⑩—上游铺盖

图 2-6-24 水牛家水电站坝体结构横断面图（单位：m）

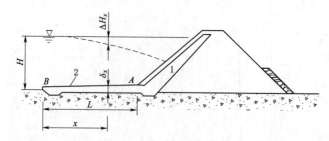

图 2-6-25 防渗铺盖示意图
1—斜墙；2—铺盖

铺盖常用土料时，渗透系数应小于砂砾石层渗透系数的 1/100，并小于 1×10^{-5} cm/s，应由上游向下游逐渐加厚，前端最小厚不小于 0.5m，末端处常达 3～5m。铺盖与坝基接触面应平整、压实，并宜设反滤层。铺盖表面应设保护层，以防蓄水前黏土发生干裂及运用期间波浪作用和水流冲刷的破坏。当采用天然土层水库淤积作铺盖时，应作为辅助防渗措施。

巴基斯坦塔贝拉土坝坝高 147m，坝基砂砾石层厚度约 200m，采用了厚 1.5～10m，长 2307m 的铺盖，是目前世界上最长的铺盖。我国采用铺盖防渗有成功的实例，但在运用中也确有一些发生程度不同的裂缝、塌坑、漏水等现象，影响了防渗效果，所以对高、中坝、复杂地层和防渗要求较高的工程，应慎重选用。

（四）排水减压措施

当坝基中的渗透水流有可能引起坝下游地层的渗透变形或沼泽化，或使坝体浸润线过高时，应设置坝基排水设施。以排出渗水，降低渗透压力。确保土石坝及其下游地区的安全。常用的排水减压设施有水平排水垫层、排水沟、排水减压井、透水盖重，坝基排水措施应根据坝基地质情况，并结合坝体排水情况选用。

（1）排水沟。在坝趾稍下游平行坝轴线设置，沟底深入到透水的砂砾石层内，沟顶略高于地面，以防止周围表土的冲淤。按其构造可分为暗沟和明沟两种。坝基反滤排水暗沟、水平排水垫层及反滤排水沟内要做好反滤层。图 2-6-26 为排水暗沟，实际上也是坝身排水的组成部分；图 2-6-27 为排水明沟。两者都应沿渗流方向按反波层布置，明沟沟底应有一定的纵坡与下游的河道连接。双层结构透水坝基，当表层为不太厚的弱透水层，且其下的透水层较浅，渗透性较均匀时，可在下游坝脚处做反滤排水沟，也可以将坝底表层挖穿做反滤排水暗沟，并与坝底的水平排水垫层相

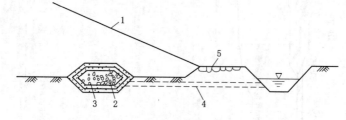

图 2-6-26 排水暗沟
1—坝体；2—坝身排水设施；3—反滤层；4—排水暗沟；5—堆石盖重

连，将水导出。

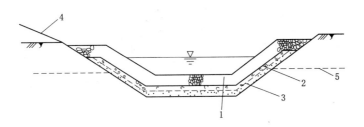

图 2-6-27　排水明沟
1—块石或大卵石；2—碎石；3—砂；4—坝坡；5—相对不透水层

坝基反滤排水暗沟的位置设在距离下游坝脚 1/4 坝底宽度以内，坝外的反滤排水沟应设在靠近坝脚处。坝外反滤排水沟宜采用明式，并与排地面水排水沟分开，避免冲刷和泥沙淤塞。

（2）排水减压井。为降低土石坝下游覆盖层的渗透压力而设置的井式减压排渗设施。排水减压井常用于表层弱透水层太厚，或透水层成层性较显著时。减压井应深入强透水层，将深层承压水导出水面，然后从排水沟中排出，其构造如图 2-6-28 所示。排水减压井的出口高程应尽量低，但不应低于排水沟底面，井筒采用开孔花管或无砂混凝土管，井内径大于 150mm，花管开孔率为 10%～20%，减压井外围应设置反滤层，反滤层可采用砂砾料或土工织物，或同时采用砂砾料和土工织物。

（3）透水盖重。下游坝脚渗流出逸处，当地表相对不透水层不足以抵抗剩余水头时，可设置

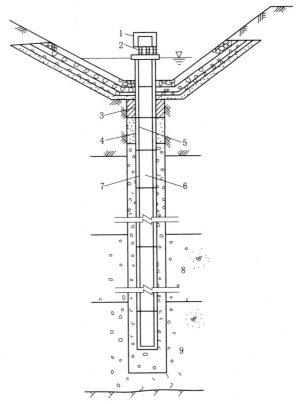

图 2-6-28　排水减压井构造图
1—井帽；2—钢丝出水口；3—回填混凝土；4—回填砂；
5—上升管；6—穿孔管；7—反滤料；
8—砂砾石；9—砂卵石

排水盖重层。以平衡弱透水层下的扬压力，保证坝址处上层弱透水层的稳定。透水盖重与坝基土层之间按要求设置反滤层，如图 2-6-29 所示。

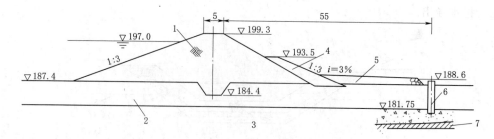

图 2-6-29 太平湖土坝减压井与透水盖重（单位：m）

1—粉质黏土；2—重粉质壤土；3—砂砾石层；4—碎石培厚；

5—透水盖重；6—减压井；7—软弱夹层

任务五　土石坝与坝基、岸坡及其他建筑物连接

土石坝与坝基、岸坡及其他建筑物的接触面都是坝的关键部位，是防渗的薄弱部位，是一些坝破坏的根源之一。如美国的第顿坝（1976年）的破坏，与连接处渗漏有关，所以必须妥善设计和处理。土石坝与坝基、岸坡及其他建筑物的接触面结合紧密，避免产生集中渗流；保证坝体与河床及岸坡结合面的质量，不使其形成影响坝体稳定的软弱层面；并不致因岸坡形状或坡度不当引起坝体不均匀沉降而产生裂缝。

一、坝体与土质地基及岸坡的连接

坝体与土质地基及岸坡的连接必须做到：①清除地基范围内的草皮树干、树根、腐殖土、蛮石、垃圾及其他废料，并将清理后的地基表面土层平整、压实；②对坝断面范围内的低强度、高压缩性软土及地震时易于液化的土层，进行清除或处理；③土质防渗体必须坐落在相对不透水土基上，或经防渗处理的土基上；④垂直防渗措施下游侧，土质防渗体与砂砾石坝基连接面应设反滤层，以防止地基土流失到坝壳中。

为使防渗体与岸坡紧密结合，防止发生不均匀沉降而导致裂缝，岸坡开挖时应大致平顺、不应成台阶状、反坡、突然变坡，岸坡上缓下陡时，变坡角应小于20°。土质岸坡的坡度一般不陡于1∶1.5，如图2-6-30所示。

土质心墙和斜墙在与两端岸坡连接处应扩大其断面、加厚反滤层，以加强连接处防渗的可靠性，扩大断面与正常断面之间应以渐变的形式过渡。

二、坝体与岩石地基及岸坡的连接

坝体与岩石地基及岸坡的连接必须做到以下几点：

（1）坝断面范围内的岩石地基与岸坡，应清除表面松动石块、凹处积土和突出的岩石。

（2）土质防渗体和反滤层应与坚硬、不冲蚀和可灌浆的岩石连接；风化层较深时，高坝宜开挖到弱风化层上部，中坝、低坝可开挖到强风化层下部。当处理措施能满足渗流安全和耐久性要求时，中坝、低坝坝基可开挖至强风化层中部、上部。开挖清理时，边开挖边用混凝土或砂浆封堵清理后的张开节理裂隙和断层。土质防渗体在基岩面上一般应设混凝土盖板、喷混凝土层或喷水泥砂浆，将基岩与土质防渗体分隔

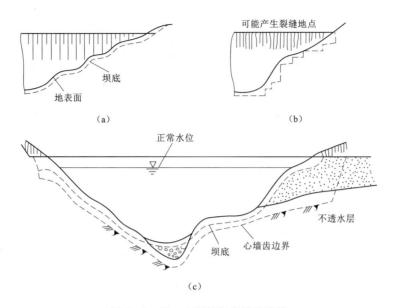

图 2-6-30 土石坝与岸坡的连接
(a) 正确的削坡；(b) 不正确的台阶形削坡；(c) 心墙坐落在不透水层上

开来，以防止接触冲刷。混凝土盖板还可兼作灌浆帽。

（3）对易风化变质的软岩石（如页岩、泥岩等），开挖时应预留保护层（厚 10～15cm），待开始回填时，随挖除、随回填，或在开挖后用喷浆保护。

（4）土质防渗体与岩石或混凝土建筑物相接处，在防渗土料填筑前，应用黏土浆抹面。防渗体应采用不含粗颗粒的黏土填筑，并应控制在略高于最优含水率情况下填筑，使其结合良好并适应不均匀沉陷。

岩石岸坡一般不陡于 1:0.5，陡于此坡度应有专门论证，并采取必要措施，如做好结合面处的湿黏土回填，加强结合面下游的反滤层等。岩石岸坡的其他要求与土质岸坡相同。

在高坝防渗体底部混凝土盖板以下的基岩中，应进行浅层铺盖式灌浆，以改善接触条件，在与防渗体接触的覆盖层中，也应进行浅层铺盖式灌浆。

小浪底大坝为壤土斜心墙堆石坝，最大坝高 160m。F1 断层位于右岸河槽部位，顺水流方向展布，坝址区范围内，断层宽包括断层带和两侧影响带最大宽度约为 30m，其中断层宽 10m，两侧影响带各宽约 10m。但其宽度变化幅度较大，在坝轴线处宽 7～10m。心墙与反滤层范围内采用了钢筋混凝土盖板、多排帷幕灌浆和加深固结灌浆的综合处理措施。断层及影响带范围设置厚 1.0m 混凝土盖板，嵌入基岩中。断层带与影响带盖板间设置永久纵（顺水流向）缝，以适应不均匀沉降，缝间设 IGAS 填料止水，上部用 PVC 封闭，缝下设置沥青麻片垫层；混凝土盖板横缝长度不大于 12m，缝内仍采用 IGAS 填料止水。断层带与两侧影响带盖板的横缝错开布置。盖板的分块分缝及缝的构造详如图 2-6-31 所示。

三、坝体与混凝土建筑物的连接

土石坝与混凝土坝、溢洪道、船闸、坝下涵管等混凝土建筑物的连接，必须防止

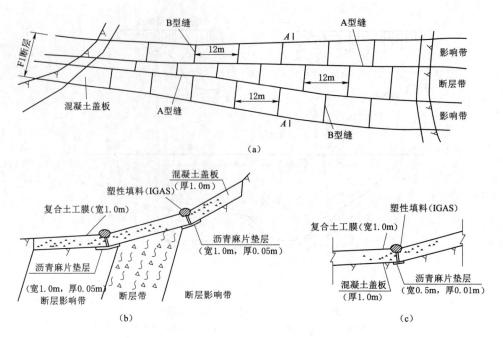

图 2-6-31 小浪底大坝 F1 断层分缝止水图

(a) F1 断层混凝土盖板分缝分块图；(b) A 型止水图 (A—A)；(c) B 型止水图

接触面的集中渗流，防止因不均匀沉降而产生的裂缝，以及因水流对上下游坝坡和坝脚的冲刷而造成的危害。土石坝与混凝土建筑物的连接形式，有插入式和侧墙式。

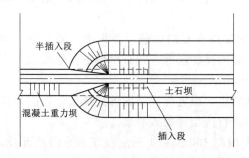

图 2-6-32 土石坝与混凝土坝的插入式连接

（一）土石坝与重力坝的连接

土石坝与混凝土重力坝方式有：侧墙式连接和插入式连接。低坝一般采用侧墙式连接；中坝可以采用侧墙式、插入式；高坝的连接形式应进行专门论证。

我国采用插入式连接的有刘家峡坝和三道岭坝等，都将混凝土坝身或刺墙插入土坝内一段距离，分插入段和半插入段。例如刘家峡坝，插入式连接如图 2-6-32 所示，插入段长 22.5m，相当于连接处坝高的 1/2。当土石坝防渗体与混凝土坝的连接采用插入式连接形式时，连接面的坡度不陡于 1:0.25。

这种连接形式结构简单，比较经济，从混凝土坝与土石坝的连接部位开始，混凝土坝的断面逐渐缩小，最后成为刚性心墙插入土石坝心墙内。如美国的夏斯塔坝，在坝高 48m 处与土坝连接，断面逐渐变化，最后形成顶宽 1.5m，底宽 3.0m 的混凝土心墙伸入河岸地基。

这种连接形式，土石坝的坡脚要向混凝土坝方向延伸较长。从抗震观点看，土与混凝土两种性质不同的结构地震时易于分离，插入部分断面变化易引起应力集中，结合部位施工不便，开裂后自愈作用小，修复困难。特别是对于高坝，采用高插入墙，根据受力条件，每隔一定高度需设置柔性铰，结构也比较复杂。但因结构简单，对于中、低坝尚有一定的适用性。三道岭水库，坝高 24m，与土坝黏土心墙连接处坝高 17m，采用插入式连接，插入段长度相当于连接处坝高的 1/3。

（二）土石坝与溢流坝、船闸的连接

侧墙式连接比插入式连接渗流安全更加可靠，故土石坝与船闸、混凝土溢流坝和溢洪道连接时常采用侧墙式连接，如图 2-6-33 所示。丹江口坝的接合坡度为 1:0.25。图 2-6-33（a）的上、下游侧墙在平面上为圆弧形，其顶部高出上游水位。圆弧形侧墙与土石坝的接触渗径较长，水流条件也较好，但工程量较大。图 2-6-33（b）是仅将上游侧墙做成圆弧形，而下游侧墙做成逐渐降低的斜降墙以节省工程量，但渗径较短。图 2-6-33（c）是上下游侧墙均做成斜降墙式，为了增加渗径，可在侧墙背面设一至数道刺墙。为改善刺墙的受力条件，在刺墙与侧墙之间可设不透水的伸缩缝。当刺墙较短时，也可不设伸缩缝，但刺墙必须有足够的强度，保证不发生断裂。

侧墙式结构形式简单，施工质量容易保证，受力分析较明确，但工程量较大，故中坝、低坝用得较多。国外工程高坝采用插入式较多，但日本有几座坝，考虑土坝与混凝土的振动特性不同，担心地震时插入式产生裂缝，都采用侧墙式。国内高土石坝和混凝土坝连接工程经验较少，因此需进行专门论证。

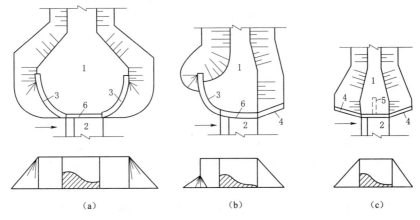

图 2-6-33　土石坝与混凝土溢流坝翼墙式连接

（a）圆弧式侧墙连接；（b）混合式侧墙连接；（c）斜降式侧墙连接

1—土石坝；2—溢流坝；3—圆弧式侧墙；4—斜降式侧墙；5—刺墙；6—边墩

为使接触面结合紧密，并具有良好的抗震性能，可采取以下措施：①土质防渗体与混凝土挡土墙接合面的不陡于 1:0.25，鲁布革坝心墙与溢洪道边墙接合坡度为 1:0.3；②坝轴线下游侧接触面与土石坝轴线的水平夹角应为 85°～90°；③连接段的防渗体宜适当加大断面；④应加厚下游反滤层，一旦出现裂缝后使其可以自愈，如日本四十四田坝在接合部心墙下游侧混凝土挡土墙上设有宽 2.0m，深 1.0m 沟槽，填入反滤料，与心墙的反滤连成一体。同时，在寒冷地区，要防止因翼墙厚度和保护层厚度不足而使填土冻结。

水利工程中，土石坝和混凝土建筑物连接，可以同时采用侧墙式连接和插入式连接。出山店水库工程中，土石坝与泄洪闸的连接，首先采用混凝土断面逐渐减小，插入土石坝内，同时又在连接处，设置了翼墙。

任务六 土石坝的渗透变形

一、渗透变形

土石坝在水头作用下，库水会通过坝体、坝基产生渗流。在渗流的作用下，可能使土体产生局部破坏，称为渗透变形。渗透变形严重时会导致工程失事，必须采取有效的控制措施。

渗透变形的形式及其发生发展过程，与土料性质、土粒级配、水流条件以及防渗排水措施等因素有关，通常可分为下列几种形式：

（1）管涌。在渗流作用下，坝体或坝基中的细小颗粒被渗流带走逐步形成渗流通道的现象称为管涌，常发生在坝的下游坡或闸坝下游地基面渗流逸出处。没有凝聚力的无黏性砂土、砾石砂土中容易出现管涌；黏性土的颗粒之间存在有凝聚力（或称黏结力），渗流难以把其中的颗粒带走，一般不易发生管涌。

管涌开始时只是细小颗粒从土壤中被带出，以后随着小颗粒土的流失，土壤的孔隙加大，较大颗粒也会被带走，逐渐向内部发展，形成集中的渗流通道。

（2）流土。在渗流作用下，局部土体表面隆起、顶穿或粗细颗粒同时浮动而流失的现象称流土。流土可以发生在黏性土体，又可以发生在非黏性土体。在非黏性土体中，流土表现为成群土粒的浮起现象；在黏性土中，流土则表现为成块土的隆起、剥蚀、浮动和断裂。

（3）接触冲刷。当渗流沿两种不同土壤的接触面流动时，把其中细颗粒带走的现象，称为接触冲刷。接触冲刷可能使临近接触面的不同土层混合起来。

（4）接触流土和接触管涌。渗流方向垂直于两种不同土壤的接触面时，例如在黏土心墙（或斜墙）与坝壳砂砾料之间，坝体或坝基与排水设施之间，以及坝基内不同土层之间的渗流，可能把其中一层的细颗粒带到另一层的粗颗粒中去，称为接触管涌。当其中一层为黏性土，由于含水量增大凝聚力降低而成块移动，甚至形成剥蚀时，称为接触流土。

（5）散浸。散浸是土质堤坝常见的一种险情。表现为堤坝背水面土体潮湿、变软，并有少量的水渗出，散浸又叫"堤出汗"。如不及时处理，就会发生内脱坡、管漏等险情。

渗透变形一般首先在小范围内发生，逐步发展至大范围，最终可能导致坝体沉降、坝坡塌陷或形成集中的渗流通道等，危及坝的安全。

二、防止渗透变形的措施

土体发生渗透变形的原因主要取决于渗透坡降、土的颗粒组成和孔隙率等，所以

图标文字：6-14 渗透破坏 | 6-15 管涌

应尽量降低渗透坡降和增加渗流出口处土体抵抗渗透变形的能力。为防止渗透变形，通常采用的工程措施有：全面截阻渗流、延长渗径、设置排水设施、反滤层等，一般采用防渗心墙、防渗斜墙、黏土截水槽、混凝土防渗墙、棱体排水、贴坡排水、坝内排水以及反滤层、过渡层、土工布等。

6-16 ▶
黏土截水槽

这里只介绍反滤层的有关问题，其他措施在其他任务中介绍。

设置反滤层是提高土体的抗渗变形能力、防止各类渗透变形特别是防止管涌的有效措施。反滤层的作用是既安全又顺利地排除坝体和地基中的渗透水流。在土质防渗体（包括心墙、斜墙、铺盖和截水墙等）与坝壳和坝基透水层之间以及下游渗流溢出处，渗流流入排水设施处，均应设置反滤层。下游坝壳与坝基透水层接触区，与岩基中发育的断层破碎带、裂隙密集带接触部位，应设反滤层。土质防渗体分区坝的坝壳内不同性质的材料分区之间，应满足反滤要求。防渗体下游和渗流出逸处的反滤层，在防渗体出现裂缝的情况下土颗粒不应被带出反滤层。防渗体上游反滤层材料的级配、层数和厚度相对于下游反滤层可简化。

6-17 ▶
反滤层

（1）反滤层的结构。反滤层一般是由 2～3 层不同粒径的非黏性土组成、层次排列应尽量与渗流的方向垂直、各层次的粒径则按渗流方向逐层增加或采用土工织物的滤水设施，如图 2-6-34 所示。

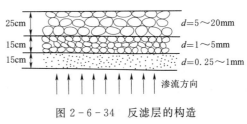

图 2-6-34 反滤层的构造

土质防渗体上游、下游侧的反滤层的最小厚度不小于 1.00m。土质防渗体上游、下游侧以外的反滤层，人工施工时，水平反滤层的最小厚度为 0.3m，垂直或倾斜反滤层的最小厚度可采用 0.5m。采用机械施工时，最小厚度应根据施工方法确定。

（2）反滤层的材料。反滤层的材料首先应该是耐久的、能抗风化的砂石料。为保证反滤层滤土排水的正常工作，必须符合下列要求：①使被保护土不发生渗透变形；②各层的颗粒不得发生移动；③渗透性大于被保护土，能通畅地排出渗透水流；④不致被细粒土淤塞失效。

（3）反滤层级配的设计。根据《碾压式土石坝设计规范》（SL 274—2020）中提出的设计方法进行。

反滤料、过渡层料、排水体料，应有较高的抗压强度，良好的抗水性、抗冻性和抗风化性，具有要求的级配，具有要求的透水性。反滤料和排水体料中粒径小于 0.075mm 的颗粒含量应不超过 5%。

根据工程实际情况，反滤层的类型可按下列规定确定：

Ⅰ型反滤：反滤层位于被保护土下部，渗流方向由上向下（图 2-6-35），如均质坝的水平排水体和斜墙后的反滤层等。减压井、竖式排水体等的反滤层，呈垂直的形式，渗流方向水平，属过渡型，可归为Ⅰ型。

Ⅱ型反滤：反滤层位于被保护土上部，渗流方向由下向上（图 2-6-36），如位于坝基渗流出逸处和排水沟下边的反滤层等。

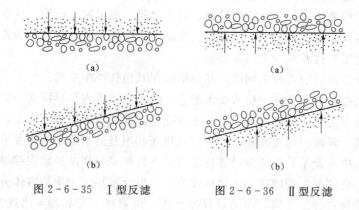

图 2 - 6 - 35　Ⅰ型反滤　　　　图 2 - 6 - 36　Ⅱ型反滤

任务七　混凝土面板堆石坝

　　混凝土面板堆石坝是用堆石或砂砾石分层碾压填筑成坝体，并用混凝土面板作防渗体的坝的统称。主要用砂砾石填筑坝体的也可称为混凝土面板砂砾石坝。堆石体是坝的主体，对坝体的强度和稳定条件起决定性作用，因而要求由新鲜、完整、耐久、级配良好的石料填筑。堆石体根据料源及对坝料强度、渗透性、压缩性、施工方便和经济合理等要求进行分区，从上游向下游可分为垫层区、过渡区、主堆石区、下游堆石区。

　　堆石坝于 1870 年最早出现在美国西部，这与当时美国的采矿与淘金有关。采矿和淘金需要用水，由于交通不便，于是，淘金者就用岩石和树木筑坝，这就是最早的堆石坝。中国最早的堆石坝是 1957 年建成的四川狮子滩大坝，它是混凝土重力墙式抛填堆石坝，坝高 52m。最早的混凝土面板堆石坝是 1966 年建成的贵州百花大坝，坝高 48.7m。

　　进入 20 世纪 60 年代以后，由于大型振动碾薄层碾压技术的应用，使堆石坝的密实度得到充分提高，从而大幅度降低了堆石坝的变形，加上钢筋混凝土面板结构设计、施工方法上的改进，其运行性能好、经济效益高、施工工期短等优点得到充分地显示。目前，钢筋混凝土面板堆石坝已成为国内外坝工建设的一种重要坝型，是可行性研究阶段优先考虑的坝型之一，是当今高坝发展的一种趋向。

　　水布垭水利枢纽（图 2 - 6 - 37）位于湖北省巴东县境内的长江支流清江上游，是清江干流上继隔河岩、高坝洲电站之后的第三个大型水利水电枢纽工程，也是清江水电梯级滚动开发的龙头枢纽。水布垭水库是长江中下游防洪体系的重要组成部分，水库总库容 45.8 亿 m³，水电站总装机容量 1600MW，年平均发电量 39.2 亿 kW·h。其拦河大坝为混凝土面板堆石坝，坝顶高程 409m，坝高 233m，坝顶宽 12m，坝轴线长 660m，是当时世界上同类坝型中唯一一座坝高超过 200m 的大坝。坝顶设高 5.4m 的 L 形防浪墙，墙底高程 405m，墙顶高程 410.4m。大坝上游坝坡 1∶1.4，下游设有"之"字形马道，下游局部坝坡 1∶1.25，综合坝坡 1∶1.4。

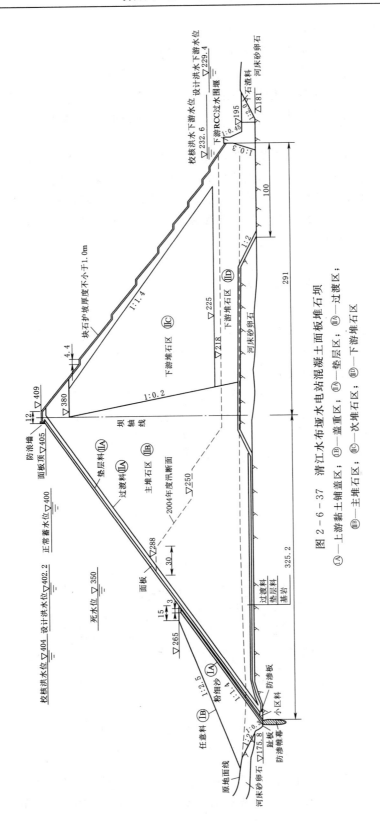

图 2-6-37 清江水布垭水电站混凝土面板堆石坝

ⅠA—上游黏土铺盖区；ⅠB—盖重区；ⅡA—垫层区；ⅢA—过渡区；
ⅢB—主堆石区；ⅢC—次堆石区；ⅢD—下游堆石区；

一、面板堆石坝特点

面板堆石坝与其他坝型相比有如下主要特点：

（1）就地取材，在经济上有较大的优越性，除了在坝址附近开采石料以外，还可以利用枢纽其他建筑物开挖的废弃石料。

（2）施工度汛问题比上坝较为容易解决，可部分利用坝面溢流度汛，但应做好表面保护措施。

（3）对地形、地质和自然条件适应性较混凝土坝强，可建在地质条件略差的坝址上，且施工不受雨天影响，对温度变化的敏感度也比混凝土坝低得多。

（4）方便机械化施工，有利于加快施工工期和减少沉降，随着重型振动碾等大型施工机械的应用，克服了过去堆石坝抛填法沉降量很大的缺点，这也是近代面板堆石坝得到迅速发展的主要原因之一。

（5）坝身不能泄洪，施工导流问题较混凝土坝难于解决，一般需设泄洪和导流设施。

6-18　面板坝结构

二、钢筋混凝土面板堆石坝

（一）断面尺寸

坝顶。面板堆石坝一般为梯形断面，其坝顶宽度和坝顶高程的确定与土坝类似，其中坝顶宽度除了应参考土坝的要求外，还应兼顾面板堆石坝的施工要求，以便浇筑面板时有足够的工作面和进行滑模设备的操作，一般为 $5\sim10m$。面板堆石坝一般在坝顶上游侧设置钢筋混凝土防浪墙，以利于节省堆石填筑方量。防浪墙高一般为 $4\sim6m$，背水面一般高于坝顶 $1.0\sim1.2m$，底部与面板门应做好止水连接，如图 2-6-38 所示，对于低坝也可采用与面板整体连接的低防浪墙结构。防浪墙需要设置伸缩缝，缝内设置止水。坝顶还应设置排水、防护栏等。

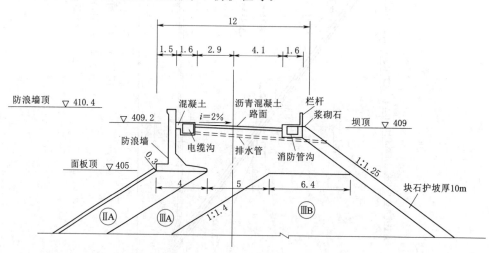

图 2-6-38　面板堆石坝坝顶构造

ⅡA—垫层区；ⅢA—过渡区；ⅢB—主堆石区

坝坡。面板堆石坝的坝坡与堆石料的性质、坝高及地基条件有关，设计时可参考类似工程拟定。对于采用抗剪强度高的硬岩堆石料，上、下游坝坡在静力条件下均可采用堆石料的天然内摩擦角对应的坡度，鉴于经过大型振动碾压的堆石体内摩擦角多大于45°，因此一般采用1∶1.3～1∶1.4。对于地质条件较差或堆石料抗剪强度较低以及地震区的面板堆石坝，其坝坡应适当放缓。

（二）钢筋混凝土面板堆石坝的构造

钢筋混凝土面板堆石坝主要是由堆石体和钢筋混凝土面板防渗体等组成。堆石体是面板下游的填筑体，是面板堆石坝的主体部分，根据料源及对坝料强度、渗透性、压缩性、施工方便和经济合理等要求进行分区，从上游向下游应分为垫层区（2A）、过渡区（3A）、主堆石（砂砾石）区（3B）、下游堆石（砂砾石）区（3C）；在周边缝下游侧设置特殊垫层区（2B），100m以上高坝，应在面板上游低部位设置上游铺盖区（1A）及盖重区（1B），如图2-6-39所示。各区材料的透水性，从上游向下游逐渐增大，必要时可以在下游坝址设置棱体排水。不同区域，堆石料的填筑标准不同。

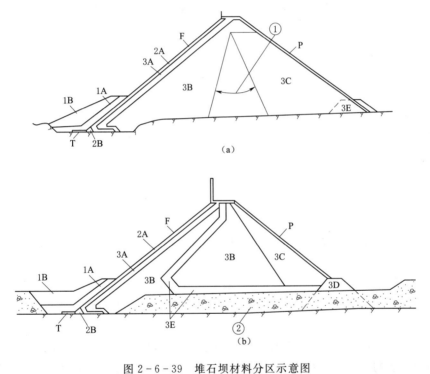

图2-6-39 堆石坝材料分区示意图
（a）硬岩堆石体材料主要分区示意图；（b）砂砾石坝材料主要分区示意图
1A—上游铺盖区；1B—盖重区；2A—垫层区；2B—特殊垫层区；3A—过渡区；
3B—主堆石（砂砾石）区；3C—下游堆石（砂砾石）区；3D—排水区；
3E—排水棱体（或抛石区）；P—下游护坡；F—混凝土面板；
T—混凝土趾板；①—可变动的主堆石区与下游堆石区界面，
角度依坝料特性及坝高而定；②—坝基覆盖层

（1）垫层区（2A）。垫层区是面板的直接支承体，向堆石体均匀传递水压力，并起辅助渗流控制作用。垫层区应选用质地新鲜、坚硬且耐久性较好的石料，可采用经筛选加工的砂砾石、人工石料或者由两者混合掺配。高坝垫层料应具有连续级配，一般最大粒径为 80～100mm，粒径小于 5mm 的颗粒含量为 30%～50%，小于 0.775mm 的颗粒含量应少于 8%。垫层料经压实后应具有内部渗透稳定性、低压缩性、抗剪强度高，并应具有良好的施工质量。垫层施工时每层铺筑厚度一般为 0.4～0.5m，用 10t 振动碾碾压 4 遍以上。对垫层上侧面，由于重型振动碾难于碾压，因此对上游坡面还应进行斜坡碾压。垫层区的水平宽度应由坝高、地形、施工工艺和经济比较确定。当采用汽车直接卸料、推土机平料的机械化施工时，垫层水平宽度不小于 3m。如采用反铲、装载机等及配合人工铺料时，其水平宽度可适当减小，并相应增大过渡区宽度。垫层区可采用上下等宽布置；垫层区应沿基岩接触面向下游适当扩大，延伸长度视岸坡地形、地质条件及坝高确定。应对垫层区的上游坡面提出平整度要求。

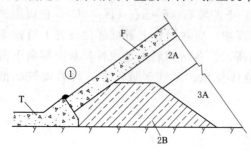

图 2-6-40 特殊垫层区示意图
2A—垫层区；2B—特殊垫层区；3A—过渡区；
T—混凝土趾板；F—混凝土面板；①—周边缝

特殊垫层区（2B）是位于周边缝下游侧垫层区内，如图 2-6-40 所示，对周边缝及其附近面板上铺设的堵缝材料及水库泥沙起反滤作用。可以采用最大粒径小于 40mm 且内部稳定的细反滤料，经薄层碾压密实，以尽量减少周边缝的位移。

（2）过渡区（3A）。过渡区位于垫层区和主堆石区之间，保护垫层并起过渡作用。石料的粒径级配和密实度应介于垫层与主堆石区两者之间。由于垫层很薄，过渡区实际上是与垫层共同承担面板传力。此外，当面板开裂和止水失效而漏水时，过渡区应具有防止垫层内细颗粒流失的反滤作用，并保持自身的抗渗稳定性。过渡区细石料要求级配连续，最大粒径不应超过 300mm，压实后应具有低压缩性和高抗剪强度，并具有自由排水性能。过渡区材料，可采用专门开采的细堆石料、经筛选加工的天然砂砾石料或洞挖石渣料等。该区水平宽度可取 3～5m，分层碾压厚度一般为 0.4～0.5m。

（3）主堆石区（3B）。主堆石区位于坝体上游区内，是承受水荷载的主要支撑体。它将面板承受的水压力传递到地基和下游堆石区，该区既应具有足够的强度和较小的沉降量，同时也应具有一定的透水性和耐久性。主堆石区应采用硬岩（饱和无侧限抗压强度大于或等于 30MPa 的岩石）堆石料或砂砾料填筑。枢纽建筑物开挖石料符合主堆石区或下游堆石区质量要求者，也可分别用于主堆石区或下游堆石区。该区石料应级配良好，以便碾压密实。主堆石区填筑层厚一般为 0.8～1.mm，最大粒径应不超过 600mm，用 10t 振动碾碾压 4 遍以上。

（4）下游堆石（砂砾石）区（3C）。位于坝体下游区，与主堆石区共同保持坝体稳定，其变形对面板影响轻微。因而对填筑要求可酌情放宽。石料最大粒径可达 1500mm，填筑层厚 1.5～2.0m，用 10t 振动碾碾压 4 遍。下游堆石区在坝体底部下游水位以下部分，应采用能自由滤水、抗风化能力较强的石料填筑；下游水位以上部分，使用与主堆石区相同的材料，但可以采用较低的压实标准，或采用质量较差的石料，如各种软岩（饱和无侧限抗压强度小于 30MPa 的岩石）料、风化石料等。

另外，混凝土面板上游铺盖区（1A）可采用粉土、粉细砂、粉煤灰或其他材料填筑；上游盖重区（1B）可采用渣料填筑；下游护坡可采用干砌石；或选用超径大石，运至下游坡面，以大头向外的方式堆放。

坝体填料的填筑标准应同时满足孔隙率（或相对密度）和碾压参数要求，孔隙率应不高于表 2-6-1 规定值，相对密度应不低于表 2-6-1 规定值。

表 2-6-1　　　　　　　　　　堆石坝材料填筑标准

料物或分区	坝高<150m		150m≤坝高<200m	
	孔隙率/%	相对密度	孔隙率/%	相对密度
垫层料	15~20		15~18	
过渡料	18~22		18~20	
主堆石料	20~25		18~21	
下游堆石料	21~26		19~22	
砂砾石料		0.75~0.85		0.85~0.9

（5）防渗面板的构造。采用钢筋混凝土面板作为防渗体，在堆石坝中应用较多，少量土坝也有采用，位于堆石坝体上游面，起防渗作用。

钢筋混凝土面板要求堆石体必须具有很小的变形，面板为适应坝体的相对变形，常常在坝体完成初始变形后铺筑。

钢筋混凝土面板防渗体主要是由防渗面板和趾板组成，如图 2-6-41（a）所示。面板是防渗的主体，对质量有较高的要求，即要求面板具有符合设计要求的强度、不透水性和耐久性。面板底部厚度应采用最大工作水头的 1%，为考虑施工、钢筋布置、止水布置的要求，顶部最小厚度不小于 30cm。混凝土面板应具有优良的和易性、

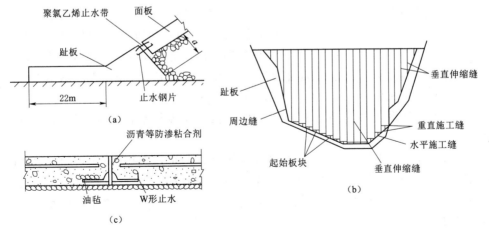

图 2-6-41　面板与趾板及分缝布置
（a）趾板横断面图；（b）面板分缝图；（c）垂直缝及止水

抗裂性、耐久性，混凝土的强度不低于 C25，抗渗等级不低于 W8。

为使面板适应坝体变形、施工要求和温度变化的影响，面板应设置伸缩缝和施工缝，如图 2-6-41（b）所示。垂直伸缩缝的间距，应根据面板受力条件和施工要求确定。位于面板中部一带，垂直伸缩间距可以取大些，一般以 8~16m 为宜，靠近岸坡的垂直缝间距则应酌情减小。垂直缝应采用平接 [图 2-6-41（c）]，不使用柔性填充物，以便最大限度地减少面板的位移。水平施工缝一般设在坝底以上 1/4~1/3 坝高处。采用滑模施工时，为适应滑模连续施工的要求，也可以不设水平施工缝。

为控制温度和干缩裂缝及面板适应坝体变形而产生的应力，面板需要布置单层双向钢筋，每向配筋率为 0.3%~0.4%。由于面板内力分布复杂、计算有一定的难度，一般将钢筋布在面板中间部位。周边缝、垂直缝和水平缝附近配筋应适当加密，以控制局部拉应力和边角免遭挤压破坏。

（6）趾板（底座）。趾板是连接地基防渗体与面板的混凝土板，是面板的底座，其作用是保证面板与河床及岸坡之间的不透水连接，同时也作为坝基帷幕灌浆的盖板和滑模施工的起始工作面。

趾板的截面形式和布置如图 2-6-41（a）所示，其沿水流方向的宽度 b 取决于作用水头 H 和坝基的性质，一般可按 $b=H/J$ 确定，J 为坝基的允许渗透比降。无资料时可取相对趾板位置水头的 1/20~1/10，最小 3.0m，低坝最小可取 2.0m。对局部不良岸坡，应加大趾板宽度，增大固结灌浆范围。趾板厚度一般为 0.5~1.0m，最小厚度 0.3~0.4m。配筋布置与面板相同。分缝位置应与面板分缝（垂直缝）对应。如果地基为岩基，可设锚筋与岩基固定。

（7）接缝与止水。面板坝的接缝按位置和作用可分为周边缝、面板垂直缝、趾板伸缩缝、面板与防浪墙水平缝、防浪墙伸缩缝以及施工缝，它们是防渗系统中薄弱环节，容易发生止水失效和渗漏等问题，如图 2-6-42 所示。

面板接缝设计（包括面板与趾板的周边接缝和趾板之间接缝）主要是止水布置，周边缝止水布置最为关键。面板中间部位的伸缩缝，一般设 1~2 道止水，底部用铜片止水，上部用聚氯乙烯止水带。周边缝受力较复杂，一般用 2~3 道止水，在上述止水布置的中部再加 PVC 止水。如布置止水困难，可将周边缝面板局部加厚。

（8）面板与岩坡的连接。面板与岸坡的连接是整个面板防渗的薄弱环节，面板常因随坝体产生的位移而产生变形，使其与岸坡结合不紧密，甚至出现脱离岸坡或产生错动的现象，形成集中渗流，设计中应特别慎重对待。

面板与岸坡的连接是通过趾板与岸坡连接，面板与趾板之间需要分缝和止水措施。

趾板为面板与岸坡的不透水连接和灌浆压帽，应置于坚硬、不透水和可灌浆的弱风化至新鲜基岩上（低坝或水头较小的岸坡段适当放宽），岸坡的开挖坡度不应陡于 1:0.5~1:0.7；趾板的基础开挖应做到整体平顺，不带台阶，避免陡坎和反坡，影响垫层碾压。

为保证趾板与岸坡紧密结合，增大灌浆压重，趾板与岸坡之间应插锚筋固定。锚筋直径一般为 25~35mm，间距 1.0~1.5m，长 3~5m。

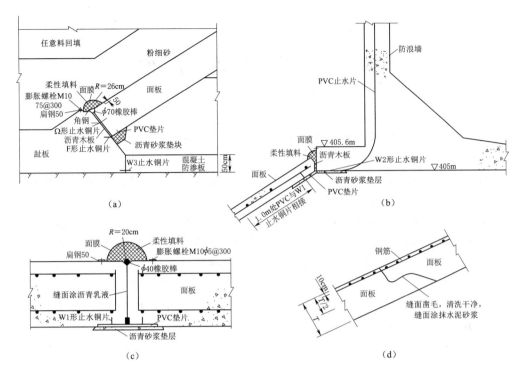

图 2-6-42　接缝细部结构图
(a) 周边缝；(b) 防浪墙与面板接缝；(c) 面板垂直缝；(d) 面板施工缝

　　趾板范围内的岸坡应满足自身稳定和防渗要求，为此，应认真做好该处岸坡的固结灌浆和帷幕灌浆设计。固结灌浆可布置两排，深 3~5m，帷幕灌浆应布置在两排固结灌浆之间，一般为一排，深度按相应水头的 (1/3~1/2) 确定。灌浆孔的间距视岸坡地质条件而定，一般取 2~4m，重要工程应根据现场灌浆试验确定。为了保证岸坡的稳定，防止岸坡坍塌而砸坏趾板和面板，趾板高程以上的上游岸坡按永久性边坡设计。

　　趾板范围内的基岩如有断层、破碎带、软弱夹层等不良地质条件时，应根据其产状、规模和组成物质，逐条进行认真处理，可用混凝土塞作置换处理，延伸到下游一定距离，用反滤料覆盖，并加强趾板部位的灌浆。

　　趾板地基如遇深厚风化破碎及软弱岩层，难以开挖到弱风化岩层时，可以采取延长渗径（加宽趾板，设下游防渗板，设混凝土截水墙等）、增设伸缩缝、下游铺设反滤料覆盖等方法处理。

项目七　岸边溢洪道

为了宣泄规划库容所不能容纳的洪水，防止洪水漫坝失事，确保工程安全，以及满足放空水库和防洪调节等要求，在水利枢纽中一般都设有泄水建筑物。水库中常用的泄水建筑物有深式泄水建筑物（包括坝身泄水孔、水工隧洞、坝下涵管等）和溢洪道（包括岸边溢洪道、河床溢洪道）。

岸边溢洪道又称为坝外溢洪道、河岸溢洪道，当大坝是土石坝、堆石坝以及某些混凝土轻型坝，或者河谷狭窄而泄洪量很大的混凝土坝，当坝体内不能布置泄洪设施或泄洪设施布置不下时，都需要在坝体以外建造泄洪设施，这种溢洪道不能和大坝结合布置在河床中，另外布置在河岸边（水库边），称为岸边溢洪道。

河床式溢洪道又叫坝身溢洪道，溢洪道可以与挡水建筑物结合，共同修建于河床中，例如混凝土重力坝中的溢流坝。

本部分重点介绍岸边溢洪道。

任务一　岸边溢洪道的分类及特点

一、岸边溢洪道的分类及特点

岸边溢洪道按功用不同可分为正常溢洪道和非常溢洪道两大类。正常溢洪道是指单独或联合其他泄水建筑物，泄流能力满足设计洪水标准要求、经常使用的溢洪道。非常溢洪道是指宣泄超过设计洪水标准的非正常洪水的溢洪道。正常溢洪道和非常溢洪道一般情况下分开布置。

岸边溢洪道按进口布置形式不同可分为正槽式溢洪道、侧槽式溢洪道、井式溢洪道和虹吸式溢洪道，其中正槽式和侧槽式溢洪道属于开敞式溢洪道（进口控制段是开敞的、下泄水流具有自由水面的溢洪道），井式和虹吸式溢洪道属于封闭式溢洪道。

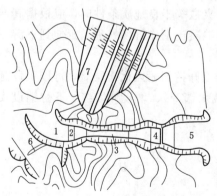

图 2-7-1　正槽式溢洪道

1—进水渠；2—溢流堰；3—泄槽；4—消力池；
5—出水渠；6—非常溢洪道；7—土石坝

（一）正槽式溢洪道

如图 2-7-1 所示，这种溢洪道是泄槽轴线与进口溢流堰轴线正交，过堰水流方向与泄槽轴线方向一致的开敞式溢洪道。因其水流平顺，超泄能力大，结构简单，运用安全可靠，是一种采用最多的开敞式岸边溢洪道形式。正槽式溢洪道应根据地形和地质条件布置在岸边或垭口，应避免开挖形成高边坡，且应避开冲沟、崩塌体及滑坡体。

（二）侧槽式溢洪道

如图 2-7-2 所示，这种溢洪道是泄槽轴线与进口溢流堰轴线大致平行，过堰水流与泄槽轴线方向接近垂直的开敞式溢洪道。即水流过堰后，在侧槽段的极短距离内转弯约 90°，再经泄槽泄入下游。侧槽溢洪道多设置于较陡的岸坡上，大体沿等高线设置溢流堰和泄槽，易于加大堰顶长度，减少溢流水深和单宽流量，不需大量开挖山坡，但侧槽内水流紊动和撞击都很剧烈。因此，对两岸山体的稳定性及地基的要求很高。当坝址两岸山势陡峻，无可利用垭口时，经技术经济比较，可采用侧槽式溢洪道。

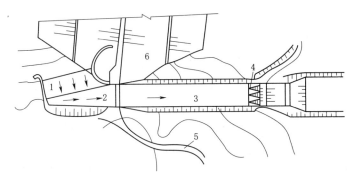

图 2-7-2　侧槽式溢洪道

1—溢流堰；2—侧槽；3—泄水槽；4—出口消能段；5—上坝公路；6—土石坝

（三）井式溢洪道

这种溢洪道的进口为环形溢流堰，其后接竖井、泄水隧洞、出口消能设施的岸边溢洪道，如图 2-7-3 所示，其组成主要有溢流喇叭口段、渐变段、竖井、弯道段、水平泄洪洞段和出口消能段等部分组成。适用于岸坡陡峭、地质条件良好、缺少合适的垭口布置溢洪道情况。可以避免大量的土石方明挖，有利于环境保护，造价可能较其他溢洪道低，但当水位上升，喇叭口溢流堰顶淹没，堰流转变为孔流，超泄能力较小。当宣泄小流量，井内的水流连续性遭到破坏时，水流不稳定，易产生振动和空蚀。因此，我国目前较少采用。

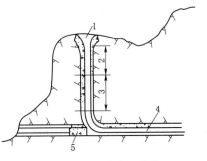

图 2-7-3　井式溢洪道

1—喇叭口；2—渐变段；3—竖井段；4—隧洞；5—混凝土塞

（四）虹吸式溢洪道

虹吸式溢洪道是指利用有压管流产生的虹吸作用泄水的溢洪道，如图 2-7-4 所示，通常包括进口段（进口顶部叫遮檐）、虹吸管、（具有自动加速发生虹吸作用和停止虹吸作用的）辅助设备、泄槽及下游消能设备。溢流堰顶与正常高水位在同一高程，水库正常高水位以上设通气孔，当水位超过正常高水位时，水流将流过堰顶，虹吸管内的空气逐渐被空气带走达到真空，形成虹吸作用自行泄水。当水库水位下降至

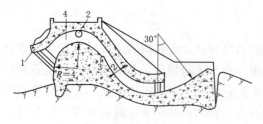

图 2-7-4 虹吸式溢洪道
1—遮檐；2—通气孔；3—挑流坎；4—曲管

7-1

溢洪道的
概述

通气孔以下时，虹吸作用便自动停止。这种溢洪道可自动泄水和停止泄水，能比较灵敏地自动调节上游水位，在较小的堰顶水头下能得较大的泄流量。但结构复杂，施工检修不便，进口易堵塞，管内易空蚀，超泄能力小等。一般用于水位变化不大和需随时进行调节的中小型水库、发电和灌溉的渠道上，我国应用的也不多。

二、非常溢洪道

在建筑物运行期间，可能出现超过设计标准的洪水，由于这种洪水出现机会极少，泄流时间也不长，所以在枢纽中可以用结构简单的非常溢洪道来宣泄。尤其对土石坝，修建非常溢洪道来分担超过设计标准洪水的宣泄，常常是经济的。

非常溢洪道的启用标准应根据地形地质条件、工程等级、枢纽布置、坝型、洪水特性及标准、库容特性及对下游的影响等，综合技术、经济等因素确定。为防止水库泄洪造成水库下游严重破坏，《溢洪道设计规范》（SL 253—2018）规定，正常溢洪道泄洪能力不应小于设计洪水标准下溢洪道应承担的泄量。非常溢洪道泄洪时，水库最大总下泄流量不应超过坝址同频率天然洪峰流量。

非常溢洪道应采用开敞式，一般分为漫流式、自溃式、爆破引溃式三种形式。

（一）漫流式非常溢洪道

这种溢洪道与正槽溢洪道类似，将堰顶建在准备开始溢流的水位附近，而且任其自由漫流。这种溢洪道的溢流水深一般取得较小，因而堰长较大，多设于垭口或地势平坦之处，以减少土石方开挖量。如大伙房水库为了宣泄特大洪水，1977 年增加了一条长达 150m 的漫流式非常溢洪道。

（二）自溃式非常溢洪道

这种形式的溢洪道是在非常溢洪道的底板上加设自溃堤，堤体可根据实际情况采用非黏性的砂料、砂砾或碎石填筑，平时可以挡水，当水位达到一定高程时自行溃决，以宣泄特大洪水。按溃决方式可分为溢流自溃和引冲自溃两种形式，如图 2-7-5 和图 2-7-6 所示。

《溢洪道设计规范》（SL 253—2018）规定，一般情况下，当库水位超过设计洪水位以后，自溃坝式非常溢洪道即可启用；当自溃坝启溃泄洪将造成下游地区较大损失时，应采用较高的启溃标准；若适当提高标准对水库最高洪水位影响不大，也可采用较高的启溃标准；自溃坝泄流能力较大时，应采用分级分段的启用方式，避免加重下游的损失。

溢流自溃式非常溢洪道具有构造简单、管理方便等特点，但溢流缺口的位置、规模和自溃式非常溢洪道的安全运行无法进行人工控制，有可能溃坝提前或滞后。一般用于自溃坝高度较低，分担洪水比重不大的情况。当溢流自溃坝较长时，可用隔墙将

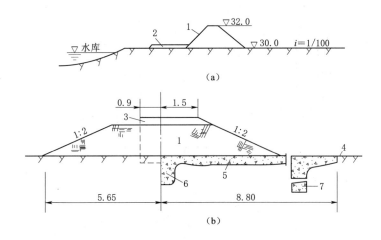

图 2-7-5 溢流自溃式非常溢洪道进口断面图

(a) 安徽省城西水库非常溢洪道示意图;(b) 国外某水库漫顶自溃堤断面图

1—土堤;2—公路;3—自溃堤各段间隔墙;4—草皮护面的非常溢洪道;5—0.3m 厚混凝土护面;
6—0.6m 厚、1.5m 深混凝土截水墙;7—0.6m 厚、3m 深混凝土截水墙

其分成若干段,各段采用不同的坝高,满足不同水位的特大洪水下泄,避免当泄量突然加大时给下游造成损失。引冲自溃式非常溢洪道是在自溃坝的适当位置加引冲槽,当库水位达到启溃水位后,水流即漫过引冲槽,冲刷下游坝坡形成口门并向两侧发展,使之在较短时间内溃决。在溃决过程中,泄量逐渐增大,对下游防护有利,在工程中应用较广泛,但控制过水口门形成和口门形成的时间尚缺少有效措施,溃堤泄洪后,调蓄库容减小,可能影响来年水库综合效益。

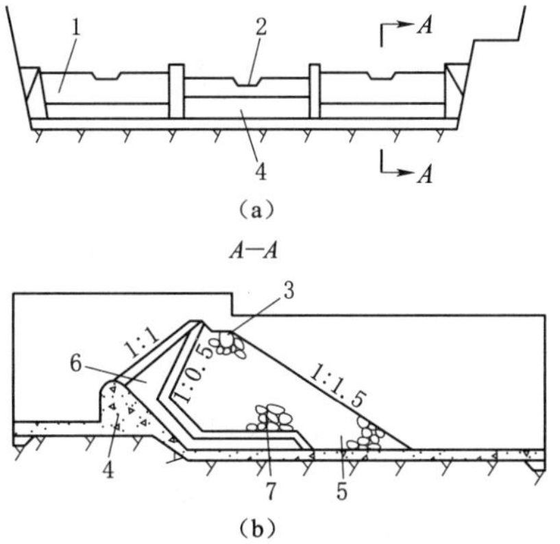

图 2-7-6 南山水库引冲自溃式非常溢洪道

1—自溃坝;2—引冲槽;3—引冲槽底;
4—混凝土堰;5—卵石;6—黏土斜墙;
7—反滤层

(三)爆破引溃式非常溢洪道

爆破引溃式溢洪道是当需要泄洪时引爆预埋在副坝药室或廊道内的炸药,利用其爆炸能量,使非常溢洪道进口的副坝坝体形成一定尺寸的爆破漏斗,形成引冲槽,并将爆破漏斗以外的土体炸松、炸裂,通过坝体引冲作用使其在短时间内迅速溃决,达到泄洪目的。如图 2-7-7 和图 2-7-8 所示。

由于非常溢洪道的运用概率很小,实践经验还不多,目前在设计中如何确定合理的洪水标准、非常泄洪设施的启用条件及各种设施的可靠性等,应针对具体工程进一步研究解决。

7-2 ▶
非常溢洪道的概念与分类

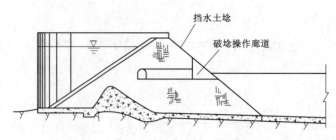

图 2-7-7 岗南水库破副坝泄洪措施

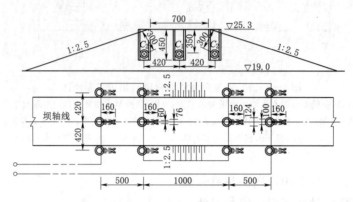

图 2-7-8 沙河水库副坝药室及导洞布置图

任 务 二 正 槽 溢 洪 道

正槽溢洪道通常由进水渠、控制段、泄槽、消能防冲设施、出水渠五部分组成，控制段、泄槽、消能防冲设施是每个正常溢洪道工程必不可少的，而进水渠和出水渠根据地形条件布置，不一定所有正常溢洪道都设置。

一、进水渠

进水渠的作用是将水库的水流平顺地引向溢流堰（控制段）。当溢流堰紧靠水库时，可不设进水渠，直接以喇叭口引导水流。

《溢洪道设计规范》（SL 253—2018）规定，进水渠平面布置应遵循下列原则：

（1）应选择有利地形、地质条件。

（2）选择轴线方向时，应使进水顺畅、流态良好。

（3）渠道较长且控制段前设置渐变段时，渐变段长度视流速等条件确定，不应小于2倍堰前水深。

（4）渠道转弯时，轴线转弯半径不应小于4倍渠底宽度，弯道至堰应有长度不小于2倍堰上水头的直线段。避免断面突然变化和水流流向的急转弯。在溢流堰前应设置不小于2～3倍的设计水头的渐变段或直线翼墙，以防止出现漩涡或横向水流。当进口布置在坝肩时，靠坝一侧应设置顺应水流的曲面导水墙，靠山一侧可开挖或衬护

148

成规则曲面。在平面上如需转弯时，其轴线的转弯半径不应小于 4 倍渠底宽，弯道至溢流堰之间应有适当长度的直线段。

进水渠进口体型多为喇叭形的梯形断面，而控制段进口是矩形断面，其间应设置渐变段连接过渡。当进口直接面临水库或紧靠大坝时，为避免产生涡流及横向流，大多在靠坝一侧设置导水墙，导水墙应使水流流态平顺、进流均匀，从而有效提高溢洪道泄流能力。常用的导水墙可采用八字形翼墙、扭曲面、圆弧面或椭圆曲面。根据工程经验，导水墙顺水流方向的长度，应大于堰前最大水深的 2 倍，墙顶高程应高于泄洪时的最高库水位，避免泄流时导流墙顶漫流造成溢流堰前缘水流紊乱，影响溢流堰出流不均匀、降低泄流能力。导墙布置与结构设计应满足防渗及稳定要求（具体布置如图 2-7-9 所示）。

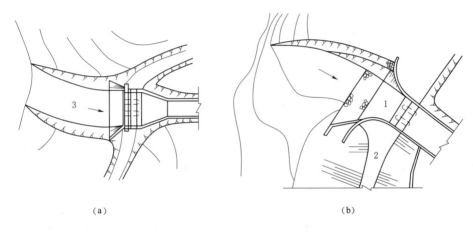

（a）   （b）

图 2-7-9　溢洪道的进水渠
（a）设置进水渠的溢洪道；（b）不设进水渠的溢洪道
1—喇叭口；2—土坝；3—进水渠

进水渠底宽可为等宽或顺水流方向收缩，进水渠首、末端底宽之比应为 1～3，在与控制段连接处应与溢流前缘等宽。渠道内的设计流速应大于悬移质不淤流速，小于渠道的不冲流速，且水头损失小。不满足上述规定时，应进行论证。渠道设计流速应采用 3～5m/s。进水渠横断面在土基上一般为梯形断面，在岩基上接近矩形，边坡根据稳定要求确定，新鲜岩石一般为 1：0.1～1：0.3，风化岩石可用 1：0.5～1：1.0。在土基上采用梯形，边坡一般选用 1：1.5～1：2.5。

进水渠的纵断面一般做成平底坡或坡度不大、倾向上游的反坡。

进水渠一般不做衬护，当岩性差，为防止严重风化剥落或为降低渗压时，应进行衬护；在靠近溢流堰前区段，由于流速较大，为了防止冲刷和减少水头损失，可采用现浇混凝土、喷混凝土、浆砌块石或干砌块石等结构形式。

7-3 ▶
进水渠

二、控制段

溢洪道的控制段位于进水渠泄槽之间，控制溢洪道的下泄流量的堰，主要包括溢流堰及闸门等控制设备，以及两岸连接建筑物。是控制溢洪道泄流能力的关键部位。溢流堰的形式应根据地形地质条件、水力条件、运用要求及技术经济指标等比较选

149

定，应选用开敞式溢流堰。

堰型可选用开敞或带胸墙孔口的宽顶堰、实用堰，驼峰堰、折线形堰等形式。溢流堰的体形应尽量满足增大流量系数，在泄流时不产生空穴水流或诱发振动的负压等。

(1) 宽顶堰。宽顶堰的特点是结构简单，施工方便，但流量系数较低。由于宽顶堰荷载小，对承载力较差的土基适应能力较强，因此应用较广，如图 2-7-10 所示。宽顶堰的堰顶通常需进行砌护。对于中小型工程，若基岩有足够的抗冲能力，也可以不加砌护但应考虑开挖后岩石表面不平整对流量系数的影响。

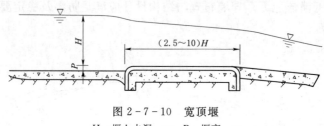

图 2-7-10　宽顶堰

H—堰上水深，m；P—堰高，m

(2) 实用堰。如图 2-7-11 所示，实用堰与宽顶堰相比较，实用堰的流量系数比较大，在泄量相同的条件下需要的溢流前缘较短，工程量相对较小，但施工较复杂。岸坡较陡或泄流量比较大的溢洪道，多采用这种形式，如图 2-7-11 所示。

溢洪道中的实用堰一般都比较低矮，其流量系数介于溢流重力坝和宽顶堰之间。实用堰的泄流能力与其上下游堰高、定型设计水头、堰面曲线形式等因素有关。

(3) 驼峰堰。驼峰堰是一种复合圆弧的溢流低堰，堰面由不同半径的圆弧组成，如图 2-7-12 所示。其流量系数可达 0.42 以上，设计与施工简便，对地基的要求低，适用于软弱地基。

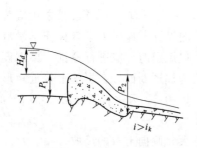

图 2-7-11　实用堰

H_d—堰上水深，m；P_1—上游堰高，m；

P_2—下游堰高，m

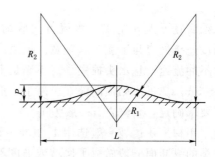

图 2-7-12　常见的驼峰堰断面

(4) 折线形堰。为获得较长的溢流前沿，在平面上将溢流堰做成折线形，称折线形堰。

中、小型水库溢洪道，特别是小型水库溢洪道常不设闸门，堰顶高程就是水库的正常蓄水位；溢洪道设闸门时，堰顶高程低于水库的正常蓄水位。堰顶高程、溢流前缘长度、堰顶闸门设置、闸门形式、闸门尺寸及数量、闸墩形式及尺寸等，应考虑工程安全、洪水调度、水库运行条件、淹没损失、工程投资等因素，经技术经济比较确定。

当水库水位变幅较大时，常采用带胸墙的溢流堰。带胸墙的孔口，堰顶高程较开敞式的要低，在库水位较低时即可泄流，因而有利于提高水库的汛期限制水位，充分发挥水库效益；此外，因有胸墙，可以减小闸门尺寸。但在高水位时，超泄能力不如开敞式溢洪堰大，工程实践中应用较少。

7-4

控制段

三、泄槽

正槽溢洪道在溢流堰后多用泄槽与消能防冲设施相连，以便将过堰洪水安全地泄向下游河道。河岸溢洪道的落差主要集中在该段。

（一）泄槽的水力特征

泄槽的底坡常大于水流的临界坡，所以又称为陡槽。槽内水流处于急流状态、紊动剧烈、由急流产生的高速水流对边界条件的变化非常敏感。当边墙有转折时就会产生冲击波，并可能向下游移动；如槽壁不平整时，极易产生掺气、空蚀等问题。

（二）泄槽的平面布置

泄槽在平面上应尽可能采用直线、等宽、对称布置，力求使水流平顺、结构简单、施工方便。当泄槽的长度较大，地形、地质条件不允许做成直线，或为了减少开挖工程量、便于洪水归河和有利于消能等原因，常设置收缩段、扩散段或弯道段，如图 2-7-13 所示。

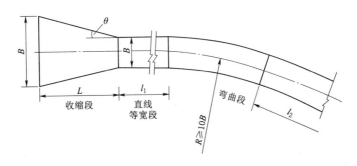

图 2-7-13 泄槽平面布置示意图

收缩段的收缩角越小，冲击波也越小。一般收缩角（泄槽中心线与边墙的夹角）小于 11.25°，也可以通过近似计算确定。

扩散段的扩散角必须保证水流扩散时不能与边墙分离，避免产生竖轴漩涡。按直线扩散的扩散角 θ 一般不应超过 6°～8°。

泄槽在平面上必须设弯道时，弯道应设置在流速小、水流比较平稳、底坡较缓且无变化部位。泄槽在平面上设置弯道时，应符合下列要求：①横断面内流速分布均匀；②冲击波对水流扰动影响小；③在直线段和弯段之间，可设置缓和过渡段；④为降低边墙高度和调整水流，应在弯道及缓和过渡段渠底设置横向坡；⑤矩形断面弯道轴线的曲率半径应采用6～10倍泄槽宽度；⑥单宽泄量大、流速高的泄槽弯道参数应通过水工模型试验确定。具体如图2-7-13所示。$\theta \geqslant 20°$（R为轴线转弯半径，B为泄槽底宽）。

（三）泄槽的纵断面

泄槽的纵断面应尽量按地形、地质以及工程量少、结构安全稳定、水流流态良好的原则进行布置。泄槽纵坡必须保证槽中的水位不影响溢流堰自由泄流和泄水时槽中不发生水跃，使水流处于急流状态。因此，泄槽纵坡必须大于水流临界坡度。常用的泄槽纵坡为1％～5％，有时可达10％～15％；坚硬的岩石上，泄槽的纵坡可达1:1。为了节省开挖方量，泄槽的纵坡通常是随地形、地质条件而改变，但变坡次数不应过多，且应先缓后陡，而且在不同坡度连接处要用平滑曲面相连接，以免高速水流在变坡处发生脱离槽底引起负压或槽底遭到动水压力的破坏。当坡度由陡变缓时，可采用半径为$(6\sim12)h$的反向弧段连接（h为反弧段水深），流速大者应选用大值；当底坡由缓变陡时，可采用竖向射流抛物线连接，如图2-7-14所示。

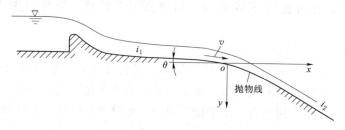

图2-7-14 变坡处的连接

（四）泄槽的横断面

泄槽横断面形状在岩基上多做成矩形或近似于矩形，以使水流均匀分布和有利于下游消能，边坡坡比为1:0.1～1:0.3；在土基上则采用梯形，但边坡不应太缓，应采用较陡边坡，以防止水流外溢和影响流态，边坡坡比为1:1～1:2。

泄槽边墙顶高程，应根据水面波动及水流掺气等因素影响后的水面线，加上0.5～1.5m的安全加高来确定。对于收缩（扩散）段、过渡段、弯道段等水力条件比较复杂的部位，以及流速较大部位，加高应当增加。掺气程度与流速、水深、边界糙率及进口形状等因素有关。

（五）泄槽的衬砌

为了保护槽底不冲刷和高速水流破坏，泄槽通常都需衬砌。泄槽衬砌应满足：表面光滑平整，不致引起不利的负压和空蚀；分缝止水可靠，避免高速水流浸入底板以下，因脉动压力引起破坏；排水系统通畅，以减小作用于底板上的扬压力；材料能抵抗水流冲刷；在各种荷载作用下能保持稳定；适应温度变化和一定的抗冻融循环能力。

影响泄槽衬砌可靠性的因素是多方面的，而且作用在底板上的荷载不易精确计算。因此，衬砌设计应着重分析具体的地质、流速、工程规模、气候和施工条件，采取相应的构造措施。

1. 岩基上泄槽的衬砌

岩基上的衬砌可以用混凝土、水泥浆砌条石或块石，以及石灰浆砌块石水泥浆勾缝等形式。石灰浆砌石水泥勾缝，适用于流速小于10m/s的小型水库溢洪道。水泥浆砌条石或块石适用于流速小于15m/s的中、小型水库溢洪道，厚度一般为0.3～0.6cm。但如果砌得光滑平整，接缝止水和底部排水良好，也可以承受20m/s左右的流速。

大、中型工程，由于槽内流速较高，一般用混凝土衬砌，厚度不小于0.3m。为防止产生温度裂缝，在衬砌上应设置横缝和纵缝，如图2-7-15（a）、（b）所示。纵缝（顺水流向）的间距可采用10～15m，横缝（垂直水流向）的间距可根据气候特点、地基的约束情况及混凝土施工条件等，结合工程实际并参照类似工程经验研究确定。应减少横缝数量，横缝布置应避开掺气水舌冲击区。衬砌的纵、横缝一般用平缝，当地基不均匀性明显时，垂直水流方向的横缝一般用搭接缝、键槽缝，缝中应设止水。靠近衬砌的表面沿纵横向需配置温度钢筋，含筋率约为0.1%。

接缝处衬砌表面应结合平整，特别要防止下游表面高出上游表面。衬砌分缝的缝宽随分块大小及地基的不同而变化，一般多采用1～2cm，缝内必须做好止水，止水效果越良好，作用在底板上向上的脉动压力越小，底板的稳定性提高。对于平行水流方向的纵缝，可适当降低要求，一般可用平接式，如图2-7-15（c）、（d）所示。

衬砌的纵缝和横缝下面应设置排水设施，且互相连通，将渗水集中到纵向排水内排向下游。纵向排水通常是在沟槽内放置缸瓦管，管径视渗水大小确定，一般采用10～20cm。管接口不封闭，以便收集渗水，周围用1～2cm的卵石或碎石填满，顶部盖混凝土板或沥青油毛毡等，以防止浇筑混凝土时灰浆进入造成堵塞。当流量较小时，纵向排水也可以在岩基上开槽沟，沟内填不易风化的砾石或碎石，上盖水泥袋，再浇混凝土。横向排水通常是在岩石上开挖沟槽，尺寸视渗水大小而定，一般采用0.3m×0.3m。为了防止排水管有可能被堵塞而影响排水，纵向排水管至少应有两排，以确保排水通畅。

在岩基上应注意将表面风化破碎的岩石挖除。有时用锚筋将衬砌和岩基连在一起，以增加衬砌的稳定性。锚筋的直径、间距、和插入深度与岩石性质、节理构造有关。一般每平方米的衬砌范围约需1cm²的钢筋。钢筋直径不应太小，通常采用25mm或更大，间距为1.5～3.0m，插入深度为40～60倍的钢筋直径。对较差的岩石应通过现场试验确定。

泄槽边墙的构造基本上与底板相同。边墙的横缝与底板一致，缝内设止水，其后设排水并与底板下的排水管连通。在排水管靠近边墙顶部的一端设通气孔，以便排水通畅。边墙顶部应设马道，以利交通。边墙本身不设纵缝，但多在与边墙接近的底板上设置纵缝，如图2-7-15（e）所示。边墙的断面形式，根据地基条件和泄槽断面形状而定，岩石良好，可采用衬砌式，厚度一般不小于30cm，当岩石较弱时，需将边墙做成重力式挡土墙。混凝土边墙顶宽应不小于0.5m，以利通行。

2. 土基上泄槽的衬砌

土基上泄槽通常用混凝土衬砌。由于土基与衬砌之间没有黏结力，而且不能采用

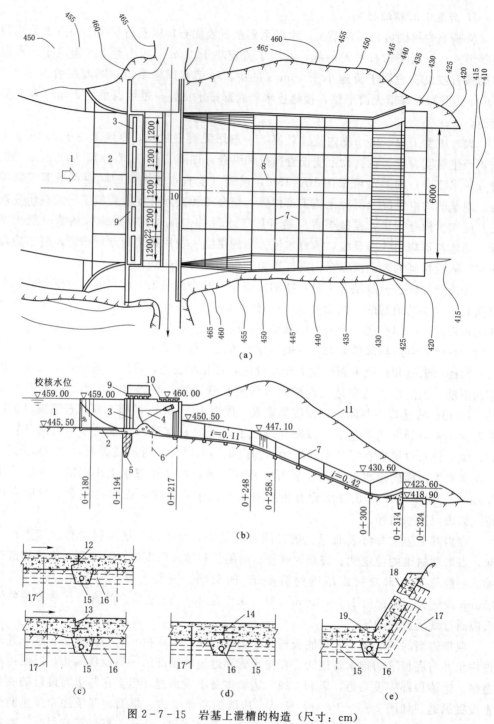

图 2-7-15　岩基上泄槽的构造（尺寸：cm）

（a）平面布置图；（b）纵断面图；（c）横缝构造；（d）纵缝构造；（e）边墙缝

1—进水渠；2—混凝土护底；3—检修门槽；4—工作闸门；5—帷幕；6—排水孔；7—横缝；8—纵缝；
9—工作桥；10—公路桥；11—开挖线；12—搭接线；13—键槽缝；14—平接缝；15—横向排水管；
16—纵向排水管；17—锚筋；18—通气孔；19—边墙缝

锚筋，所以衬砌厚度一般要比岩基上的大，通常为 0.3～0.5m。当单宽流量或流速较大时可达 0.7～1.0m。温度筋的配置与岩基上的底板相同。混凝土衬砌的横缝必须用搭接的形式，有时还在下块的上游侧设齿墙，以防止衬砌沿地基面滑动，如图 2-7-16（a）所示。齿墙应配置足够数量的钢筋，以保证强度。纵缝有时也做成搭接式，缝中设止水填料，并设水平止水片，如图 2-7-16（b）所示。由于土基对混凝土板伸缩的约束力比岩基小，所以可以采用较大的分块尺寸，纵横缝的间距可用 15m 或稍大，以增加衬砌的稳定性和整体性。衬砌需要双向配筋，各向含筋率约为 0.1%。

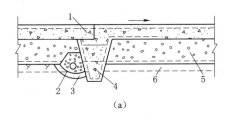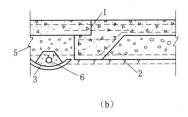

（a） （b）

图 2-7-16 土基上泄槽底板的构造

（a）横缝；（b）纵缝

1—止水；2—横向排水；3—灰浆座垫；4—齿墙；5—透水垫层；6—纵向排水管

如果衬砌不够稳定或为了增加衬砌的稳定性，也可以在地基中设锚筋桩，以加强衬砌与地基的结合。如图 2-7-17 所示。在衬砌底板下面，设置厚约 30cm 的碎石垫层，形成平面排水，以减小底板承受的渗透压力。如果地基为黏性土，先铺一层厚 0.2～0.5cm 的砂砾垫层，垫层以上再铺卵石或碎石排水层，或在砂砾层中做纵、横排水管，管周围做反滤层。如果地基为细砂，应先铺一层粗砂，再做碎石排水层、以防止渗透破坏。

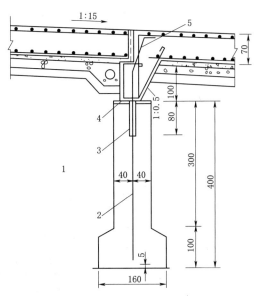

图 2-7-17 岳城水库溢洪道锚筋桩布置

1—第三纪砂层；2—15kg/m 钢轨；3—涂沥青厚 2cm，
包油毡一层；4—沥青油毡厚 1cm；
5—ϕ32 螺纹钢筋

四、消能防冲设施

溢洪道宣泄的洪水，单宽流量大，流速高，能量集中。因此，在泄槽末端设置消能防冲设施。

溢洪道应合理选择泄洪消能工布置和泄洪消能形式，其出口水流应与下游河道平顺衔接，避免下泄水流对坝址下游河床和岸坡的严重淘刷、冲刷以及河道淤积，影响枢纽其他建筑物的正常运行。

　　岸边式溢洪道消能防冲设施可采用挑流消能、底流消能或其他消能形式。具体形式应根据地形、地质和泄流条件，结合建筑物运行方式、下游水深及河床抗冲能力、下游水流衔接、泄洪、雾化及对其他建筑物的影响等，通过技术经济比较选定。

　　挑流消能是一种经济的消能方式，主要借助于挑坎使高速水流沿着抛物线挑射。在挑射过程中，首先通过吸附和掺混空气来耗散部分能量，然后将水流抛射到远离泄槽的河床与尾水衔接。一般适用于较好岩石地基的高、中水头枢纽。挑坎结构型式一般有重力式 [图 2-7-18 (a)]、衬砌式 [图 2-7-18 (b)] 两种，后者适用于坚硬完整岩基。在挑坎的末端做一道深齿墙以保证挑坎稳定，如图 2-7-19 所示。齿墙深度根据冲刷坑的形状和尺寸决定，一般可达 7～8m。如冲坑再深，齿墙还应加深。挑坎与岩基常用锚筋连为一体。其下游常做一段短护坦以防止小流量时产生贴流而冲刷齿墙底脚。为避免在挑流水舌的下面形成真空，影响挑距，应采取通气措施，如图 2-7-19 所示的通气孔，或扩大出水渠的开挖宽度，以使空气自然流通。

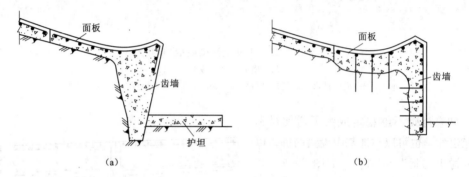

(a)　　　　　　　　　　　(b)

图 2-7-18　挑坎结构形式

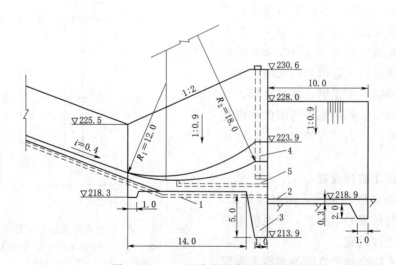

图 2-7-19　溢洪道挑流坎布置图

1—纵向排水；2—护坦；3—混凝土齿墙；4—ϕ50cm 通气孔；5—ϕ10cm 排水管

　　底流消能即水跃消能，是泄水建筑物经常采用的一种消能方式。当急流进入消力池后，受到尾水顶托，形成水跃。通过水流内部的强烈紊动、剪切和掺混等作用，使部分动能转换为热能和位能，从而达到消能的目的。由于跃后形成缓流，其冲刷能力一般都较小，故底流消能方式适应各类地质条件，特别是在土基上或软弱岩基上设置消力池。或设有船闸、筏道等对流态有严格要求的枢纽，采用底流消能方式更为合适，但不适用于有排漂和排凌要求的情况。

五、出水渠

溢洪道下泄水流经消能后，不能直接泄入下游河道时，应设置出水渠。出水渠的作用是保证下泄洪水与下游河道水流平稳顺畅地衔接，使下泄洪水不致对电站、船闸、码头和交通的正常运用产生影响。

选择出水渠线路应根据地形、地质条件，尽量做到经济合理；其轴线方向应尽量顺应下游河势，与下游河道水流夹角应尽可能小；出水渠的宽度应使水流不过分集中，并应防止折冲水流对河岸危害性淘刷；出水渠渠底高程应结合消能结构及河流高程考虑，出水渠底坡应小于最小泄量的临界坡，在最小泄量时出口不应形成水流跌落；出水渠防护措施应根据地形、地质条件和流速来确定。出水渠应尽量利用天然冲沟或河沟，如无此条件时，则需人工挖明渠，或在建设期间仅开挖引冲沟，利用泄洪时的水流将冲沟扩大，泄洪后进行断面整修。当溢洪道的消能设施与下游河道距离很近时，也可不设出水渠。当出水渠临近大坝、厂房等主要建筑物时，不应采用引冲沟方式。

7-6
消能防冲和
出水渠

任务三　侧 槽 溢 洪 道

当坝址两岸山势陡峻，无可利用垭口时，经技术经济比较，可采用侧槽式溢洪道、滑雪道式溢洪道或溢洪洞。侧槽式溢洪道布置应与坝肩布置相协调；滑雪道式溢洪道的进口段及控制段布置应与坝体及坝区其他建筑物布置相协调；溢洪洞的隧洞段洞线布置与应符合《水工隧洞设计规范》（SL 279—2016）的有关规定。本节重点介绍侧槽溢洪道的布置。

一、侧槽溢洪道的布置特点

侧槽式溢洪道是在坝体一侧傍山开挖的泄水建筑物，主要由溢流堰、侧槽、泄槽、出口消能段和出水渠等部分组成。其水力特征是侧向进流、纵向泄流。侧槽式溢洪道一般适用于坝址山头较高、岸坡较陡、岩石坚固而泄量较小的情况。侧槽式溢洪道的布置和水力条件均较正槽溢洪道复杂，当泄量很大时，沿山坡的开挖量过大。因此，这种形式的溢洪道多用于中小型工程。

为了保证正常泄洪，溢流堰上的水流应不受侧槽水位顶托的影响。溢流堰可采用实用堰，以利于与侧槽壁平顺连接，侧槽式溢洪道的布置因地制宜，堰顶一般不设闸门。根据地形、地质条件，堰后可以是开敞明槽，也可以是无压隧洞，也可利用施工导流隧洞，如图 2-7-20 所示。侧槽溢洪道与正槽溢洪道的主要区别在于侧槽部分，其他部分基本相同。以下仅介绍侧槽布置。

二、侧槽布置

侧槽尺寸和底坡应满足水流转向、平稳进入泄槽的要求。侧槽具体布置应满足：

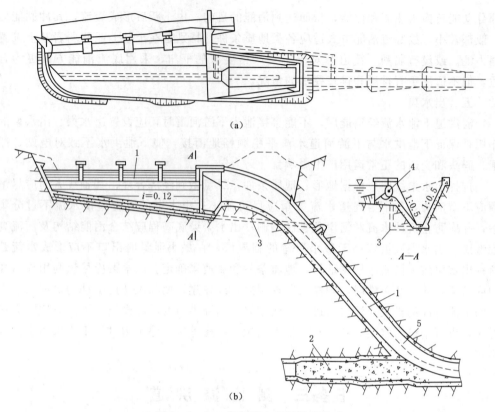

(a)

(b)

图 2 - 7 - 20　隧洞泄水的侧槽溢洪道

(a) 平面图；(b) 纵断面图

1—水面线；2—混凝土塞；3—排水管；4—闸门；5—泄水隧洞

泄流能力沿侧槽均匀增加；由于过堰水流转向约 90°，大部分能量消耗于侧槽内的水体旋滚，侧槽中水流的顺槽流速完全取决于侧槽的水力坡降，因此要保证一定的坡度；侧槽中的水流应处于缓流状态，以使水流稳定；侧槽中的水面高程要保证溢流堰为自由出流，保证泄流能力和稳定流态。

（一）侧槽横断面

侧槽横断面形状应做成窄深式梯形断面，面积相同的情况下，窄深断面比宽浅断面节省开挖量，如图 2 - 7 - 21 所示，若窄深断面的过水断面积为 ω_1，宽浅断面的过水断面积为 ω_2，当 $\omega_1 = \omega_2$ 时，窄深断面可节省开挖面积 ω_3；而且窄深断面容易使侧向进流与槽内水流混合，水面较为平稳。侧槽两侧边坡不对称，靠山一侧的边坡坡比满足水流和边坡稳定的条件下，可根据地质条件确定，以陡为宜，一般采用 1:0.3～1:0.5 为宜；靠溢流堰一侧边坡，不应陡于 1:0.5，溢流曲线下部的直线段坡度（即溢流边坡），一般

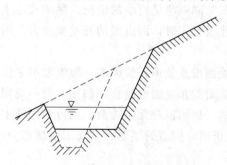

图 2 - 7 - 21　不同侧槽断面挖方量比较图

注：虚线为窄深断面；实线为宽浅断面。

7-7 ▶

侧槽溢洪道
的布置特点

可采用 $1:0.5\sim1:0.9$。

（二）侧槽的纵断面

（1）槽底纵坡。侧槽应有适宜的纵坡以满足泄水能力的要求。由于槽中水流处于缓流状态，因而侧槽的纵坡比较平缓，但如果槽底纵坡过缓，将使侧槽上游段水面壅高过多而影响过堰流量。但如果过陡，又会增加侧槽下游段的开挖深度。初步拟定时侧槽的纵坡可采用 $0.01\sim0.05$。具体数值可根据地形和泄量大小选定。

（2）槽底高程。槽底高程加槽内水深等于水面高程，水面过高将淹没堰顶影响过堰流量。所以，确定槽底高程的原则应该是在不影响溢流堰过流能力的条件下，尽量采用较高的槽底以减少开挖方量。

为了使水流平顺地进入泄槽，常在泄槽与侧槽之间设水平调整段。其长度 $L=(2\sim3)h_k$。由缩窄槽宽的收缩段或用调整段末端底坎适当壅高水位，使水流在控制断面形成临界水流，而后泄入泄槽或隧洞。

项目八 水 工 隧 洞

任务一 水 工 隧 洞 概 述

在水利枢纽中为满足泄洪、灌溉、发电、排沙、生态用水等各项任务在山体中或地下开挖的、具有封闭断面的过水通道，称为水工隧洞，常常用在蓄水枢纽、引调水枢纽中。著名的白鹤滩水电站布置有24条水工隧洞，其中左岸3条无压泄洪洞、8条引水发电洞，右岸8条引水发电洞、5条施工导流洞。3条无压泄洪洞是目前世界最大的无压泄洪洞群，约1.2万 m^3/s 最大泄水量，只需18分钟就能灌满整个西湖，流速高达47m/s，在泄洪设施建造史上位列前茅。著名的黄河小浪底水利枢纽工程左岸布置了16条水工隧洞，其中9条泄洪排水洞、6条引水发电洞和1条灌溉洞。9条泄洪排沙洞、由3条导流隧洞改建的3条孔板泄洪洞、3条无压泄洪洞、3条排沙洞组成，各洞进口错开布置，形成高水泄洪排污、低水泄洪排沙、中间引水发电的总体布局，可防止进水口淤堵、降低洞内流速、减轻流道磨蚀、提高闸门运用的可靠性。

一、水工隧洞的作用

（1）配合溢洪道宣泄洪水，也可作为主要泄洪建筑物。

（2）引水发电、灌溉、供水、航运和生态输水。

（3）排放水库泥沙，延长水库使用年限，有利于水电站等的正常运行。

（4）放空水库，用于人防或检修建筑物。

（5）在水利枢纽建设期间，用来导流。

二、水工隧洞的特点

（一）结构方面

隧洞是属于地下结构，与周围岩层密切相关。开挖后，破坏了原来岩（土）体内的应力平衡状态，引起洞孔附近应力重新分布，岩体产生新的变形，严重的会导致岩石崩塌。因此，隧洞中常需要临时性支护和永久性衬砌，以承受围岩压力。围岩除了产生作用在衬砌上的围岩压力以外，同时又具有承载能力，可以与衬砌共同承受内水压力等荷载。围岩压力与岩体承载能力的大小，主要取决于地质条件。因此，应做好隧洞的工程地质勘探工作，使隧洞尽量避开软弱岩层和不利的地质构造。

（二）水流方面

水利枢纽中的泄水隧洞，其进口通常位于水下较深处，属深式泄水洞。它的泄水能力与作用水头 H 的 1/2 次方成正比，当 H 增大时，泄流量增大较慢；但深式泄水洞进口位置较低，可以低水位泄水，提高水库的利用率，故常用来配合溢洪道宣泄洪水。

由于作用在隧洞上的水头较高，洞内流速较大，如果隧洞在弯道、渐变段等处的体型不合适或衬砌表面不平整，都可能出现空蚀而引起破坏，所以要求隧洞体型设计得当、施工质量良好。

泄水隧洞的水流流速高、单宽流量大、能量集中，在出口处有较强的冲刷能力，必须采取有效的消能防冲措施。

（三）施工方面

隧洞是地下建筑物，与地面建筑物相比，洞身断面小，施工场地狭窄，洞线长，施工作业工序多，干扰大，难度也较大，工期一般较长。尤其是兼有导流任务的隧洞，其施工进度往往控制着整个工程的工期。因此，采用新的施工方法，改善施工条件，加快施工进度和提高施工质量在隧洞工程建设中需要引起足够的重视。

（四）环境方面

对于有灌溉、跨流域引水、下游有通航、过鱼、过木、环境用水等要求的水工隧洞，作为枢纽工程的一部分，对周围环境的影响也十分重要，不容忽视。水工隧洞设计时不仅要符合整个工程的环境保护要求，还要考虑水工隧洞本身特点对环境的影响。如泄水洞泄水水流对周围环境的影响、水工隧洞施工期作为排水边界对天然地下水位的影响、内水外渗对山体渗透稳定及山坡稳定的影响、内水外渗抬高地下水位造成沼泽、浸没、浸润线过高对原有动植物生存环境的影响等。例如东北某调水工程，隧洞在开挖过程中，地下水位降低水井干涸，严重影响当地居民生产生活。西南某水电站工程，引水隧洞开挖过程中造成地下泉眼枯竭，影响生态环境；某工程引水上斜井渗漏，导致临近山坡地下水位抬升，影响山坡稳定。因此，水工隧洞设计除要满足工程总体规划外，还要符合《水利水电工程环境保护设计规范》（SL 492—2011）的相关要求。

三、水工隧洞的类型

（一）按用途分类

（1）泄洪洞。配合溢洪道宣泄洪水，保证枢纽安全。

（2）引水洞。引水发电、灌溉、供水等。

（3）排沙洞。排放水库泥沙，延长水库的使用年限，有利于水电站的正常运行。

（4）放空洞。在必要的情况下放空水库，用于人防或检修大坝。

（5）导流洞。在水利枢纽的建设施工期用来施工导流。

（6）发电尾水隧洞。输出水电站水轮发电机组排出的尾水而修建的隧洞。

在设计水工隧洞时，应根据枢纽的规划任务，尽量考虑一洞多用，以降低工程造价。引水发电洞与引水灌溉洞结合，施工导流洞与枢纽中的泄洪、排沙、放空隧洞的结合等。白鹤滩水电站引水隧洞采用单机单洞布置，尾水系统采用2机共用一条尾水隧洞的布置形式，左右岸各布置4条尾水隧洞，其中左岸结合3条、右岸结合2条导流洞布置。黄河小浪底水利枢纽工程3条孔板泄洪洞是由3条导流隧洞改建的。

（二）按洞内水流状态分类

（1）有压隧洞。工作闸门布置在隧洞出口，洞身全断面均被水流充满，隧洞内壁周边承受水压力。引水发电隧洞一般是有压隧洞。

（2）无压隧洞。工作闸门布置在隧洞的进口，洞内部分充水，有自由水面。灌溉渠道上的隧洞一般是无压洞。

泄洪洞、灌溉引水洞、排沙洞、导流洞可以是无压的，也可以是有压的，也可设计成前段是有压的而后段是无压的。但应注意的是，在同一洞段内，应避免出现时而有压时而无压的明满流交替现象，以防止引起振动、空蚀等对泄流不利的情况。

四、水工隧洞的组成

水工隧洞一般由进口段、洞身段、出口段 3 部分组成，如图 2-8-1 和图 2-8-2 所示。工作闸门可设在进口、出口或洞内的适宜位置，进口常设置进口建筑物，进口段一般有喇叭口、拦污栅、闸室段、渐变段、通气孔、平压管等组成，出口设有消能防冲设施，洞内水流流速较高，洞内需要衬砌。无压洞的洞身断面一般为城门洞形，

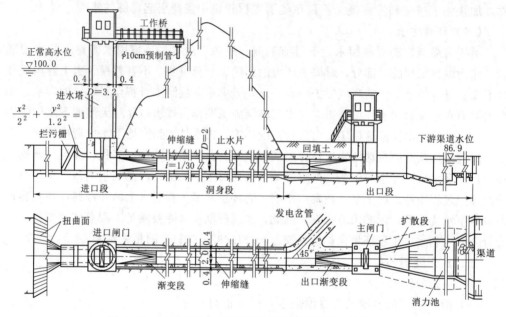

图 2-8-1 设有发电支洞的水工隧洞布置图（单位：m）

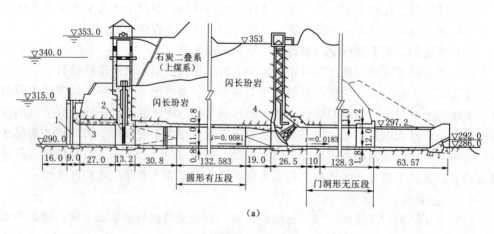

（a）

图 2-8-2（一） 水工隧洞布置图（单位：m）
（a）三门峡 1 号排沙洞；（b）碧口泄洪洞
1—叠梁闸门槽；2—检修闸门；3—平压管；4—弧形闸门；5—检修闸门；6—弧形闸门

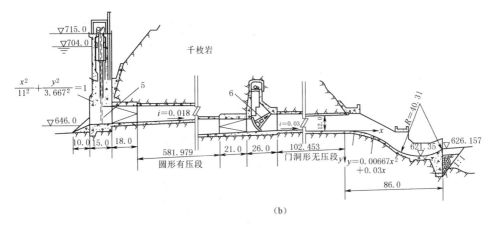

图 2-8-2（二）　水工隧洞布置图（单位：m）
(a) 三门峡 1 号排沙洞；(b) 碧口泄洪洞
1—叠梁闸门槽；2—检修闸门；3—平压管；4—弧形闸门；5—检修闸门；6—弧形闸门

有压洞的洞身断面一般为圆形。白鹤滩水电站布置在左岸山体内的 3 条无压泄洪洞，洞长 2.1~2.3km，断面为 15m×18m（宽×高）城门洞型。三门峡 1 号排沙洞如图 2-8-2 (a) 所示、碧口泄洪洞如图 2-8-2 (b) 所示，工作闸门前为圆形有压洞，工作闸门后为城门洞无压洞。

任务二　水工隧洞的构造

一、进口段

（一）进口建筑物的形式

进口建筑物按其布置及结构形式不同，可分为竖井式、塔式、岸塔式和斜坡式进水口等。

1. 竖井式进水口

竖井式进口是在隧洞进口附近的岩体中开凿竖井，井壁用混凝土或钢筋混凝土衬砌，井底设置闸门，井顶布置启闭设备及启闭机室（图 2-8-3）。优点是结构比较简单，不需要工作桥，不受风浪和冰的影响，抗震性及稳定性好，运行比较可靠。缺点是竖井开凿比较困难，竖井前的隧洞段经常处于水下，检修不便。当隧洞进口段岩石坚固，岩体比较完整时多采用这种形式。

无压隧洞设置弧形闸门的竖井，关闭闸门时井内无水，称为"干井"。压力隧洞设置平面闸门的竖井，关闸后井内仍充满水，称为"湿井"。

2. 塔式进水口

塔式进口建筑物是独立于隧洞的进口外而不依靠岸边山体的塔（图 2-8-4），塔底设闸门，塔顶设操作平台和启闭机，用工作桥与岸坡相连。这种进口建筑物的优点是布置比较紧凑，闸门开启比较方便可靠。其缺点是受风浪、冰、地震的影响大，稳定性相对较差，需要较长的工作桥。常用于岸坡岩石较差、覆盖层较薄、不宜修建靠

163

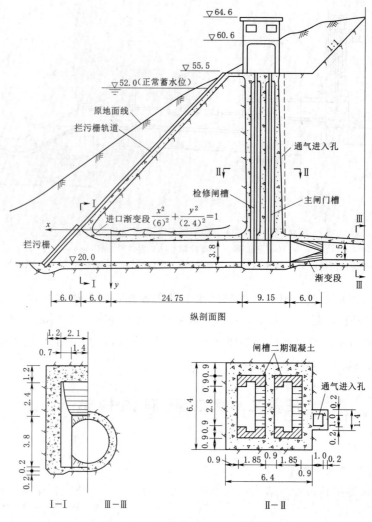

图 2-8-3 竖井式进水口建筑物

岸进口建筑物的情况。

塔的结构形式有框架式和封闭式两种（图 2-8-4）。封闭式塔的横断面形式为矩形和圆形。矩形断面结构简单、施工方便。圆形断面的受力条件较好，采用较多。封闭式塔身上在不同高程处设置进水口，可引取水库上层温度较高的清水，以满足灌溉农作物的需求。框架式结构具有结构轻便、受风浪影响小、节省材料、造价较低的优点，但只能在低水位时进行检修，不太方便，而且泄水时门槽进水，水流流态不好，容易产生空蚀，一般大型泄水隧洞较少采用。

3. 岸塔式进水口

岸塔式进口建筑物是依傍在岸边山体修建的进水塔，内设闸门。根据岩坡的稳定情况，塔身可以是直立的或倾斜的（图 2-8-5）。岸塔式的稳定性较塔式的好，甚至可对岩坡有一定的支撑作用，施工安装也比较方便，不需工作桥，比较经济。适用于岸坡较陡，岩体比较坚固稳定的情况。

4. 斜坡式进水口

斜坡式进水口是在人工开挖山坡或坝坡上而修建的、形似滑道且在轨道上设置闸门的一种进水口（图2-8-6）。闸门和拦污栅的轨道直接安装在斜坡的衬砌上。这种布

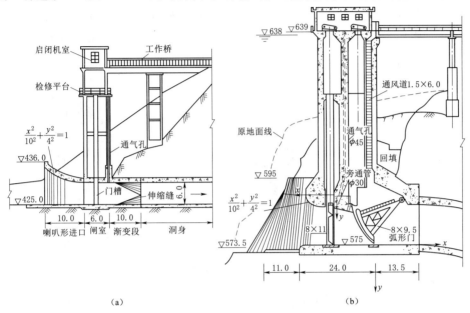

(a)　　　　　　　　　　　　　(b)

图2-8-4　塔式进口建筑物（单位：m）

（a）框架式；（b）封闭式

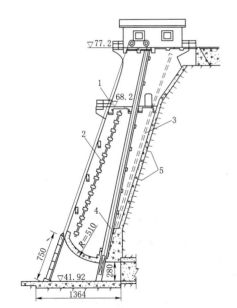

图2-8-5　岸塔式进水口（单位：高程以
m计，其他尺寸以cm计）

1—清污平台；2—拦污栅；3—通气孔；

4—闸门轨道；5—锚筋

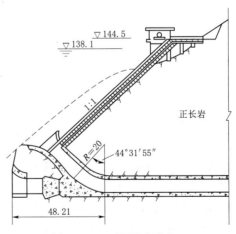

图2-8-6　斜坡式进水口

置的优点是结构简单，施工、安装方便，稳定性好，工程量小。缺点是由于闸门倾斜，闸门不易依靠自重下降，闸门面积加大。斜坡式进口一般只用于中、小型工程，或只用于安装检修闸门的进口。

以上是几种基本的进水口形式，在实际工程中常根据地形、地质、施工等具体条件采用。如半竖井半塔式进水口 [图 2-8-7（a）]，下部靠岸的塔式进水口 [图 2-8-7（b）] 等。

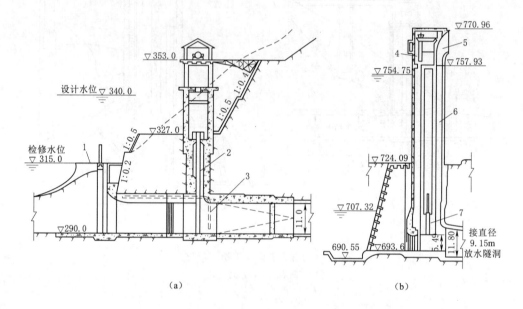

（a）　　　　　　　　　　　　　　（b）

图 2-8-7　组合式进水口

（a）三门峡泄洪洞进水口；（b）麦加放水隧洞进口

1—叠梁门平台；2—事故检修闸门井；3—平压管；4—事故闸门；

5—空气进口；6—通气井；7—工作闸门

（二）进口段的组成及构造

进口段的组成包括进水喇叭口、闸门室、通气孔、平压管、拦污栅和渐变段等几部分。

1. 进水喇叭口

进水口是隧洞的首部，其体形应与孔口水流的流态相适应，避免产生不利的负压和空蚀破坏，同时还应尽量减小局部水头损失，以提高泄流能力。

隧洞进口常采用顶板和两侧边墙顺水流方向三向逐渐收缩的平底矩形断面，形成喇叭口状，收缩曲线常采用1/4椭圆曲线（图 2-8-8）。

深式无压隧洞的进水口是一短管型压力段，为了增加压力段的压力，改善其压力分布，常在进口段顶部设置倾斜压坡（图 2-8-9）。

2. 通气孔

当闸门部分开启时，孔口处的水流流速很大，门后的空气会被水流带走，形成负

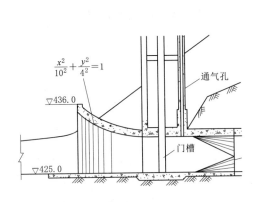

$$\frac{x^2}{10^2}+\frac{y^2}{4^2}=1$$

图 2-8-8 进水喇叭口

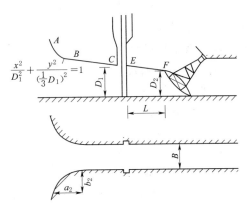

$$\frac{x^2}{D_1^2}+\frac{y^2}{(\frac{1}{3}D_1)^2}=1$$

图 2-8-9 进口段洞顶压坡布置

压区，可能会引起空蚀破坏使闸门振动，危及工程的安全运行。因此，对设在泄水隧洞进口或中部的闸门之后应设通气孔，其作用是：①在工作闸门各级开度下承担补气任务，补气可以缓解门后负压，稳定流态，避免建筑物发生振动和空蚀破坏，同时可减小由于负压而引起作用在闸门上的下拖力和附加水压力；②检修时，在下放检修闸门之后，放空洞内水流时给予补气；③检修完成后，需要向检修闸门和工作闸门之间充水，以便平压来开启检修闸门，此时，通气孔用以排气。对于无压洞，洞中高速水流水面以上的空气会随同水流下泄，表现为强烈的气流运动。水面以上的空气不断被带走，要有足够的空气补充，否则水面以上的空间将会出现不稳定的或脉动的负压状态，不仅使水流流态不稳，也可能使结构产生振动。所以，通气孔在隧洞运用中，承担着补气、排气的双重任务，对改善流态、避免运行事故起着重要的作用。

3. 平压管

检修门设在工作闸门之前，仅在隧洞或工作闸门检修时才使用，由于使用的机会较少，启闭设备尽可能简单些。为了减小启门力，往往要求检修门在静水中开启。为此，常在闸墙内设置绕过检修门槽的平压管（图 2-8-10）。当检修工作结束后，在开启检修门之前，首先打开平压管的阀门，将水放进检修门与工作门之间的空间，使检修门两侧的水位相同，水压平衡，此时再开启检修门，由于是在静水中开启，可以大大减小启门力。

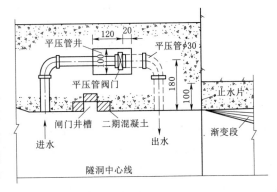

图 2-8-10 平压管布置

4. 拦污栅

进口处的拦污栅是为了防止水库中的漂浮物进入隧洞而设置的。

167

8-3 ▶

进口段

泄水隧洞一般不设拦污栅。当需要拦截水库中的较大浮沉物时，可在进口设置固定的栅梁或粗拦污栅。引水发电的有压隧洞进口应设置较密的细栅，以防污物阻塞和破坏阀门及水轮机叶片。

5. 渐变段、闸门室

渐变段及闸门室等，可参见项目四任务四中有关内容。

二、洞身段

（一）洞身断面形式及尺寸

1. 无压隧洞的断面形式

无压隧洞多采用圆拱直墙形（城门洞）断面［图 2-8-11（d）、（i）］。由于这种断面的顶部为圆拱形，适宜于承受垂直围岩压力，并且在施工时便于开挖和衬砌。顶拱中心角一般为 90°～180°，当垂直围岩压力较小时，可采用较小的中心角。一般情况下，较大跨度泄水隧洞的中心角常采用 120°左右。断面的高宽比一般为 1～1.5，水深变化大时，采用较大值。在侧向围岩压力较大时，为了减小或消除作用在边墙上的侧向围岩压力，也可把边墙做成向内倾斜状［图 2-8-11（e）］。如围岩条件较差还可以采用马蹄形断面［图 2-8-11（f）］，马蹄形断面有上部半圆和下部三心圆或多心圆构成，以尽量减小衬砌截面弯矩。当围岩条件差，而且又有较大的地下水压力时，可以考虑采用圆形断面。

2. 有压隧洞的断面形式

有压隧洞由于内水压力较大，从水流条件（过水断面湿周最小）及受力条件（受力方向对称）考虑，一般均采用圆形断面［图 2-8-11（a）、（b）、（c）、（g）］。当围岩条件较好，洞径和内水压力都不大时，为了施工方便，也可采用上述其他形式的断面。

在隧洞出口处应设有压坡段，减小隧洞出口段面积，以保证洞内水流始终处于有压状态，不应出现明满流交替的流态，并要求在最不利运行条件下，洞顶应有 2m 以上的压力水头。洞内水流流速越大，要求压力水头越大，对于高流速的有压泄水隧洞，压力水头可高达 10m 左右。

3. 水工隧洞横断面最小尺寸要求

为了便于洞内施工和检查维修等要求，圆形断面内径一般不小于 2.0m，非圆形断面尺寸不小于 1.5m×1.8m（宽×高）。当采用掘进机施工时，应满足设备开挖的最小尺寸要求。

对于无压隧洞，为了保证洞内的稳定无压流状态，水面以上应有足够的净空。当洞内的水流流速大于 15m/s 时，应考虑掺气影响；掺气水面线以上的净空面积一般为洞身断面面积的 15%～25%；当采用圆拱直墙断面时，水面线不应超过直墙范围；当水流有冲击波时，冲击波的波峰应限制在直墙范围。流速较低、通气良好的隧洞，水面以上净空不小于洞身断面面积的 15%，且高度不小于 0.4m。

（二）水工隧洞支护与衬砌

为了保证水工隧洞安全、有效地运行，通常需要对隧洞进行支护与衬砌。水工隧洞支护应保持围岩稳定或提供必要的围岩稳定时间。隧洞衬砌应具有：加固围岩，阻

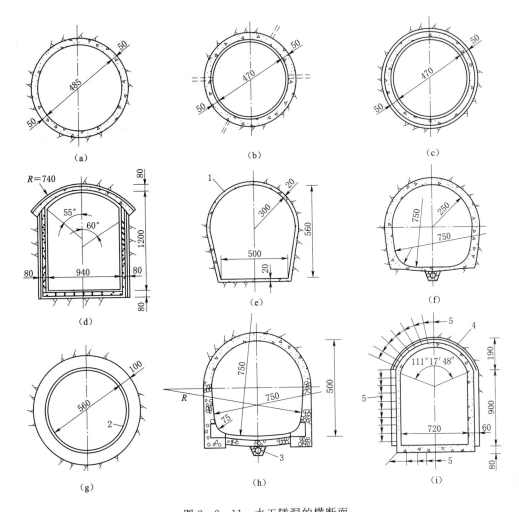

图 2-8-11　水工隧洞的横断面

(a)~(f) 单层衬砌；(g)~(i) 单组合式层衬砌

1—喷混凝土；2—16mm 钢板；3—25cm 排水管；4—20cm 钢筋网喷混凝土；5—锚筋

止围岩变形的发展；与围岩和支护联合承担荷载；平整围岩表面，减小表面糙率，增大过流能力；提高围岩防渗能力；防止水流冲刷围岩；防止温度、湿度、大气等因素对围岩的不利影响。

支护形式包括锚杆、锚喷、钢拱架、钢筋网喷混凝土、钢筋混凝土等，具体支护形式选定应根据工程地质、水文地质、断面尺寸、施工方法等，通过分析计算或工程类比。

1. 衬砌的类型

隧洞衬砌包括平整衬砌、混凝土和钢筋混凝土衬砌和预应力混凝土衬砌（机械式或灌浆式）、锚喷衬砌、组合式衬砌等形式。

(1) 平整衬砌（也称护面）。平整衬砌是用混凝土、喷混凝土和浆砌石（图 2-8-12）做成的护面，它不承受荷载，仅起到平整隧洞表面、减小糙率、防止渗漏、保护岩石

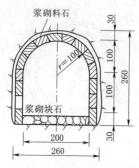

图 2-8-12 砌石衬砌
（单位：m）

不受风化的作用。平整衬砌适用于围岩坚固、完整，能自行保持稳定，水头和流速较小的情况。对于无压隧洞，如岩石不易风化，可只衬砌过水边界部分。平整衬砌的厚度由构造决定，混凝土或喷混凝土可采用 5～15cm，浆砌石衬砌可采用 25～30cm。

（2）受力衬砌。用混凝土 [图 2-8-11（a）]、钢筋混凝土 [图 2-8-11（b）、（c）、（d）] 衬砌。钢筋混凝土衬砌可分为单层衬砌和双层，适用于中等地质条件，隧洞断面较大，水头及流速较高的情况，是我国应用最广的受力衬砌。由于混凝土的抗拉强度较低，靠增加混凝土的厚度来提高其抗弯能力是不经济的，因为在衬砌厚度增加的同时，也增加了自重，并增加岩石的开挖量，所以衬砌厚度应在满足要求的前提下尽量采用较小的尺寸。根据《水工隧洞设计规范》（SL 279—2016），混凝土和单层钢筋混凝土衬砌的厚度不宜小于 30cm，双层钢筋混凝土衬砌的厚度不宜小于 40cm。

（3）锚喷衬砌。锚喷衬砌是利用锚杆和喷混凝土加固围岩措施的总称，是逐渐发展起来的一项新型加固措施。喷混凝土不需模板，施工进度快，能紧跟开挖面，缩短围岩暴露时间，减小围岩的风化、潮解和应力松弛等情况发展。但由于喷层较薄，随开挖岩面起伏不平，糙率较大，且大面积喷射施工质量难以控制，在内水压力及水流作用下，有可能引起渗漏及冲蚀破坏，适应于洞内水流速度小于 8m/s。喷混凝土的厚度不小于 30mm，最大不超过 200mm。混凝土的设计强度等级不低于 C20。喷射水泥砂浆最小厚度不小于 10mm。

锚杆支护是用特定形式的锚杆锚定于岩石内部，把原来不够完整、不够稳定的围岩固结成一个整体，增加围岩的整体性和稳定性（图 2-8-13）。锚杆应深入稳定的围岩内，有足够的锚固长度。在围岩表面，锚杆应设置成梅花形、菱形、矩形或方形，其间距不大于长度的 1/2，Ⅳ类、Ⅴ类围岩中的锚杆间距一般为 0.5～1.0m，不大于 1.5m。

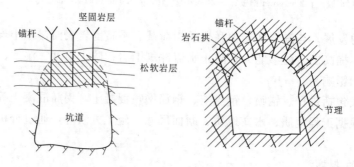

图 2-8-13 锚杆支护

锚喷挂网衬砌应符合下列规定：钢筋网的纵、环向钢筋直径为 6～12mm，间距为 0.15～0.3m；钢筋网与锚杆焊接固定；钢筋网的交叉点应连接牢固，应采用隔点焊接；隔点绑扎，钢筋网的保护层厚度不应小于 50mm。

（4）组合式衬砌。根据开挖断面周边不同部位衬砌的受力特点和运用要求，可采用不同的衬砌材料组合而成。如内层为钢板、钢筋网喷浆，外层为混凝土或钢筋混凝土［图 2-8-11 (g)］；如顶拱为混凝土，边墙和底板采用浆砌石［图 2-8-11 (h)］；又如顶拱和边墙先锚喷后再进行混凝土或钢筋混凝土衬砌等形式。实践证明，在软弱、破碎的岩体中开挖隧洞，由于岩体稳定性差，采用先锚喷、再做混凝土或钢筋混凝土衬砌是一种较安全、较经济的组合形式。

（5）预应力衬砌。（机械式或灌浆式）预应力衬砌是对混凝土、钢筋混凝土衬砌的外壁施加预压应力，以便在运用时抵消内水压力产生的拉应力，克服混凝土抗拉强度低的缺点。这样不仅能减小衬砌厚度，减少隧洞开挖量、节约材料，还可以增强衬砌的抗裂性和抗渗性。其缺点是工序多、施工复杂、高压灌浆技术要求高、工期较长。适应于对防渗要求较高或上覆岩体不满足水力劈裂要求的有压隧洞。预应力衬砌隧洞应采用光面爆破。当开挖断面有较大超挖时，应先进行回填修复。

灌浆式预应力衬砌是最简单的预应力衬砌，是向衬砌和围岩之间进行压力灌浆，使衬砌产生预压应力。为保证灌浆效果，应在衬砌与围岩之间预留有 2～3cm 的空隙，灌浆浆液应用膨胀性水泥，以防止干缩时导致预压应力降低。机械式分有黏结后张预应力和无黏结后张预应力，设计时宜优先选用无黏结后张预应力。预应力衬砌厚度应通过不同工况的荷载组合计算确定，机械式不宜小于 60cm，灌浆式不宜小于 30cm。

当围岩坚硬、完整、裂隙少、稳定性好且抗风化性能好时，对于流速低、流量较小的隧洞，可以不加衬砌。不衬砌隧洞，还应该保证围岩基本不透水，不发生内水外渗，即使发生少量渗水也不会影响隧洞运行要求和使用功能，危及岩体和山坡稳定，也不会危及临近建筑物安全或造成环境破坏。不衬砌有压隧洞，其内水压力应小于地应力的最小主应力，以保证围岩稳定。由于不衬砌隧洞的糙率大，泄放同样流量就要增大开挖断面，因此，是否采用不衬砌隧洞应经过技术经济比较之后确定。

2. 衬砌的分缝与止水

在混凝土及钢筋混凝土衬砌中，一般设有施工工作缝和永久性的横向变形缝。

隧洞在穿过断层、软弱破碎带和竖井交接处、或其他可能产生较大的相对变位时，衬砌需要加厚，应设置永久变形缝，并采取相应的防渗措施。如缝内应设止水片及充填 1～2cm 厚的沥青油毡或其他相应的防渗措施（图 2-8-14）。

围岩地质条件比较均一的洞身段只设施工缝。根据浇筑能力和温度收缩等因素分析确定沿洞线的浇筑分段长度，一般分段长度可采用 6～12m，底拱和边、顶拱的环向缝不得错开。无防渗要求的环向施工缝，分布钢筋可以不穿过缝面，不设止水；有防渗要求的环向施工缝，应根据情况，采取接缝处理措施，如接缝凿毛、灌浆处理，或设一些插筋穿过缝面以加强整体性。纵向施工缝应根据浇筑能力，设置在衬砌结构拉应力及剪应力较小的部位，对于圆形隧洞常设在与中心垂直线夹角为 45° 处（图 2-8-15）；对于城门洞形隧洞，为便于施工可设在顶拱、边墙、底板交界附近。纵向施工缝无防渗要求，可以不设止水；有防渗要求，必须进行凿毛处理，必要时缝内可设键槽。

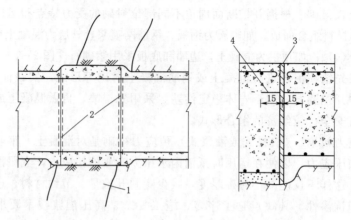

图 2-8-14 伸缩变形缝（单位：cm）

1—断层破碎带；2—沉陷缝；3—1～2cm厚沥青油毛毡；4—止水片或止水带

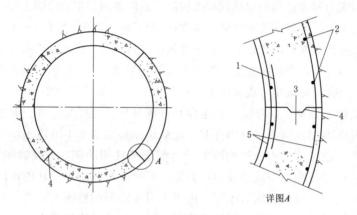

详图A

图 2-8-15 纵向施工缝

1—插筋；2—分布钢筋；3—止水片；4—纵向施工缝；5—受力筋

3. 隧洞的灌浆

隧洞灌浆分为回填灌浆和固结灌浆两种。

（1）回填灌浆。回填灌浆是指用浆液填充混凝土结构物施工留下的空穴、孔洞或空腔，以增强结构物或地基的密实性的灌浆工程，混凝土、钢筋混凝土衬砌与围岩之间，必须进行回填灌浆。其目的是填充衬砌与围岩之间的空隙，使之结合紧密，共同受力，以改善传力条件和减少渗漏。回填灌浆的范围、孔距、排距、灌浆压力及浆液浓度，应根据衬砌结构的形式、隧洞的工作条件、施工方法及隧洞开挖后断面的裂缝情况来确定。砌筑顶拱时，可预留灌浆管，待衬砌完成后通过预埋管进行灌浆（图2-8-16），灌浆范围一般在顶拱中心角 90°～120°以内，孔距和排距一般为 3～6m，灌浆孔应深入围岩 0.1m 以上，灌浆压力一般为 0.2～0.3MPa。

（2）固结灌浆。固结灌浆是指用浆液加固有裂隙或破碎带等地质缺陷的围岩，以增强其整体性和承载能力的工程措施，其目的在于加固围岩，提高围岩的整体性，减小围岩压力，保证岩石的弹性抗力，减小地下水对衬砌的压力，减少渗漏。对围岩是

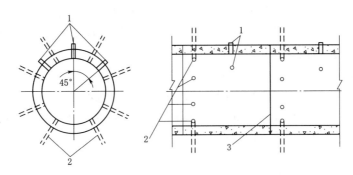

图 2-8-16　灌浆孔布置

1—回填灌浆孔；2—固结灌浆孔；3—伸缩缝

否需要进行固结灌浆，应通过技术经济比较而定。固结灌浆参数，应根据围岩地质条件、衬砌结构形式、内外水压力大小以及围岩的防渗、加固要求，通过工程类比或现场试验来确定。固结灌浆孔伸入围岩长度不小于隧洞半径的 1 倍左右，一般排距 2～4m，每排不少于 6 孔，做对称布置（图 2-8-18）。灌浆压力可采用 1～2 倍的内水压力。固结灌浆应在回填灌浆 7～14 小时之后进行，灌浆时应加强观测，以防洞壁产生变形或破坏。

8-4

固结灌浆与
回填灌浆

4. 排水

设置排水的目的是降低作用在衬砌外壁上的外水压力。对于无压隧洞衬砌，当地下水位较高时，外水压力成为衬砌的主要荷载，对衬砌结构应力影响很大。为此，可在洞底设纵向排水管通向下游，或在洞内水面线以上，通过衬砌设置排水孔，将地下水直接引入洞内（图 2-8-17）。排水孔间距、排距以及孔深一般为 2～4m。

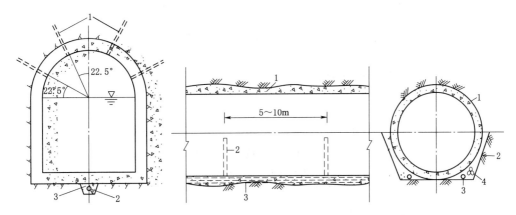

图 2-8-17　无压隧洞排水布置

1—径向排水孔；2—纵向排水孔；
3—小石子

图 2-8-18　有压隧洞排水布置

1—隧洞混凝土衬砌；2—横向排水槽；3—纵向排水管；4—卵石

对于有压圆形隧洞，外水压力在衬砌设计中一般不起控制作用，可不设置排水设备。当外水位很高，外水压力很大，对衬砌设计起控制作用时，可在衬砌底部外侧设纵向排水管，通至下游，纵向排水管由无砂混凝土管或多孔缸瓦管做成。必要时，为

提高排水效果，可沿洞轴线每隔 6～8m 设一道环向排水槽，环向排水槽可用砾石铺筑，将搜集渗水汇入纵向排水管（图 2-8-18）。设置排水设施时，应避免内水外渗。

三、出口段及消能设施

（一）出口段

有压隧洞的出口常设有工作闸门及启闭机室，闸门前有渐变段，出口之后即为消能设施。无压隧洞出口仅设有门框，其作用是防止洞脸及其以上岩石崩塌，并与扩散消能设施的两侧边墙相衔接（图 2-8-19）。

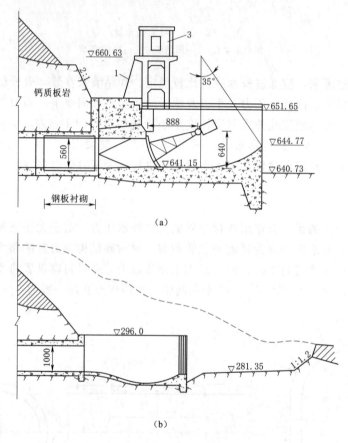

图 2-8-19　隧洞出口段构造（高程：m；尺寸：cm）

（a）有压隧洞；（b）无压隧洞

1—刚梯；2—混凝土压重；3—启闭机室

（二）消能设施

泄水隧洞出口水流的特点是隧洞出口宽度小，单宽流量大，能量集中，所以常在出口处设置扩散段，使水流扩散，减小单宽流量，然后再以适当形式消能。

近年来，随着国家水利建设的大力发展，200～300m 级的高坝逐渐增加。这些工程一般均有高水头、大流量的泄洪特点，增加了泄水建筑物布置的难度，存在泄洪功率过大与下游消能空间甚小的矛盾，挑流消能带来雾化及枢纽布置的困难，以及高速水流可能造成泄洪建筑物空蚀破坏等。泄水隧洞的消能方式大多采用挑流消能，其次是底流消能。近年来国内也在研究和采用新的消能方式：如窄缝挑流消能和洞内突扩消能、竖（斜）井式消能、旋流式消能等。

1. 挑流消能

当隧洞出口高程高于或接近下游水位，且地形地质条件允许时，采用扩散式挑流消能比较经济合理，因为它结构简单，施工方便，国内外泄洪、排沙隧洞广泛采用这种消能方式（图2-8-20）。如黄河小浪底水利工程工程中的泄洪排沙洞，采用了挑流消能。当隧洞轴线与河道水流交角较小时，可采用斜向挑流鼻坎，靠河床一侧鼻坎较低，使挑射主流偏向河床，减轻对河岸冲刷（图2-8-21）。

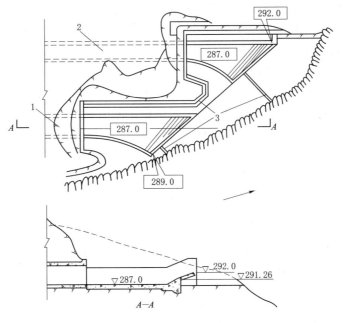

图2-8-20 斜向挑坎布置（高程单位：m）

1—1号隧洞；2—2号隧洞；3—排水沟

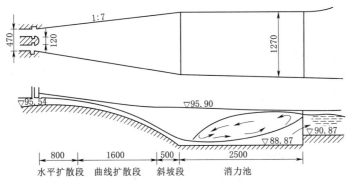

图2-8-21 底流式消能布置（高程：m；尺寸：cm）

2. 底流消能

当隧洞出口高程接近下游水位时，也可采用扩散式底流水跃消能。底流消能具有工作可靠、消能比较充分、对下游水面波动影响范围小的优点，但缺点是开挖量大、施工复杂、材料用量多、造价高。图 2-8-21 为一有压泄水隧洞出口底流消能的典型布置。

水流由隧洞出口经水平扩散段横向扩散，再经曲线扩散段和斜坡段继续扩散，最后进入消力池。这种布置方式由于使水流横向充分扩散，单宽流量减小，可使消力池的长度和深度也相应减小。

3. 窄缝式挑坎消能

窄缝式挑坎消能是在隧洞的出口挑坎处采用顶部抬高、边墙收缩成窄缝（图 2-8-22），迫使水流横向收缩，形成窄而厚的射流，再经挑坎抛向空中，最后跌入下游水垫的消能方式。窄缝式挑坎与等宽挑坎不同之处在于，挑角很小，一般取 0°，顺水流方向，两侧边墙向中心的显著收缩使出水口处水流迅速加深，水舌的出射角在底部和表层差别很大，底部约 0°，表层可达 45°左右，因此导致水舌下缘挑距缩短，上缘挑距加大，水流挑射高度增加，使水流纵向扩散加大，空中扩散面积增大，减小了对河床单位面积上的冲击动能，同时水舌在空中扩散时及入水时大量掺气，在水舌进入水垫后气泡上升，减小了水舌入水的潜水深度及改善了水流流态，从而大大减轻

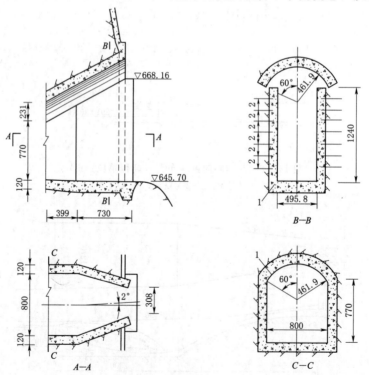

图 2-8-22　窄缝式挑坎布置（高程：m；尺寸：cm）
1—钢筋混凝土衬砌；2—锚筋

176

了对下游河床的冲刷。

4. 洞中突扩消能

洞中突扩消能也称为孔板消能，它是在有压隧洞中设置过流断面较小的孔板环，利用水流流经孔板时突缩和突扩造成的漩滚，在水流内部产生摩擦和碰撞，消减大量能量，同时又将动能转化为热能随水流带走，从而达到降低流速，减少磨损的消能目的，这种消能方式主要适用于下游高尾水位情况。

在高水头的水利枢纽中，利用高程相对较低的导流洞改建为泄流洞后，由于水头高，洞内流速必然很大。为了防止高速水流引起的空蚀及高速含砂水流产生的磨损破坏，在洞内设孔板进行突扩消能。

黄河小浪底水利枢纽中将导流洞改建为压力泄洪洞，就采用了多级孔板消能方案（图 $2-8-23$），在内径为 $D=14.5\text{m}$ 的洞中布置了三道孔板，孔板间距为 $3D=43.5\text{m}$，为防止空化的产生，三级孔板采用不同的孔径比 d/D（d 为孔板的内径，D 为泄洪洞的内径）。由上游至下游的Ⅰ、Ⅱ、Ⅲ级孔板孔径比 d/D 分别为 0.689、0.724、0.724，孔缘圆弧半径 R 分别为 0.02m、0.2m、0.3m，孔板厚度均为 2.0m，为防止孔板上游角隅旋涡出现空蚀，孔板前根部还设有 $1.2\text{m}\times1.2\text{m}$ 的消涡环（图 $2-8-23$）。由导流洞改建的泄洪洞，经过三级孔板消能，可将 140m 水头消煞去 60m 水头，洞内平均流速仅 10m/s。不仅可节省投资，控制了洞内流速，而且有助于山体稳定，同时一洞多用也解决了泄水建筑物总体布置上困难。

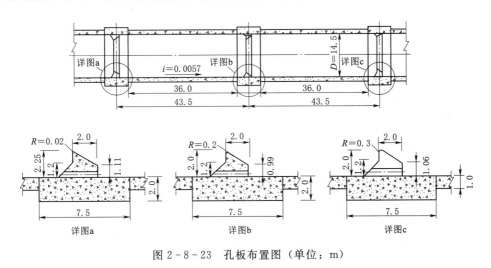

图 2-8-23　孔板布置图（单位：m）

5. 竖（斜）井式消能

竖（斜）井式消能是在竖（斜）井的下部开挖直径较大、井筒较深的消力井，一般要求消力井直径大于 2 倍竖井直径。水流从井顶溢流面或框架型堰顶进入竖井内，由于带入了大量空气，使得竖井中水流充分掺气，空气的混掺和紊动使水气体积膨胀，跌至井底后，水从井底反射并与下落的水流相互碰撞，能量急剧耗散，这种消能方式具有布置灵活、消能率高、抗空蚀性能强且投资省等特点。完全淹没状态的竖井消能率为 $30\%\sim50\%$，而有自由掺气面的消力井消能率可达 80% 以上。但消力井消

8-7

黄河小浪底
工程水工
隧洞

能集中于竖井底部，水流在消力井内强烈紊动，水流脉动压力较大，因此竖（斜）井式消能主要适用于处围岩整体性好、岩体强度高。俄罗斯的卡姆巴拉金水电站中有两条泄洪洞就是采用消力井进行洞内消能。

6. 旋流式消能

旋流式消能的原理一是由于旋转水流的高速旋转，贴壁水流的流速梯度比较高，从而利用各流层间的紊动、剪切作用和漩涡消耗水流能量；二是由于掺气作用增加了气流水流紊动强度，使出流流速大大降低，保证了建筑物的自身安全和下游良好的水流衔接条件。旋转水流泄水建筑物可分为进水道、旋转水流装置、消能室和出水道四部分。按漩流式消能工按体型可分为两种类型，即旋流竖井和旋流洞，它们的区别体现在水的下泄方式上：旋流竖井为绕竖井旋转下泄，一般分常规压力段进水管、引水道、涡室、竖井和泄水洞段等几个部分，常见的衔接形式有弯道连接、在竖井下部或弯道设置折流器、在竖井底部设消力井等。我国四川沙牌水电站就采用了旋流式消能，最大泄量为 $245 \text{m}^3/\text{s}$ 总水头约为 90.0m，竖下部开挖 5m 深的消力井，洞内消能率为 80%。

模块三 引调水建筑物

项目九 水 闸

任务一 水闸分类及特点

水闸是一种低水头的水工建筑物，兼有挡水和泄水双重作用，修建在河道和渠道上，利用闸门调节水位、控制流量，以满足防洪、排涝、灌溉、挡潮、供水、生态环境等方面的要求。

新中国成立以来，修建了上千座大中型水闸和难以数计的小型涵闸，促进了工农业生产的不断发展，给国民经济带来了很大的效益，并积累了丰富的工程经验。为消除荆江水患，以确保荆江大堤安全，1952年中央批准兴建荆江分洪工程，主要包括进洪闸和节制闸，其中进洪闸长1054.4m，高46.5m，分设54孔，每孔跨度18m，最大进洪量8000m³/s。此外，1988年建成的长江葛洲坝水利枢纽，其中的二江泄洪闸，共27孔，闸高33m，最大泄量达83900m³/s，位居全国之首，运行情况良好。

一、水闸的类型

水闸的种类很多，下面按其所承担的任务和闸室的结构形式来进行分类。

（一）按水闸所承担的任务分类

按水闸所承担的任务，可分为节制闸（或拦河闸）、进水闸、分洪闸、排水闸、挡潮闸、退水闸等。

1. 节制闸（或拦河闸）

拦河或渠道建造，与河道或渠道中心线成正交。枯水期用以拦截水流，抬高水位，以利上游取水或航运要求；洪水期则开闸泄洪，并能控制下泄流量。位于河道上的节制闸又称为拦河闸，如图3-9-1所示。

2. 进水闸

建在河道或水库的岸边、渠道首部，用于取水并满足灌溉供水的水闸。位于干渠首端的进水闸又称取水闸或渠首闸，如图3-9-1所示，位于支渠渠首的进水闸，称为分水闸。

3. 分洪闸

常建于河道的一侧，用来将超过下游河道安全泄量的洪水泄入预定的湖泊、洼

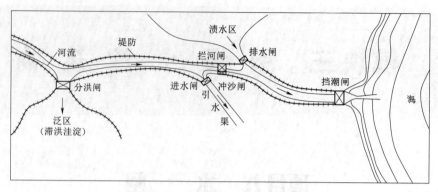

图 3-9-1 水闸的类型及位置示意图

地，及时削减洪峰，保证下游河道的安全，如图 3-9-1 所示。

4. 排水闸

常建于江河沿岸，外河水位上涨时关闸以防外水倒灌，外河水位下降时开闸，排除两岸低洼地区的涝灾。该闸具有双向挡水，有时双向过流的特点，如图 3-9-1 所示。

5. 挡潮闸

建在河流入海河口附近，涨潮时关闸不使海水沿河上溯，退潮时开闸泄水。挡潮闸具有双向挡水的特点，如图 3-9-1 所示。

6. 退水闸

常建在渠道末端、重要渠系建筑物（渡槽、倒虹吸管）或险工渠段上游，排泄渠道内多余水量的水闸。其主要作用是排除渠道内的水，保障渠道或重要建筑物的安全。

此外，还有为排除泥沙、冰块、漂浮物等而设置的冲沙闸、排冰闸、排漂闸等。

（二）按闸室结构形式分类

按闸室的结构分为开敞式水闸、涵洞式水闸、胸墙式水闸等。胸墙式和涵洞式也称为孔流式水闸，其泄流特点是闸门全开时过闸水流只能通过固定孔洞下泄，自由水面受到闸室顶部的固定结构部件（如胸墙或涵洞顶板等）阻挡。

1. 开敞式水闸

闸室上面不填土覆盖的水闸 [图 3-9-2 （a）]，开敞式水闸又称为堰流式水闸，当闸门全开时，闸室过水断面积和泄流量都随着水位的抬高而增大，有利于泄洪、分洪，因此泄洪或分洪闸常常采用开敞式。由于过闸水流不受任何阻挡，大量漂浮物可随着水流下泄，不致阻塞闸孔，因此有排冰、排漂要求的水闸或有通航要求的闸孔，要采用开敞式。

2. 涵洞式水闸

闸身为埋在填土下的输水涵洞、洞口设置闸门的水闸。进口装设闸门、门后为涵洞的水闸，又称为封闭式水闸或涵洞式水闸 [图 3-9-2 （c）、图 3-9-4]。常用于穿堤取水或排水的水闸，洞内水流可以是有压的或者是无压的。

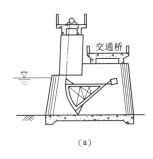
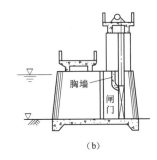
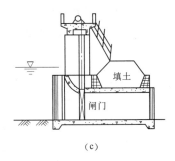

(a)　　　　　　　　(b)　　　　　　　　(c)

图3-9-2　闸室结构形式
(a) 开敞式；(b) 胸墙式；(c) 涵洞式

3. 胸墙式水闸

胸墙式水闸是指闸门上部设置胸墙的水闸，如图3-9-2 (b)、图3-9-2 (c)。适用于闸上水位变幅较大，高水位时需关闸挡水，而闸室总净宽为低水位时的过闸流量所控制，即挡水水位高于泄水运用水位（如进水闸）；或者为防止闸下局部冲刷，有限制过闸单宽流量要求的水闸，采用这种闸室结构形式也较为合适，这样既不影响水闸的过水能力，又可减小闸门高度和启门力，降低工作桥高度。因此，沿江、沿海地区的排水闸（排涝闸）、挡潮闸，多数采用带胸墙的开敞式水闸，排水闸、挡潮闸，如图3-9-2 (b)。

9-1

水闸的类型

二、水闸的工作特点

水闸既能挡水，又能泄水，平原地区的水闸多修建在软土地基上，因而它在稳定、防渗、消能防冲及沉降等方面都有其自身的特点。

1. 稳定方面

关门挡水时，水闸上、下游较大的水头差造成较大的水平推力，使水闸有可能沿基面产生向下游的滑动，为此，水闸必须具有足够的重力，以维持自身的稳定。

2. 防渗方面

由于上下游水位差的作用，上游水将通过地基和两岸向下游渗流。渗流会引起水量损失，同时地基土在渗流作用下，容易产生渗透变形。严重时闸基和两岸的土壤会被淘空，危及水闸安全。渗流对闸室和两岸连接建筑物的稳定不利。因此，应妥善进行防渗设计。

3. 消能防冲方面

开闸泄水时，在上、下游水位差的作用下，过闸水流往往具有较大的动能，流态也较复杂，而土质河床的抗冲能力较低，可能引起冲刷。此外，水闸下游常出现波状水跃和折冲水流，会进一步加剧对河床和两岸的淘刷。因此，水闸除应保证闸室具有足够的过水能力外，还必须有消能防冲措施，以防止河道产生有害的冲刷。

4. 沉降方面

土基上建闸，由于土基的压缩性大，抗剪强度低，在闸室的重力和外部荷载作用下，可能产生较大的沉降影响正常使用，尤其是不均匀沉降会导致水闸倾斜，甚至断裂。在水闸设计时，必须合理地选择闸型、构造，安排好施工程序，采取必要的地基处理等措施，以减少过大的地基沉降和不均匀沉降。

三、水闸的组成

水闸通常由上游连接段、闸室段和下游连接段三部分组成，如图 3-9-3、图 3-9-4 所示。

9-2 ▶

水闸的工作特点

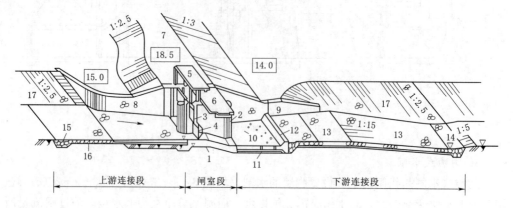

图 3-9-3 开敞式水闸示意图

1—闸室底板；2—闸墩；3—胸墙；4—闸门；5—工作桥；6—交通桥；7—堤顶；
8—上游翼墙；9—下游翼墙；10—护坦；11—排水孔；12—消力坎；13—海漫；
14—下游防冲槽；15—上游防冲槽；16—上游护底；17—上、下游护坡

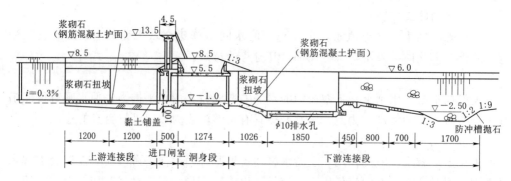

图 3-9-4 涵闸纵剖图（单位：高程以 m 计，其他尺寸以 cm 计）

（一）上游连接段

上游连接段的主要作用是引导水流平稳地进入闸室，同时起防冲、防渗、挡土等作用。一般包括上游翼墙、铺盖、护底和两岸护坡等，如图 3-9-5 所示。上游翼墙的作用是引导水流平顺地进入闸孔，并起侧向防渗作用。铺盖主要起防渗作用，其表面应满足抗冲要求。护坡、护底和上游防冲槽（齿墙）是保护两岸土质、河床及铺盖头部不受冲刷。

（二）闸室段

闸室是水闸的主体部分，通常包括底板、闸墩、闸门、工作桥及交通桥等，如图 3-9-6 所示。底板是闸室的基础，承受闸室全部荷载，并较均匀地传给地基，此外，还有防冲、防渗等作用。闸墩的作用是分隔闸孔，并支承闸门、工作桥等上部结构。闸门的作用是挡水和控制下泄水流。工作桥安置启闭机和供工作人员操作之用。交通

桥的作用是连接两岸交通。

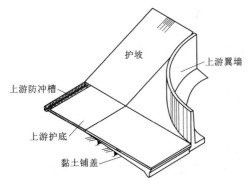

图 3-9-5　水闸上游连接段构造图

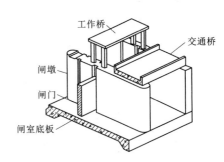

图 3-9-6　水闸闸室段构造图

（三）下游连接段

下游连接段具有消能和扩散水流的作用。一般包括护坦、海漫、下游防冲槽、下游翼墙及护坡等，如图 3-9-7 所示。下游翼墙引导水流均匀扩散兼有防冲及侧向防渗等作用。护坦具有消能防冲作用。海漫的作用是进一步消除护坦出流的剩余动能、扩散水流、调整流速分布、防止河床受冲。下游防冲槽是海漫末端的防护设施，避免冲刷向上游扩展。

9-3

水闸的组成

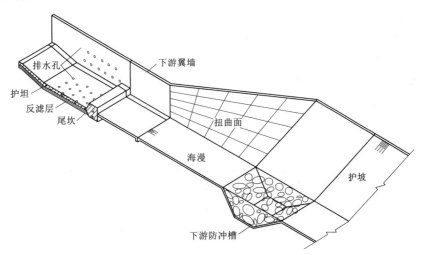

图 3-9-7　水闸下游连接段构造图

任务二　闸室的布置和构造

闸室是水闸的主体部分。开敞式水闸闸室由底板、闸墩、闸门、工作桥和交通桥等组成，有的还设有胸墙。

闸室的结构形式、布置和构造，应在保证稳定的前提下，尽量做到轻型化、整体性好、刚性大、布置匀称，并进行合理的分缝分块，使作用在地基单位面积上的荷载较小，较均匀，并能适应地基可能的沉降变形。本节讲述闸室各组成部分的形式、尺寸及构造。

一、闸孔形式

闸孔形式一般有宽顶堰孔口、低实用堰孔口和胸墙孔口三种，如图 3-9-8所示。

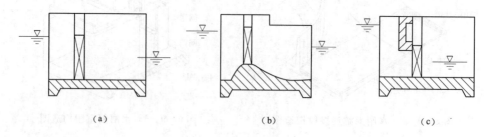

(a)   (b)   (c)

图 3-9-8 闸孔形式
(a) 平底板宽顶堰；(b) 低实用堰；(c) 胸墙孔口型

1. 宽顶堰孔口

宽顶堰是水闸中最常用的底板结构形式。其主要优点是结构简单、施工方便，泄流能力比较稳定，有利于泄洪、冲沙、排淤、通航等；其缺点是自由泄流时流量系数较小。

2. 低实用堰孔口

实用堰自由泄流时流量系数较大，水流条件较好，选用适宜的堰面曲线可以消除波状水跃；但泄流能力受尾水位变化的影响较为明显，当下游水深 $h_s > 0.6H$（堰上水深）以后，泄流能力将急剧降低，泄洪能力不稳定。上游水深较大时，采用这种孔口形式，可以减小闸门高度。适用于因地基表层松软需要降低闸底板建基高程，或在多泥沙河流上有拦沙要求时，可采用低堰底板。低堰也可采用驼峰形。

3. 胸墙孔口

当上游水位变幅大，而下泄流量又有限制时，为避免闸门过高，常采用胸墙孔口型。可以减小启门力，从而降低工作桥高度和工程造价。

此外，工程中还可以采用折线堰孔口，适用于坚实或中等坚实地基上，当闸室高度不大，但上、下游河（渠）底高差较大时。闸底板采用折线底板，其后部可作为消力池的一部分。

9-4 ▶

闸孔的形式

二、闸底板布置与结构要求

闸底板是整个闸室结构的基础，是承受水闸上部结构的重量及荷载、并向地基传递的结构，同时兼有防渗及防冲作用。因此闸室底板必须具有足够的整体性、坚固性、抗渗性和耐久性。闸室底板通常采用钢筋混凝土结构。

按底板与闸墩的连接方式不同，闸底板分为整体式（图 3-9-9）和分离式（图 3-9-10）两种，开敞式和胸墙式闸室结构应根据地基条件及受力情况等选用整体式或分离式。涵洞式闸室结构一般采用整体式。在特定的条件下，也可采用箱式底板 [图 3-9-11 (a)]、斜底板 [图 3-9-11 (b)]、反拱底板 [图 3-9-11 (c)] 等。

下面以整体式闸底板、分离式闸底板为例分析闸底板的结构。

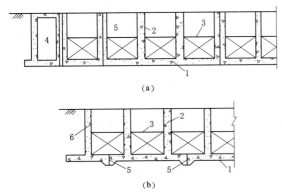

图 3-9-9 整体式底板

(a) 墩中分缝底板；(b) 跨中分缝底板

1—闸底板；2—闸墩；3—闸门；4—岸墙；5—沉降缝；6—边墩

图 3-9-10 分离式底板（单位：cm）

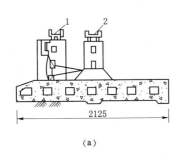

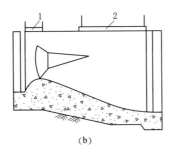

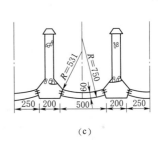

图 3-9-11 闸底板形式（单位：cm）

(a) 箱式底板；(b) 斜底板；(c) 反拱底板

1—工作桥；2—交通桥

（一）整体式闸底板

闸墩与底板浇筑成整体即为整体式底板，适用于地质条件较差，可能产生不均匀沉陷的地基。其顺水流向长度可根据闸身稳定和地基应力分布较均匀等条件来确定，同时应满足上层结构布置的需要。水头越大，地基越差，底板应越长。初拟底板长度时，对于砂砾石、碎石地基可取 $(1.5\sim2.5)H$，对于砂土、砂质粉土地基可取 $(2.0\sim3.5)H$，对于黏质粉土地基可取 $(2.0\sim4.0)H$，对于黏土地基可取 $(2.5\sim4.5)H$，H 为上、下游最大水位差。底板一般是等厚的，厚度必须满足强度和刚度的要求，大、中型水闸，底板厚度可取闸孔净宽的 $1/8\sim1/6$，一般为 $1\sim2m$，最小厚度不小于 $0.7m$。底板内配置钢筋。

为了防止和减少由于地基不均匀沉降、温度变化和混凝土干缩引起的裂缝，对于多孔水闸的闸室底板，必须沿水流方向进行分段，即设置若干顺水流向的永久缝，一般设置在闸墩中间或闸室底板中间。当闸室顺水流向永久缝（垂直通缝）设在闸墩处

时 [图 3-9-9（a）]，优点是闸室结构整体性好，对地基不均匀沉降的适应性强，且具有较好的抗震性能，但缺点是工程量较大，且闸孔孔径不宜过大，因为闸孔孔径过大，底板应力很大，需配置较多的钢筋。当闸室顺水流向的永久缝分在闸室底板的中间 [图 3-9-9（b）]，优点是工程量较小，但缺点是底板接缝较多，闸室结构的整体性较差给止水防渗和浇筑分块带来不利和麻烦。当在闸室底板中间分缝时，由于底板挑出的悬臂不宜过长，故闸孔孔径不应太大，一般不超过 8m。

（二）分离式底板

在闸室底板两侧分缝，使底板与闸墩分离，成为分离式底板，如图 3-9-10，适用于密实的地基或岩基，一般用混凝土或浆砌石建成，必要时加少量钢筋。闸孔中间部分底板称为小底板，仅有防冲、防渗的要求，还有闸墩底板，闸墩及上部结构的重量通过闸墩底板传递给地基。

（三）整体式平底板结构要求

整体式平底板的平面尺寸远较厚度为大，可视为地基上的板结构，闸底板上、下游两端均应设置齿墙。一般认为闸墩刚度较大，底板顺水流方向弯曲变形远较垂直水流方向小，受力钢筋布置在垂直水流方向上，每米不少于 3 根，直径一般为 12～25mm，构造钢筋垂直于受力钢筋方向，布置在顺水流方向上，每米可配置 3～4 根。底板的面层、底层钢筋布置，如图 3-9-12 所示。

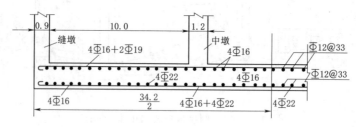

图 3-9-12 底板的钢筋布置形式（长度：m；钢筋直径：mm；钢筋间距：cm）

9-5 ▶
闸底板布置与构造

三、闸墩布置与结构要求

闸墩是闸门和各种上部结构的支承体，由闸门传来的水压力和上部结构的重量通过闸墩传递给闸底板。

（一）闸墩布置

闸墩结构一般宜采用实体式，闸教的外形轮廓应能满足过闸水流平顺、侧向收缩小，过流能力大的要求。上游墩头可采用半圆形或尖角形，以减小水流的水头损失，下游墩头宜采用流线形，以利于水流扩散，如图 3-9-13 所示。

闸墩长度取决于上部结构布置和闸门的形式，一般与底板同长或稍短些。闸墩厚度根据闸孔孔径、受力条件、结构构造要求和施工方法确定，根据经验，浆砌石闸墩厚 0.8～1.5m，混凝土闸墩厚 1～1.6m，少筋混凝土墩厚 0.9～1.4m，钢筋混凝土墩厚 0.7～1.2m。闸墩在门槽处厚度不应小于 0.4m，如图 3-9-14 所示。弧形闸门的闸墩厚度，没有闸门槽，可采用较小厚度；平面闸门的闸墩厚度，往往受闸门槽的深度控制，闸墩在门槽处厚度不应小于 0.4m。弧形闸门采用油压启闭机时，门槽处的厚度应根据油压管路布置的需要加以确定，为了便于布置油缸、不增加闸墩厚度，可以将闸门槽错开布置，如图 3-9-14（a）所示。

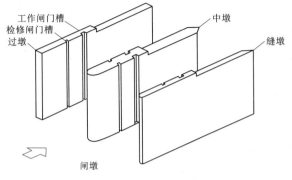

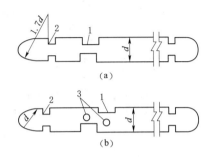

图 3-9-13　闸墩构造图

图 3-9-14　闸墩布置形式（单位：cm）
（a）工作闸门槽对称布置；（b）工作闸门槽错开布置
1—工作门槽；2—检修门槽；3—通气孔

弧形闸门的闸墩不需设闸门槽。平面闸门的门槽尺寸应根据闸门的尺寸确定，一般检修门槽深 0.15～0.25m，宽 0.15～0.30m，主门槽深一般不小于 0.3m，宽 0.5～1.0m，门槽宽深比一般为 1.6～1.8。检修门槽与工作门槽之间的净距不小于 1.5m，以便于闸门安装与检修，同时也方便启闭机的布置与运行。

（二）闸墩结构

1. 平面闸门闸墩配筋

闸墩的内部应力不超过材料的允许应力，可不配置钢筋，但考虑到混凝土的温度、收缩应力的影响，需配置构造钢筋。垂直钢筋一般每米 3～4 根、直径 10～14mm，下端伸入底板 25～30 倍钢筋直径，上端伸至墩顶或底板以上 2～3m 处截断（温度变化较小地区）；水平向分布钢筋一般用直径 8～12mm，每米 3～4 根，钢筋都沿闸墩表面布置。

闸墩的上下游端部（特别是上游端），容易受到漂流物的撞击，一般自底至顶均布置构造钢筋，网状分布。闸墩墩顶支承上部桥梁的部位，也要布置构造钢筋网。

2. 门槽配筋

一般情况下，门槽顶部为压应力，底部为拉应力。若拉应力超过混凝土的允许拉应力时，则按全部拉应力由钢筋承担的原则进行配筋；否则配置构造钢筋，布置在门槽两侧，水平排列，每米 3～4 根，直径较之墩面水平分布钢筋适当加大，如图 3-9-15 所示。

四、胸墙的布置与构造

胸墙顶部高程与闸墩顶部高程齐平。胸墙底高程根据孔口泄流量要求计算确定，以不影响泄水为原则。胸墙相对于闸门的位置，取决于闸门的形式。对于弧形闸门，胸墙位于闸门的上游侧；对于平面闸门，胸墙可设在闸门上游侧，如图 4-9-16（a），也可设在下游侧，如图 3-9-16（b），前者止水结构复杂，易磨损，但有利于闸门启闭，钢丝绳也不易锈蚀。

9-6 ▶

闸墩布置与构造

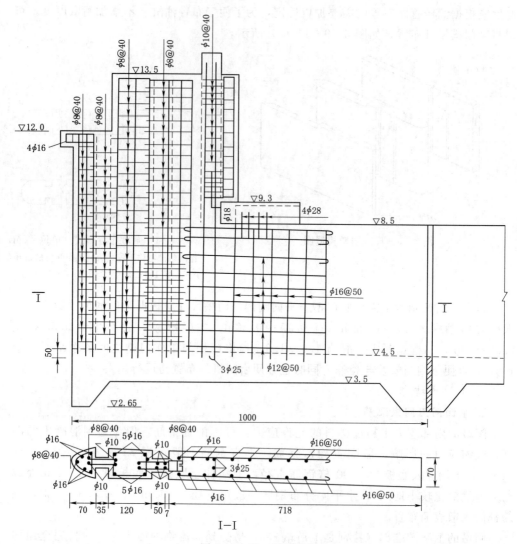

图 3-9-15 闸墩配筋

胸墙结构形式可根据闸孔孔径大小和泄水要求选用。当孔径小于或等于 6.0m 时采用板式 [图 3-9-17 (a)]，孔径大于 6.0m 时采用板梁式 [图 3-9-17 (b)]，当胸墙高度大于 5.0m，且跨度较大时，可增设中梁及竖梁构成肋形结构 [图 3-9-17 (c)]。

板式胸墙顶部厚度一般不小于 20cm。梁板式的板厚一般不小于 12cm；顶梁梁高为胸墙跨度的 1/15～1/12，梁宽常取 40～80cm；底梁由于与闸门接触，要求有较大的刚度，梁高为

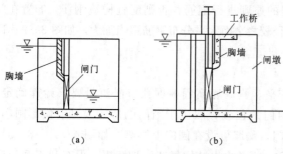

图 3-9-16 胸墙与闸门的相对位置

(a) 胸墙在闸门前；(b) 胸墙在闸门后

胸墙跨度的 1/9～1/8，梁宽为 60～120cm。为使过闸水流平顺，胸墙迎水面底部应做成圆弧形或流线型。

胸墙板内受力钢筋直径一般不小于 8mm，间距为 20～25crn，分布钢筋直径可取 6～8mm，间距为 30～40cm。顶梁受力不大，一般按构造配筋，但不宜少于 3ϕ16。图 3－9－17（d）为胸墙钢筋布置图，可供参考。

胸墙与闸墩的连接方式可根据闸室地基、温度变化条件、闸室结构横向刚度和构造要求等采用简支式或固接式（图 3－9－18）。简支胸墙与闸墩分开浇筑，避免在闸墩附近迎水面出现裂缝，但截面尺寸较大。固接式胸墙与闸墩同期浇筑，胸墙钢筋伸入闸墩内，形成刚性连接，截面尺寸较小，容易在胸墙支点附近的迎水面产生裂缝。整体式底板可用固接式，分离式底板多用简支式。

五、工作桥与交通桥布置

（一）工作桥

工作桥是为安装启闭机和便于工作人员操作而设在闸墩上的桥，如图 3－9－19 所示。当桥面很高时，可在闸墩上部设排架支承工作桥。工作桥设置高程与门型有关。如平面闸门，当采用固定式启闭机时，由于闸门开启后悬挂的需要，应使闸门提升后不影响泄放最大流量，并留有一定的裕度。

小型水闸的工作桥一般采用板式结构。大中型水闸多采用板梁结构。工作桥的总

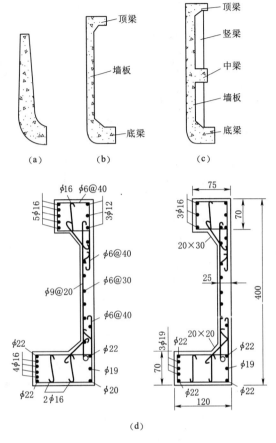

图 3－9－17　胸墙形式与配筋
（a）板式；（b）板梁式；（c）肋形板梁式；（d）胸墙配筋

9－7
胸墙布置与构造

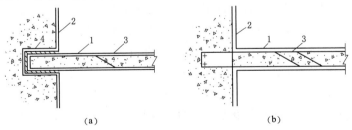

图 3－9－18　胸墙的支承形式
（a）简支式；（b）固接式
1—胸墙；2—闸墩；3—钢筋；4—涂沥青

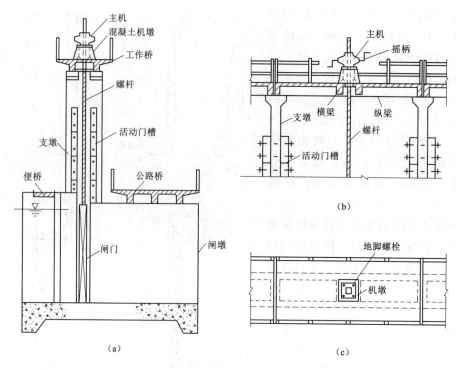

图 3-9-19　螺杆式启闭机工作桥布置图

(a) 闸室纵剖面图；(b) 工作桥剖面图；(c) 工作桥平面图

宽度取决于启闭机的类型、容量和操作需要。小型水闸总宽度为 2.0~2.5m，大型水闸总宽度为 2.5~4.5m。

（二）交通桥

交通桥的位置应根据闸室稳定及两岸交通连接等条件确定，通常布置在闸室下游。仅供人畜通行的交通桥，其宽度常不小于 3m；行驶汽车等的交通桥，应按交通运输部制定的规范进行设计，一般公路单车道净宽 4.5m，双车道 7~9m。交通桥的形式可采用板式、板梁式和拱式，中、小型工程可使用定型设计。

六、闸室的分缝及止水设备布置

（一）分缝

水闸沿轴线每隔一定距离必须设沉降缝，兼作温度缝，以免闸室因地基不均匀沉降及温度变化而产生裂缝。根据工程经验，岩基上的分段长度不超过 20m，土基上的分段长度不超过 35m，缝宽为 2~3cm，缝内设置止水。

整体式底板闸室沉降缝，一般设在闸墩中间，一孔、二孔或三孔一联，成为独立单元，其优点是保证在不均匀沉降时闸孔不变形，闸门仍然正常工作。靠近岸边时，为了减轻墙后填土对闸室的不利影响，特别是在地质条件较差时，采用一孔一缝或两孔一缝，而后再接二孔或三孔的闸室 ［图 3-9-19（a）］。

土基上的水闸，不仅闸室本身分缝，凡相邻结构荷重相差悬殊或结构较长、面积较大的地方，都要设缝分开。例如铺盖、护坦与底板、翼墙连接处都应设缝；翼墙、混凝土铺盖及消力池底板本身也需分段、分块，如图 3-9-20 所示。

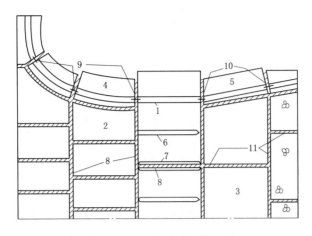

图 3-9-20　水闸分缝布置图

1—边墩；2—混凝土铺盖；3—消力池；4—上游翼墙；5—下游翼墙；6—中墩；7—缝墩；

8—柏油油毛毡嵌紫铜片；9—垂直止水甲；10—垂直止水乙；11—柏油油毛毡止水

（二）止水

凡具有防渗要求的缝，都应设止水设备。止水分为铅直止水和水平止水两种。铅直止水设在闸墩中间，边墩与翼墙间以及上游翼墙本身，如图 3-9-21 为铅直止水构造图。图 3-9-21（a）、（b）均为闸墩止水，一般布置在闸门上游，以减少缝墩侧向压力。图 3-9-21（a）型施工简便，采用较广，图 3-9-21（b）型能适应较大的不均匀沉降，但施工麻烦，图 3-9-21（c）型构造简单，施工方便，适用于不均匀沉降较小或防渗要求较低的缝位，如岸墙与翼墙的止水等。水平止水设在铺盖、消力池与底板、翼墙与底板、地板与闸墩间以及混凝土铺盖及消力池本身的温度沉降缝内，如图 3-9-22 所示。在无防渗要求的缝中，一般铺贴沥青毛毡。

9-9 ▶

闸室分缝布置与止水

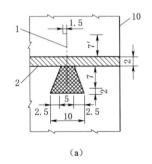 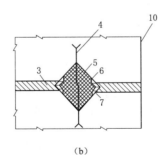 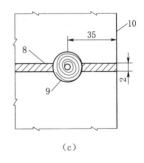

（a）　　　　　　　　　　（b）　　　　　　　　　　（c）

图 3-9-21　铅直止水构造图（单位：cm）

（a）紫铜片止水；（b）复合止水；（c）油毛毡止水

1—紫铜片和镀锌铁片（厚 0.1cm，宽 18cm）；2—两侧各 0.25cm 柏油毛毡伸缩缝，其余为柏油沥青席；

3—沥青油毛毡及沥青杉板；4—金属止水片；5—沥青填料；6—加热设备；7—角铁（镀锌铁片）；

8—柏油油毛毡伸缩缝；9—ϕ10 柏油油毛毡；10—临水面

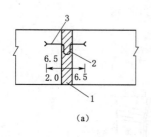 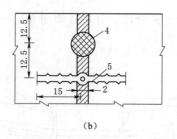 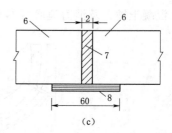

图 3 - 9 - 22　水平止水构造图（单位：cm）

（a）紫铜止水；（b）塑料水片止水；（c）油毛毡止水

1—柏油油毛毡伸缩缝；2—灌 3 号松香柏油；3—紫铜片 0.1cm（或镀锌铁片 0.12cm）；4—$\phi 7$ 柏油麻绳；

5—塑料止水片；6—护坦；7—柏油油毛毡；8—三层麻袋二层油毡浸沥青

　　另外，必须做好止水交叉处的连接，否则，容易形成渗水通道。交叉有两类：一类是铅直交叉，另一类是水平交叉。交叉处止水片的连接方式也可分为两种：一种是柔性连接，即将金属止水片的接头部分埋在沥青块体中，如图 3 - 9 - 23（a）所示；另一种是刚性连接，即将金属止水片剪裁后焊接成整体，如图 3 - 9 - 23（b）所示。在实际工程中可根据交叉类型及施工条件决定连接方式，铅直交叉常用柔性连接，而水平交叉则多用刚性连接。

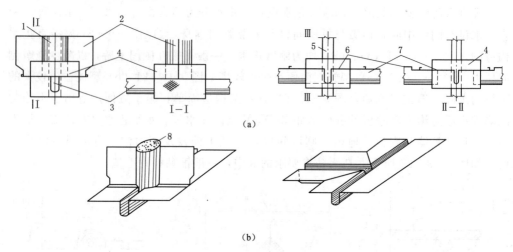

图 3 - 9 - 23　止水交叉构造图

（a）止水片刚性连接；（b）止水片柔性连接

1—铅直缝；2—铅直止水片；3—水平止水片；4—沥青块体；5—接缝；

6—纵向水平止水；7—横向水平止水；8—沥青柱

七、地基处理及桩基布置

　　地基处理的目的是：①增加地基的承载能力；②提高地基的稳定性；③减小或消除地基的有害沉降，防止地基渗透变形。当天然地基不能满足承载力、稳定和变形三方面中任何一个方面的要求时，就要根据工程具体情况因地制宜地进行地基处理。

　　土基上的水闸，根据工程实践，当黏性土地基的标准贯入击数大于 5，砂性土地基的标准贯入击数大于 8 时，中等坚实、坚实地基，可直接在天然地基上建闸，不需要进行处理。但对松软地基，则需处理。地基处理应根据地基结构特点和施工条件等采用换填垫层法、强力夯实法、振冲碎石桩挤密法、沉管砂石桩挤密法、沉井基础法、桩基础法、水泥土搅拌桩、旋喷桩、水泥粉煤灰碎石桩（CFG 桩）复合地基等一种或多种处理方法。

1. 换土垫层法

换土垫层法是工程上广为采用的一种地基处理方法，适用于浅层软弱土层或不均匀土层地基。当软土层位于基面附近，且厚度较薄时，可全部挖除。如软土层较厚不宜全部挖除，可采用换土垫层法处理，将基础下的表层软土挖除，换以砂性土，水闸即建在新换的土基上，如图 3-9-24（a）所示。

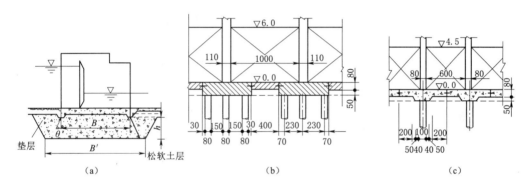

图 3-9-24　地基处理措施（单位：高程以 m 计，其他尺寸以 cm 计）
(a) 换土垫层；(b)、(c) 桩基

砂垫层的主要作用是：①通过垫层的应力扩散作用，减小软土层所受的附加应力，提高地基的稳定性；②减小地基沉降量；③铺设在软黏土上的砂层，具有良好的排水作用，有利于软土地基排水固结。

垫层材料应就地取材，采用性能稳定、压缩性低的天然或人工材料，不能用粉砂、细砂、轻砂壤土或轻粉质砂壤土。垫层材料中不应含树皮、草根及其他杂质。垫层厚度不应大于 3.0m，垫层底面的宽度应满足基础底面应力扩散的要求。垫层宜分层压实，土料的含水量应控制在最优含水量附近，大型水闸垫层压实系数不应小于 0.96，中、小型水闸垫层压实系数不应小 0.93。砂垫层应有良好的级配，分层振动密实，相对密度不应小于 0.75。

2. 灌注桩基础法

水闸桩基础通常应采用摩擦桩，即桩顶荷载全部或主要由桩侧摩阻力承受，适用于较深厚的松软地基，或上部为松软土层、下部为硬土层的地基。桩的根数和尺寸按照承担底板底面以上的全部荷载确定，不考虑桩间土的承载能力。在同一块底板下，应采用直径相同的桩。

常用的灌注桩直径为 0.8~1.2m。桩的平面布置应尽量使桩群的重心与底板以上各种荷载的合力作用点相接近，以使每根桩上受力接近相等。当孔径较大，桩数较多，一排布置不下时，可设两排或三排，每排桩数不宜少于四根，在平面上呈梅花形、矩形或正方形〔图3-9-24（b）〕。桩在顺水流方向一般设一排，等距布置〔图3-9-24（c）〕；预制桩的中心距不应小于3倍桩径，钻孔灌注桩的中心不应小于2.5倍桩径。

3. 沉井基础法

沉井基础与桩基础同属深基础，也是工程上广为采用的一种地基处理方法。沉井是一筒状结构物，可以用浆砌块石、混凝土或钢筋混凝土筑成。施工时一般就地分节砌筑或浇筑制成沉井，然后在井孔内挖土，这时沉井在自重下克服井外土的摩阻力而下沉，当下沉至设计高程后，在井孔内用混凝土封底（也可不封底）即成沉井基础，如图3-9-25所示。适用于较深厚的松软地基，或上部为松软土层、下部为硬土层的地基。

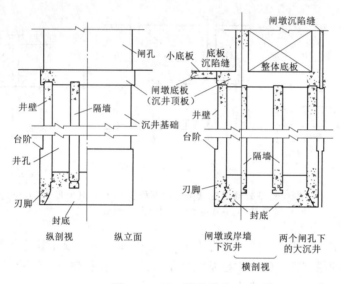

图3-9-25　沉井基础

沉井基础的平面布置多呈矩形。沉井的平面尺寸不宜过大，单个沉井的长边不宜大于30m，长宽比不大于3.0。当地基存在承压水层且影响地基抗渗稳定性时，不宜采用沉井基础。

4. 强力夯实法

强力夯实法又称为强夯法，是利用大型履带式起重机将重锤从高空自由落下，对地基进行强力夯实，适用于透水性较好的松软地基、碎石土或松砂地基。锤重100～600kN，落距10～40m，其底面形式采用圆形或多边形。夯击点布置采用等边三角形、等腰三角形或正方形，处理范围大于建筑物基础范围，每边超出基础外缘的宽度为基底下设计处理深度的1/2～2/3，且不小于3m。对可液化地基，扩大范围不应小于可液化土层厚度的1/2，且不应小于5m。使用强力夯实法处理地基时，应防止对周围已有建筑物产生有害影响。

5. 振冲碎石挤密桩法

振冲碎石桩挤密法是指用振动、冲击等方式在软弱地基中成孔后，再将碎石或砂挤压入土孔中，形成大直径的碎石或砂所构成的密实桩体，适用于松砂、软弱的粉砂、砂壤土或砂卵石地基。振冲法成孔的碎石桩采用 800～1200mm 桩孔直径，振动沉管法成桩时采用 300～600mm 桩孔直径。振冲砂石桩间距 1.5～3.0m，沉管砂石桩的桩间距不大于砂石桩直径的 4.5 倍。桩长应大于 4.0m，地基处理范围应在基础外缘扩大 1～3 排桩。桩位可采用梅花形、正方形、矩形布置，采用有良好级配的砂、碎石等，碎石最大粒径不大于 5cm，含泥量不大于 5%。振冲碎石桩、沉管砂石柱顶应设水泥土过渡层，厚度不小于 20cm。

6. 水泥土搅拌桩法

水泥土搅拌桩是利用水泥作为固化剂，通过搅拌机械，在地基深处将地基土和固化剂强制搅拌，使软土硬结成具有整体性、水稳定性和一定强度的地基。按施工工艺分为干法和湿法两类，干法加固深度不宜超过 15m，湿法加固深度不宜超过 20m。适用于正常固结的淤泥、淤泥质土、素填土、黏性土、粉细砂、中粗砂、饱和黄土等地基。固化剂采用强度不低于 42.5 级的普通硅酸盐水泥，水泥掺量为 12%～20%。搅拌桩的桩距为 0.8～2.0m，按正方形或梅花形布置，范围应超出建筑物底板外缘一定距离。

任务三　水闸的消能防冲

水闸泄水时，部分势能转为动能，流速增大，具有较强的冲刷能力，而土质河床一般抗冲能力较低。因此，为了保证水闸的安全运行，必须采取适当的消能防冲措施，如消力池、海漫和下游防冲槽。要设计好水闸的消能防冲，应先了解过闸的水流特点。

一、过闸水流的特点

（一）水流流态复杂

初始泄流时，闸下水深较浅，随着闸门开度的增大而逐渐加深，闸下出流由孔流到堰流，由自由出流到淹没出流都会发生，水流形态比较复杂。因此，消能设施应在任意工作情况下，均能满足消能的要求并与下游水流很好的衔接。

（二）波状水跃

由于水闸上、下游水位差较小，出闸水流的佛汝德数较低（$F_r = 1～1.7$），容易发生波状水跃，特别是在平底板的情况下更是如此。此时无强烈的水跃漩滚，消能效果差，仍具有较大的冲刷力，冲刷下游河道。另外，水流处于急流状态，不易向两侧扩散，致使两侧产生回流，缩小河槽过水有效宽度，局部单宽流量增大，严重地冲刷下游河道，如图 3-9-26 所示。

（三）折冲水流

一般水闸的宽度较上、下游河道窄，水流过闸时先收缩而后扩散。如工程布置或操作运行不当，出闸水流不能均匀扩散，使主流集中，蜿蜒蛇行，左冲右撞，形成折冲水流，冲毁消能防冲设施和下游河道，如图 3-9-27 所示。

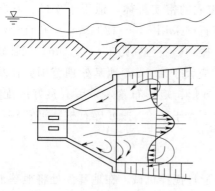 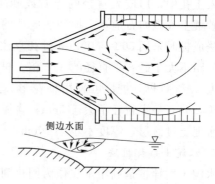

图 3-9-26 波状水跃示意图　　　　图 3-9-27 闸下折冲水流

（四）波状水跃、折冲水流的防止措施

1. 波状水跃的防止措施

对于平底板水闸，可在消力池斜坡段的顶部上游预留一段 0.5~1.0m 宽的平台，其上设置一道小槛［图 3-9-28（a）］，使水流越槛入池，促成底流式水跃。槛的高度 C 约为闸孔出流的第一共轭水深的 1/4。小槛的迎水面做成斜坡，以减弱水流的冲击作用，槛底设排水孔。还可以将小槛改成齿形分水墩［图 3-9-28（b）］，效果会更好。低实用堰型闸底板有助于消除波状水跃。

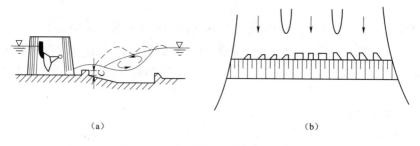

（a）　　　　　　　　　　　　（b）

图 3-9-28 波状水跃的防止措施

（a）小槛示意图；（b）齿形分水墩示意图

2. 折冲水流的防止措施

消除折冲水流首先应从平面布置上入手，尽量使上游引河具有较长的直线段，并能在上游两岸对称布置翼墙，出闸水流与原河床主流的位置和方向一致；其次是控制下游翼墙扩散角，每侧 7°~12°，且不宜采用弧形翼墙（大型水闸如采用弧形翼墙，其半径不小于 30m），墙顶应高于下游最高水位，以免回流由墙顶漫向消力池；再次，要制订合理的闸门开启程序，如低泄量时隔孔开启，使水流均匀出闸，或开闸时先开中间孔，继而开两侧邻孔对称开启至同一高度，直至全部开至所需高度，闭门与之相反，由两边孔向中间孔依次对称地操作。

二、底流消能工布置

平原地区的水闸，土体的抗冲能力低，且水头小，一般采用底流消能，即在水流出闸后设置消力池消能。对于夹有较大砾石的多泥沙河流上的水闸，不应设置消力

9-10 ▶

过闸水流的特点

池，采用抗冲耐磨的斜坡护坦与下游河道连接，末端设置防冲墙。

（一）底流消能工布置

底流消能工的作用是通过在闸下游产生一定淹没度的水跃来消除余能。淹没度过小，水跃不稳定，表面旋滚前后摆动；淹没度过大，较高流速的水舌潜入底层，由于表面旋滚的剪切，掺混作用减弱，消能效果反而减小。淹没度取 1.05～1.10 较为适宜。

底流式消能设施有三种形式：下挖式、突槛式和综合式，如图 3 - 9 - 29 所示。其作用是增加下游水深，以保证产生淹没式水跃。

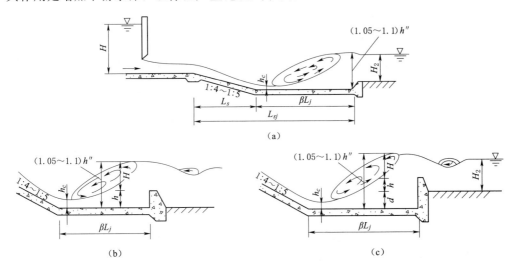

图 3 - 9 - 29　消力池形式

（a）下挖式；（b）突槛式；（c）综合式

当闸下尾水深度小于跃后水深时，可采用下挖式消力池消能。当闸下尾水深度小于 90% 跃后水深时，可采用突槛式消力池消能。当闸下尾水深度小于 50% 跃后水深，且计算消力池深度又较深时，可采用下挖消力池与突槛式消力池相结合的综合式消力池消能。当水闸上、下游水位差较大，且尾水深度较浅时，宜采用二级或多级消力池消能。

池深按构造要求为 0.5～1.0m。当池深计算深超过 3m 时，可考虑设置多级消力池。消力池的水平长度一般为自由水跃长度的 0.7～0.8m，闸底板与消力池之间采用斜坡连接，斜坡面的坡度应小于 1:4，工程中一般采用 1:4～1:5，斜坡如设计过陡，当过闸流速过大时，水流将脱离斜坡表面，而产生真空，以致结构破坏。

消力池末端一般布置尾槛，高约 50cm，用以调整流速分布，将水流挑向水面，减小出池水流的底部流速，且可在槛后产生小横轴旋滚，防止在尾槛后发生冲刷，并有利于平面扩散和消减边侧下游回流，如图 3 - 9 - 30 所示。

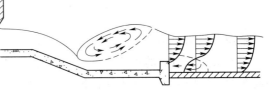

图 3 - 9 - 31 分别为连续式的实

图 3 - 9 - 30　尾槛后的流速分布

体槛和差动式的齿槛。连续实体槛壅高消力池水位的作用比齿槛好，也便于施工，一般采用较多。齿槛对调整槛后水流流速分布和扩散作用均优于实体槛，但其结构形式较复杂，当水头较高、单宽流量较大时易空蚀破坏，故一般多用于低水头的中、小型工程。

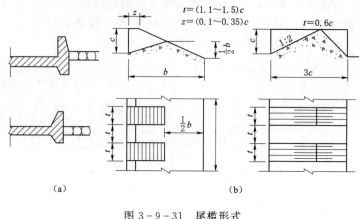

图 3-9-31　尾槛形式

（a）连续式；（b）差动式

（二）护坦构造要求

消力池底板称为护坦，它承受水流的冲击力、水流脉动压力和底部扬压力等作用，应具有足够的重量、强度和抗冲耐磨的能力，如图 3-9-32 所示。护坦厚度可根据抗冲和抗浮要求，分别计算，并取其最大值。护坦一般是等厚的，但也可采用变厚，始端厚度大，向下游逐渐减小。消力池末端厚度不宜小于 0.5m。小型水闸可以更薄，但不宜小于 0.3m。

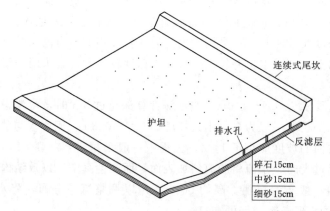

图 3-9-32　护坦三维构造图

护坦一般用 C20 混凝土浇筑而成，并按构造配置 $\phi 10\sim 12@25\sim 30cm$ 的构造钢筋。大型水闸消力池的顶、底面均需配筋，中、小型的可只在顶面配筋。为了降低护坦底部的渗透压力，可在水平护坦的后半部设置排水孔，孔下铺设反滤层，排水孔孔径一般为 $5\sim 10cm$，间距 $1.0\sim 3.0m$，呈梅花形布置，如图 3-9-33 所示。

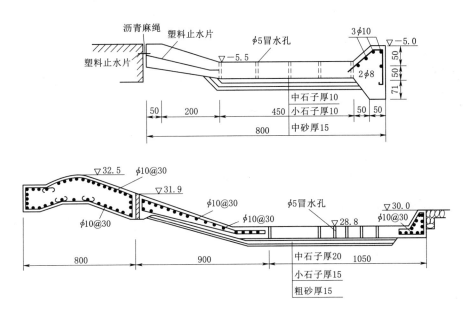

图 3-9-33 护坦细部构造图

护坦与闸室、岸墙及翼墙之间，以及其本身沿水流方向均应用缝分开，以适应不均匀沉陷和温度变形。护坦自身的缝距可取 10～20m，靠近翼墙的消力池缝距应取得小一些。护坦在垂直水流方向通常不设缝，以保证其稳定性，缝宽 2.0～2.5cm。缝的位置如在闸基防渗范围内，缝中应设止水设备；但一般都铺贴沥青油毛毡。

为增强护坦的抗滑稳定性，常在消力池的末端设置齿墙，墙深一般为 0.8～1.5m，宽为 0.6～0.8m。

（三）辅助消能工

9-11 ▶
底流消能工
构造

为了提高消力池的消能效果，除尾槛外，还可设置消力齿（图 3-9-34）、消力墩（图 3-9-35）、消力梁等辅助消能工，以加强紊动扩散，减小跃后水深，缩短水跃长度，稳定水跃，提高水跃消能效果。消力墩可布置在消力池的前部或后部，由两排或三排交错排列布置，消力齿一般布置在陡坡的坡脚处。由于辅助消能工选用的布置形式和尺寸不同，其主要作用也不尽相同。对于有排木过木要求的水闸，如果辅助消能工选用不当，甚至还会产生副作用，危害消力池的安全。对大型水闸，如果采用辅助消能工，其型式和尺寸应通过水工模型试验确定。

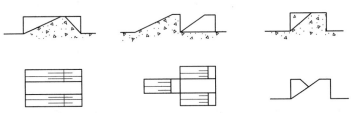

图 3-9-34 消力齿构造

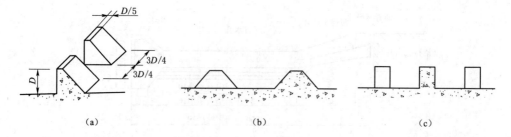

图 3-9-35 消力墩的布置

(a) 单排布设消力墩；(b) 双排布设消力墩；(c) 三排布设消力墩

三、海漫布置和构造

水流经过消力池，虽已消除了大部分多余能量，但仍留有一定的剩余动能，特别是流速分布不均，脉动仍较剧烈，具有一定的冲刷能力。因此，护坦后仍需设置海漫等防冲加固设施，以使水流均匀扩散，并将流速分布逐步调整到接近天然河道的水流形态，如图 3-9-36 所示。

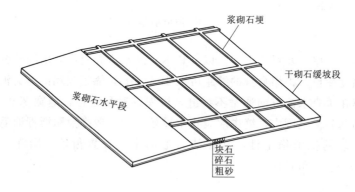

图 3-9-36 海漫构造图

一般在海漫起始段做 5~10m 长的水平段，其顶面高程可与护坦齐平或在消力池尾坎顶以下 0.5m 左右，水平段后做成不陡于 1:10 的斜坡，如图 3-9-37 所示，以使水流均匀扩散，调整流速分布，保护河床不受冲刷。海漫下面常设置垫层。

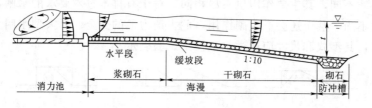

图 3-9-37 海漫布置示意图

对海漫的要求有：①表面有一定的粗糙度，以利进一步消除余能；②具有一定的透水性，以便使渗水自由排出，降低扬压力；③具有一定的柔性，以适应下游河床可能的冲刷变形。常用的海漫结构有以下几种：

（1）干砌石海漫。一般由粒径大于 30cm 的块石砌成，厚度为 0.4～0.6m，下面铺设碎石、粗砂垫层，厚 10～15cm ［图 3-9-38（a）］。干砌石海漫的抗冲流速为 2.5～4.0m/s。为了加大其抗冲能力，可每隔 6～10m 设浆砌石框格。干砌石常用在海漫后段。

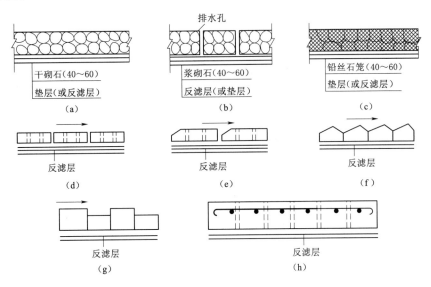

图 3-9-38　海漫衬砌构造示意图（单位：cm）
（a）干砌石海漫；（b）浆砌石海漫；（c）铅丝石笼海漫；（d）、（e）混凝土板海漫；
（f）斜面式混凝土海漫；（g）城垛式混凝土海漫；（h）钢筋混凝土板海漫

（2）浆砌石海漫。采用强度等级为 M5 或 M7.5 的水泥砂浆，砌石粒径大于 30cm，厚度为 0.4～0.6m，砌石内设排水孔，下面铺设反滤层或垫层［图 3-9-38（b）］。浆砌石海漫的抗冲流速可达 3～6m/s，但柔性和透水性较差，一般用于海漫的前部约 10m 范围内。

（3）混凝土板海漫。整个海漫由混凝土板块拼铺而成；每块板的边长 2～5m，厚度为 0.1～0.3m，板中有排水孔，下面铺设垫层［图 3-9-38（d）、（e）］。混凝土板海漫的抗冲流速可达 6～10m/s，但造价较高。有时为增加表面糙率，可采用斜面式或城垛式混凝土块体［图 3-9-38（f）、（g）］。铺设时应注意顺水流流向不宜有通缝。

（4）钢筋混凝土板海漫。当出池水流的剩余能量较大时，可在尾槛下游 5～10m 范围内采用钢筋混凝土板海漫，板中有排水孔，下面铺设反滤层或垫层［图 3-9-38（h）］。

（5）其他形式海漫。如铅丝石笼海漫［图 3-9-38（c）］、格宾石笼海漫。

四、防冲槽布置和构造

水流经过海漫后，尽管多余能量得到了进一步消除，流速分布接近河床水流的正常状态。为保证安全，常在海漫末端设置防冲槽或防冲墙进行防冲加固。

抛石防冲槽是在海漫末端挖槽抛石预留足够的石块，当水流冲刷河床形成冲坑时，预留在槽内的石块沿斜坡陆续滚下，铺在冲坑的上游斜坡上，防止冲刷坑向上游扩展，保护海漫安全，如图3-9-39所示。参照已建水闸工程的实践经验，防冲槽大多采用宽浅式的，其深度t''一般取1.5～2.5m，底宽b取2～3倍的深度，上游坡率m_1=2～3，下游坡率m_2=3。

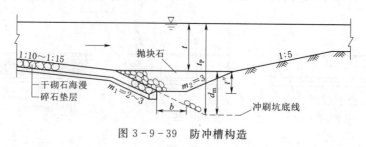

图3-9-39　防冲槽构造

任务四　水闸的防渗排水

水闸的防渗排水布置的任务是经济合理地拟定闸基地下（及两岸）轮廓线形式和尺寸，以减小渗流对水闸产生的不利影响，防止闸基和两岸产生渗透破坏。

一、地下轮廓线

（一）地下轮廓线

如图3-9-40所示，水流在上下游水位差H作用下，经地基向下游渗透，并从护坦的排水孔等处排出。水闸的不透水基底及其防渗设施与地基的接触线，即水闸上游铺盖、板桩、水闸底板基底等与地基的接触线，图中折线0、1、2、…、15、16，可以看成闸基渗流的第一条流线，也称为地下轮廓线，其长度称为闸基防渗长度。

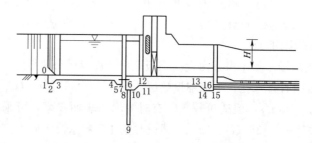

图3-9-40　闸基防渗长度示意图

（二）地下轮廓线的布置

闸基防渗长度初步确定后，可根据地基特性，参考已建的工程经验进行闸基地下轮廓线布置。防渗设计一般采用防渗与排水相结合的原则，即在高水位侧采用铺盖、板桩、齿墙等防渗设施，用以延长渗径、减小渗透坡降和闸底板下的渗透压力；在低水位侧设置排水设施，如反滤层、排水孔或减压井与下游连通，使地基渗水尽快排出，以减水渗透压力，并防止在渗流出口附近发生渗透变形。

地下轮廓布置与地基土质有密切关系，现分述如下。

1. 黏性土地基

当闸基为中壤土、轻壤土或重壤土等黏性土壤地基时，水闸地下轮廓线常采用水平铺盖（混凝土铺盖、黏土铺盖、土工膜铺盖）、闸底板，而不设置板桩，以免破坏黏土的天然结构，在板桩与地基间造成集中渗流通道。黏性土壤具有凝聚力，不易产生管涌，但摩擦系数较小。因此，布置地下轮廓时，排水设施可前移到闸底板下，以降低底板下的渗透压力并有利于黏土加速固结，如图 3-9-41 所示，以提高闸室稳定性。

黏性土地基内夹有承压透水层时，应考虑设置垂直排水，如图 3-9-41（b）所示，以便将承压水引出。

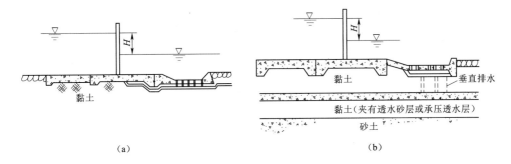

（a）　　　　　　　　　　　　　　（b）

图 3-9-41　黏性土地基上地下轮廓布置图
(a) 黏性土地基；(b) 黏性土地基夹有透水砂层

2. 砂性土地基

当闸基为砂性土地基时，水闸地下轮廓线常采用水平铺盖和垂直防渗体结合的布置形式，即铺盖、闸底板、板桩（或混凝土防渗墙、土工膜垂直防渗结构等）。由于颗粒间无黏着力，易产生管涌，防止渗透变形是其考虑主要因素，因此，闸室下游渗流出口应设置反滤层。砂性土摩擦系数较大，对减小渗透压力要求相对较小。当砂层很厚时，可采用铺盖与板桩相结合的形式，排水设施布置在护坦上，如图 3-9-42（a）。必要时，在铺盖前端再加设一道短板桩，以加长渗径；当砂层较薄，下面有不透水层时，可将板桩插入不透水层，如图 3-9-42（b）；当地基为粉细砂土基时，为了防止地基液化，常将闸基四周用板桩封闭起来，图 3-9-42（c）是江苏某挡潮闸防渗排水的布置方式。因其受双向水头作用，故水闸上下游均设有排水设施，而防渗设施无法加长，设计时应以水头差较大的一边为主，并采取除降低渗压以外的其他措施，提高闸室的稳定性。

二、防渗及排水设施构造

防渗设施是指构成地下轮廓的铺盖、板桩及齿墙，而排水设施则是指护坦上的排水管以及铺设在护坦、浆砌石海漫底部、闸底板下游段起导渗作用的反滤层或垫层。排水管常与反滤层结合使用。

9-14
防渗及排水设施构造

（一）铺盖

铺盖主要用来延长渗径，应具有相对的不透水性，为适应地基变形，也要有一定的柔性。铺盖常用黏土壤、混凝土、钢筋混凝土等材料建造。

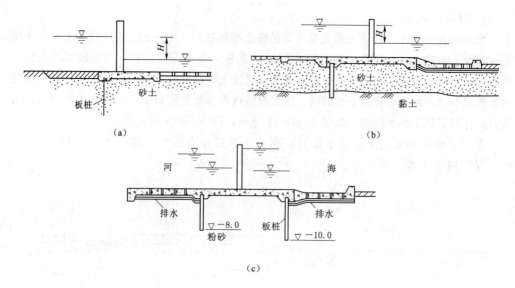

图 3-9-42 砂性地基上地下轮廓布置图
（a）砂层厚度较深时；（b）砂层厚度较浅时；（c）易液化粉细砂土地基

1. 黏土铺盖

铺盖的渗透系数应比地基土的渗透系数小 100 倍以上。铺盖的长度应由闸基防渗需要确定，一般采用上、下游最大水位差的 3～5 倍。铺盖的厚度 δ 应根据铺盖土料的允许水力坡降值计算确定。铺盖上游端的最小厚度由施工条件确定，一般不小于 0.6m，逐渐向闸室方向加厚。铺盖与底板连接处为一薄弱部位，通常将底板前端做成斜面，使黏土能借自重及其上的荷载与底板紧贴，在连接处铺设油毛毡等止水材料，一端用螺栓固定在斜面上，另一端埋入黏土铺盖中，如图 3-9-43 所示。为了防止铺盖在施工期遭受破坏和运行期间被水流冲刷，应在其表面先铺设砂垫层，然后再铺设单层或双层块石保护层。

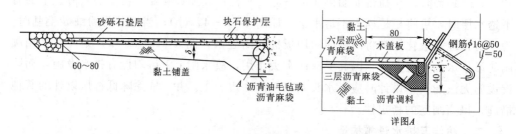

图 3-9-43 黏土铺盖的细部构造（单位：cm）

2. 混凝土铺盖

如当地缺乏黏性土料，或以铺盖兼作阻滑板增加闸室稳定时，可采用混凝土或钢筋混凝土铺盖（图 3-9-44）。其厚度一般为 0.4～0.6m，与底板连接处应加厚至 0.8～1.0m。铺盖与底板、翼墙之间用沉降缝分开。铺盖本身也应设温度沉降缝，缝距为 8～20m，靠近翼墙的缝距应小一些，缝中均应设止水。混凝土强度等级为 C20，配置温度和构造钢筋。对于要求起阻滑作用的铺盖，应按受力大小配筋。

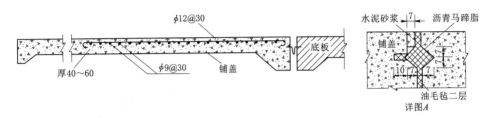

图 3-9-44 钢筋混凝土铺盖（单位：cm）

用沥青混凝土作铺盖材料效果很好，防渗性能好，渗透系数可达 $10^{-3} \sim 10^{-5}$ cm/s，几乎不透水；有较好的柔性，可适应地基变形，造价也较低。铺盖厚度约为 10cm，但是在与闸底板连接处仍然需要适当加厚。

3. 土工膜铺盖

土工膜的厚度一般不宜小于 0.5mm，工程常用两布一膜的复合土工膜。在敷设土工膜时，应排除膜下积水、积气，同时在膜上铺设保护层，可采用水泥砂浆、砌石或预制混凝土块进行防护。

（二）板桩

板桩的作用随其位置不同而不同。一般设在闸底板上游端或铺盖前端，主要用以降低渗透压力，有时也设在底板下游端，以减小出口段坡降或出逸坡降，但一般不宜过长，否则将过多地加大底板所受的渗透压力。

板桩既可以做成悬挂式，也可以伸入不透地基，打入不透水层的板桩，嵌入深度不应小于 1.0m。如透水层很深，则板桩做成悬挂式，一般采用水头的 0.6～1.0 倍。钢筋混凝土板桩、混凝土防渗墙的最小有效厚度应大于 0.2m。板桩顶端与闸室底板的连接应采用柔性连接，一种是把板桩紧靠底板前缘，顶部嵌入黏土铺盖一定深度，如图 3-9-45（a）；另一种是把板桩顶部嵌入底板底面特设的凹槽内，桩顶填塞可塑性较大的不透水材料；如图 3-9-45（b）。前者适用于闸室沉降量较大，而板桩尖已插入坚实土层的情况；后者则适用于闸室沉降量小，而板桩尖未达到坚实土层的情况。

（三）齿墙

齿墙常设在闸室底板上、下游两端及混凝土铺盖上、下游端。齿墙材料与闸底板材料相同，深度一般为 0.5～1.5m。既能延长渗径，又能增加闸室抗滑稳定性。

（四）灌浆帷幕

岩基上水闸的防渗设施是在基底设置灌浆帷幕，其灌浆孔宜设单排，孔距宜取 1.5～3.0m，孔深宜取闸上最大水深的 0.3～0.7 倍。灌浆应在有一定厚度混凝土盖重及固结灌浆后进行。灌浆压力应以不掀动基础岩体为原则，通过灌浆试验确定。

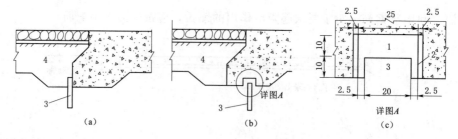

图 3-9-45　板桩与底板的连接
1—沥青；2—预制挡板；3—板桩；4—铺盖

（五）垂直土工膜

土工膜应用于垂直防渗体首先出现在福建省水利工程中，山东、江苏等省加以改进和发展，目前最深开槽深度已达 16m。当地基符合以下条件时，要采用土工膜垂直防渗方案：①透水层深度一般在 12m 以内；②透水层中大于 5cm 的颗粒含量不超过 10%（以重量计），少量大石头的最大粒径不超过 15cm，或不超过开槽设备允许的尺寸；③透水层中水位应能满足泥浆的固壁要求。

垂直土工膜防渗材料可选用聚乙烯土工膜或防水塑料板等，土工膜厚度不小于 0.25mm，重要工程可采用复合土工膜，其厚度不小于 0.5mm。

（六）排水设施

在闸室下游侧的地基上需设置排水设施（包括排水孔、排水井、滤层、垫层等）。将闸基中的渗水安全地排到下游，以减小渗透压力，增加闸室稳定性。为此要求排水设施应有良好的透水性，并与下游畅通；同时能够有效地防止地基土产生渗透变形，工程中常用的排水位置，如图 3-9-46 所示。

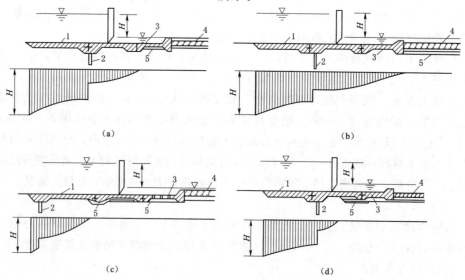

图 3-9-46　排水布置图
（a）消力池段布置排水体；（b）海漫段布置排水体；（c）闸室首端布置排水体；（d）闸室中间布置排水体
1—铺盖；2—板桩；3—护坦；4—海漫；5—反滤层

排水的位置直接影响渗透压力的大小和分布。如图3-9-48中排水起点位置越往闸室底板上游端移动,作用在底板下的渗透出力就越小。这种布置虽然缩短了渗径,但由于防渗要求必须满足一定长度,因此相应地要加长铺盖等防渗设施;同时,底板下的排水在长期运用过程中,也有可能被渗水带来的泥沙所淤塞,检修甚难,设计与施工时均需重视。

排水形式有两种:(1)平铺式排水。这是常用的一种形式。即在地基表面铺设反滤层或垫层,如图3-9-48所示,在消力池底部设排水孔,让渗透水流与下游畅通。设置反滤层是防止地基土产生渗透变形的关键性措施,反滤层终点的渗透坡降必须小于地基土在无滤层保护时的容许坡降,应以此原则来确定滤层铺设长度。反滤层的正确布置形式如图3-9-49(b)所示。

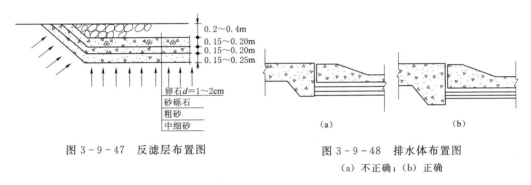

图3-9-47　反滤层布置图　　　　图3-9-48　排水体布置图
(a)不正确;(b)正确

反滤层常由2~3层不同粒径的石料(砂、砾石、卵石或碎石)组成,每层厚度可在20~30cm。层面大致与渗流方向正交,其粒径则顺着渗流方向由细到粗进行排列。在黏土地基上,由于黏土颗径有较大的黏结力,不易产生管涌,因而对滤层级配的要求可以低些,常铺设1~2层,如图3-9-47、图3-9-48所示。

(2)铅直排水(排水井)。排水管、排水孔,如图3-9-47(b)。

三、侧向绕渗防渗措施

水闸建成挡水后,除闸基渗流外,渗流还会从上游绕翼墙、岸墙和刺墙等流向下游,称为侧向绕渗(图3-9-49)。绕渗对翼墙、岸墙形成渗透水压力,影响其稳定性;在渗流出口处,以及填土与岸、翼墙的接触面上可能产生渗透变形。因此,应做好侧向防渗排水。

侧向防渗排水布置(包括刺墙、板桩、排水孔等)应根据上、下游水位、墙体材料和墙后土质以及地下水位变化等情况综合考虑,并应与闸基的防渗排水布置相适应,使水闸形成立体防渗。若铺盖长于翼墙,在岸坡上也应设铺盖或在伸出翼墙范围的铺盖侧部加设垂直防渗措施,以保证铺盖的有效防渗长度,防止在空间上形成防渗漏洞。防渗设备除利用翼墙和岸墙外,还可根据需要,在岸墙或边墩后面靠近上游处增设板桩或刺墙,以增加侧向渗径。刺墙与边墩(或岸墙)之间需要用沉陷缝分开,缝中设止水。为避免填土与边墩、翼墙的接触面上产生集中渗流,常需设一些短刺墙,并使边墩与翼墙的挡水面稍成倾斜,使填土借自重紧压在墙背上。为排除渗水,单向水头的水闸可在下游翼墙和护坡上设置排水设施。排水设施可根据墙后回填土的

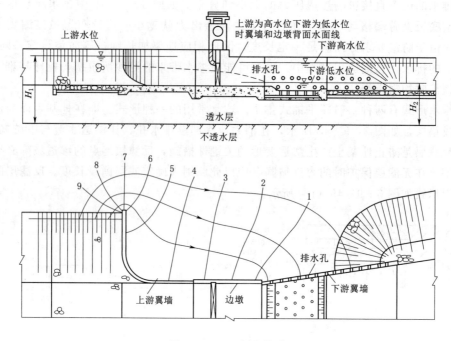

图 3-9-49 侧向绕渗

性质选用不同的形式：一是排水孔。在稍高于地面的下游墙上，每隔 $2\sim4m$ 留一直径为 $5\sim10cm$ 的排水孔，以排除墙后的渗水。这种布置适用于透水性较强的砂性回填土，如图 3-9-50（a）。二是连续排水垫层。在墙背上覆盖一层用透水材料做成的排水垫层，使渗水经排水孔排向下游，如图 3-9-50（b），这种布置适用于透水性很差的黏性回填土。连续排水垫层也可沿开挖边坡铺设，如图 3-9-50（c）。

9-15 ▶

侧向绕流防渗措施

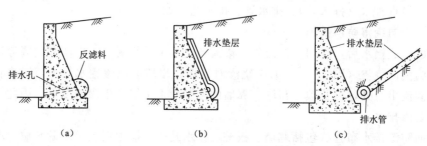

图 3-9-50 下游翼墙后的排水设施
（a）墙后设反滤料的排水孔；（b）墙后设排水垫层的排水孔；（c）墙后设排水管

任务五 闸门与启闭机

闸门是水闸的关键部分，用它来封闭和开启孔口，以达到控制水位和调节流量的目的。启闭机是用来开启、关闭闸门，控制闸门的开启度的机械设备。

9-16 ▶

闸门类型

一、闸门

(一) 闸门的类型

1. 按工作性质分类

闸门按其工作性质的不同,分为工作闸门、事故闸门和检修闸门等。工作闸门又称为主闸门,是水工建筑物正常运行情况下使用的闸门,常在动水中启闭。事故闸门是在水工建筑物或机械设备出现事故时,在动水中快速关闭孔口的闸门,又称为快速闸门,事故排除后充水平压,在静水中开启。检修闸门用以临时挡水,一般在静水中启闭。

2. 按门体的材料分类

闸门按门体的材料可分为钢闸门、钢筋混凝土、钢丝网水泥闸门及铸铁闸门等。钢闸门门体较轻,一般用于大、中型水闸。钢筋混凝土可以节省钢材,不需除锈但前者较笨重,启闭设备容量大;钢丝网水泥闸门容易剥蚀,耐久性差,一般用于渠系小型水闸。铸铁门抗锈蚀、抗磨性能好、止水效果也好,但由于材料抗弯强度较低,性能又脆,因此仅在低水头、小孔径水闸中使用。

3. 按门叶外观形状分类

闸门门叶外观形状可分为平面闸门、弧形闸门、人字闸门等。弧形闸门常常用作工作闸门,平面闸门既可以用作工作闸门,又可以用作检修闸门,人字闸门常用作船闸的工作闸门。

平面钢闸门一般分为直升式和升卧式两种。直升式平面闸门是最常用的形式,门体结构简单,可吊出孔口进行检修,所需闸墩长度较小,也便于使用移动式启闭机。其缺点是,启闭力较大,工作桥较高,门槽处易磨损。升卧式平面闸门闸门在关闭状态直立挡水,启门时首先直立上升,然后边上升边转动(向上游或向下游),全开时闸门平卧在闸墩顶部。这种闸门的特点是工作桥高度小,从而可以降低造价,提高抗震能力。

弧形闸门与平面闸门比较,其主要优点是启门力小,可以封闭相当大面积的孔口;无影响水流态的门槽,闸墩厚度较薄,工作桥的高度较低,埋件少。但是需要的闸墩较长、不能提出孔口以外进行检修维护,也不能在孔口之间互换;水压力集中于支铰处,闸墩受力复杂。

人字闸门(图3-9-51)是由左右两扇门叶分别绕水道边壁内的垂直门轴旋转,关闭水道时,俯视形成"人"字形状的闸门。人字闸门一般只能承受单向水压力,而只能在上、下游水位相等,静水状况下操作运行,常用于船闸的工作闸门,布置在上、下闸首。

另外,按闸门关闭时门叶所承受挡水位的状况分为露顶式闸门和潜孔式闸门。还有用作检修闸门的叠梁闸门。

(二) 平面闸门的构造

平面闸门由活动部分(即门叶)、埋固部分和启闭设备三部分组成。其中门叶由承重结构[包括面板、梁格、纵向联结系或隔板、门背(纵向)连接系和支承边梁等],支承行走部件、止水装置和吊耳等组成,如图3-9-52所示。埋固部分一般包

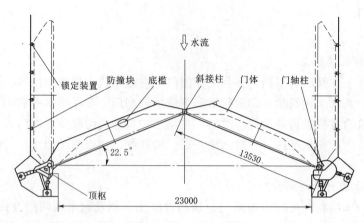

图 4-9-51 人字闸门结构（单位：mm）

括行走埋固件和止水埋固体等。启闭设备一般由动力装置，传动和制动装置以及连接装置等组成。平面闸门的基本尺寸根据孔口尺寸确定。孔口尺寸应优先采用钢闸门设计规范中推荐的系列尺寸。露顶式闸门顶部应在可能出现的最高挡水位以上有 0.3~0.5m 的超高。

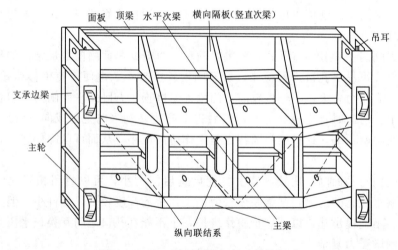

图 4-9-52 平面钢闸门门叶结构组成

二、启闭机

闸门启闭机可分为固定式和移动式两种。启闭机形式可根据门型、尺寸及其运用条件等因素选定。选用启闭机的启闭力应等于或大于计算启闭力，同时应符合国家现行的《水利水电工程启闭机设计规范》（SL 41—2018）所规定的启闭机系列标准。

当多孔闸门启闭频繁或要求短时间内全部均匀开启时，每孔应设一台固定式启闭机，工作闸门常采用固定式启闭机，固定式启闭机有卷扬式、螺杆式和油压式等。检修闸门采用移动式启闭机，如门式启闭机、台车式启闭机、电动葫芦等。

（一）卷扬式启闭机

卷扬式启闭机主要由电动机、减速箱、传动轴和绳鼓所组成。绳鼓固定在传动轴

9-17 ▶

启闭机类型

上，围绕钢丝绳，钢丝绳连接在闸门吊耳上（图3-9-53）。启闭闸门时，通过电动机、减速箱和传动轴使绳鼓转动，带动闸门升降。为了防备停电或电器设备发生故障，可同时使用人工操作，通过手摇箱进行人力启闭。卷扬式启闭机启闭能力较大，操作灵便，启闭速度快，但造价较高，适用于弧形闸门。某些平面闸门能靠自重（或加重）关闭，且启闭力较大时，也可采用卷扬式启闭机。常见启闭机型号 QPQ-100、QPQ-2*50 等，型号说明：Q 表示启闭机，P 表示平面闸门，Q 表示普通卷扬式，2*50 表示双吊点、每个吊点启闭力 50kN。

（二）螺杆式启闭机

螺杆式启闭机通过螺杆与闸门连接，用电动或人力转动主机，迫使螺杆连同闸门向上（下）移动，从而开启（关闭）闸门目的，如图3-9-54所示。螺杆式启闭机有手、电两用，具有安装维护简单，操作轻巧灵活等特点，当水压力较大，门重不足时，还可通过螺杆对闸门施加闭门力关闭闸门。常用单吊点闸门，其启闭重量一般为 3~100kN，适用于闸门尺寸和启闭力都不大的情况。

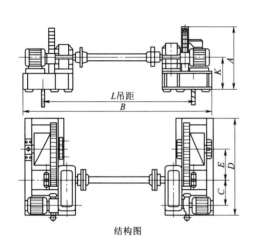

图3-9-53 QHQ双吊点弧形闸门卷扬式启闭机

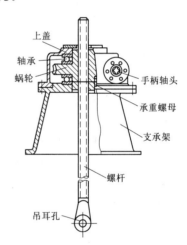

图3-9-54 手摇式螺杆式启闭机

螺杆式启闭机型号举例 QL-100/30-SD（Q 表示启闭机，L 表示螺杆式，100表示启门力为 100kN，30 为 30kN，S 表示手摇式，D 表示电动，SD 在一起表示手电两用式）。

（三）油压式启闭机

油压式启闭主体为油缸和活塞，活塞经活塞杆或连杆和闸门连接。改变油管中的压力即可使活塞带动闸门升降。其优点是利用油泵产生的液压传动，可用较小的动力获得很大的启重力；液压传动比较平稳和安全；较易实行遥控和自动化等。主要缺点是缸体内圆镗的加工受到各地条件的限制，质量不易保证，造价也较高。

（四）移动式启闭机

工程中常用的移动式启闭机有 QPT 台车式卷扬启闭机、门式启闭机、电动葫芦等。

任务六 水闸两岸连接建筑

水闸因受地形地貌的限制，存在上、下游水流不畅时，要根据工程的实际需要采取切滩、挖除凸出岸坡、清除河道堆积物等工程措施，使水闸枢纽与上、下游河道平顺衔接，保证泄流顺畅。

水闸两岸连接结构主要是指岸墙和翼墙结构；如果闸室两侧未设置岸墙，则边闸墩也可视为水闸两岸连接结构的一部分。在水闸工程中，两岸连接建筑在整个工程中所占比重较大，有时可达工程总造价的 15%～40%，闸孔越少，所占比重越大。因此，在水闸设计中，对连接建筑形式选择和布置，应予以足够重视。

一、两岸连接建筑的作用

（1）挡住两侧填土，维持土坝及两岸的稳定。

（2）当水闸泄水或引水时，上游翼墙主要用于引导水流平顺进闸，下游翼墙使出闸水流均匀扩散，减少冲刷。

（3）保持两岸或土坝边坡不受过闸水流的冲刷。

（4）控制通过闸身两侧的渗流，防止与其相连的岸坡或土坝产生渗透变形。

（5）在软弱地基上设有独立岸墙时，可以减少地基沉降对闸身应力的影响。

二、连接建筑的形式和布置

（一）闸室与河岸连接形式

闸室与两岸（或堤、坝等）的连接形式主要与地基及闸身高度有关。当地基较好，闸身高度不大时，可用边墩直接与河岸连接，如图 3-9-55（a）～（d）所示。

当闸身较高、地基软弱的条件下，如仍采用边墩直接挡土，由于边墩与闸身地基的荷载相差悬殊，可能产生不均匀沉降，影响闸门启闭，并在底板内产生较大的内力。此时，可在边墩外侧设置岸墙，边墩只起支承闸门及上部结构的作用，而土压力全由岸墙承担，见图 3-9-55（e）～（h）所示。这种连接形式可以减少边墩和底板的内力，同时还可使作用在闸室上的荷载比较均衡，可减少不均匀沉降。当地基承载力过低，可采用护坡岸墙的结构形式，如图 3-9-56 所示，其优点是：边墩既不挡土，也不设岸墙挡土。因此，闸室边孔受力状态得到改善，适用于软弱地基。缺点是防渗和抗冻性能较差。为了挡水和防渗需要，在岸坡段设刺墙，其上游设防渗铺盖。

（二）上、下游翼墙的布置

9-18

两岸连接建筑物的形式与布置

上、下游翼墙是上、下游连接段的两岸连接建筑，其作用除了挡土外，将上游来水平顺地导入闸室和将出闸水流均匀地扩散下泄，因此在平面布置上要与上游进水条件相配合，同时要与出闸水流的扩散相适应。根据工程实践经验，水闸的上游翼墙应与闸室平顺连接，其顺水流方向的投影长度应大于或等于铺盖长度；水闸下游翼墙的平均扩散角不宜过大，否则虽可节约工程量，但出闸水流将脱离翼墙临水面，两侧出现回流，压缩主流并使之更为集中，使下游河道遭受冲刷，大型水闸下游翼墙每侧扩散角一般采用 7°～12°，其顺水流方向的投影长度大于或等于消力池长度。上、下游翼墙的墙顶高程应分别高于上、下游最不利的运用水位。

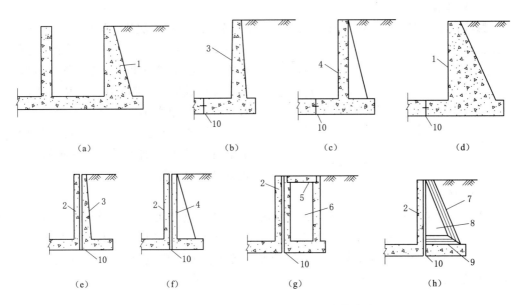

图 3-9-55 闸室与两岸或土坡的连接方式

1—重力式边墩；2—边墩；3—悬臂式边墩或岸墙；4—扶壁式边墩或岸墙；5—顶板；
6—空箱式岸墙；7—连拱板；8—连拱式空箱支墩；9—连拱底板；10—沉降缝

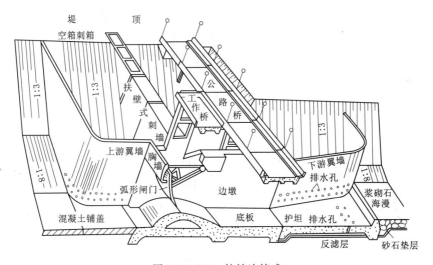

图 3-9-56 护坡连接式

上、下游翼墙的平面布置形式常有反翼墙、圆弧式翼墙、扭曲面翼墙、斜降式翼墙、八字形翼墙等。上游翼墙多数采用圆弧式、椭圆弧式，下游翼墙多数采用圆弧（或椭圆弧）与直线组合式、扭曲面等。

为了防止和减少由于地基不均匀沉降、温度变化和混凝土干缩等因素引起的变形或裂缝，翼墙应分缝，分段长度不能太长。土质地基上挡土墙的分段长度一般不超过 20m，岩石地基上的挡土墙分段长度更小一些。

1. 反翼墙

翼墙自闸室向上、下游延伸一段距离，然后转弯 90°插入堤岸，墙面铅直，转弯半径 2～5m，如图 3-9-57 所示。这种布置形式的防渗效果和水流条件均较好，但工程量较大，一般适用于大中型水闸。对于渠系小型水闸，为节省工程量可采用一字形布置形式，即翼墙自闸室边墩上下游端即垂直插入堤岸。这种布置形式进出水流条件较差。

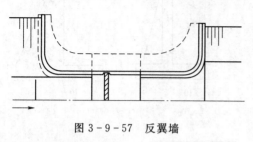

图 3-9-57 反翼墙

2. 圆弧翼墙

这种布置是从边墩开始，向上、下游用圆弧形的铅直翼墙与河岸连接。上游圆弧半径为 15～30m，下游圆弧半径为 30～40m，如图 3-9-58 所示。其优点是水流条件好，但模板用量大，施工复杂。适用于上下游水位差及单宽流量较大、闸室较高、地基承载力较低的大中型水闸。

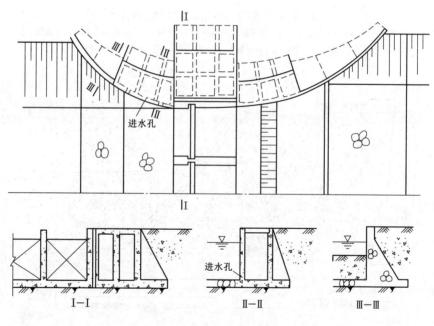

图 3-9-58 圆弧翼墙

3. 扭面翼墙

翼墙迎水面是由与闸墩连接处的铅直面，向上、下游延伸而逐渐变为倾斜面，直至与其连接的河岸（或渠道）的坡度相同为止，如图 3-9-59 所示。翼墙在闸室端为重力式挡土墙断面形式，另一端为护坡形式。这种布置形式的水流条件好，且工程量小，但施工较为复杂，应保证墙后填土的夯实质量，否则容易断裂。这种布置形式在渠系工程中应用较广。

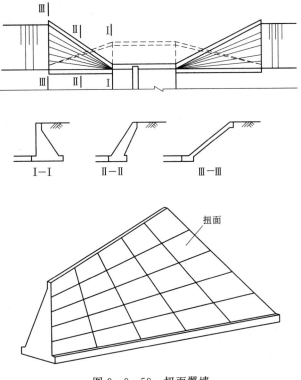

图 3-9-59　扭面翼墙

4．斜墙翼墙

在平面上呈八字形，随着翼墙向上、下游延伸，其高度逐渐降低，至末端与河底齐平，如图 3-9-60 所示。这种布置的优点是工程量省，施工简单，但防渗条件差，泄流时闸孔附近易产生立轴漩涡，冲刷河岸或坝坡，一般用于较小水头的小型水闸。

三、两岸连接建筑的结构形式

两岸连接建筑物结构为迎水面直立的水工挡土墙，其结构形式有重力式、半重力式、衡重式、悬臂式、扶壁式、空箱式、连拱式等。

（一）重力式挡土墙

重力式挡土墙是最基本的一种结构形式，主要依靠自身的重力维持稳定，如图 3-9-61 所示。常用混凝土和浆砌石建造。这种挡土墙结构最为简单，施工方便，但由于重力式挡土墙断面和重量较大在土质地基上使用往往受到地基允许承载力的限制，其墙体高度不能太高；在岩基上虽然承载力不是控制条件，但过高的重力式挡土墙由于断面大，材料耗费较多，因而不经济。一般来说，高度在 6m 以下的挡土墙。

9-19
两岸连接建筑
的结构形式

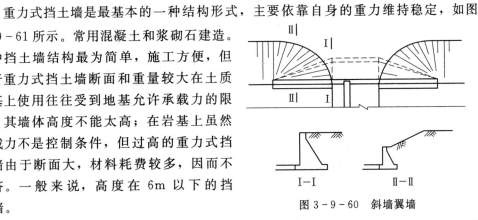

图 3-9-60　斜墙翼墙

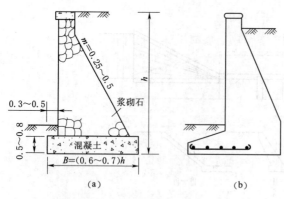

图 3-9-61 重力式挡土墙（单位：m）

重力式翼墙结构计算同挡土墙。

重力式挡土墙顶宽一般为0.4～0.8m，边坡系数 m 为 0.25～0.5，混凝土底板厚 0.5～0.8m，两端悬出 0.3～0.5m，前趾常需配置钢筋。

为了提高挡土墙的稳定性，墙顶填土面应设防渗，如图 3-9-62 所示；墙内设排水设施，以减少墙背面的水压力，排水设施可采用排水孔 [图 3-9-63 (a)] 或排水暗管 [图 3-9-63 (b)]。

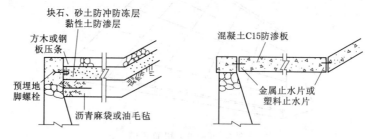

图 3-9-62 翼墙墙顶防渗设施

（二）悬臂式挡土墙

悬臂式挡土墙是由直墙和底板组成的一种钢筋混凝土轻型挡土结构，如图 4-9-64 所示。其适宜高度为 6～10m。用作翼墙时，断面为倒 T 形，用作岸墙时，则为 L 形 [图 3-9-55 (e)]，这种翼墙具有厚度小，自重轻等优点。它主要是利用底板上的填土维持稳定。

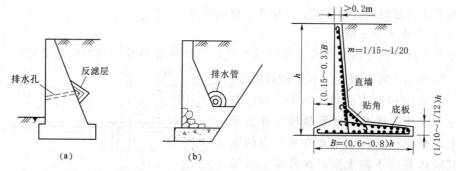

图 3-9-63 挡土墙的排水   图 3-9-64 悬臂式挡土墙断面图（单位：m）

底板宽度由挡土墙稳定条件和基底压力分布条件确定。调整后踵长度，可以改善稳定条件；调整前趾长度，可以改善基底压力分布。直径和底板近似按悬臂板计算。

（三）扶壁式挡土墙

当墙的高度超过 9m 以后，采用钢筋混凝土扶壁式挡土墙较为经济。扶壁式挡土墙由直墙、底板及扶壁三部分组成。如图 3-9-65 所示。利用扶壁和直墙共同挡土，并可利用底板上的填土维持稳定，当改变底板长度时，可以调整合力作用点位置，使地基反力趋于均匀。

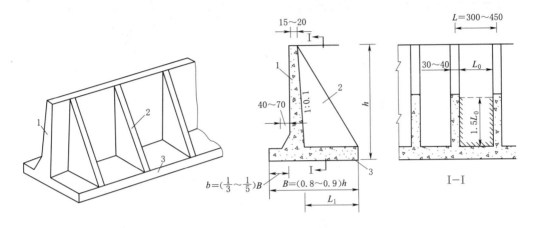

图 3-9-65 扶壁式挡土墙（单位：cm）
1—立墙；2—扶壁；3—底板

钢筋混凝土扶壁间距一般为 3~4.5m，扶壁厚度 0.3~0.4m；底板用钢筋混凝土建造，其厚度由计算确定，一般不小于 0.4m；直墙顶端厚度不小于 0.2m，下端由计算确定。悬臂段长度 b 为 $(1/5~1/3)B$。直墙高度在 6.5m 以内时，直墙和扶壁可采用浆砌石结构，直墙顶厚 0.4~0.6m，临土面可做成 1:0.1 的坡度；扶壁间距 2.5m，厚 0.5~0.6m。

（四）空箱式或空箱与扶壁结合式挡土墙

空箱式挡土墙由底板、前墙、后墙、扶壁、顶板和隔板等组成，如图 3-9-64 所示。利用前后墙之间形成的空箱充水或填土可以调整地基应力。因此，它具有重力小和地基应力分布均匀的优点，但其结构复杂，需用较多的钢筋和木材，施工麻烦，造价较高。故仅在某些地基松软的大中型水闸中使用。在上、下游翼墙中基本上不再采用。

（五）连拱式挡土墙

连拱式挡土墙也是空箱式挡土墙的一种形式，它由底板、前墙、隔墙和拱圈组成，如图 3-9-67 所示。前墙和隔墙多采用浆砌石结构，底板和拱圈一般为混凝土结构。拱圈净跨一般为 2~3m，矢跨比常为 0.2~0.3，厚度为 0.1~0.2m。拱圈的强度计算可选取单宽拱条，按支承在隔墙（扶壁）上的两铰拱进行计算。连拱式挡土墙的优点是钢筋省、造价低、重力小，适用于软土地基。缺点是挡土墙在平面布置上需转弯时施工较为困难，整体性差。

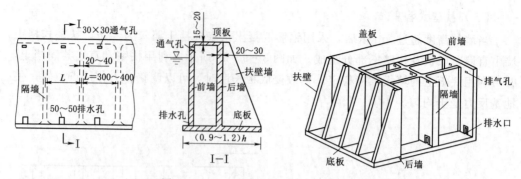

图 3-9-66 空箱式挡土墙（单位：m）

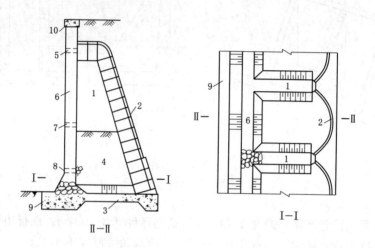

图 3-9-67 连拱式挡土墙

1—隔墙；2—预制混凝土拱圈；3—底板；4—填土；5—通气孔；6—前墙；
7—进水孔；8—排水孔；9—前趾；10—盖顶

项目十 低水头闸坝

为了满足生态环境、景观建设、城市园林工程、农业灌溉等方面的用水需要，修建水闸、橡胶坝、气盾坝、液压坝、钢坝、水力自动翻板闸门等低水头的拦河闸坝工程，拦蓄水量，抬高水位。对于平原地区河道，由于河床开阔，修建水闸，闸孔宽度大、孔数多、水头低、闸墩多、土建投资大，并且拦河闸在洪水期影响河道泄洪。因此对于河床开阔、孔口较宽（单跨长度一般为 50～100m）、水头较小的情况（一般小于 5m），更适宜修建橡胶坝、气盾坝、液压坝、钢坝、水力自动翻板坝等形式的闸坝工程。水闸前面已经介绍，在此不再赘述，本项目介绍橡胶坝、气盾坝、水力自控翻板闸门、液压坝、钢坝等水工建筑物。

任务一 橡 胶 坝

10-1 ▶
橡胶坝的特点和适用条件

橡胶坝是 20 世纪 50 年代末，随着高分子合成材料工业的发展而出现的一种新型的水工建筑物，它将橡胶坝袋按照设计要求锚固在基础底板或端墙上形成密封袋形，利用充排水（气）控制其升降活动的袋式挡水坝，如图 3-10-1 所示。坝袋充水（气）挡水，作用在坝袋上的水压力通过锚固结构传递到混凝土基础底板或端墙上，使坝袋稳定；不需要挡水时，放空坝袋内的水（气），便可回复原有河渠的过流断面。

我国第一座橡胶坝是 1966 年 6 月建成的北京右安门橡胶坝，坝高 3.4m，坝顶长 37.6m。自 1965 年开始橡胶坝的研制工作以来，经历了四个发展阶段，至今已建成各种橡胶坝 700 余座，遍及我国绝大多数省份，并以每年 50 座左右的速度发展。应用范围十分广阔，可以用来代替各种闸门、活动溢流堰、船闸闸门、防潮闸。

橡胶坝技术在应用发展过程中，坝袋结构形式经历了借鉴、改进和发展三个阶段。经过 50 多年的发展，我国橡胶坝技术日益成熟，目前已经能够建设坝高 5m 的充水式橡胶坝，最引人注目的是 1997 年在山东省临沂市小埠东建成的橡胶坝。

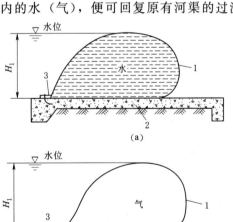

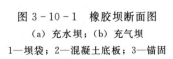

图 3-10-1 橡胶坝断面图
(a) 充水坝；(b) 充气坝
1—坝袋；2—混凝土底板；3—锚固

高 3.5m，16 跨，每跨为 70m，总长为 1135m，是当时世界上最长的橡胶坝，被收入 1999 年的吉尼斯世界纪录，并获得世界基尼斯最佳项目奖。

目前，国外已经建成了坝高 6m 的充气式橡胶坝，坝高 8m 的水气双充橡胶坝。荷兰的 Pamspol 橡胶坝是目前最高的橡胶坝，高达 8m，并为水气双充式橡胶坝。

一、橡胶坝的特点

经过 40 年实践表明，橡胶坝不论在发达国家，还是在发展中国家都具有很强的实用价值和广泛的适用性。与传统的闸坝相比，橡胶坝在其适用范围内，具有结构简单，节省三材、造价低、自重轻、抗震性能好、跨度大、不阻水、止水效果好、新颖美观、工期短、管理方便、运行费用低等优点（表 3 - 10 - 1），橡胶坝的特点表现在几个方面：

表 3 - 10 - 1　　　　　　　　　　橡胶坝和水闸对比表

项目	橡 胶 坝	水 闸
结构	结构简单，挡水主体为坝袋，底为少筋混凝土，中墩为直面光墙	底板结构复杂，依靠闸门挡水，底板厚，中墩设闸门槽，闸墩受力大，强度要求高
三材用量	节省钢、木、水泥三大建材	三大建材用量大
抗震	抗震性能好	抗震性能相对较差
单跨	单跨一般 50～100m	单孔一般不超过 8～12m
地基条件	自重轻，对地基承载力要求低	自重大，对地基承载力要求高
获得水头	水头小，一般不超过 5m	水头可达 10～20m
施工	坝袋为预制装配式结构，工期更短，一般为 3～6 个月	工期相对较长
可靠性	坝袋易受漂浮物及人为损伤，坚固性较差，易老化	闸门坚固性强，不易遭人为损坏，需定期防锈等处理
耐久性	土建 30～50 年，设备 20～50 年，坝袋 15～20 年	土建 30～50 年，设备 20～50 年
行洪	占用河道行洪断面小，不阻水、影响行洪小	闸墩多，占用行洪断面大，闸墩阻水，影响行洪
运行	充水式坝的运行高度可调节，可无动力坍坝	闸门开度可调节，但较大型闸门需动力启闭
管理	管理管理维修量小，费用低	防锈等管理维护量大，总费用高
总造价	总造价低，为常规闸门的 50%～70%	总造价高

（1）造价低。橡胶坝的造价与同规模的常规水闸相比，一般可以减少投资 30%～70%，这是最橡胶坝的突出优点。

（2）节省三材。橡胶坝袋是以合成纤维织物和橡胶制成的薄柔性结构代替钢木及钢筋混凝土结构，由于不需要修建中间闸墩、工作桥和安装启闭机等钢筋混凝土的上部结构，并简化水下结构，因此三材用量显著减少，一般可节省钢材 30%～70%、水泥 30%～60%、木材 40%～60%，节约投资 30%～60%。例如我国第一座橡胶坝——北京右安门橡胶坝，其工程量为：土方量 6000m³，石 210m³，混凝土 1300m³，钢材 55t，水泥 460t，氯丁橡胶 5t，锦纶丝 1.14t，总投资 39.57 万元。其中坝袋造价 7.98 万元，平均每米坝长投资约 1.04 万元。

（3）结构简单、施工期短、操作灵活。橡胶坝工程总工期的长短取决于土建工程施工的复杂与难易程度。橡胶坝袋是先在工厂生产，然后到现场安装，施工速度快，整个工程施工工艺简单，工期一般为 3～6 个月，多数橡胶坝工程是当年施工当年受益。橡胶坝一般采用水泵或空压机作为其充胀和排空设备，可多跨共用，实行集中控制，设备简单，操作简便、灵活。

（4）抗震性能好。橡胶坝的坝体为柔性薄壳结构，延伸率达 6000%，具有以柔克刚的性能，故能抵抗强大地震波和特大洪水的波浪冲击。

（5）不阻水，止水效果好。坝袋锚固于底板和岸墙上，基本能达到不漏水。坝袋内水泄空后，紧贴在底板上，不缩小原有河床断面，橡胶坝一般跨度较大，单跨可达 100m，故无需启闭机架等结构，故不阻水。

（6）耐久较差，橡胶容易老化，使用寿命较短。由于受阳光、空气和水的作用，橡胶坝会逐渐失去其应有的强度和密封性能。在目前技术条件下，一般坝袋使用寿命仅 20 年。

（7）坝高受限制。《橡胶坝技术规范》（GB/T 50979—2014）的适用范围是坝高 5m 及其以下的袋式橡胶工程。若修建高度大于 5m 的橡胶坝，则需要进行专题论证。

橡胶坝优点多，用途广，但在具体实践中还有许多新的课题需待解决，如高度大于 5m 的橡胶坝工程设计和制造问题，坝袋防振动问题，如何进一步提高坝袋强度（在坝袋胶布内加入钢丝网）问题，坝袋的耐老化和耐磨损问题，坝袋的修补和维护问题，活动式橡胶坝的开发应用问题，橡胶坝的自动控制问题等。橡胶坝是随着科学技术的发展而诞生的一种新型的水工建筑物，它必将随着科学技术的发展，从材料、设计以及施工和管理等方面得到进一步的发展和完善。

二、橡胶坝的适用条件

橡胶坝适用于低水头、大跨度的闸坝工程，橡胶坝的高度一般不高于 5.0m，单跨长度一般为 50～100m。主要用于灌溉、挡潮、航运、供水、城市园林和生态水环境等方面。

（1）用于水库溢洪道上的闸门或活动溢流堰，以增加库容及发电水头，工程效益十分显著。从水力学和运用条件分析，建在溢洪道或溢流堰上的橡胶坝，坝后紧接陡坡段，无下游回流顶托现象，袋体不易产生颤动。在洪水季节，大量推移质已在水库沉积，过流时不致磨损坝袋，即使有漂浮物流过坝体，因为有过坝水层保护堰顶急流，也不易发生磨损。大坝挡水时下游无水，便于检修坝袋下游部分；枯水期，上、下游均无水，更有利于对坝袋的全面检查维修。

（2）用于河道上的低水头溢流坝或活动溢流堰，特别是平原河道水流比较平稳，河道断面较宽，应建橡胶坝，它能充分发挥橡胶坝跨度大的优点。

（3）用于渠系上的进水闸、分水闸、节制闸等工程，建在渠系的橡胶坝，由于水流比较平稳，袋体柔性、止水性能好，能保持水位和控制坝高来调节水位和流量。

（4）用于沿海岸作防浪堤或挡潮闸。橡胶制品有抗海水浸蚀和海生生物影响的性能，而且在耐老化性方面在海水中优于在淡水中，不会像钢、铁因浸蚀、生锈引起性能降低。

（5）用于施工围堰或活动围堰。橡胶活动围堰有其特殊优越之处，如高度可升可降，并且可从堰顶溢流，且活动围堰不用锚固，依靠坝袋内前坦胶布上的水重，胶布与河床之间产生的摩擦力维持坝袋的稳定；解决在城市取土的困难，不需取土筑堰可保持河道清洁，节省劳力和缩短工期。

（6）用于园林工程，改善生态环境。采用橡胶坝拦截城市河道，蓄水后形成水面宽阔的人工湖，供市民游泳、划船、钓鱼等娱乐之用。橡胶水坝造型优美，线条流畅，尤其是彩色橡胶水坝更为园林建设增添一幅优美的风景。既可解决城市河道防洪与蓄水的矛盾，又有利于生态环境的保护，是谋求社会效益、经济效益以及综合开发城市河道及河道两岸土地资源的主要工程措施之一。

近年来，橡胶坝工程被广泛用于城镇河道蓄水以改善生态环境，是谋求当地社会效益、经济效益、综合开发城镇河道及两岸土地资源的主要工程措施之一。

三、橡胶坝的形式

（一）按坝袋内充胀介质分类

橡胶坝按坝袋内充胀介质可分为充水式、充气式。充水式橡胶坝在坝顶溢流时袋形比较稳定，过水均匀，对下游冲刷较小；而充气式橡胶坝由于气体具有较大的压缩性，在坝顶溢流时会出现凹口现象，水流集中，对下游河道冲刷较强。充水式橡胶坝有可能出现冰冻，充气式橡胶坝在有冰冻的地区没有冰冻问题。充水式橡胶坝气密性要求较低，充气式橡胶坝气密性要求高。

（二）按岸墙的结构形式可类

橡胶坝按岸墙的结构形式可分为直墙式和斜坡式。直墙式橡胶坝的所有锚固均在底板上，橡胶坝坝袋采用堵头式结构，如图3-10-2所示。堵头式橡胶坝的坝袋不和直墙锚固，用具有坝袋设计充胀形状的胶布黏接在坝袋端部，利用堵头与直墙的挤压，达到止水的目的。充水后，坝袋全断面形状相同，不起褶皱，坝袋应力分布比较均匀。这种形式结构简单，适应面广，但充坝时在坝袋和岸墙结合部位出现坍肩现象，引起局部溢流，要求坝袋和岸墙结合部位尽可能光滑，如图3-10-3所示。斜

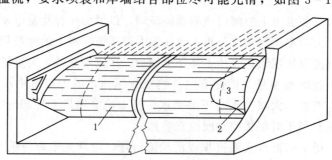

图3-10-2 堵头式橡胶坝
1—坝袋；2—堵头袋；3—黏结线

222

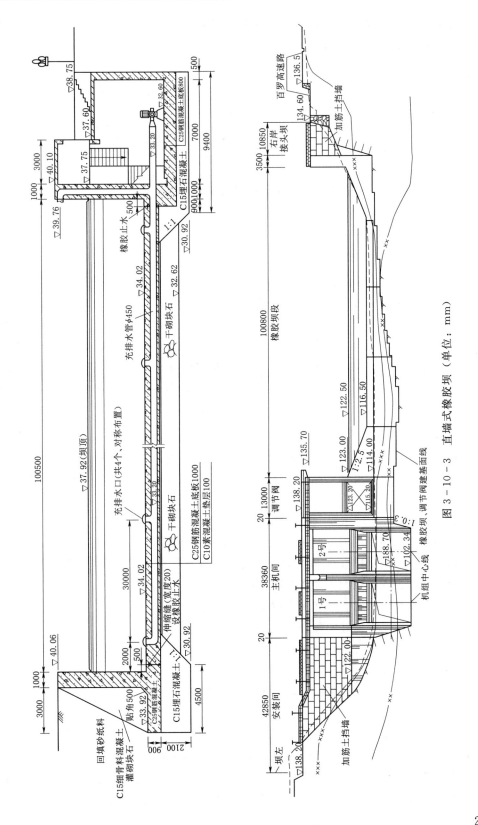

图 3 - 10 - 3 直墙式橡胶坝（单位：mm）

坡式橡胶坝的端部锚固在岸坡上，这种形式的坝袋在岸墙和底板的连接处易形成褶皱，在护坡式的河道中，与上、下游的连接容易处理，如图 3-10-4 所示。

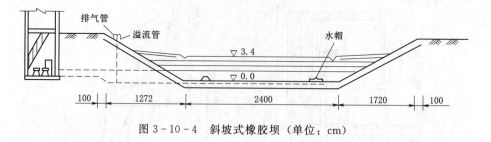

图 3-10-4 斜坡式橡胶坝（单位：cm）

四、橡胶坝的构造

（一）橡胶坝的组成

橡胶坝工程由上游连接段、橡胶坝段、下游连接段、控制系统四部分组成。上、下游连接段包括上下游翼墙、上下游护坡、上游防渗铺盖、下游消力池、海漫等，其作用和设计方法同水闸的上、下游连接段。橡胶坝段有橡胶坝袋、底垫片、锚固系统、充排水管和坝底板、边墩（岸墙）、中墩等组成，其主要作用是控制水位和下泄流量。控制系统由水泵（鼓风机或空压机）、机电设备、传感器、管道和阀门等组成，水泵（鼓风机或空压机）、机电设备和阀门一般都布置在专门的水泵房内，主要作用是控制橡胶坝的高度。

（二）橡胶坝的坝袋

橡胶坝主要依靠坝袋承受荷载，坝袋由帆布等骨架材料和各层橡胶一起硫化而成的胶布制品。骨架材料承受拉力，橡胶是保护胶布免受外力的损害。根据坝的高度不同，可以选择一布二胶、二布三胶和三布四胶，采用最多的是二布三胶；一般情况下，夹层胶厚 $0.3\sim0.5\,\text{mm}$，内层覆盖胶厚大于 $2.0\,\text{mm}$，外层覆盖胶厚大于 $2.5\,\text{mm}$。目前国内坝袋胶布采用锦纶帆布，坝袋用的胶布必须满足如下性能：

（1）有足够的抗拉强度和抗撕裂性能，径向抗拉强度必须大于坝袋径向设计强度，纬向抗拉强度必须大于坝袋纬向设计强度。

（2）柔曲性、耐疲劳性、耐水浸泡及耐久性好。

（3）与橡胶具有良好的黏合性能。

（4）重量轻、加工工艺成熟。

坝袋用的胶料必须满足下列基本要求：

（1）耐大气老化、耐腐蚀、耐磨损、耐水性好。

（2）有足够的强度。

（3）在寒冷地区要有抗冻性等。

（4）坝袋使用的胶料达到或超过表 3-10-2 的规定。

坝袋选择的步骤：首先计算出坝袋的设计强度，然后根据设计强度的要求选择胶布的型号和层数，最后确定各层橡胶的厚度和坝袋的总厚度。

表 3－10－2　　　　　　　　　　　　坝袋胶料物理机械性能要求

项　目		单位	外层胶	夹层胶内层胶	底垫片胶
扯断强度		MPa	≥14	≥12	≥6
扯断伸长率		%	≥400	≥400	≥250
扯断永久变形		%	≤30	≤30	≤35
硬度（邵尔 A）		(°)	55～65	50～60	55～65
脆性温度		℃	－30	－30	－30
热空气老化 （100℃×96h）	扯断强度	MPa	≥12	≥10	≥5
	扯断伸长率	%	≥300	≥300	≥200
热淡水老化 （70℃×96h）	扯断强度	MPa	≥12	≥10	≥5
	扯断伸长率	%	≥300	＞300	≥200
	体积膨胀率	%	≤15	≤15	≤15
臭氧老化：10000ppm，温度 40℃， 拉伸 20%，不龟裂		mm	120	120	100
磨耗量（阿克隆）		cm³/1.61km	≤0.8	≤1	≤1.2
屈挠性、不裂		万次	20	20	20

（三）橡胶坝的消能防冲与防渗排水

溢洪道上的橡胶坝，无需另设消能设施。河渠上的橡胶坝，一般采用底流式水跃消能。

1. 消能防冲

消能防冲包括消力池、海漫，如图 3－10－5 所示。消力池与底板之间采用陡坡段连接，坡度为 1:4～1:5。如基坑开挖有困难时，坝下游护坦与底板高程齐平，护坦的设置范围，应根据计算综合分析决定。

护坦一般采用混凝土结构，其厚度一般为 0.3～0.5m。海漫一般采用浆砌石、干砌石或铅丝石笼，其厚度一般为 0.3～0.5m。

2. 防渗排水

铺盖。铺盖的作用是增加防渗长度，减小底板扬压力，同时也可以防止上游河底冲刷。铺盖常采用混凝土或黏土结构，铺盖的长度应满足防渗长度要求，铺盖的厚度视不同材料而定，一般混凝土铺盖厚 0.3m，黏土铺盖厚不小于 0.5m。

排水设施。其作用是减少底板扬压力，由防渗设计综合考虑后确定排水的位置。排水的起始点便是防渗段的终点。排水设施一般用采用排水孔和反滤层，参考现行的《水闸设计规范》（SL 265—2016）确定。

10-3

橡胶坝的坝袋
与消能防冲

（四）坝袋锚固

锚固是指用锚固构件将坝袋胶布沿其周边安装固定于坝底板或端墙上，以构成封闭袋体。橡胶坝袋必须锚固在坝底板上，坝袋才能发挥作用。坝底板除了有锚固坝袋的作用外，同水闸底板一样，还要承担橡胶坝自重和挡水后的水平水压力，同时还具有防渗、抗冲、拦沙等作用。

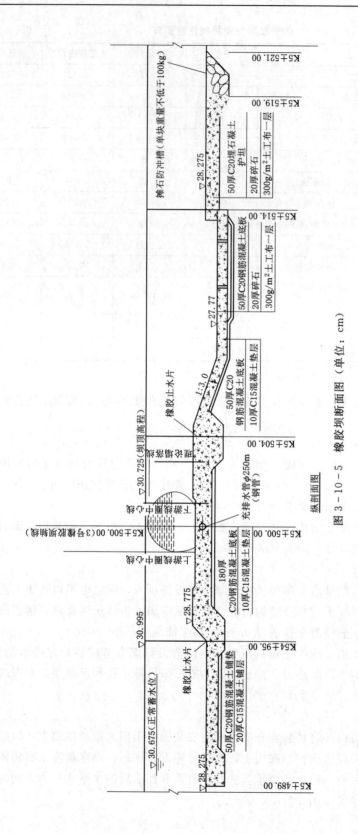

图 3 - 10 - 5　橡胶坝断面图（单位：cm）

1. 锚固构造

橡胶坝锚固的作用是用锚固构件将坝袋胶布固定在承载底板和端墙（或边坡）上，形成一个封闭袋囊。因此，锚固是橡胶坝能否起到挡水作用的关键部位，其构件必须满足设计的强度和耐久性，达到牢固可靠和严密不透水的要求。

橡胶坝锚固分类。按锚固线布置分单线锚固和双线锚固两种，充水橡胶坝应优先采用双线锚固，充气橡胶坝应优先采用单锚线锚固；按锚固结构形式可分为螺栓压板式锚固、楔块挤压式锚固以及胶囊充水式锚固三种。

10-4

橡胶坝坝基
锚固与布置

（1）单线锚固和双线锚固。单线锚固只有上游一条锚固线，锚线短，锚固件少，但多费坝袋胶布，低坝和充气坝多采用单线锚固，如图3-10-6（a）所示。由于单线锚固仅在上游侧锚固，坝袋可动范围大，对坝袋防震防磨损不利，尤其在坝顶溢流时，有可能在下游坝脚处产生负压，将泥沙（或漂浮物）吸进坝袋底部，造成坝袋磨损。双线锚固是将胶布分别锚固于四周，锚线长，锚固件多，安装工作量大，相应地处理密封的工作量也大，但由于其四周锚固，坝袋可动范围小，于坝袋防震防磨损有利，如图3-10-6（b）所示。另外，在上、下游锚固线间可用纯胶片代替坝袋胶布防渗，从而节省胶布约1/3。

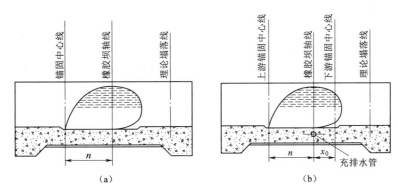

图3-10-6　单线锚固和双线锚固布置示意图

（a）单线锚固；（b）双线锚固

在感潮河段区，由于河水位和海水位经常变动，可采用对称双线布置。对有双向挡水任务的橡胶坝，也应双线锚固布置。双线布置时，两条锚固线在底板上的距离为设计条件下计算的上下游坝袋贴地长度，最好锚固在底板的同一高程上。

（2）螺栓压板式锚固。锚固构件由螺栓和压板组成。按锚紧坝袋的方式可分为穿孔锚固和不穿孔锚固。穿孔锚固是在锚固部位将坝袋穿孔套进预埋的地脚螺栓，用压板锚紧，如图3-10-7（a）所示。穿孔锚固的优点是胶布和锚件所需长度较短，约为不穿孔锚固长度的1/2。施工安装和拆卸检修方便。缺点是锚固部位要穿孔，在孔的周边要补强，以防应力集中将坝袋撕裂。另外，穿孔锚固是靠螺栓和钢压板锚紧，其构件在污水河道中使用，容易锈蚀而失效。不穿孔锚固是将锚固部位的胶布用一根压轴卷起或塞入锚固槽内，用压板压紧，如图3-10-7（b）所示。锚固部位的压轴材料可用圆木或钢管。优点是不需在坝袋上打孔和补强，但锚固长度相对较长，施工安装费工，这种锚固方式目前已很少使用。

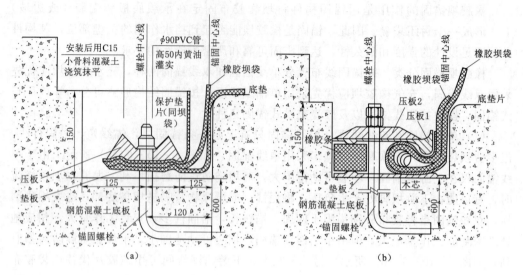

图 3-10-7　螺栓压板式锚固布置示意图（单位：mm）

(a) 穿孔锚固；(b) 不穿孔锚固

压板按使用的材料分为不锈钢、普通钢、铸铁和钢筋混凝土压板等。为防止锈蚀，螺栓应用不锈钢材料，若用普通钢应经过防锈蚀处理，如镀锌等。因精制螺栓在运用中易于滑扣，应采用粗制螺栓较好。

（3）楔块挤压式锚固。楔块挤压式锚固是由前楔块、后楔块和压轴组成，如图 3-10-8 所示。锚固槽有靴形和梯形两种，施工时用压轴将坝袋胶布卷塞入槽中，用楔块挤紧。坝袋充胀后，锚固槽受到坝袋拉力作用带动前楔块上升，槽前壁受到摩擦力，同时带动压轴挤压前楔块，其作用结果是挤压后楔块向上位移。因此楔块挤压式锚固受力比较复杂，适用于坝高不超过 3m。

（4）胶囊充水式锚固。胶囊充水锚固是用胶布做成胶囊，胶囊内充水或充气将坝袋挤紧，充水胶囊制造全部由厂家完成，拆装方便，止水性好。锚固槽尺寸可参照图 3-10-9 设计，槽形应为椭圆，长半轴 b 和短半轴 a 的比值应为 $b/a=1.22$，并且槽口下沿宽度不小于 7cm，上沿宽度不小于 9cm，胶囊黏接宽度为 10cm。

施工时，将底垫片、海绵止水胶条和橡胶坝袋放入锚固槽后，随之将胶囊置于坝袋胶布之间，整理平顺后即向胶囊内充水，边充水边用钝头棍振捣胶囊，使橡胶坝袋胶布与锚固槽壁紧贴密实，待胶囊水压达到设计压力时，向坝袋内充水，进行试验。

2. 锚固线布置

直墙式和斜坡式的锚固线布置不同。直墙式橡胶坝一般采用堵头式橡胶坝袋，其锚固线在底板上，不采用堵头的橡胶坝袋，其锚固线由上游锚固线、下游锚固线和侧锚固线。坡式橡胶坝的底板和侧墙均布置有锚固线。

（1）直墙式橡胶坝的锚固线布置设计。上、下游锚固线的距离为橡胶坝的贴地长度，上、下游锚固中心线间的距离一般均大于或等于橡胶坝的贴地长度，如图 3-10-10 所

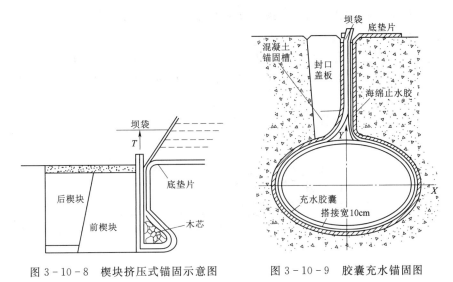

图 3-10-8 楔块挤压式锚固示意图　　　图 3-10-9 胶囊充水锚固图

示。侧锚固线尽可能地靠近侧墙，有的干脆做到侧墙内。

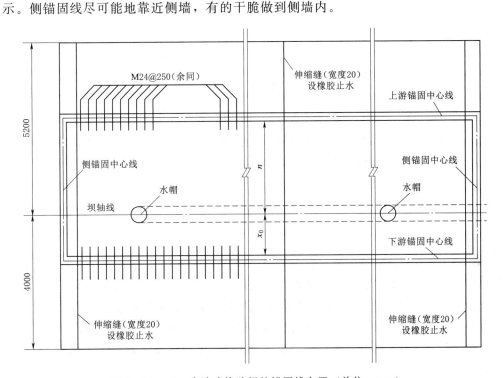

图 3-10-10 直墙式橡胶坝的锚固线布置（单位：mm）

（2）斜坡式橡胶坝的锚固线布置设计。斜坡式橡胶坝在底板的锚固线同直墙式橡胶坝，但斜坡部分有特殊要求。斜坡部分的锚固，其锚线最好按坝袋设计充涨断面在斜坡上的空间投影形成的空间曲线形状布置，但这样坝袋须加工成曲线形，锚固件也应做成曲线形，加工安装困难，故上游侧多采用相切于坝袋设计外形的折线布置，下游侧成直线布置。上游锚线在边坡上要延长一段，以便在坝袋充涨时减少纬向应力，经过试验并根据工程实践经验，坝端坝高一般可取 1.1～1.2 倍设计坝高。

（五）橡胶坝充排水设施

坝袋的充排水方式有两种，即动力式、混合式。所谓动力式，即坝袋的充、坍部分完全利用水泵进行；混合式即坝袋的充、坍部分利用水泵来完成，部分利用现有工程条件自充或自排。

橡胶坝充排水系统由管道系统、水泵机组、水帽、闸阀和辅助设备等组成，如图3-10-11 所示。

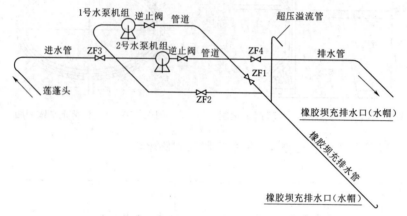

图 3-10-11　橡胶坝充排水系统的组成

（1）管道系统。管道系统由进水管、出水管、充排水管和超压溢流管等组成。

（2）水泵机组。水泵机组主要包括动力设备、水泵及辅助设备，像真空泵、压力表、真空表及电气设备均属于辅助设备。

任务二　新　型　闸　坝

一、气盾坝

气盾坝又称气动盾形闸坝，是一种低水头的挡水和泄水建筑物，主要由土建部分、弧形钢盾板（弧形钢闸门、弧形钢坝板）、橡胶气袋（气囊）、锚固件、充排气设施、控制系统等部分组成。橡胶气袋位于钢盾板下游侧，充气后支撑钢盾板挡水，排气塌坝，气盾坝泄洪。气盾坝泄洪时，由于橡胶坝袋卧于钢制盾板下面，可以避免水流中的砂石、冰凌、树枝等对坝袋的磨蚀，还可以保护橡胶坝袋不受紫外线辐射而防止老化。

气盾坝由美国 OBERMEYER HYDRO 公司研制，该公司于 1988 年在美国完成了世界上第一座气盾坝的建设，坝高 0.61m，坝长 89.3m，位于纽约州。2008 年我国开始引进，随着我国制造技术的飞速发展，气盾坝在我国的应用越来越广。

（一）气盾坝的特点

（1）结构简单，安装简易。橡胶坝袋、钢闸门均可以先在工厂生产，然后到现场安装，施工速度快，整个工程施工工艺简单，工期一般为 3～6 个月，施工周期短。

而且不需动用大型施工设备，节省人力、物力、财力。

（2）对坝袋磨蚀小。橡胶坝袋位于钢制盾板下游面，行洪时，钢制盾板可以保护气囊不受水流、泥沙、大型漂浮物的冲击、磨蚀，使用寿命长。

（3）管理方便，运行费低。运行方便，无需经常养护维修。

（4）泄洪方便，不阻水。塌坝时盾板完全帖服于基础，方便泄洪，不阻水。

（5）抗震能力更强。盾板与基础之间是柔性连接，不会因基础变形造成系统失灵和丧失正常运行能力。

（6）坝高可以调整。比橡胶坝的坝体更加灵活，可根据流量任意调整高度。

（7）比同高度的橡胶坝，气囊体积小，充气排气时间短，能够及时、迅速塌坝，确保河道行洪安全；洪水过后，可快速立坝蓄水。

（8）钢板后的气囊压力不一致时，可引起钢板之间的密封止水受拉，易漏水。

（9）比橡胶坝的成本高。

气盾坝集传统钢闸门和橡胶坝的优势于一体，气盾坝工作时，通过橡胶坝袋的充气或排气，支撑钢闸门的升降，从而完成对河道上游水位的控制。

目前，我国气盾坝的设计还在探索阶段，还没有出台相关的技术标准和规范。

气盾坝是一种低水头、大跨度的闸坝工程。一般适用于水头低、河床开阔的平原地区的河道。单跨宽长度一般为 50～100m，挡水高度一般不高于 6.0m 的河渠上，还可以用于各种橡胶坝、自动翻板坝的改造，尤其在多砂、多石、多树和寒冷地区的河流上更能发挥其优越性。

我国已经建成的气盾坝有洛河东湖拦河坝工程（高 6m、长 270m、3 孔）、渭河杨凌气盾坝（5 孔、高 3m、长 461.6m）、甘肃陇西气盾坝工程（高 3.2m、长 30m）、广东阳山 3 号气盾坝（高 2m、长 60m）、大连挡潮闸气盾坝（高 2.5m、长 15m，共 8 跨）等。

洛河东湖拦河坝工程采用气盾坝挡水，如图 3-10-12 所示，坝址位于白马寺下游（洛河桩号 283＋465）处，坝长 518.0m，其中气盾坝段布置长度为 278.0m，固定坝段总长 240.0m（左侧固定坝段长 90.0m，右侧固定坝段长 150.0m）。坝高 6m，是目前高度为 6m 的可调节闸坝中最宽的气盾坝工程。

洛河东湖气盾坝由 27 块大坝板、27 个独立气囊组成，大坝板由 4 块坝板连接形成，共 108 块坝板，每块大

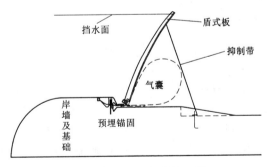

图 3-10-12 气盾坝工程

坝板下面有一个橡胶坝袋。坝板的尺寸：长约 7m、宽 2.5m、重 7t。坝底板高程 112.5m，坝顶高程 118.5m。该项目完成后，大坝的正常蓄水位可达 118.5m，回水长 7.2km，水面面积 323.3hm²（4850 亩），蓄水量 1630 万 m³。在洛河东湖拦河坝工程左岸大堤外设控制室。该工程建成后，洛河可形成面积 5000 亩的东湖水面，并

231

形成高 6m、宽 270m 的人工瀑布，为伊洛河水生态文明示范区建设提供充足的水源水生态景观。

（二）气盾坝的组成

气盾坝由上游连接段、气盾坝段、下游连接段等组成，如图 3-10-13 所示，其中的上、下游连接段等土建部分的作用和设计方法同水闸。

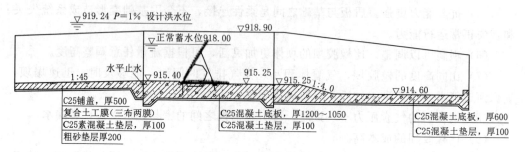

图 3-10-13 某气盾坝纵断面图

（单位：高程以 m 计，其他尺寸以 mm 计）

气盾坝段主要由边墩、中墩、底板、弧形钢闸门、橡胶坝袋和充排气控制系统组成。弧形钢闸门和橡胶坝袋均固定在底板上，弧形钢闸门挡水，并把水压力通过气囊传递给底板。钢闸门由若干块钢板（宽 2~8m）拼接而成，钢板之间、钢闸门之间均设置止水。一般采用橡胶止水带。

气盾坝的底板高程一般不低于坝址处河床平均高程，以避免塌坝泄洪时泥沙淤积，掩埋气盾坝，影响使用。底板采用抗冲耐磨性能好的高强度混凝土结构（一般为 C30 以上）。每节坝段长 50~100m，边墩、中墩、底板等土建部分的作用和设计方法同水闸。

为保护气盾坝锚固螺栓的安全，减少水流冲刷及泥沙磨损，常常在锚固螺栓上游设置 10~20cm 高的保护坎。为了检修方便，一般在塌落后的盾板上、下游各布置一条检修通道。

充排气管道埋置于坝底板内，与左右岸控制室连接。

二、水力自控翻板闸门

水力自控翻板闸门又称为水力自动闸门，是一种低水头的挡水和泄水建筑物，如图 3-10-14 所示。它利用杠杆平衡与转动原理，借助水力和闸门自重等条件，能自主完成闸门的开启、关闭动作。当上游水位升高（高于门顶 10~30cm），借助水压力，闸门绕"横轴"逐渐开启泄流；反之，上游水位下降（低于门顶），依靠自重闸门逐渐关闭蓄水，使上游水位始终保持在设计要求的范围内。平时蓄水，水位一般与门顶齐，闸门挡水；汛期洪水位升高，闸门部分开启，门顶门底同时泄洪；当洪水持续升高，闸门全开，泄洪。

水力自控翻板闸门是我国发展应用已有 50 多年历史，是我国工程技术人员自发研制的水工闸门，结构形式多样、投资省、结构简单、运行可靠、管理维护方便、工期短、自动启闭、节能环保等优点，与常规水闸、橡胶坝、气盾坝的最大区别是闸门

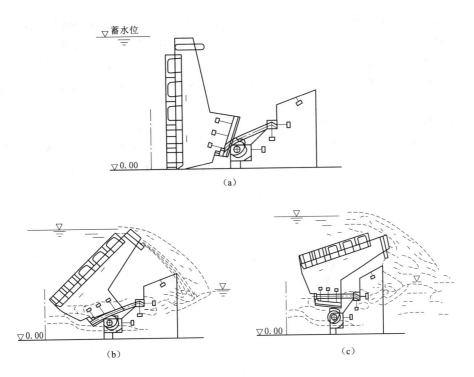

图 3-10-14 水力自控翻板闸门
(a) 闸门全关，挡水；(b) 闸门部分开启；(c) 闸门全开

的启闭完全由水力自动控制，不需要启闭机、充排水控制系统等机械设备，在运行中不需人工操作，管理费用较低；水力自控翻板闸坝可不设中墩（或只设很薄的分流导水墙），几乎不缩窄河床，可以最大限度宣泄洪水。水力自控翻板闸门在运行中存在的问题是：水流中的漂浮物卡阻门体、当闸门关闭时不易完全同步等造成闸门关闭不严、漏水等缺陷。一般情况下，在水力自控翻板闸门工程的上游设置拦污栅，拦截水流中的漂浮物。目前，我国水力自控翻板闸门技术比较成熟，故被广泛应用于城市景观、生态水利、灌溉、发电等方面。

水力自控翻板闸门适用于门高不大于 5m、堰上水深不超过 2 倍门高的情况。对多泥沙河流、多污物河流及河水陡升陡降河流，因闸门前容易产生泥沙淤积，导致水力自控翻板闸门无法自动翻转，一般不采用翻板闸门。

翻板闸门一般由上游连接段、闸室段、下游连接段组成，与橡胶坝相似，但不需要充排水装置。闸底板一般采用宽顶堰或梯形实用堰，堰顶高程比上游河床高 0.5m。堰顶宽度应满足闸门安装和维修需要，一般不小于 3m。翻板闸总宽度小于 50m 时，可以不设中隔墩；超过 50m，中间应设置隔墩，将翻板闸门分为若干联，每联翻板闸门为 5～8 扇。门体为预制混凝土结构或钢结构的平面闸门，闸门面板前应设置防护墩，门后底板或支墩应埋设翻板闸门检修拉锚固定结构。在翻板闸门支墩后设置检修工作通道，宽度一般为 60cm。

翻板闸门一般采用装配式钢筋混凝土结构，装配构件宜由面板、支腿、支墩等组成。闸门面板一般采用双悬臂梁结构，双支腿（纵梁）支撑。面板可铅直或倾斜布置，倾角一般小于 15°。支墩一般采用钢筋混凝土结构，预制支墩底部应嵌入基础，嵌入深度不应小于短边长度的 2 倍。翻板闸门一般在闸墩上设置通气孔对门下补气。通气孔底部一般布置于门后 1/3 门高处，其顶高程应根据校核洪水位加安全超高确定。

翻板闸门的底部、两侧均设置止水。门底止水一般采用 P 型橡胶止水，双支点翻板闸门底止水应安装在下游侧，连杆轮式翻板闸门底止水应安装在上游侧，如图 3－10－15 所示；侧止水一般采用 P 型橡胶或平板橡胶，如图 3－10－16 所示。

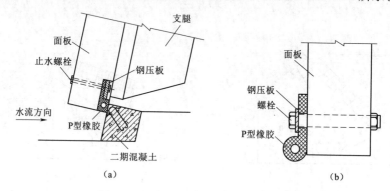

图 3－10－15　翻板闸门底止水布置图
（a）双支点翻板闸门止水布置图；（b）连杆轮式翻板闸门止水布置图

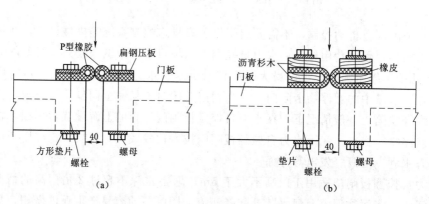

图 3－10－16　布置图翻板闸门侧止水
（a）P 型橡胶止水布置图；（b）平板橡胶门止水布置图

目前最常用的水力自控翻板闸门有连杆轮式水力自控翻板闸门、双支点水力自控翻板闸门和液压辅控式翻板闸门等类型。

（一）连杆轮式水力自控翻板闸门

连杆轮式水力自控翻板闸门是指支承构件采用连杆滚轮（或定轮）形式的水力自控翻板闸门，如图 3－10－17 所示，由面板、支腿、连杆、滚轮（或定轮）和支墩等主要部分组成。

连杆轮式翻板闸门是在滚轮式的单铰翻板闸门基础上，在门叶和支墩间加设连杆，构成一种辅助运行支承，连杆对闸门的作用力可以阻滞闸门的大幅摆动。通过这一措施使得闸门翻转成为复合运动，实现了对闸门重心位置的操控，从而有效地解决了闸门卧倒时的冲撞，抑制了"拍打"的产生。

对应于支腿下游设置支墩，支腿下游面安装的轨道与支墩上的滚轮相切；在支腿和支墩间加设连杆，连杆下端铰座设在支腿上，上端铰座设在支墩上。在运转中，滚轮的轴线位置固定不变，轮座和连杆的上铰座固定在支墩上，自身构造简单和计算原理明晰。

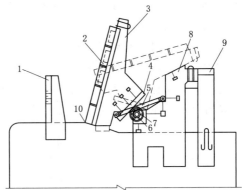

图 3-10-17　连杆轮式水力自控翻板闸门结构图
1—防护墩；2—面板；3—支腿；4—轨道；5—连杆；
6—滚轮（或定轮）；7—轮座；8—支墩；
9—工作桥；10—底止水

（1）防护墩：埋设在闸门全开的前沿闸底板上，对从上游河道随洪水挟带下来的大块木块、树木阻拦和缓冲的作用，防止直接冲击闸门面板；闸门全开时斜躺在支墩橡胶垫上。

（2）面板：翻板闸门中起挡水作用的钢筋混凝土构件或钢构件。

（3）支腿：翻板闸门门体后起支承作用的不规则钢筋混凝土构件或钢构件。

（4）轨道：固定在支腿上沿滚轮运动的（承受滚轮压力的）钢构件。

（5）连杆：翻板闸门门体后连接支腿和支墩的钢构件。

（6）滚轮（或定轮）：翻板闸门门体后起滚动或滑动作用的钢构件。

（7）轮座：固定和支撑滚轮的钢构件。

（8）支墩：埋设固定在闸底板上，承受并传导翻板闸门荷载的钢筋混凝土构件或钢构件。

（9）侧止水：面板两侧设置的止水，阻止相邻闸门之间接缝漏水。

（10）底止水：面板底端设置的止水。

（11）工作桥：闸门安装检修和交通通道。

连杆轮式翻板闸门开启条件：水位高于门顶 10～30cm，自动开启；水位高于正常水位 70～100cm，闸门全翻；自动回门水位为 80%～90%门高。

翻板闸门对止水要求比较高。止水作用除了在闸门关闭时，能可靠而严密地防止漏水外，还要在闸门启闭时的止水摩擦阻力要小，以减轻磨损，止水结构应简单，经久耐用，操作和维修方便。翻板闸门面板之间的止水，由于闸门频繁启闭产生张拉作用，很容易破坏引起漏水。一般通过加大面板块浇筑尺寸，减少水平缝，或通过加镶面层减少渗漏。

（二）双支点水力自控翻板闸门

当水力自控翻板闸门的支承构件采用定滑轮、动滑轮组合时，形成双支点的水力自控翻板闸门，如图 3-10-18 所示。当河道来水流量加大，闸门上游水位抬高，动水压力对支点的力矩大于门重与各种阻力对支点的力矩时，闸门自动开启到一定倾角，直到在该倾角下动水压力对支点的力矩等于门重支点的力矩，达到该流量下新的平衡。流量不变时，开启角度也不变。而当上游流量减少到一定程度，使门重对支点的力矩大于动水压力与各种阻力对支点的力矩时，水力自控翻板闸门可自行回关到一定倾角，从而又达到该流量下新的平衡。双支点水力自控翻板闸门主要由面板、支腿、导轨、定滑轮、动滑轮、支墩和限位墩等组成。

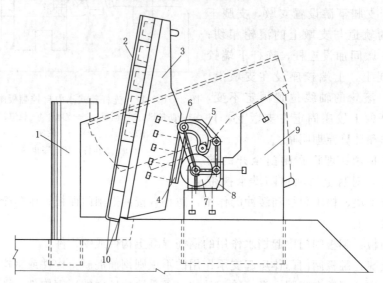

图 3-10-18 双支点水力自控翻板闸门结构图
1—限位墩；2—面板；3—支腿；4—直轨；5—导轨；6—动滑轮；
7—定滑轮；8—轮座；9—支墩；10—止水

（1）定滑轮座：和支墩固结，起固定定滑轮、导轨、直轨、轴和螺栓的钢构件。

（2）定滑轮：支承门体和承受的水荷载，保证门体翻转的连续性的普通铸铁或球墨铸铁构件。

（3）定滑轮轴：将定滑轮和导轨荷载传给定滑轮座的钢构件。

（4）导轨：设有二次曲线的通槽，限定动滑轮滑动轨迹的球墨铸铁构件。

（5）锁定轴：锁定轴和定滑轮轴定位导轨，使得导轨不能前后倾斜的钢构件。

（6）支撑轴：使两片导轨保持垂直和等宽间距的钢构件。

（7）动滑轮：支承闸门的重量球墨铸铁构件。

（8）直轨：直轨承受闸门的自重和水荷载，固定动滑轮组、直轨和定滑轮做渐开型运动，闸门翻倒时向下滑行，反之向上滑行的复合运动。

双支点水力自控翻板闸门主要有以下技术特点：①用定滑轮取代多铰（包括曲线铰）支承，实现了渐开渐关；②闸门翻转开启，闸门向下滑动，反之，闸门向上提升；③闸门的翻倒运转部分和支承构件有机地结合为一体，不会发生分离；④堰顶有一个台阶，闸门形成悬挂式，不但增加了闸门底孔的开启高度，而且下部有小部分面板不阻水，增加了泄流量，有效降低了上游洪水位，减少了防洪工程造价；⑤闸门的底止水橡胶设在闸门的背水面，由于闸门呈悬挂式，闸门从始至全开的底梁受到了水的顶托力，故自始至终闸门能渐开渐关。

（三）液压辅控式翻板闸门

液压辅控式翻板闸门是在水力自控翻板闸门上增设液压控制启闭装置，使得翻板闸门不仅具有水力自控功能，也可借助液压辅控装置控制启闭的闸门，是一种具有自控液控双作用翻板闸门。液压辅控式翻板闸门具有结构简单、造价低廉、使用方便、运行费少；可实现自动控制与人工控制相结合，运行灵活的优点。但是汛期阻水，对河道行洪影响明显；由于支墩间距较窄，大的漂浮物极易卡在闸门之间，检修困难，检修时需修筑围堰。液压辅控式翻板闸门支墩结构应满足液压油缸布置和运行，液压油缸支承结构应满足结构强度和变形要求。

另外还有曲线铰座翻板闸门（图3-10-19）、861型翻板闸门（图3-10-20）等。曲线铰座翻板闸门支承结构采用椭圆曲线铰座，由面板、支腿、活动支铰、固定曲线铰座、支墩等组成。具有启动连续、门体与支座合体等优点。861型翻板闸门是支承构件采用滑块式支承、运转轨迹导向机构为曲线导槽的翻板闸门，有面板、曲线支腿、支墩、滚轮等组成。具有结构简单、受力明确，闸门在翻到过程中，曲线支腿的弓背与支墩的曲线接触，迫使滚轮向前滚动，达到全开的目的，反之则关闭。

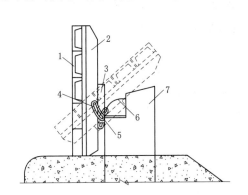
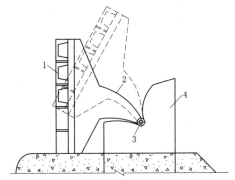

图3-10-19 曲线铰座翻板闸门
1—面板；2—支腿；3—直轨；4—导向轨道；5—活动支铰；6—固定曲线铰座；7—支墩

图3-10-20 861型翻板闸门
1—面板；2—曲线支腿；3—滚轮；4—支墩

水力自控翻板闸门的闸址选择。为使水闸水流平顺，单宽流量分布均匀，水流过闸后容易扩散，不致引起偏流或折冲水流而使闸门运行不稳定、下游产生冲刷和淤积，闸址应选择在河段顺直、水流平顺的河段。在多支流向一条河道汇合的情况下，应将水闸建在多支流汇合口的下游河道上、距最后一条支流汇口下游300～500m，因为闸前需要有足够长度的河段，用以调整由于各支流来水量不等、流向不正的不良进水条件，以避免出现各闸孔过闸流量不均、出闸水流冲刷岸坡的情况。

三、液压升降坝

液压升降坝（又称为液压坝、活动坝）是一种低水头的挡水和泄水建筑物。液压升降坝是由上游连接段、活动坝段、下游连接段和控制系统等组成。活动坝段有坝面（弧形或平面）、液压支撑杆、控制系统组成。坝面采用钢筋混凝土或金属结构，坝面底部设置活动轴，下游侧设置液压滑动支撑杆，通过液压杆的运动，达到升坝蓄水、降坝泄洪的目的。它可以紧贴河床，不阻水，还可以保持任意水位，是一种比较简易的活动坝。因此，广泛应用于农业灌溉、渔业、船闸、海水挡潮、城市河道景观工程和小水电站等建设。一般适用于坝高在 3m 左右，宽度一般 50m 以内。

液压升降坝具有坝体跨度大，结构简单，易于建造，液压系统操作灵活，可采用手动开关控制，泄洪方便，不阻水，泄洪、冲沙、排漂效果好、施工简单，工期短、工程造价低等优点。同时，由于液压杆、支撑杆长期浸泡水中易发生故障，液压油路管理在混凝土基座下，在泄洪时无法检修，支撑油缸较多，控制系统相对复杂，较难实现全自动控制等缺点。液压升降坝坝面可以采用钢筋混凝土结构，降低坝面部分成本，总成本只有同等规格的气盾坝的 1/10。

液压升降坝是一种新兴的低水头活动坝，采用一排液压缸直顶以底部为轴的活动坝面的背部，实现升坝拦水、降坝行洪的目的；同时采用一排滑动支撑杆支撑活动坝面的背面，构成稳定的支撑墩坝。

四、钢坝

钢坝（底轴驱动翻板闸门）是一种低水头的挡水和泄水建筑物。在 2008 年 7 月 29 日，中国电机工程学会和中国水力发电工程学会在杭州共同组织召开了"大跨度底轴驱动翻板闸门技术研究和应用"项目的技术鉴定会，提出了钢坝设计方案。钢坝可以实现立坝蓄水，卧坝行洪排涝，还可以利用坝顶过水，形成人工瀑布的景观效果。它是一种双向挡水、结构简单，操作方便、不阻水的新型低水头闸坝工程。

钢坝由土建结构、带固定轴的钢闸门、驱动装置设备等组成。这种建筑物适合于孔口较宽（10~100m）、水头比较小（1~6m），没有中间闸墩，结构简单，节省土建投资。

钢坝结构为核心的钢闸门，没有门槽，门叶围绕底轴旋转，上游止水压在圆轴上。当闸门坝升卧时，止水不离圆轴的表面，始终保持密封止水状态。侧面止水固定在门的两侧，止水面始终不离开侧胸墙，故坝前泥沙淤积不影响钢坝的升卧。

钢坝不仅可以拦截水流，控制水位、调节流量，还可以排放泥沙和飘浮物等。

钢坝的特点有以下几点：

（1）使用寿命长。钢坝不易被损坏，使用寿命长达 50~60 年。

（2）升降速度快。一般工程不超过两分钟即可完成升坝或卧坝。

（3）操作简单灵活。可根据水位的不同需求，进行 0°~90°内任意角度调节；水体可以长时间大流量的从坝顶溢流，瀑布景观效果较好，可以实现现地控制和远程控制，并且可以无缝对接当地山洪预警系统。

（4）抗冲耐磨性能好。钢坝的表面进行热喷锌，抗冲耐磨能力强。

但是由于钢坝全部采用钢结构精加工制作，造价较高；坝体检修时需修筑围堰。

10-6

拓展资源

项目十一 过坝建筑物

拦河筑坝闸，抬高水位，获得水头，以满足灌溉、水力发电等需要。但是，江河被大坝隔断，上、下游的水位差较大，阻断了原河道的通航、过木以及洄游类鱼的通道。因此，需要修建专门的过坝建建筑物。过坝（闸）建筑物，就是指为了满足通航、过木、过鱼等要求而修建的专门水工建筑物。

过坝（闸）建筑物，主要包括：通航建筑物（船闸或升船机）、过木建筑物（筏道、漂木道、过木机）、过鱼建筑物（鱼道、鱼闸、鱼梯）等。

本部分重点讲述船闸、升船机这两大通航建筑物。

任务一 船 闸

船闸是人们就利用连通器的原理，在通航的江河上，在拦河大坝、拦河闸等建筑物的旁边修建了船闸。

船闸是指修建在河道天然或人工水位落差处，利用闸室水位变化控制船舶升降而越过落差的通航建筑物，一般由上游引航道、上闸首、闸室、下闸首、下游引航道组成。通过向闸室充水或泄水，使其水位上升或下降，船舶在上、下游水位之间作垂直的升降，克服航道水位落差，使其从上游（下游）驶向下游（上游）的专门建筑物。船闸利用水力使船只过坝，通航能力较大，应用较为广泛。

船闸的总体布置，必须保证船舶、船队在通航期内安全通畅过闸，并有利于运行管理和检修。船闸上、下游引航道口门区应位于深泓线一侧，并能与主航道平顺连接。船闸应临岸布置，与溢流坝、泄水闸、电站等建筑物之间，必须有足够长度导流堤或导流墙。枢纽泄水时，应满足船闸引航道口门区和连接段的通航水流条件。

一、船闸的组成及作用

船闸由上游引航道、上闸首、闸室、下闸首、下游引航道组成，如图 3-11-1 所示。

（1）闸室。闸室是指由上、下闸首和两侧边墙所组成的空间，闸墙上设有系船柱、系船环等，供船舶在闸室内停泊时系缆用。闸首安装闸门，闸门关闭，闸室与上、下游引航道隔开。当船闸充水或放水时，闸门关闭，闸室水位就自动升降，船舶在闸室中随闸室水位而升降。闸底板及闸墙的建筑材料，可以用浆砌石、混凝土或钢筋混凝土；闸底板及闸墙的连接形式有整体式结构和分离式结构。三峡船闸为双线五级连续船闸（南北两线、每线船闸有 5 个闸室、6 道人字闸门、相邻闸室地面高程相差 22.6m，靠近上游是第一闸室，靠近下游是第五闸室），主体结构段总长 1621m，单个闸室有效尺寸为长 280m、宽 34m，年单向设计通过能力 5000 万 t。

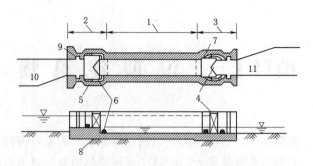

图 3-11-1 船闸组成示意图

1—闸室；2—上闸首；3—下闸首；4—闸门；5—阀门；6—输水廊道；7—门龛；

8—帷墙；9—检修门槽；10—上游引航道；11—下游引航道

（2）闸首。闸首是指将闸室与上、下游引航道隔开的挡水建筑物，通常采用整体式钢筋混凝土结构，边墙和底板刚性连接在一起。位于上游的叫上闸首，位于下游的叫下闸首。在闸首内设有工作闸门、检修闸门、输水系统（输水廊道和输水阀门等）、阀门及启闭机械等设备。闸首前后水位齐平时启闭，启闭频繁，要求操作灵活，启闭迅速。常用的闸门有人字闸门、平板升降闸门、横拉闸门、扇形闸门（又称为三角闸门）等，以人字闸门应用最广。输水阀门设在输水廊道上，用来控制灌泄水时的流量。在现代船闸上多设有防撞装置，以加快船舶的进闸速度，防止船舶碰撞闸门。三峡工程船闸上下游水头差 113m，单级最大工作水头 45.2m，永久船闸共有 24 扇人字闸门，2/3 的人字门高 36.75m，宽 20.2m，厚 3m，重达 850t。人字闸门门叶为平板钢闸门，由液压直推式启闭机启闭，每线船闸各闸首对称布置两台双作用、双向摆动的液压启闭机，共 24 台。

（3）引航道。它是指连接船闸和主航道的一段过渡性航道。与上闸首相连接的称为上游引航道，与下闸首相连接的称为下游引航道。在引航道内一般设有导航和靠船建筑物，导航建筑物一般为导航墙，紧靠闸首布置，用以保证船舶安全进出闸室；靠船建筑物供等待过闸的船舶停靠用。

二、船闸的工作原理

11-1
船闸工作原理

当船舶从下游驶向上游时，其过闸程序为：①关闭上、下游闸门及上游输水阀门；②开启下游输水阀门，将闸室内的水位泄放到与下游水位相齐平；③开启下游闸门，船舶从下游引航道驶入闸室；④关闭下游闸门及下游输水阀门；⑤打开上游输水阀门向闸室充水，直到闸室内水位与上游水位相齐平；⑥最后将上游闸门打开，船舶即可驶出闸室，进入上游引航道。船舶从上游驶向下游时，其过闸程序与此相反，如图 3-11-2 所示。

三、船闸的类型

11-2
船闸的类型

船闸的类型较多，影响船闸形式的主要因素有水头的大小、流量的多少、地形的陡缓、地质的优劣、所需的通过能力、建筑材料的供应情况，以及当地施工技术条件等。

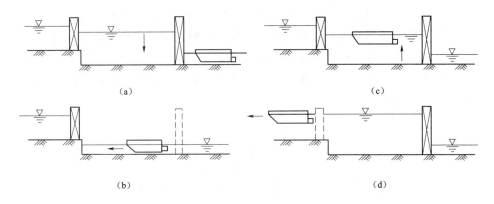

图 3-11-2 船闸工作原理示意图

(a) 闸室排水；(b) 闸室水位与下游水位齐平，船舶驶入闸室；
(c) 闸室充水；(d) 闸室水位与上游水位齐平，船舶驶出闸室

（一）按船闸纵向排列闸室数分类

（1）单级船闸。沿船闸纵向只建有一个闸室组成的船闸，如图 3-11-2 所示。这种形式的船闸，船舶通过时，只需要进行一次充泄水即可克服上、下游水位的全部落差，过闸时间短，船舶周转快，通过的能力较大，建筑物及设备集中，管理较为方便。一般单级船闸的适用水头不超过 30m。

（2）多级船闸。多级船闸是指沿船闸纵向建有两个以上相互连通的闸室组成的船闸，如图 3-11-3 所示，适用于水头超过 30m 的情况。船舶通过多级船闸时，需进行多次充泄水才能克服上、下游水位的全部落差。当水头较大时，采用多级船闸，过闸的用水量将会增大，充泄水进入闸室和引航道的水流流速较高，对船舶及输水系统的工作条件不利，而且还将使闸室及闸门的结构复杂化。

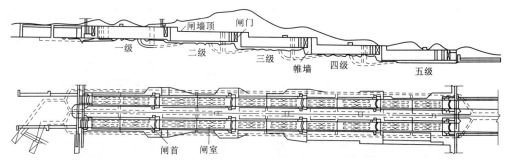

图 3-11-3 三峡工程的双线五级船闸示意图

（二）按并列排列的船闸数目分类

船闸根据同一枢纽中布置的船闸数目可分为单线船闸和多线船闸。

（1）单线船闸。一个枢纽只建一座独立运用的船闸，通航线路不繁忙的河道，大多采用这种形式。

（2）多线船闸。一个枢纽内建有两座或多座可以独立运用的并列闸室组成的船闸。如图 3-11-4 所示，葛洲坝水利枢纽三线船闸。船闸线数的确定，主要取决于

货运量与船闸的通过能力。当通过枢纽的货运量巨大，采用单线船闸不能满足通过能力要求时，或因单线船闸迎向运转要等待和延长过闸时间、降低通过能力和船舶运输效率而不经济；或运输繁忙和重要航道在年通航期内，不允许由于船闸检修、疏浚、冲沙和事故等原因造成断航的；或客运、旅游等船舶多，过闸频繁，需解决快速过闸的；需采用多线船闸。

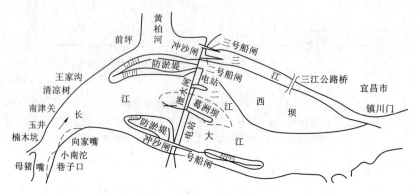

图 3-11-4　葛洲坝三线船闸位置示意图

　　在双线船闸中，可将两个船闸的闸室并列，而在两个闸室之间采用一个公共的隔墙，如图 3-11-5 所示。这时可利用隔墙设置输水廊道，使两个闸室相互连通，一个闸室的泄水可以部分地用于另一个闸室的充水。因此，可以减少工程量和船闸用水量。

　　（三）按闸室的形式分类

　　（1）广厢船闸。其主要特点是闸首口门的宽度小于闸室的宽度，如图 3-11-6 所示。这种船闸可以缩窄闸门的宽度、简化启闭设施、降低工程造价。但是，船舶进、出闸室需要横向移动，操作运用较为复杂，过闸时间较长。因此，在通过以小型船舶为主的小型船闸上，较为常用。

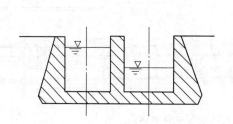

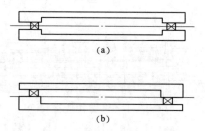

图 3-11-5　并列且互相连通的双线船闸　　图 3-11-6　广厢船闸平面示意图

（a）对称式；（b）反对称式

　　（2）具有中间闸首的船闸。在上、下闸首之间增设一个中间闸首，将一个闸室分为前、后两部分，如图 3-11-7 所示。当所通过的船舶较小时，为了节省过闸用水量和过闸时间，可只用闸室的前半部和后半部；当通过较大的船舶或船只较多时，可将前、后闸室连为一体使用。

（3）竖井式船闸。在闸室的上游侧设有较高的帷墙，而在下游侧设有胸墙，船舶在胸墙下的净空通过，下游闸门采用平面提升式，如图 3-11-8 所示。这种形式的船闸，用于水头较高、地基良好的情况，可以减小下游闸门的高度。如俄罗斯的乌斯季卡缅诺戈尔斯克单级船闸，水头高达 42m，就采用了竖井式船闸。

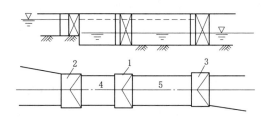

图 3-11-7 具有中间闸首的船闸
1—中间闸首；2—上闸首；3—下闸首；
4—前闸室；5—后闸室

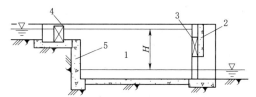

图 3-11-8 竖井式船闸纵断面示意图
1—闸室；2—胸墙；3—提升式平面闸门；
4—人字闸门；5—帷墙

（四）按地理位置不同分类

（1）内河船闸。内河船闸是指建于内陆的渠化河流及人工运河上的船闸。其特点是船闸平面尺寸及门上尺寸均较小，上闸首往往设有帷墙，一般只承受单向水头作用。但是，建于两条河流交汇的河口处，或受潮水位（或湖水位）影响的河段上的内河船闸，也承受双向水头的作用，且不设帷墙。建于山区河流上的有些船闸，洪水时期允许淹没，并参与枢纽泄洪。

（2）海船闸。海船闸是指专门建于封闭式海港港池口门，海运河及入海河口处的船闸。其特点是船闸平面尺寸及槛上水深均较大，承受双向水头作用，无帷墙，闸首没有上、下之分（图 3-11-9）。

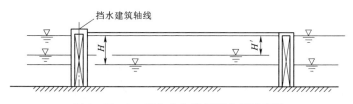

图 3-11-9 双向水头的船闸布置示意图

四、船闸的引航道

引航道的作用，是保证船舶安全、平顺地进出船闸，供等待过闸船舶安全停泊，使进出闸船舶能交错避让。在通航过程中，引航道应有足够的水深和一定的平面形状与尺寸。

引航道的平面形状与尺寸，主要取决于船舶过闸繁忙程度、船队进出船闸的行驶方式以及靠船和导航建筑物的形式与位置等。引航道平面形状与布置是否合理，直接影响船舶进出闸的时间，从而影响船闸的通过能力。

（一）船闸引航道的平面形状

单线船闸引航道的平面形状，可分为反对称式、对称式、不对称式三类，如图

3-11-10 所示。

1. 反对称式引航道

如图 3-11-10（a）所示反对称式引航道，引航道向不同的岸侧扩宽，双向过闸时船舶沿直线进闸，曲线出闸。因为船舶从较宽的引航道驶入较窄的闸室时，驾驶较困难，让船舶直线进船闸，能提高船舶进闸速度，从而提高船闸的通过能力。这种形式适用于岸上牵引过闸及有强大制动设备的船闸，否则为防止船舶碰撞闸门，必须限制船舶进闸速度。

2. 对称式引航道

对称式引航道的轴线与闸室的轴线相重合，如图 3-11-10（b）所示。当双向过闸时，为了进出船闸的船舶相交错避让，船舶进出船闸都必须曲线行驶。因此，进出船闸速度较慢，过闸时间较长，对提高船闸通过能力不利。

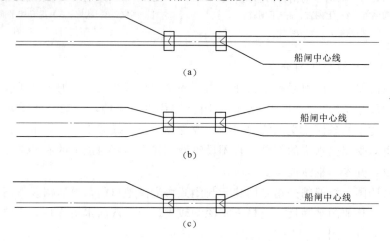

图 3-11-10　单线船闸引航道平面形状示意图
（a）反对称式；（b）对称式；（c）不对称式

3. 不对称式引航道

非对称式引航道的轴线与闸室轴线不相重合。如图 3-11-10（c）所示，不对称式引航道，引航道向同一岸侧扩宽，主要货流方向的船舶进出船闸都走直线，而次要货流方向的船舶进出闸可走曲线。这种方式适用于岸上牵引过闸，货流方向有很大差别，以及有大量木排过闸的情况，对于受地形或枢纽布置限制的情况，也可采用这种布置形式。

（二）引航道中的建筑物

在引航道中，主要的建筑物有防护建筑物、导航建筑物以及靠船建筑物等。

1. 防护建筑物

为了防止风浪和水流对船舶的袭击，保证船舶的安全过闸和停靠，应修建必要的防护建筑物。实际工程中，一般是在引航道范围内进行河道治理，设置护底与护岸。

2. 导航建筑物

导航建筑物的主要作用，是为了保证船舶能从宽度较大的引航道安全、顺利地进入较窄的闸室。导航建筑物一般包括主、辅导航建筑物两种类型。主导航建筑物位于进闸航线一侧，用以引导船舶进闸；辅导航建筑物位于出闸航线一侧，用以引导受侧向风、水流和主导航建筑物弹力作用而偏离航线的船舶，使其按正确方向行驶。

非对称引航道中，主导航建筑物一般都是和船闸轴线平行的直线，且与靠船建筑物连接在一起，其辅导航建筑物一般为曲线。对称式引航道中，主、辅导航建筑物一般为弧形。

3.靠船建筑物

靠船建筑物的主要作用，是专供等待过闸的船舶停靠使用。靠船建筑物布置特点是均靠近进闸船舶航线的一侧，即进闸航行方向的右侧布置，如图 3-11-11 所示，单线船闸导航和靠船建筑物布置图。双线船闸共用引航道时，按双向过闸布置导航和靠船建筑物，如图 3-11-12 所示。

(a)

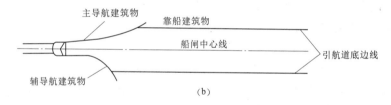

(b)

图 3-11-11　单线船闸导航和靠船建筑物布置示意图

（a）直线型导航建筑物；（b）曲线型导航建筑物

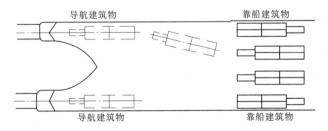

图 3-11-12　双线船闸共用引航道和靠船建筑物布置示意图

在非对称式引航道中，靠船建筑物一般与导航建筑物相连接，且为闸室墙的延续，以便单向过闸时，船舶直接停靠于导航建筑物前等待过闸。

五、船闸的布置形式

在水利枢纽中，除坝与船闸外，还有电站、取水建筑物、鱼道、过木道等建筑物。因此，进行枢纽布置时，应合理确定船闸与各建筑物间的相互位置。

11-3 ▶

船闸的布置

245

（一）船闸与坝的布置

根据枢纽处的具体条件，一般有以下两种布置形式：①闸坝并列式，即船闸布置在河床之中或河滩上；②闸坝分离式，即船闸布置在河湾的裁直引河中。

（1）闸坝并列式。如图 3-11-4 所示，船闸布置于河床之中。多用于低水头枢纽中。当河床宽度大，足以布置溢流坝和水电站时，应将船闸设在水深较大、地质条件较好的一岸，当枢纽处于微弯河段时，大都将船闸布置在凹岸。这样，可使船闸及其引航道的挖方减少，而且引航道的进出口通航水深也易于保证。但是，施工时必须修筑围堰，工期较长，而且还需在上、下游引航道中靠河一侧修建导堤，把引航道与河流隔开，以保证船舶的安全。

船闸布置在河滩上，通常用于高水头水利枢纽中，河滩（或台地）一般均被淹没，下游开挖引航道与河流相接，上游修筑导堤，以保证引航道不受水库风浪和水流的影响。这样，引航道进、出口远离溢流坝，船舶航行不受大坝溢流的影响，同时，施工期间束狭河床断面的时间短，可利用原河道维持通航。

（2）闸坝分离式。船闸与拦河大坝分开布置，如长江三峡船闸。其船闸的施工条件较为优越，一般都可干地施工，无需修筑围堰，施工质量也易于得到保证。由于船闸布置在引河中，远离溢流坝，引航道进、出口处流速较小，便于船舶航行。但是，这种布置需挖引河，土石方开挖量大。选用这种方案时，为保证航行方便，引河长度不应小于 4 倍闸室长度，下游引航道的出口应布置在河流凹岸水深较稳定处，同时，引航道的轴线与河道水流方向夹角应尽量减小。

（二）船闸与其他建筑物的布置

（1）船闸、电站分设两岸。当船闸、电站并列于同一河床断面内时，可将它们分别布置在河流的两岸，使电站远离船闸，这样，电站下泄的尾水不会影响船舶进出船闸，在电站施工或运转期间，向电站运送、更换设备比较方便，也便于电站变电所布置。二者的施工和管理，互不干扰。但须在两岸布置施工场地，费用较大。

（2）船闸、电站均设同岸。将电站与船闸布置在河流的同一岸，最好将电站布置于靠河一侧，而船闸靠岸一侧，并使两者间隔开一定距离。这样既可在两者之间设置变电所，又可改善引航道水流条件。如河床宽度不足，难于使船闸与电站之间隔开一定距离，也可将电站与船闸布置成一定的交角，使电站尾水远离航道，但挡水线长度将增加，从而增大工程量和投资。

（3）船闸、取水建筑物分设两岸。如果水利枢纽中有取水建筑物，也可将船闸与取水建筑物分别布置于河流的两岸，以避免取水建筑物运行时影响船闸引航道的水流条件，而且取水建筑物也不致受到船舶、木筏的撞击而被损坏。

如果必须将船闸与取水建筑物布置于同一河岸时，进水闸最好布置在船闸上游，并尽可能远离船闸，以减小取水建筑物对船闸引航道水流条件的不利影响。

六、船闸的结构

（一）闸室的结构形式

闸室是船闸的重要组成部分，它由两侧的闸室墙和闸底组成。闸室墙主要承受墙后土压力和水压力。由于闸室内水位是经常变化的，当室内处于高水位时，可能比墙后地下水位高；而当闸室内低水位时，又可能比墙后地下水位低。因此，闸室所受水压力的大小和方向是变化的，这是闸室墙与一般挡土墙的不同之处。由于闸室墙前后有水位差，因此闸室的墙和底应满足防渗的要求。

闸室的结构形式与各地的自然、经济和技术条件有关。按闸室的断面形状，可将闸室分为斜坡式和直立式两大类。

1. 斜坡式闸室结构

斜坡式闸室结构，是将河流的天然岸坡和底部以砌石保护而成。为防止浅水时船只搁浅在两岸边坡上，在两侧岸坡脚处一般都建有垂直的栈桥，如图 3-11-13 所示。斜坡式闸室结构简单，施工容易，造价较低。但是，灌水体积大，灌水时间长，过闸耗水量大，由于闸室内水位经常变化，两侧岸坡在动水压力作用下容易坍塌，故需修筑坚固的护坡工程。这种形式主要适用于水头和闸室平面尺寸较小，河流水量较为充沛的小型船闸。

2. 直立式闸室结构

直立式闸室结构，如图 3-11-14 所示。一般适用于大、中型船闸中，根据地基的性质，这种结构又分为非岩基上的闸室和岩基上的闸室结构两大类。

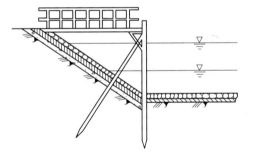

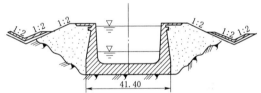

图 3-11-13　斜坡式闸室结构示意图　　　　图 3-11-14　直立式闸室结构示意图

（二）闸首结构形式

和闸室结构形式一样，闸首结构形式主要取决于地基条件。对于非岩石地基，一般采用两侧边墙与底板为一体的整体式结构，以使闸首有足够的刚度，从而保证闸门的正常工作，同时也满足闸首整体稳定及地基承载力要求。非岩石地基上的闸首边墙，常用重力式及空箱式。对于岩石地基，一般可采用重力式结构。

非岩基上闸首的重力式边墙，多用于地基较好的中小型船闸。这种边墙除了阀门部分做成矩形断面外，其余部分均做成普通重力式挡土墙。若边墙墙顶布置启闭机房时，可在墙顶设悬臂板，板下用支柱支在廊道顶板上。

非岩基上闸首的空箱式边墙，是将输水廊道顶面以上的边墙做成若干个空箱。其自重较小，多用于软弱的地基。另外，空箱边墙宽度较大，便于墙顶布置启闭机房。工作阀门和上、下游检修阀门槽不能同时设在一个空箱内，因为检修阀门槽在没装上修检阀门时不起挡水作用，水可从上游检修阀门槽经空箱绕过工作阀门，再由下游检修阀门槽流入下游。通常将空箱顶盖板和壁板浇筑在一起，并在顶板上设置进人孔，以便进入检修或拆出箱内模板。靠闸门一侧的空箱面板上设有通水孔，以使空箱内、外水位一致，以改善空箱面板的受力条件。

（三）导航及靠船建筑物

导航及靠船建筑物，其结构形式与地基土壤性质、水位变幅及地形条件有关。常用的形式可分为两大类，即固定式与浮式两种。

（1）固定式。这种建筑物的形式很多，如重力式、墩式（靠船墩）、高桩承台式、框架式等。

重力式结构，一般用于地基不能打桩或水深不大等情况，多采用砌石或混凝土建造。这种结构可以就地取材、节省材料、施工管理方便，但对地基条件要求较高，如图 3-11-15 所示。

在我国许多大中型船闸中，常将靠船建筑物做成一个单独的墩台，即靠船墩，如图 3-11-16 所示。靠船墩与实体重力式靠船建筑物相比，其工程量较少、投资较省，因此应用较为广泛。

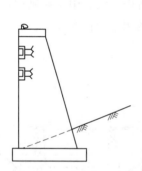 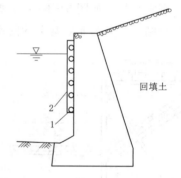

图 3-11-15 重力式导航及靠航建筑物图 　　图 3-11-16 浮式导航及靠航建筑物

1—水平护木；2—垂直护木

（2）浮式。这种导航及靠船建筑物，主要用在水深及水位变幅均较大的情况，如船闸的上游引航道内。一般可以做成钢筋混凝土、钢丝网水泥或金属的浮码头型式，将它们限制在专设的墩柱之间漂浮，并将其所受的荷重传给墩柱。

七、船闸输水系统的主要形式

船闸输水系统的形式较多，概括起来可归纳为两大类，即集中输水系统和分散输水系统。

（1）集中输水系统。集中输水系统，也称头部输水系统，闸室灌水、泄水分别通过设在上、下闸首内的输水廊道在闸首处集中进行，又称为头部输水系统。适用于水头在 15m 以内的船闸。

（2）分散输水系统。水头较大时，多采用分散输水系统，又称为长廊道输水系统。在闸室墙或底板内布置纵向长廊道、纵横支廊道、出水孔组成的船闸输水系统，输水廊道上设有输水阀门，通过纵横向输水廊道上的出水孔输水、泄水。三峡工程船闸地下输水系统担负着对船闸进行充水和排水作用，地下输水系统由 4 条输水廊道和 36 条竖井组成，廊道总长 5500m，断面形状为城门洞形，闸室地板上设置出水口，出水口加消能盖板、旁侧泄水的形式，一次充水时间不超过 12min。

任务二 升 船 机

一、升船机的组成及作用

升船机是利用机械装置升降船舶以克服航道上集中水位落差的通航建筑物，分为垂直升船机和斜面升船机两大类。丹江口水利枢纽工程通航建筑物布置，过船规模为300t级，采用一级垂直升船机加一级斜面升船机，二者之间通过渠道衔接。升船机与船闸比较，其主要特点是耗水量小、一次性提升高度较大。

升船机的组成，一般有承船厢、垂直支架或斜坡道、闸首、机械传动机构、事故装置和电气控制系统等几部分。

（1）承船厢。用于装载船舶，其上、下游端部均设有厢门，以使船舶进出承船厢体。

（2）垂直支架或斜坡道。垂直支架一般用于垂直升船机的支承，并起导向作用，而斜坡道则用于斜面升船机的运行轨道。

（3）闸首。用于衔接承船厢与上、下游引航道，闸首内一般设有工作闸门和拉紧（将承船厢与闸首锁紧）、密封等装置。

（4）机械传动机构。用于驱动承船厢升降和启闭承船厢的厢门。

（5）事故装置。当发生事故时，用于制动并固定承船厢。

（6）电气控制系统。主要是用于操纵升船机的运行。

11-4 ▶
升船机的
工作程序

二、升船机的工作程序

以垂直升船机为例，说明船舶通过升船机的程序。船舶通过升船机的主要工作程序为：当船舶由大坝的下游驶向上游时，①先将承船厢停靠在厢内水位同下游水位齐平的位置上；②操纵承船厢与闸首之间的拉紧、密封装置，并充灌缝隙水；③打开下闸首的工作闸门和承船厢的下游厢门，并使船舶驶入承船厢内；④关闭下闸首的工作闸门和承船厢的下游厢门；⑤将缝隙水泄除，松开拉紧和密封装置，提升承船厢使厢内水位与上游水位齐平；⑥开启上闸首的工作闸门和承船厢的上游厢门，船舶即可由厢体驶入上游。

三、升船机的类型

按照承船厢的工作条件，可将升船机分为干式和湿式两类。干式也称干运，是指将船舶置于无水的承船厢内承台上运送；湿式又称湿运，是指船只浮于有水的承船厢内运送。大中型升船机采用湿运形式，干运形式仅用于通航货船的 100t 级小型升船机。

按升船机的级数分为单级、两级或多级。提升高度在 120m 以下时，优先采用单级升船机，当受地形、地质条件限制或提升高度过大时，可采用两级或多级。已建成的单级垂直升船机有：比利时斯特勒比升船机，提升高度 73m；我国岩滩升船机，提升高度 68.5m；三峡升船机，提升高度 113.0m；向家坝升船机，提升高度 114.2m。

按承船厢的运行线路，一般将其分为垂直升船机（图 3-11-17）和斜面升船机［图 3-11-20］两大类。垂直升船机，是利用水力或机械力沿铅直方向升降，使船舶过坝；而斜面升船机，船舶过坝时的升降方向（运行线路）则是沿斜面进行的。大中型升船机一般多选用垂直升船机。当枢纽河岸具备修建斜坡道的地形地貌条件、投资较小、以通航货船为主的小型升船机，可选用钢丝绳卷扬式斜面升船机。

（一）垂直升船机

垂直升船机主体部分包括上闸首、承船厢室段和下闸首。承船厢由承重结构、顶部机房、承船厢结构及其设备、主提升机设备或承船厢驱动系统设备、平衡重系统及电气控制设备等组成。垂直升船机按其升降设备特点，可以分为提升式、平衡重式和浮筒式等形式。

1. 提升式升船机

提升式升船机类似于桥式升降机，船只驶进船厢后，由起重机进行提升，经过平移，然后下降过坝。提升式升船机的主要特点是动力较大，一般只用于提升中小船只。如我国丹江口水利枢纽中就应用了这种垂直升船机，如图 3-11-17 所示，其最大提升高度为 83.5m，最大提升力为 4500kN，提升速度为 11.2m/min，承船厢可湿运 150t 级驳船或干运 300t 级驳船。

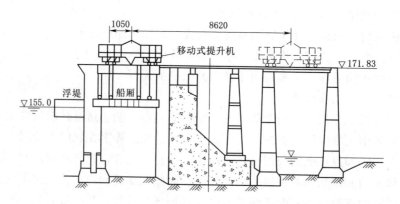

图 3-11-17 丹江口水利枢纽的垂直升船机（单位：cm）

2. 平衡重式升船机

平衡重式垂直升船机，是利用平衡重来平衡承船厢的重量，如图 3-11-18 所示。提升动力仅用来克服不平衡重及运动系统的阻力和惯性力，运动原理与电梯相似。其主要优点是：可节省动力、过坝历时短、通航能力大、耗费电量小、运行安全可靠，进出口条件较好。但是，工程技术较复杂，工程量较为集中，耗用钢材也较多。

如吕勒升船机，属于双船厢，单个船厢的长度 100m，宽度 12m，水深 3.5m，载船吨位为 1500t，其提升高度为 37.8m，为目前世界上最大的平衡重式升船机。

3. 浮筒式升船机

浮筒式升船机，其特点是将金属浮筒浸在充满水的竖井中，如图 3-11-19 所示，利用浮筒的浮力来平衡船厢的总重量，提升动力仅用来克服运动系统的阻力和惯性力。这种升船机的支承平衡系统简单，工作可靠。但是，提升高度因受到浮筒所需竖井深度的限制，其提升高度不应太大，并且，一部分设备长期处于竖井的水下，检修较为困难。

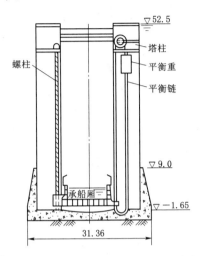 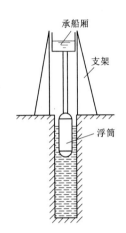

图 3-11-18　平衡重式垂直升船机（单位：m）　　图 3-11-19　浮筒式垂直升船机

目前世界上最大的浮筒式升船机，是德国亨利兴堡枢纽中的升船机，于 20 世纪 60 年代建成，其提升高度 14.5m，承船厢尺寸 90m×12m，厢内水深 3.0m，可通过 1350t 的船只。

（二）斜面升船机

斜面升船机，是在斜坡上铺设升降轨道，将船舶置于特制的承船车中干运或在承船厢中湿运过坝，如图 3-11-20 所示。斜面升船机由斜坡道、机房与控制室、牵引绞车、承船车及其轨道、钢丝绳托轮与托辊、电气设备和检修设备等组成。

斜面升船机斜坡道的坡度一般采用 1:5～1:20，已建的斜面升船机斜坡道坡比见表 3-11-1。上、下游导航墙沿斜坡道布置时，应满足承船车在通航水位变化范围内的停靠需要，上、下游导航墙长度在最低通航水位时，考虑 0.5～1.0 倍承船车长度的富裕量。轨道长度应满足承船车在上下游最低通航水位之间运行的需要，轨道每端的富裕长度不应小于 5m。斜坡道较长时，承船车应采用高、低轮支承方式；斜坡道较短时，承船车应采用高、低轨支承方式。

表 3-11-1　　　　　　　已建的斜面升船机斜坡道坡比表

工程名称	戍浦	丹江口		隆库尔	克拉斯诺亚尔斯克
		150t 级	300t 级		
坡比	1:5	1:7	1:7	1:20	1:10

升船机按照运行方式不同，可以分为牵引式、自行式（或称自爬式）；按照运送方向与船只行驶方向的关系，又可分为纵向行驶和横向行驶两种。其中，牵引式纵向行驶的升船机应用最为广泛。

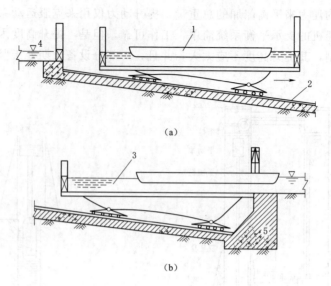

图 3-11-20 斜面升船机示意图

(a) 斜面升船机在运行中；(b) 斜面升船机停在下闸首

1—船只；2—轨道；3—船厢；4—上闸首；5—下闸首

目前，世界上运载量最大、提升最高的斜面升船机，是俄罗斯的克拉斯诺亚尔斯克斜面升船机，其最大提升高度达 118m，可以运载 2000t 的船舶。

项目十二　渠系建筑物

在渠道上为了控制、分配、测量水流、通过天然或人工障碍物，保证渠道安全运用而修建的建筑物，统称为渠道系统的水工建筑物，简称渠系建筑物。渠系建筑物是引调水工程、灌排系统的重要组成部分。

渠系建筑物的种类很多，按其作用分类，主要有：①控制建筑物——控制水位的节制闸和调节流量的分水闸、斗门、节制闸、防洪闸、退水闸等；②量水建筑物——测定流量的量水堰、量水喷嘴、量水槽等；③交叉建筑物——渠道与河流、溪谷、道路交叉或渠道与渠道交叉时所建的渡槽、桥梁、倒虹吸管和涵洞等；④连接建筑物——渠道通过坡度较陡或有集中落差的地段而修建的陡坡、跌水等建筑物；⑤交通建筑物——农桥、交通涵洞等；⑥排洪建筑物——排洪槽（桥）、渠下涵洞、溢流侧堰、虹吸溢流堰、平交式排洪建筑物等。此外，还有船闸、水电站等专门水工建筑物。

渠系建筑物的作用虽各有不同，但具有较多的共同点：①单个工程的规模一般都不大，但数量多，总工程量往往是渠首工程的若干倍；②建筑物位置分散在整个渠道沿线，同类建筑物的工程条件相近，采用定型设计、装配式结构，以简化设计，加快施工进度，缩短工期，降低造价，节省劳力和保证工程质量；③受地形环境影响较大，渠系建筑物的布置主要取决于地形条件，与群众的生产、生活环境密切相关。

渠系建筑物的布置一般遵循以下原则：

（1）灌溉渠道的渠系建筑物应按设计流量设计、加大流量校核；排水沟道的渠系建筑物仅按设计流量设计。同时，应满足水面衔接、泥沙处理、排泄洪水、环保和施工、运行、管理的要求，并适应交通和群众生产、生活的需要。

（2）渠系建筑物应布置在渠线顺直、地质条件良好的缓坡渠段上。在底坡陡于临界坡的陡坡渠段上不应布置改变渠道过水断面形状、尺寸、纵坡和有阻水结构的渠系建筑物。

（3）渠系建筑物应避开不稳定场地和滑坡崩塌等不良地质渠段，对于不能避开的其他特殊地质条件应采用适宜的布置形式或地基处理措施。

（4）顺渠向的渡槽、倒虹吸管、陡坡与跌水、节制闸等渠系建筑物的中心线与所在渠道的中心线重合。跨渠向的渡槽、倒虹吸管、涵洞等渠系建筑物的中心线应与所跨渠道的中心线垂直。

（5）除倒虹吸管和虹吸式溢洪堰外，渠系建筑物应采用开敞式布置或无压明流流态。

（6）在渠系建筑物的水深、流急、高差大、邻近高压电线及有毒有害物质等开敞部位，应针对具体情况分别采取留足安全距离、设置防护隔离设施或醒目明确的安全警示标牌等安全措施。

（7）渠系建筑物设计文件中应包含必要的安全运行规程、操作制度和安全监测设计。

本项目介绍渠道和交叉建筑物中的渡槽、倒虹吸管、桥梁、涵洞以及落差建筑物中的跌水、陡坡等建筑物。

任务一 渠 道

渠道是连接水源与农田之间的输水工程。渠道系统是指从水源取水、通过渠道及其附属建筑物向农田供水、经由田间工程进行农田灌水的工程系统，包括渠首工程、输配水工程、田间工程。

灌溉渠道遍布整个灌区，线长面广，其规划和设计是否合理，将直接关系到土方量的大小、渠系建筑物的多少、施工和管理的难易以及工程效益的大小，因此，渠道的布置一定要慎重进行。灌溉渠道一般可分为干渠、支渠、斗渠、农渠四级固定渠道（图 3-12-1）。干渠、支渠主要起输水作用，称为输水渠道；斗渠、农渠主要起配水作用，称为配水渠道。

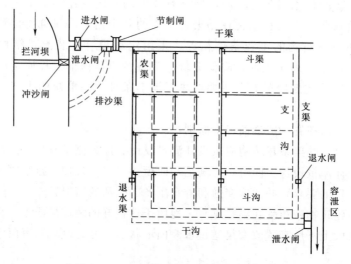

图 3-12-1 灌溉排水渠道系统示意图

一、渠道的纵、横断面

渠道的断面设计包括横断面设计和纵断面设计。在实际设计中，纵断面和横断面设计应交替反复进行，最后经过分析比较，确定出合理的设计方案。常见的渠道包括明渠和无压暗渠两种。

（一）渠道横断面设计

渠道横断面设计主要任务是选定渠道横断面形式、确定横断面尺寸。

1. 横断面的形式

明渠横断面形式可选用梯形、矩形、复合型、弧形底梯形、弧形坡脚梯形、U 形等，如图 3-12-2 所示。无压暗渠断面形式可选用城门洞形、箱形、正反拱形和圆形等，如图 3-12-3 所示。

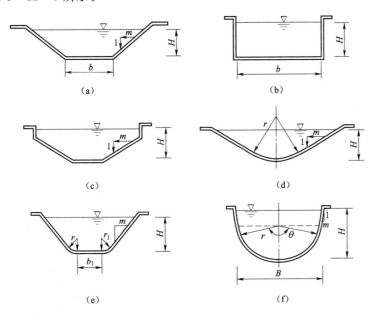

图 3-12-2　明渠断面可选用的形状

（a）梯形断面；（b）矩形断面；（c）复合型断面；（d）弧形底梯形断面；

（e）弧形坡脚梯形断面；（f）U 形断面

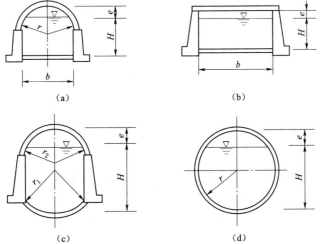

图 3-12-3　无压暗渠断面可选用的形式

（a）城门洞形断面；（b）箱形断面；（c）正反拱形断面；（d）圆形断面

　　土基上的渠道最常用的梯形横断面。因为它便于施工，并能保持渠道边坡的稳定，如图 3-12-4（a）、（c）所示。在坚固的岩石中开挖渠道时，应采用矩形断面，如图 3-12-4（b）、（d）所示。当渠道通过城镇工矿区或斜坡地段，渠宽受到限制时，可设置混凝土、砌石等重力式挡土墙，如图 3-12-4（d）、（e）、（f）所示。

　　根据施工方法不同，渠道横断面又分为全挖方断面、全填方断面和半挖半填断面三种，其中，半挖半填断面最为经济。

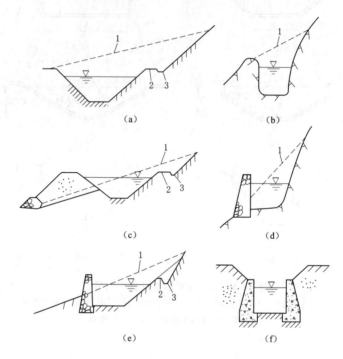

图 3-12-4　渠道横断面图
（a）、（c）、（e）、（f）土基；（b）、（d）岩基
1—原地面线；2—马道；3—排水沟

　　U 形渠道（图 3-12-5）具有较大的输水能力、较好的受力条件，占地少，省工省料，并且整体性好，抵冻能力较强，在小型渠道中经常采用。U 形渠道一般多为预制混凝土衬砌。

　　自流灌区渠道，当流量≤5m³/s 渠道常采用弧形（或 U 形）断面，流量 5～20m³/s 渠道应采用弧形底梯形断面或弧形坡脚梯形断面，流量＞20m³/s 渠道应采用弧形坡脚梯形断面或梯形断面。扬水灌区渠道，流量≤1m³/s 渠道应采用弧形（或 U 形）断面，流量 1～20m³/s 渠道应采用弧形底梯形断面或弧形坡脚梯形断面。寒冷地区大中型渠道应采用弧形坡脚梯形或弧形底梯形断面，小型渠道应采用 U 形断面。

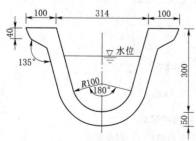

图 3-12-5　U 形渠道（单位：mm）

2. 渠道横断面尺寸

应按明渠均匀流计算确定。梯形渠道的边坡应根据稳定条件确定，不同土壤对应的边坡系数见表3-12-1。对于挖深大于5m或填高超过3m的土坡，必须进行稳定计算，计算方法与土石坝稳定计算相同。为了管理方便和边坡稳定，每隔4～6m应设马道，马道宽1.5～2m，并在马道内侧设排水沟。

表3-12-1　　　　　　　　　　　渠道断面边坡系数表

土 壤 种 类	边坡系数		土 壤 种 类	边坡系数	
	水下	水上		水下	水上
粉砂	3～3.5	2.5	黏壤土、黄土、黏土	1.25～1.5	0.5～0.75
细砂	2.5～3	2.5	卵石和砾石	1.25～1.5	1.0
疏松和中等密实的细砂	2.0～2.5	2.0	半岩性的抗水性土壤	0.5～1.0	0.5
密实细砂	1.5～2.0	1.5	风化岩石	0.2.5～0.5	0.25
砂壤土	1.5～2.5	1.5	未风化岩石	0.1～0.25	0

按明渠均匀流公式确定渠道的横断面时，所选择的渠道的纵坡和糙率应尽量接近实际值，它们的大小将直接影响渠道断面尺寸的大小和渠道的冲淤。当渠道的流量、纵坡、糙率及边坡系数已定时，即可根据明渠均匀流公式确定渠道的横断面尺寸。

（二）渠道的纵断面

渠道纵断面设计的任务是根据灌溉水位要求确定渠道的空间位置，主要内容包括确定渠道纵坡、设计水位线、最低水位线、渠底线、渠顶高程线，在渠道的纵断面图（图3-12-6）上应标明建筑物类型和位置。

二、渠道衬砌

在渠道的表面用各种材料做成的保护层称为渠道衬砌，渠道衬砌作用如下：

（1）防冲，保护渠床免受水流冲刷、动植物的破坏。

（2）减小渠道糙率，从而降低水头损失，增大过流能力。

渠道衬砌的类型根据所用材料不同，有混凝土护面、砌石护面、草皮护面、生态混凝土护面、格宾石笼护面等。

三、渠道防渗

渠道的渗漏不仅降低渠系水利用系数，缩小灌溉面积，影响水资源效益，而且会抬高地下水位，次生盐碱化。因此，需要对渠道进行防渗处理。

渠道防渗材料有多种，常用混凝土、膜料防渗、沥青混凝土等材料，也可利用上述材料构成复合结构，达到防渗目的。不同断面形式渠道防渗结构的选择，应根据渠道级别、规模、使用年限等工程要求综合进行确定。

1. 混凝土防渗

混凝土防渗具有防渗抗冲效果好、输水能力大、经久耐用、便于管理等特点，适用于各种地形、气候、运行条件的大、中、小型渠道，且附近有骨料来源。常用现浇混凝土板防渗，混凝土板应设置伸缩缝，以防止混凝土板因温度变化、渠基土冻胀等因素引起裂缝。缝内应设置止水。

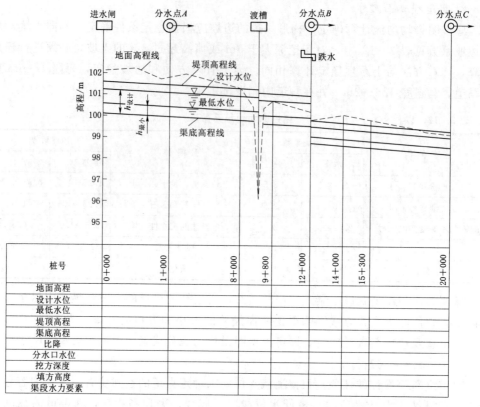

图 3-12-6 渠道纵断面示意图

混凝土防渗层结构形式（图 3-12-7）应按下列要求选定。

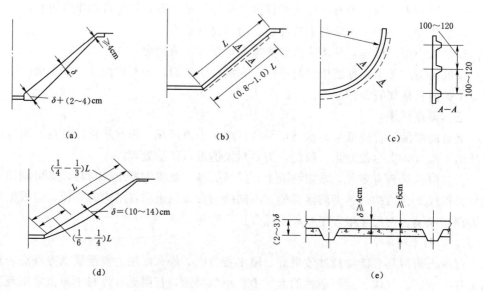

图 3-12-7 渠道混凝土防渗层结构形式
（a）楔形板；（b）平肋梁板；（c）弧形肋梁板；（d）中部加厚板；（e）Ⅱ形板

（1）应采用等厚板。

（2）当渠基有较大膨胀、沉陷等变形时，除应采取必要的地基处理措施外，对大型渠道应采用楔形板、平肋梁板、弧形肋梁板中部加厚板或Ⅱ形板。

（3）小型渠道应采用整体式 U 形或矩形渠槽。

（4）特种土基应采用板膜复合式结构。

2. 膜料防渗

膜料防渗是用复合土工膜、塑料薄膜、沥青油毡等作为防渗层，其上设置保护层。膜料防渗性能好、适应变形能力强、施工方便等优点，北方寒冷地区优先选用聚乙烯膜防渗。

膜料防渗层应采用埋铺式（图 3 - 12 - 8）。无过渡层的防渗结构应用于土渠基、黏性土保护层和用复合土工膜的防渗工程；有过渡层的防渗结构应用于岩石、砂砾石、土渠基和用石料、砂砾料、现浇碎石混凝土或预制混凝土作保护层的防渗工程。

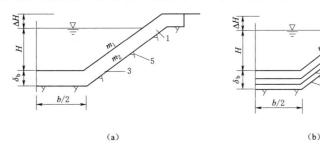

（a）　　　　　　　　　　　　（b）

图 3 - 12 - 8　埋铺式膜料防渗结构

（a）无过渡层的防渗结构；（b）有过渡层的防渗结构

1—黏性土、灰土或混凝土、石料、料保护层；2—膜上过渡层；

3—膜料防渗层；4—膜下过渡层；5—土渠基或岩石、砂砾石渠基

膜料防渗层的铺设方式可采用全铺式、半铺式和底铺式。半铺式和底铺式可用于宽浅渠道。膜料防渗层顶部应按图 3 - 12 - 9 铺设。

土料保护层的厚度要根据土的类别和渠道设计流量按表 3 - 12 - 2 取值。土料保护层的设计干密度，应通过试验确定。无试验条件时，可采用压实法施工，砂壤土和壤土的干密度不应小于 1.50g/cm^3；砂壤土、轻壤土、中壤土采用浸水泡实法施工时，其干密度应为 $1.40 \sim 1.45 \text{g/cm}^3$。

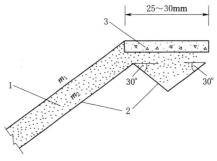

图 3 - 12 - 9　膜料防渗层顶部铺设形式

1—保护层；2—膜料防渗层；3—封顶板

表 3 - 12 - 2　　　　　　　　　　土料保护层的厚度取值

保护层土质	渠道设计流量/（m³/s）			
	<2	2～5	5～20	>20
砂壤土、轻壤土	45～50	50～60	60～70	70～75

续表

保护层土质	渠道设计流量/(m³/s)			
	<2	2～5	5～20	>20
中壤土	40～45	45～55	55～60	60～65
重壤土、黏土	35～40	40～50	50～55	55～60

　　石料、砂砾料和混凝土保护层的厚度，可按表3-12-3选用。在渠底、渠坡或不同渠段，可采用具有不同抗冲能力、不同材料的组合式保护层。

表3-12-3　　　　　　　　不同材料保护层的厚度

保护层材料	块石、卵石	砂砾石	石板	混凝土	
				现浇	预制
保护层厚度	20～30	25～40	≥3	4～10	4～8

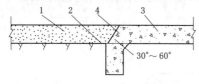

图3-12-10　膜料防渗层与渠系建筑物
连接形式
1—保护层；2—膜料防渗层；3—建筑物；
4—膜料与建筑物黏结面

　　膜料防渗层应用黏结剂与建筑物连接牢固，如图3-12-10所示。土料保护层的膜料防渗渠道与跌水、闸、桥等连接时，应在建筑物上下、游采用石料、混凝土保护层，石料和混凝土保护层与建筑物连接应按规定设置伸缩缝。

3. 沥青混凝土防渗

　　沥青混凝土衬砌属于柔性结构，其防渗能力强，适应变形性能好，造价与混凝土相近，适用于冻害地区。沥青混凝土衬砌分有整平胶结层和无整平胶结层两种。

　　沥青混凝土配合比应根据技术要求，并通过室内试验和现场铺筑试验确定。也可按行业标准《土石坝沥青混凝土面板和心墙设计规范》（DL/T 5411—2019）的有关规定选用。防渗层沥青含量应为6%～9%；整平胶结层沥青含量应为4%～6%。石料的最大粒径，防渗层不得超过一次压实厚度的1/3～1/2，整平胶结层不得超过一次压实厚度的1/2。

　　沥青混凝土防渗结构的构造如图3-12-11所示。无整平胶结层断面一般适用于土质地基，有整平胶结层断面一般适用于岩石地基。

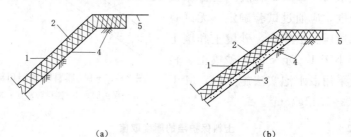

（a）　　　　　　　　　（b）
图3-12-11　沥青混凝土防渗结构的构造
（a）无整平胶结层的防渗结构；（b）有整平胶结层的防渗结构
1—封闭面层；2—沥青混凝土防渗层；3—整平胶结层；
4—土（石）渠基；5—封顶板

封闭面层采用沥青油膏涂刷，厚度为 2～3mm，配合比应满足高温下不流淌、低温下不脆裂的要求。沥青混凝土防渗层为等厚断面，坡顶厚度可采用 5～6cm，坡底厚度可采用 8cm，整平胶结层厚度以填平岩石基面为宜。

任务二 渡 槽

渡槽是渠道输送水流跨越渠沟、河流、道路、沟谷所修建的桥式交叉建筑物，如图 3-12-12 所示。

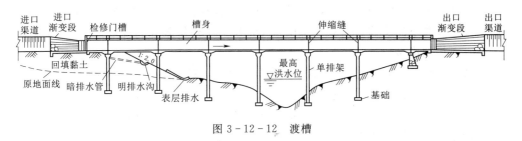

图 3-12-12 渡槽

人类建造渡槽已有 2700 多年的历史，早在公元前 700 余年亚美尼亚人就用石块砌造渡槽。水泥发明以后，高强度、抗渗漏的钢筋混凝土渡槽便应运而生。我国南水北调中线工程沙河渡槽渠段总长 11.963km，其中明渠长 2.888km，建筑物长 9.075km，设计流量 320m³/s，加大流量 380m³/s，渡槽规模大，综合流量、跨度、重量、总长度等指标，居世界第一，沙河、大浪河梁式渡槽采用多跨 U 形 4 孔连接方式，预应力预制整体吊装，槽墩间距 30m，一次吊装单槽重量达 1200t，采用"槽上运槽"方法架设。

混凝土渡槽的形式也不断演变，从单一的梁式、拱式（板拱、肋拱双曲拱、箱形拱、桁架拱、折线拱）、斜拉式、悬吊式，发展到组合式（拱梁和斜撑梁组合式等）。渡槽断面也造型各异，有矩形、箱形和 U 形等多种形式。另外，大型现浇钢筋混凝土渡槽采用先进的大桥施工技术，具有施工简便、工效高、免吊装、施工质量好的特点。我国南水北调中线工程湍河渡槽为相互独立的 3 槽预应力 U 形渡槽，单槽内空尺寸为 7.23m×9.0m，单跨跨度 40m，设计流量 350m³/s，最大流量 420m³/s，采用造槽机现场浇注施工，其渡槽内径、单跨跨度、最大流量属世界首例。

一、渡槽的组成与布置

（一）组成

渡槽一般由进口连接段、槽身、出口连接段、支承结构、基础等组成，如图 3-12-12 所示。槽身置于支承结构上，槽身自重及槽中的水重通过支承结构传递给基础，基础再传给地基。

渡槽一般适用于渠（沟）道跨越深宽河谷且洪水流量较大、跨越较广阔的滩地或洼地等情况。它与倒虹吸管相比较，水头损失小，便于通航，不易淤积堵塞，管理运用方便，是交叉建筑物中采用最多的一种形式。

261

（二）总体布置

渡槽布置考虑渡槽长度、地质条件和对生态环境影响等因素。渡槽长度短、地质条件好，工程量小，且永久占地小、植被破坏小、不影响生态环境等为渡槽的理想布置形式。

槽身轴线应为直线，且与所跨河道或沟道正交。跨河渡槽的槽址处河势应稳定，渡槽长度和跨度的选取应满足河流防洪规划的要求，减小渡槽对河势和上、下游已建工程的影响。还应考虑渡槽前布置的安全泄空、防堵、排淤等附属建筑物。跨越非等级乡村道路的渡槽，槽下最小净高对人行路应为 2.2m、拖拉机路应为 2.7m、农用汽车路应为 3.2m、汽车路应为 3.5m，槽下净宽应不小于 4.0m。跨越通航河流、铁路、公路的渡槽，槽下净空应符合相关部门行业标准关于建筑限界的规定。

二、渡槽的类型

渡槽的类型一般是指槽身及其支承结构的类型。槽身及支承结构的类型、材料、施工方法不同，因而分类方式有很多种。

按施工方法分，有现浇整体式渡槽、预制装配式渡槽、预应力渡槽等。

按所用材料分，有木渡槽、砌石渡槽、混凝土渡槽、钢筋混凝土渡槽等。

按槽身断面形式分，有矩形槽、U 形槽、圆形管等，通常用的是前两种。

按支承结构型式分，有梁式渡槽、拱式渡槽、桁架拱式渡槽、组合式渡槽、悬吊式渡槽、斜拉式渡槽等，其中常用的是前两种。

此外，尚有三铰片拱式（或片拱式）、马鞍式、拱管式等过水结构与称重结构相结合的特殊拱形渡槽。

长度不大的中、小型渡槽，可采用一种类型的单跨或等跨渡槽。对于地形、地质条件复杂而长度较大的大、中型渡槽，可根据具体情况，选用一种或两种类型和不同跨度的布置方式，但变化不宜过多，否则将增加施工难度和影响槽墩受力状况。具体选择渡槽形式时，主要应考虑地形条件、地质条件、建筑材料、施工条件，还应考虑水、电供应条件、施工场地、交通运输条件。当地形平坦、槽高不大时，一般采用梁式渡槽，施工与吊装均比较方便；对于窄深的山谷地形，当两岸地质件较好时，有足够的强度与稳定性时，应建大跨度拱式渡槽，以避免很高的中间墩架；地形、地质条件比较复杂时，应做具体分析。例如，跨越河道的渡槽，当河道水深流急、槽底距河床高度大、水下施工较困难，而滩地部分槽底距地面不高且渡槽较长时，可在河床部分采用大跨度的拱式渡槽，在滩地采用梁式或中小跨度的拱式渡槽，当地基承载能力较低时，可考虑采用轻型结构的渡槽。

三、梁式渡槽

输水槽身兼作承重梁或以梁为主要承重结构的渡槽，槽身置于槽墩或排架上（图 3-12-13）。下面从进口段、槽身段、出口段、槽身纵向支承、基础等几个方面进行介绍。

（一）进口段

进口段的作用是：使渠道水流平顺地进入渡槽，减小水头损失；避免因连接不当而引起漏水；同时满足运用、交通、泄水等的要求。通常在进口段设置进口渐变段、

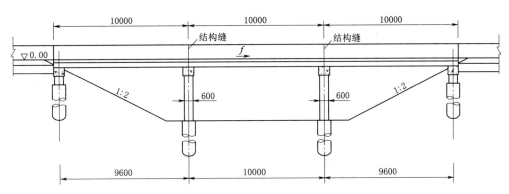

图 3-12-13 梁式渡槽（单位：mm）

连接建筑物（槽台、挡土墙等）、节制闸、交通桥、工作桥等。进口段布置时，应注意以下几个方面：

（1）进口段应布置在岩基或挖方渠槽上，与直线段渠道连接。在平面布置上渡槽的进口段要与渠道的直线段连接；否则，产生弯道环流，使水流偏离一侧，影响渡槽的进流条件，影响正常输水。对于流量较大、坡度较陡的渡槽，尤其要注意这一问题。

（2）设置渐变段。渠道断面可以是梯形、矩形、U形，纵坡较缓，所以过水断面与水面宽度一般较大。为了降低渡槽造价，槽身纵坡常陡于渠道、槽身宽度比渠道小，加上槽身的材料与渠道材料也不同，为使水流进槽身时比较平顺，以利于减小水头损失和防止冲刷，渡槽进口需设置渐变段。渐变段可采用扭曲面翼墙、圆弧翼墙等形式。

（3）设置连接段。渐变段与槽身之间常需设置一节连接段。对于U形槽身需设置连接段与渐变段末端矩形断面连接；为交通需要，设置连接段，布置交通桥或人行桥；为满足停水检修等要求，需要在进口设置节制闸或留检修门槽；连接段与渐变段之间的接缝需设置止水。

（4）设置护底与护坡，以防止冲刷。对于抗冲能力较低的土渠，为了防冲，靠近渐变段的一段渠道可用砌石或混凝土护底、护坡，其长度一般等于渐变段长度。

（二）槽身段

梁式渡槽槽身在纵向均匀荷载作用下，一部分受压，一部分受拉，故常采用钢筋混凝土结构。为了节约钢筋和水泥用量，还可采用预应力钢筋混凝土及钢丝网水泥结构，跨度较小的槽身也可用混凝土建造。

为了适应温度变化及地基不均匀沉陷等原因而引起的变形，必须设置横向变形缝将槽身分为独立工作的若干节。变形缝之间的每一节槽身沿纵向有两个支点，所以槽身既能输水又起纵梁作用。

1. 槽身横断面形式

常见的槽身横断面形式有矩形、U形。根据设计流量、运行要求、建筑材料等经技术、经济比较后选取横断面形式。常采用钢筋混凝土或预应力钢筋混凝土结构。

钢筋混凝土矩形、U形槽身横断面的形式，主要取决于槽身的宽深比。实际设计中一般根据结构受力条件及节省材料的原则来选择宽深比。对于大流量或有通航要求的、需要较大槽宽的矩形槽。

(1) 矩形槽身。矩形槽身按照结构形式、受力条件的不同，可以分为无拉杆矩形槽、有拉杆矩形槽、箱式槽。梁式渡槽矩形槽身的宽深比一般为 $0.6\sim0.8$。

1) 无拉杆矩形槽（图 $3-12-14$）。结构简单，施工方便，但侧墙厚度较大，适用于小型渡槽或有通航要求的渡槽。渡槽的侧墙也可做成变厚度，顶部厚度按照构造要求一般不小于 12cm，底部厚度应按计算确定，一般不小于 15cm。大中型渡槽为了改善侧墙和底板的受力条件，减小厚度，可沿槽身长度方向每间隔一定距离加设一道肋而形成加肋矩形渡槽。当流量较大或有通航要求、槽身宽浅时，为了改善底板的受力条件，减小底板厚度，增加侧墙的稳定，可在底板下面两侧边纵梁（侧墙）内再设一根或几根中纵梁，从而成为多纵梁式结构矩形槽。

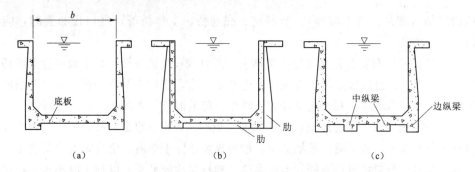

图 $3-12-14$ 无拉杆矩形槽

(a) 无拉杆矩形渡槽；(b) 肋板式无拉杆矩形渡槽；(c) 多纵梁无拉杆矩形渡槽

2) 有拉杆矩形槽（图 $3-12-15$）。渡槽无通航要求时，一般在侧墙顶部设置拉杆，以增加侧墙稳定，改善侧墙的受力条件，减少侧墙横向钢筋用量。侧墙常采用等厚，在拉杆上可铺板兼做维修便道。

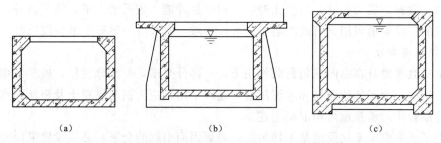

图 $3-12-15$ 有拉杆矩形槽

(a) 有拉杆的矩形渡槽；(b)、(c) 肋板式有拉杆矩形渡槽

3) 箱式槽（图 $3-12-16$）。槽身既可以输水又可兼做交通桥，受力条件好。箱内按无压流设计，净空高度一般为 $0.2\sim0.6m$，深宽比可采用 $0.6\sim0.8$ 或更大。

矩形槽的底板底面可与侧墙底缘齐平或高于侧墙底缘（图 $3-12-17$）。为了避免转角处的应力集中，常在侧墙与底板连接处设补角，角度 $\alpha=30°\sim60°$，边长一般为 $15\sim25cm$。

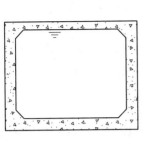

图 3-12-16 箱式渡槽

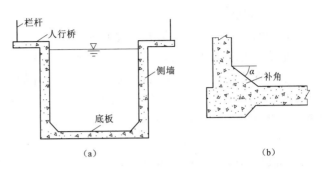

图 3-12-17 矩形槽补角大样图

（a）底板底面与侧墙底缘齐平矩形渡槽；（b）补角大样图

（2）U 形槽身。U 形槽身结构有钢筋混凝土、预应力钢筋混凝土、U 形薄壳槽身。梁式渡槽的 U 形槽身的深宽比一般为 0.7～0.9，槽壁顶部一般加大成顶梁，槽身两端设置端肋，端肋的外形轮廓一般为折线形或梯形。

1）钢筋混凝土 U 形槽。为了便于布置纵向受力钢筋，并增加槽壳的纵向刚度以利于满足底部抗裂要求，常将槽底弧形段加厚，如图 3-12-18 所示。

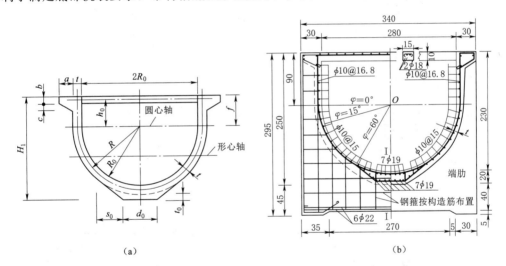

（a）

（b）

图 3-12-18 U 形槽身断面及钢筋布置图

（a）U 形槽身结构图；（b）U 形槽身的钢筋图

a—外挑长度；b—外挑高度；c—外挑斜高；d_0—槽底加厚部分宽度；

f—槽壳直段高度；h_0—圆心至横杆中心高度；H_1—槽身高度；

R—槽壳半径；R_0—槽壳内径；s_0—槽底加厚部分斜长；

t—槽壁厚度；t_0—槽底加厚部分厚度

2）U 形薄壳槽身是一种轻型而经济的结构，它具有水力条件好、纵向刚度较大而横向内力小等优点。钢丝网水泥 U 形薄壳槽身槽壁厚度一般只有 2～4cm，省材料、弹性好、抗拉强度大、重量轻、吊装方便、施工可不立模板、造价较低。缺点是抗冻和耐久性能差，施工工艺要求较高，如果施工质量不高，容易引起表面剥落，钢丝网锈蚀、甚至产生裂缝漏水等现象，一般适用于小型渡槽。

2. 渡槽纵坡

在相同的流量下，纵坡加大，过水断面就小，渡槽造价低；但纵坡大，水头损失大，满足不了渠系规划要求，同时由于流速大可能引起渡槽出口渠道的冲刷。因此，确定一个适宜的底坡，使其既能满足渠系规划允许的水头损失，又能降低工程造价，常常需要试算。底坡一般常采用 $i=1/1500\sim1/500$，槽内流速 $1\sim2\mathrm{m/s}$，对于通航的渡槽，要求流速在 $1.5\mathrm{m/s}$ 以内，底坡小于 $1/2000$。

3. 分缝与止水

梁式渡槽的槽身多采用钢筋混凝土结构。为了适应槽身因温度变化、地基不均匀沉陷等引起变形开裂，渡槽与进口建筑物之间及各节槽身之间必须用缝分开，缝宽 $3\sim5\mathrm{cm}$。变形缝内需要设置止水。

槽身接缝止水所用的材料和构造形式多种多样。有橡皮压板式止水、塑料止水带压板式止水、沥青填料式止水、黏合式止水、套环填料式止水、聚氯乙烯胶泥止水等（图 3-12-19）。

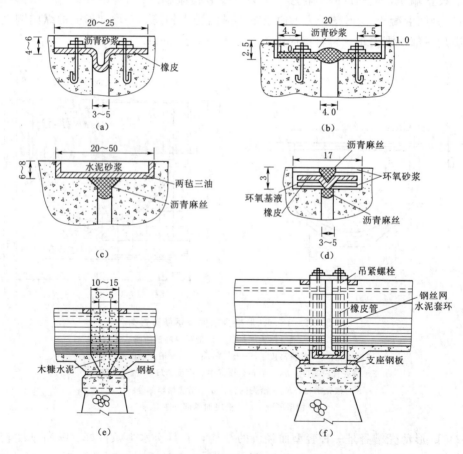

图 3-12-19　槽身接缝止水构造（单位：cm）

(a) 橡皮压板式止水；(b) 塑料止水带压板式止水；(c) 沥青填料式止水；

(d) 黏合式止水；(e) 套环填料式止水；(f) 聚氯乙烯胶泥止水

橡皮压板式止水是将厚 6～12mm 的橡皮带，用扁钢（厚 4～8mm，宽 6mm 左右）和螺栓将其紧压在接缝处。螺栓直径 9～12mm，间距等于 16 倍螺栓直径或 20 倍扁钢厚，常用 20cm 左右。凹槽内填沥青砂浆或 1：2 水泥砂浆，可对止水起辅助作用并防止橡皮老化与铁件锈蚀。这种止水适应接缝变形的性能好，但检修、更换不方便。

塑料止水带压板式止水用聚氯乙烯塑料止水带代替橡皮止水带，止水性能良好，具有良好的弹性和韧性，适应变形能力强，体轻易黏接且不易老化，价格只相当于橡皮止水带的一半左右。

沥青填料式止水造价低，维修方便，但适应变形的性能和止水效果不理想。

黏合式止水是用环氧树脂橡皮黏贴在接缝处，施工简便，止水效果较好。木糠水泥填塞式止水的填料是用木糠（粒径小于 2mm）和水泥拌匀，加入适量的水拌制而成的。这种接缝止水构造简单，造价低，有一定适应变形的能力，我国南方小型渡槽采用较多。

套环填料式止水是在接缝两侧的槽端小悬壁外壁上，套一钢筋混凝土或钢丝网水泥套环，并在槽外壁与套环之间填充橡皮管或沥青麻丝、石棉纤维水泥等止水填料。

4. 支点

变形缝之间的每节槽身，沿纵向各有两个支点。为使支点接触面的压力分布比较均匀并减小槽身因温度变化所产生的摩擦力，常在支点处设置支座钢板或油毡座垫。每个支点处的支座钢板有两块，每块钢板上先焊上直径不小于 10mm 的锚筋，以便分别固定于槽身及墩（架）的支承面上，钢板厚不小于 10mm，面积大小根据接触面处混凝土的局部压力决定。对于跨度及纵坡较大的简支梁式槽身的支座构造，最好能做成一端固定一端活动的形式。

5. 槽身与两岸渠道的连接

槽身应尽可能与挖方渠道连接，连接可靠，工程量小。

（1）槽身与挖方渠道的连接。槽身与挖方渠道的连接时常采用图 3-12-20 所示连接方式。边跨槽身靠近岸坡的一端支承在地梁或高度不大的实体墩上，与渐变段之间用连接段连接，小型渡槽也可不设连接段。这种布置的连接段底板和侧墙沿水流方向不承受弯矩作用，故可采用浆砌石建造。有时为了缩短槽身长度，可将连接段向槽身方向延长，并建造在用浆砌石砌筑的底座上。

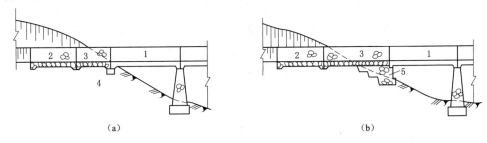

（a）   （b）

图 3-12-20 槽身与挖方渠道的连接

（a）靠近岸坡端的槽身支承在地梁上；（b）靠近岸坡端的槽身支承在槽墩上

1—槽身；2—渐变段；3—连接段；4—地梁；5—浆砌石底座

（2）槽身与填方渠道的连接，常采用斜坡式和挡土墙式。斜坡式连接（图3-12-21）是将连接段或渐变段伸入填方渠道末端的锥形土坡内，按照连接段的支承方式分为刚性连接和柔性连接两种。

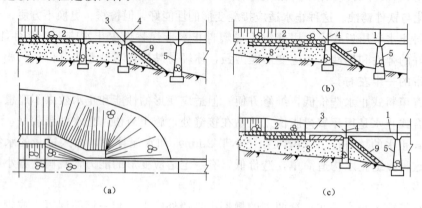

图3-12-21　斜坡式连接

(a) 刚性连接；(b)、(c) 柔性连接

1—槽身；2—渐变段；3—连接段；4—变形缝；5—槽墩；6—回填黏性土；
7—回填砂性土；8—黏土铺盖；9—砌石护坡

刚性连接［图3-12-21（a）］是将连接段支承在埋置于锥形土坡内的支承墩上，支承墩建在固结原状土或基岩上，当填方渠道产生沉陷时，连接段不会因填土沉陷而下沉，变形缝止水工作可靠，但槽底会与填土脱离而形成漏水通道，故需做好防渗处理和采取措施减小填土沉陷。对于小型渡槽也可不设连接段，而将渐变段直接与槽身连接［图3-12-21（b）］，并按变形缝要求设置止水，防止接缝漏水影响渠坡安全。

柔性连接［图3-12-21（b）、(c)］是将连接段或渐变段直接置于填土上，填方下沉时槽底仍能与之较好地结合，对防渗有利且工程较省，但对施工技术要求较高，变形缝止水的工作条件差。因此要严格控制填土质量以尽量减小沉陷，并根据可能产生的沉陷量将连接段预留沉陷高度，以保证进出口建筑物的高程，变形缝止水应适应因填土沉陷而引起的变形。

无论刚性连接还是柔性连接都应尽量减小填方渠道的沉陷，做好防渗、防漏处理，保证填土边坡的稳定。为了防止产生过大的沉陷，渐变段和连接段下面的填土应采用砂性土填筑，并应严格分层夯实，上部铺筑厚0.5～1.0m的防渗黏土铺盖以减小渗漏。若当地缺少砂性土时也可用黏性土填筑，但必须严格分层夯实，最好在填筑后间歇一定时间，待填土预沉后再建渐变段和连接段。为保证土坡稳定，填方渠道末端的锥体土坡不宜过陡，并采用砌石、混凝土或草皮护坡，在坡脚处设置排水沟以便导渗和排水。

挡土墙式连接（图3-12-22）是将边跨槽身的一端支承在重力挡土墙式槽墩上，并与渐变段或连接段连接。挡土边槽墩应建在固结原状土或基岩上，以保证稳定并减小沉陷，两侧用翼墙挡土。为了降低挡土墙背后的地下水压力，在墙身和墙背面应设置排水设施。其他关于防冲、防渗以及对填土质量的要求等与斜坡式连接相同。

挡土墙式连接常属柔性连接，工作较可靠，但用料较多，一般填方高度不大时采用。

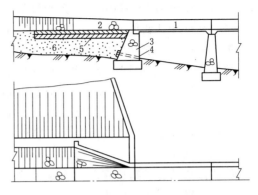

（三）出口段

出口段的作用是使水流平顺地从渡槽进入渠道，避免冲刷、减小水头损失。通常在出口段设置出口渐变段、连接建筑物（槽台、挡土墙等）、节制闸、交通桥、工作桥等。

图 3-12-22 挡土墙式连接

1—槽身；2—渐变段或连接段；3—挡土边槽墩；
4—排水孔；5—黏土铺盖；6—回填砂性土

（1）出口渐变段。为使水流平顺衔接，渡槽出口需设置渐变段。渐变段的形状有扭曲面式、八字墙式等。

（2）护底与护坡，防止冲刷。

（3）连接段，渐变段与槽身之间根据需要设置连接段。

（4）出口后的渠道上应有一定长度的直线段。以防止冲刷，影响正常输水。

（四）槽身的支承结构

1. 支承形式

梁式渡槽的槽身根据其支承位置的不同，可分为简支梁式（图 3-12-12 和图 3-12-13）、双悬臂梁式 ［图 3-12-23 （a）］、单悬臂梁式 ［图 3-12-23 （b）］ 三种形式。

12-4
渡槽的纵向支撑

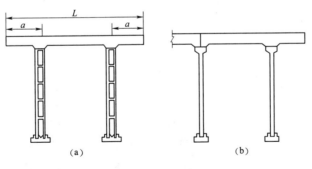

图 3-12-23 悬臂梁式渡槽

（a）双悬臂梁式；（b）单悬臂梁式

简支梁式渡槽的优点是结构简单，施工吊装方便，接缝止水构造简单。缺点是跨中弯矩较大，底板受拉，对抗裂防渗不利。其常用单跨跨度为 8～15m，经济跨度为墩架高度的 0.8～1.2 倍。预应力混凝土结构大型渡槽槽身一般采用简支梁式，单跨跨度为 25～50m。

双悬臂梁式渡槽根据其悬臂长度的不同，又可分为等跨双悬臂式和等弯矩双悬臂式。等跨双悬臂式（悬臂长度等于 0.25 倍的每节槽身总长度），在纵向受力时，其跨中弯矩为零，底板承受压力，有利于抗渗。双悬臂梁式渡槽因跨中弯矩较简支梁小，每节槽身长度可为 15~30m，但由于每节槽身的总长度大、重量大，整体预制吊装较困难。当悬臂端部变形或地基产生不均匀沉陷时，接缝将产生错动而使止水容易被拉裂。据工程经验，双悬臂梁式渡槽在支座附近容易产生横向裂缝。

单悬臂式渡槽一般用在靠近两岸的槽身或双悬臂梁式向简支梁式过渡时采用。一般要求悬臂长度不宜过大，以保证槽身在简支端支座处有一定的压力，且绝对不出现拉力。

当槽高（槽底距地面的高度）较大、地基较好或基础施工困难时应选用较大的跨度；当槽高不大或地基较差时应采用较小的跨度。

2. 支承结构

梁式渡槽的支承结构有墩式支撑槽墩、排架式支撑排架。

（1）槽墩。槽墩一般为重力墩，有实体墩（图 3-12-24）和空心墩（图 3-12-25）两种形式。

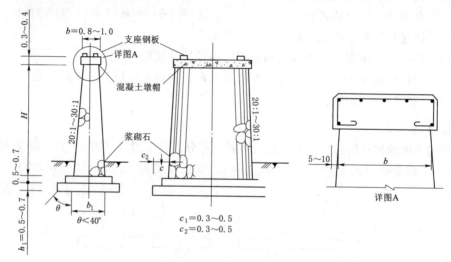

图 3-12-24　实体重力墩（单位：m）

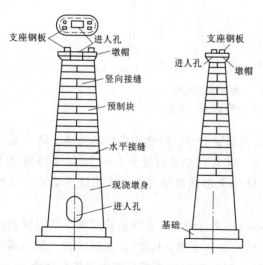

图 3-12-25　空心重力墩（单位：m）

1）实体墩。一般用浆砌石或混凝土建造，常用高度 8~15m。其构造简单，施工方便，但由于自身重力大，用料多，当墩身较高并承受较大荷载时，要求地基有较大的承载能力。

实体墩的墩头常为半圆形或尖角形。墩顶长度应略大于槽身的宽度，每边外伸约 20cm；墩顶宽度应大于槽身支承面所需的宽度，常不小于1.0m。墩顶设置混凝土墩帽，并布置一定的构造筋，如图 3-12-26 所示，以防止墩帽及墩身产生裂缝。墩帽上设置油毡垫座或钢板支座，以便将上部荷载均匀传递给槽墩，减小槽身因温度变化而产生的温度应力。墩身可用石料、混凝土等材料建造，为满足槽墩强度和地基承载力的要求，墩身两侧常以 20：1～30：1 的坡比。重力式实体墩的墩体强度易满足要求，但用材多，自重大，适用于盛产石料地区，不适应于槽高较大和地基承载力较低的情况。

2）空心墩。当墩高为 15～40m 时，一般采用混凝土或钢筋混凝土空心墩。其体型及部分尺寸与实体墩基本相同，钢筋混凝土壁空心墩的壁厚不小于 30cm，混凝土壁空心墩的壁厚不小于 50cm。与实体墩相比可节省材料，与槽架相比，可节省钢材。其自身重力小，但刚度大，适用于修建较高的槽墩。其外形轮廓尺寸和墩帽构造与实体墩基本相同，水平截面形式有圆矩形、矩形、双工字形、圆形等（图 3-12-27）。

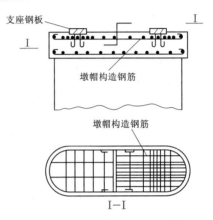

图 3-12-26 墩帽钢筋图

空心墩可用混凝土现浇，也可采用混凝土预制装配，预制装配式的砌筑缝必须用水泥砂浆填实，上下层竖缝必须错开，沿墩高 2.5～4m 设置两根钢筋混凝土横梁（图 3-12-27），以加强空心墩的整体性和便于分层安装吊装设备。为适应施工需要，在墩身下部和墩帽中央可设置进人（料）孔（图 3-12-25）。在数量多、墩身较高时，可采用滑升钢模现浇混凝土施工。如湖北省的引丹干渠的排子河渡槽，空心墩平均墩高 24m，最大墩高 49m，就是采用滑升钢模整体现浇施工。

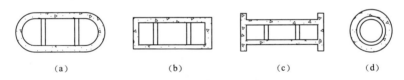

图 3-12-27 空心墩横截面形式
(a) 圆矩形；(b) 矩形；(c) 双工字形；(d) 圆形

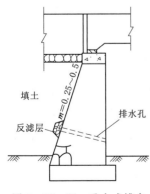

图 3-12-28 重力式槽台

3）槽台（边槽墩）。渡槽与两岸连接时，常用重力式边槽墩，也称为槽台（图 3-12-28）。槽台的作用是支撑槽身和挡土，其高度一般在 5m 以下。台背坡 m 一般为 0.25～0.5，顶部也要设置墩帽，其构造同槽墩。为减小台背水压力，下部常设孔径为 5～8cm 排水孔并做反滤层保护。

（2）排架。排架常采用钢筋混凝土排架结构，有单排架、双排架、A字形排架和组合式槽架等形式（图 3-12-29）。单排架体积小，重量轻，可现浇或预制吊装，在渡槽工程中被广泛应用。单排架高度一般为 10～20m。

湖南省的欧阳海灌区野鹿滩渡槽的单排架高度达 26.4m。

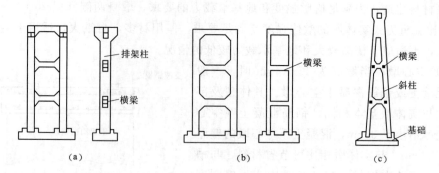

图 3－12－29 排架

(a) 单排架；(b) 双排架；(c) A 字形排架

单排架是由两根肢柱和横梁所组成的多层框架结构，肢柱中心距取决于槽身的宽度，一般应使槽身传来的铅直荷重的作用线与肢柱中心线重合，以使肢柱成为中心受压，其构造如图 3－12－30 所示。

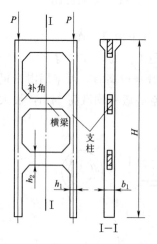

图 3－12－30 单排架构造图

双排架由两个单排架及横梁组合而成。为空间框架结构。在较大的竖向及水平荷载作用下，其强度、稳定性及地基应力均较单排架容易满足要求。可适应较大的高度，通常为 15～25m。陕西省的石门水库灌区沥水沟渡槽，双排架高度为 26～28m。

A 字形排架常由两片 A 字单排架组成，其稳定性能好，适应高度大，但施工较复杂，造价较高。

组合式槽架适用于跨越河道主河槽部分，最高洪水位以下为槽墩，其上为排架。当地基条件很差时，可采用将桩式基础向上延伸而成的桩柱式槽架，如图 3－12－31 所示，图示为双柱式，按柱径在全部长度上是否变化，又分为等截面和变截面两种形式。等截面适用于槽架高度不超过 6m，跨度 5～15m 的渡槽。当槽高大于 6m，两柱间应设横系梁，以增加整体性与刚度，变截面式适用于槽架高 10m 以上、跨度 15～20m 渡槽。柱的中距不小于 4 倍的柱径，柱顶钢筋扩大成喇叭型锚固在盖梁内，盖梁做成双悬臂式，其上搁置槽身。

排架与基础的连接形式，可采用固接和铰接。现浇排架与基础常整体结合，排架竖筋直接伸入基础内，按固结考虑。预制装配排架，根据排架吊装就位后的杯口处理方式而定。对于固接端，立柱与杯形基础连接时，应在基础混凝土终凝前拆除杯口内模板并凿毛，在立柱安装前将杯口清扫干净，于杯口底浇灌不小于 C20 的细石混凝土，然后将立柱插入杯口内，在其四周再浇灌细石混凝土，如图 3－12－32 (a) 所示。对于铰接，只在立柱底部填 5cm 厚的 C20 细石混凝土，在其上填沥青麻丝而成，如图 3－12－32 (b) 所示。

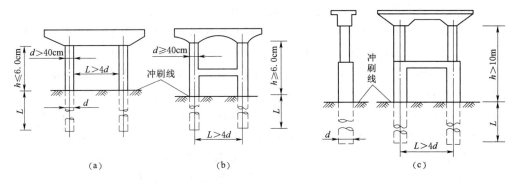

图 3 - 12 - 31 桩柱式槽架

(a) 等截面；(b) 等截面有横梁；(c) 变截面有横梁

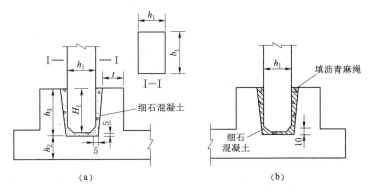

图 3 - 12 - 32 排架与基础连接形式（单位：cm）

(a) 固接；(b) 铰接

（五）基础

渡槽基础的类型较多，根据基础的埋置深度可分为浅基础及深基础，埋深小于5m 为浅基础，大于5m 为深基础。

1. 浅基础

浅基础的底面高程（或埋置深度）应根据地形、地质、水文、建筑材料、渡槽结构形式等条件选定。常用的渡槽浅基础有刚性基础和整体板式基础、整体筏式基础等柔性基础。用于地形平坦、地基承载力易满足要求的情况。

（1）刚性基础。刚性基础常用浆砌石、混凝土建造。这些材料的抗弯能力小，抗压能力高，常用作槽墩（实体墩和空心墩）的基础，常用扩大基础和独脚无筋基础。

1）扩大基础（图 3 - 12 - 33）。为满足地基承载力的要求，基础四边以台阶形向下扩大。台阶的高度 h、悬臂长度 c 与所用材料有关，刚性角 θ 一般不大于40°时，扩大基础不产生弯矩和剪切破坏。

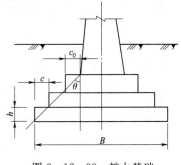

图 3 - 12 - 33 扩大基础

273

台阶的级数，以扩大后的基底面积满足地基承载力的要求确定。

2）独脚无筋基础（图3－12－34）。独脚无筋基础通常用素混凝土建造，将基础底面做成向四面倾斜的棱体，倾角一般为20°～30°，利用作用在此斜面上的地基反力，来减小基础悬臂段的弯矩，改善基础的受力状况。基础的水平投影长度和宽度由基底压应力验算决定，杯口底部的厚度，应满足抗剪强度要求。

（2）柔性基础。当地基承载能力低时，可采用整体板式基础，一般为钢筋混凝土结构，如图3－12－35所示。由于基础设计时需考虑弯曲变形，故称为柔性基础。它能在较小的埋置深度下获得较大的基底面积，适应不均匀沉陷的能力强，工程量小，但需要用一定数量的钢材。排架结构一般采用这种基础。柔性基础版的底面积应满足地基承载力的要求，基础板的最小厚度应满足抗剪强度要求。

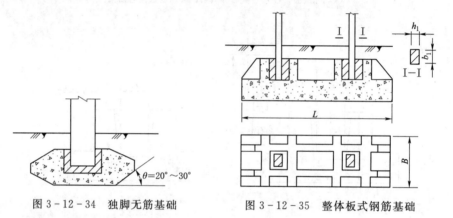

图3－12－34 独脚无筋基础　　　　图3－12－35 整体板式钢筋基础

（3）空箱式槽台。在承载力较差的软土地基上，可采用空箱式槽台，如图3－12－36所示，能够扩大基础底面积，利用基础埋深，提高承载力并减轻自重。

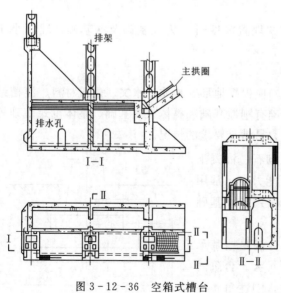

图3－12－36 空箱式槽台

2. 深基础

（1）桩基础。对于采用浅基础而沉陷量过大或有不均匀沉陷时，或基础冲刷深度可能较大且不易精确估计时，可采用桩基础。桩基础按其作用可分为摩擦桩和端承桩（图3－12－37）。桩基础按施工方法可分为打入桩（包括涉水和振动下沉）、钻孔灌注桩、挖孔灌注桩及管柱等，应优先采用灌注桩。

1）打（压）入桩。打入桩可用木桩、钢筋混凝土实心方桩、钢筋混凝土管桩、钢桩等。适用于砂土类、黏性土、有承压水的粉土、细砂以及砂卵石类土等，对淤泥、软土地基也可以采用。打入桩以钢筋混凝土桩应用较广泛，截面尺寸大的桩多采用钢筋混凝土管桩和预应力钢筋混凝土管桩。

2）钻孔灌注桩。钻孔桩顶部与排架或墩（台）组合，常用于大中型渡槽的支撑结构。当槽身宽度为 3～4m、跨度为 15～20m 时，可采用双桩柱排架（图 3-12-38）；当槽身宽度大于 5～6m，可采用三柱桩（或多柱桩）的排架；重力式墩台的转孔桩，一般为对称形、梅花形、环形布置的桩群。钻孔桩的直径常采用 80～150cm。摩擦桩的中心距不得小于成孔直径的 2.5 倍；支撑或嵌固在基岩中的钻孔桩中心距不得小于成孔直径的 2 倍。

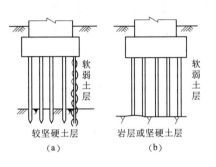

图 3-12-37 摩擦桩和端承桩
(a) 摩擦桩；(b) 端承桩

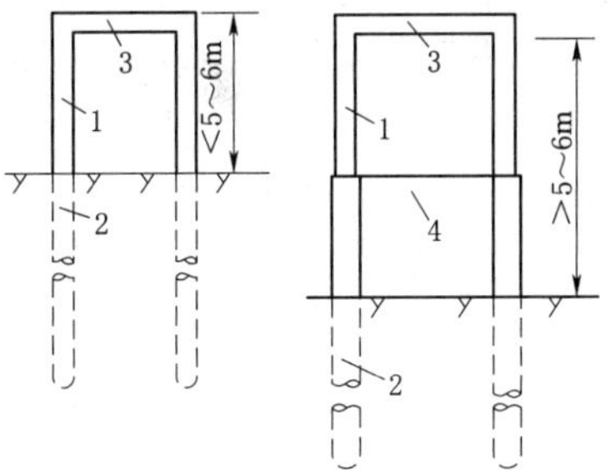

图 3-12-38 双桩柱排架
1—柱；2—钻孔桩；3—盖梁；4—横系梁

3）挖孔灌注桩。挖孔灌注桩是采用人工挖孔的方法成孔、浇筑混凝土而成的桩。施工不受设备、地形等条件的限制，适用于无地下水或少地下水的地层和地形条件，及不便于机械施工和入土深度不大、井壁不会发生塌孔现象的情况。挖孔桩的直径，一般不小于 80cm。

4）管柱。管柱基础将预制空心桩柱压入地基形成的，适用于深水、有潮汐影响、无覆盖层或覆盖层很厚以及岩面起伏不平的河床。管柱直径不小于 150cm。管柱间中心距一般为管柱外径的 2.5～3.0 倍。当管柱入土深度大于 25m 时，应采用预应力钢筋混凝土管柱。

（2）沉井基础。沉井横断面的形状有圆形、矩形、圆矩形等（图 4-12-39），纵断面的形状有柱形、锥形、阶梯形等（图 4-12-40）。沉井内一般用砾石、混凝土填充，无冰冻地区也可采用粗砂、砾石、水填充，外水压力不大时，沉井可以不填充。

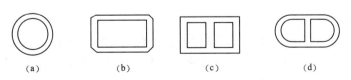

图 4-12-39 沉井横断面
(a) 圆形；(b)、(c) 矩形；(d) 圆矩形

3. 基础的埋置深度

任何基础的底面都应设置在地基承载力满足要求的地层中。地基承载能力由持力

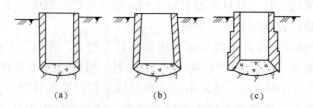

图 4-12-40 沉井纵断面

(a) 柱形；(b) 锥形；(c) 阶梯形

层的情况所决定，又随着基础受力面积与埋置深度的增大而增加。为了节省工程量、材料用量，在满足地基承载力和沉陷要求的前提下，应尽量浅埋以节省基础工程量。但埋置深度还要满足以下基本要求。

（1）稳定要求。基础底面在地面以下不小于 0.5m，基底面的持力层厚度不小于 1m。坡地上的基础，基底面应全布置于稳定坡线之下，并清除不稳定的坡土和岩石，确保稳定。

（2）耕作要求。耕作地内的基础，基础顶面以上至少要留 0.5～0.8m 的覆盖层以便耕作。

（3）抗冻要求。冰冻地区的基础底面应埋置于冰冻层以下的深度不小于 0.3m，以免因冰冻降低地基承载力造成的破坏。对于严寒地区，基础顶面在冰冻层以下的深度应通过抗冻拔验算确定。

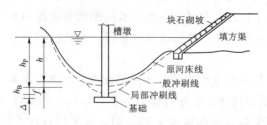

图 3-12-41 河道冲刷处基础埋深示意图

（4）抗冲要求。位于河道中受水流冲刷的基础，其底面应埋入最大冲刷线之下，以免基底受到淘刷而危及工程的安全。最大冲刷线是指槽墩处最大冲刷深度位置的连线，最大冲刷深度包括一般冲刷深度和局部冲刷深度两部分，如图 3-12-41 所示，《公路工程水文勘测设计规范》（JTG C30—2015）增加了河道自然演变深度。设计时可先根据设计标准确定河道的洪水位、流量和流速，再根据具体地址情况计算一般冲刷深度和局部冲刷深度，根据计算结果，可绘出一般冲刷线和局部冲刷线，进而确定槽墩处的最大冲刷线。

四、拱式渡槽

槽身置于拱圈，拱圈为主要承重结构的渡槽称为拱式渡槽，其支撑结构由墩台、主拱圈及拱上结构三部分组成。与梁式渡槽支撑结构明显不同的是在槽身与墩台之间增设了主拱圈和拱上结构。拱上结构将槽身等上部荷载传给主拱圈，主拱圈将拱上铅直荷载转变为轴向压力传给墩台。拱圈的弯矩较小，以承受压力为主，故可应用石料或混凝土建造，并可用于较大的跨度。但拱圈对支座的变形要求严格，对于跨度较大的拱式渡槽应建造在比较坚固的岩石地基上。

12-6 ▶

拱式渡槽

1. 拱式渡槽的分类

拱式渡槽按拱圈的材料可分为砌石、混凝土和钢筋混凝土等拱渡槽；按照主拱圈的结构形式则可分为板拱、肋拱、双曲拱和折线拱等拱式渡槽。

（1）板拱渡槽。板拱的径向截面形式有实体式和空箱式两类，实体式板拱多用块体砌筑的渡槽，如图 3-12-42 和图 3-12-43 所示。实体式板拱在横截面的整个宽度内，砌筑成整体的实体矩形断面，除采用砌石外，也可用混凝土现浇或预制块砌筑，小型渡槽的拱圈可用砖砌筑，如图 3-12-44 所示。

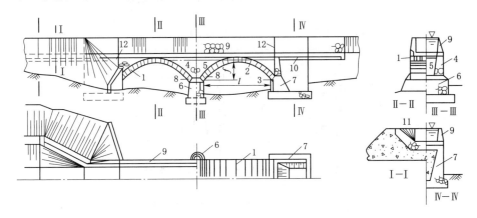

图 3-12-42　实腹式石拱渡槽

1—主拱圈；2—拱顶；3—拱脚；4—边墙；5—拱上填料；6—槽墩；7—槽台；
8—排水管；9—槽身；10—垫层；11—渐变段；12—变形缝

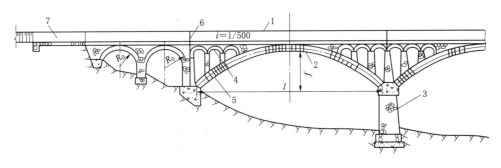

图 3-12-43　空腹拱式渡槽

1—槽身；2—主拱圈；3—槽墩；4—腹拱；5—横向墙；6—伸缩缝；7—进口段

拱圈的横向宽度一般与槽身宽度相同，且不小于拱圈跨度的 1/20，以保证拱圈有足够的横向刚度和稳定性。

对于大跨度拱圈，可采用钢筋混凝土空心板拱或箱式板拱，如图 3-12-45 所示。钢筋混凝土箱式板拱，每隔一定距离在横墙下面等位置设置横隔板，以加强拱圈的横向刚度与整体性。施工时，可分成几个工字形构件预制吊装，用于大流量渡槽时，还可在空箱内浇筑二期埋石混凝土，以加大拱圈的轴向承载力。箱式板拱重量轻，便于分块预制吊装，整体性和纵横刚度大，是大跨度拱圈的合理结构形式

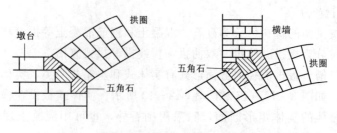

图 3-12-44　砌石拱圈与墩台及横墙的连接

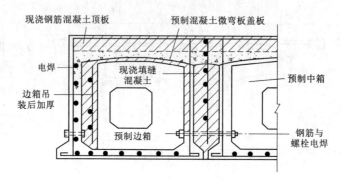

图 3-12-45　钢筋混凝土箱式板拱

之一。

对于中小型无筋或少筋混凝土拱圈，可采用箱型拼装拱，其构件断面如图 3-12-46 所示。施工时在拱架上拼装，砂浆灌缝而成为整体，拱端做成实心的拱铰。这种形式的拱圈水泥用量少、钢材用量少，施工速度快，但结构的整体性较差。

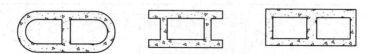

图 3-12-46　箱型拼装拱构件形式

（2）肋拱渡槽。为了节省材料和减轻自重，可采用肋拱式拱圈，拱圈 2～4 根拱肋组成，拱肋间用横梁连结以加强拱肋整体性，保证拱肋的横向稳定，如图 4-12-47 所示。肋拱式拱圈一般采用钢筋混凝土结构，小跨度的也可采用无筋或少筋混凝土结构。大跨度的拱肋可采用 T 形、L 形、工字形或空箱形断面，以减轻重量而又提高抗弯能力。

（3）双曲拱渡槽。双曲拱渡槽的拱圈主要由拱肋、拱波、拱板和横系梁（横隔板）等组成（图 3-12-48）。因主拱圈沿纵向和横向都呈拱形，故称为双曲拱（图 3-12-49）。

双曲拱能双充分发挥材料的抗压性能，造型美观，主拱圈可分块预制，吊装施工，既节省搭设拱架所需的模板，也不需要较多的钢筋，适用于修建大跨径渡槽。

双曲拱的横向联系，常采用横系梁和横隔板。拱肋和拱波通过横向联系成整体，以加强拱圈的横向整体性和稳定性，如图 3-12-50 所示。

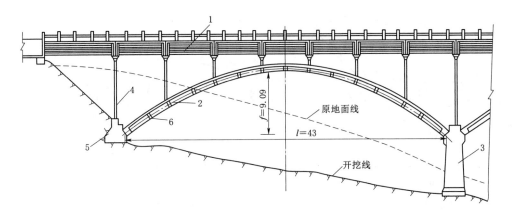

图 3-12-47 肋拱渡槽（单位：m）

1—钢筋混凝土 U 形槽身；2—钢筋混凝土肋拱；3—槽墩；4—排架；5—混凝土拱座；6—横系梁

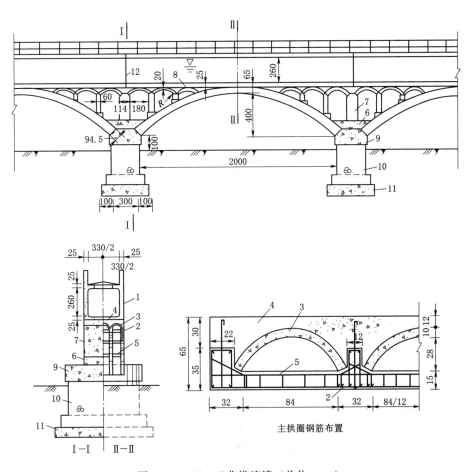

图 3-12-48 双曲拱渡槽（单位：cm）

1—槽身；2—拱肋；3—预制拱波；4—混凝土填平层；5—横系梁；6—护拱；7—腹拱横墙；
8—腹拱；9—混凝土墩帽；10—槽墩；11—混凝土基础；12—伸缩缝

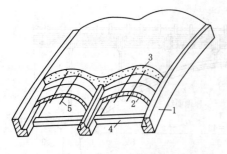

图 3-12-49 双曲拱

1—拱肋；2—预制拱波；3—现浇拱板；
4—横系梁；5—纵向钢筋

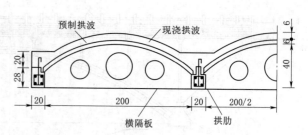

图 3-12-50 双曲拱横隔板（单位：cm）

（4）折线拱式渡槽。对于空腹拱式渡槽，由于主拱圈所承受的是集中荷载，故荷载压力线是折线，采用符合荷载压力线的折线形拱轴线是经济的，其折点即为竖向集中荷载的作用位置。对于只有两个折点的对称折线拱（图 3-12-51），拱内只有轴向压力，而无弯矩，其压力线始终与拱轴线重合。因此，采用对称三段式折线形肋拱做渡槽的支承结构是比较理想的。拱肋的数目可以采用双肋，也可采用多肋，并用横系梁将各拱肋连接成整体。拱肋可以设计成无铰或双铰，槽身可以采用三节简支梁式或两节单悬臂梁式结构，支承于拱肋折点上，使槽身等荷载成为拱肋的节点荷载。

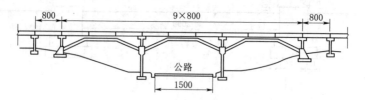

图 3-12-51 折线拱式渡槽（单位：cm）

图 3-12-51 为折线拱式渡槽，设计流量 $0.4\text{m}^3/\text{s}$，全长 136m，中部三跨采用折线拱，跨度为 $3\times8=24\text{m}$，拱高 3.5m，两肢与水平线的夹角 $a=23.6°$，拱肋横截面为 $20\text{cm}\times40\text{cm}$。

折线拱不仅受力条件好，而且构造简单，施工方便，并且不需在槽身与拱圈之间再设支撑结构，因而用于中等跨度渡槽是比较经济合理的。

2. 拱上结构及槽身

拱式渡槽的拱上结构，有实腹式和空腹式两种形式。实腹式拱上结构用材多，重量大，故一般只用于小跨度渡槽。当跨度较大时，须将拱上结构筑成空腹式的，以减小拱圈的荷载，空腹式拱上结构中，有横墙腹拱式和排架腹拱式等形式。

（1）实腹式拱上结构及槽身。实腹式拱上结构（图 3-12-52）常用于小跨度渡槽，槽身一般采用矩形断面，主拱圈一般采用板拱、双曲拱。槽身仅在拱上结构及主拱圈变形是纵向受力，但拱跨一般都不大，所以实腹拱式渡槽采用砌砖、砌石和混凝土等圬工材料建造。

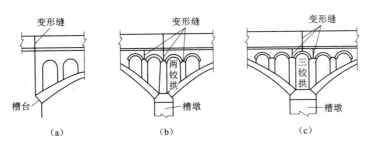

图 3-12-52　实腹式拱上结构分缝图
(a) 无铰腹拱；(b) 双铰腹拱；(c) 三铰腹拱

实腹式拱上结构，按构造的不同可分为砌背式和填背式两种形式。在槽宽不大时采用砌背式，拱背上砌筑成实体、再砌筑槽身的侧墙和底板。当槽宽较大时，则宜采用填背式。填背式是在拱背两侧砌筑挡土边墙，墙内填砂石料或土料，边墙和填料的上面再筑槽身的侧墙和底板。

填背式拱上结构，还应在拱背及边墙的内坡用水泥砂浆或石灰三合土等铺设防水层，将槽身渗水沿防水层引至埋设于拱圈内的排水管或槽台背面的排水暗沟排出。排水管应设在靠近拱脚的最低处，进口铺设 2～3 层砂石料反滤层。为了适应主拱圈和拱上结构的变形和因温度下降槽身产生的纵向收缩，常在槽墩顶部设变形缝，将槽身和拱上结构分成若干段。缝距不大于 15m，如一跨的跨度已较大时，可在主拱圈的拱顶处再设一道缝。变形缝的宽度 2～5cm，槽身缝需设止水，对于填背式拱上结构，应在内侧铺设反滤层。

(2) 横墙腹拱式拱上结构及槽身。腹孔上部为腹拱，腹拱上的腹腔常筑成实体 (图 3-12-53)，槽身多采用矩形断面，与实腹式上的槽身相同。腹拱支承于横墙顶部，横墙支承于主拱圈上。主拱圈常采用板拱或双曲拱。为了再减少主拱圈的荷载，还可采用立柱加顶横梁代替横墙来支承腹拱。

空腹拱式渡槽的变形缝，通常设置在槽墩和槽台上方，用贯通的横缝将拱上结构及槽身与墩台分开，如图 3-12-52 (a) 所示，也可在靠近槽墩的腹拱铰缝上方设置变形缝，如图 3-12-52 (b)、(c) 所示。另外，空腹段与实腹段交接处的边墙易产生裂缝，也应设置变形缝，以免开裂。为避免因主拱圈变形、温变变化而产生的混凝土胀缩，槽身除在墩台上方设缝外，还应根据拱跨大小，在拱顶和三分点或者拱顶和 1/4 拱跨处设变形缝，将一跨的槽身分成 4 段，变形缝宽 3～5cm，缝中设止水。

(3) 排架式拱上结构及槽身。如图 3-12-54 所示拱式渡槽，拱上结构是排架，槽身搁置于排架顶上。排架与主拱的固结，常采用杯口式连接或预留插筋、型钢及钢板等连接，如图 3-12-54 所示。

排架对称布置于主拱圈上，间距小，可减小槽身跨度，传给主拱圈的荷载也比较均匀，可以改善槽身和主拱圈的受力条件，但排架工程量增大。一般当主拱跨度较小时，排架间距为 1.5～3.0m；主拱跨度较大时采用 3～6m 或拱圈宽度的 15 倍左右。

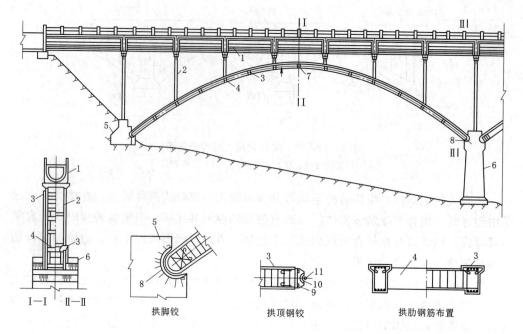

图 3-12-53 肋拱渡槽（单位：cm）

1—钢筋混凝土 U 形槽身；2—钢筋混凝土排架；3—钢筋混凝土肋拱；4—钢筋混凝土横系梁；

5—混凝土拱座；6—混凝土槽墩；7—拱顶钢铰；8—拱脚铰；

9—顶铰座；10—顶铰套；11—顶铰轴

　　排架上的槽身，纵向起梁作用。为了适应主拱圈的变形和温变产生的胀缩，用变形缝将一个拱跨上的槽身分为若干节，每一节支承于两个排架上。纵向支承形式有简支式、等跨双悬臂式。槽身纵向虽起梁的作用，但因跨度小，可采用少筋或无筋混凝土建造，横断面形式可以采用 U 形，也可采用矩形。

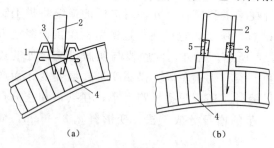

图 3-12-54 排架与主拱的连接

(a) 杯口式连接；(b) 预留插筋连接

1—杯口；2—排架立柱；3—二期混凝土；4—拱肋；

5—钢筋焊接接头

　　空腹式拱上结构的形式是多种多样的，可以配合主拱圈和槽身，建成不同形式和跨度的空腹拱渡槽。采用合适的材料建造，做到安全、经济、合理而又美观。

　　3. 桁架拱式渡槽

　　以桁架拱或拱形桁架为主要承重结构渡槽，称为桁架拱渡槽。桁架拱片是由上、下弦杆和腹杆联结而成的平面拱形桁架，将桁架的下弦杆（或上弦杆）做成拱形，之间用若干腹杆的杆端联结成几何不变体系。外荷载作用于节点上，各杆只产生轴向力。在铅直荷载作用下，支承点产生竖直反力和水平反力，其整体作用与拱相同，具有桁架和拱的特点，如图 4-12-55 所示。

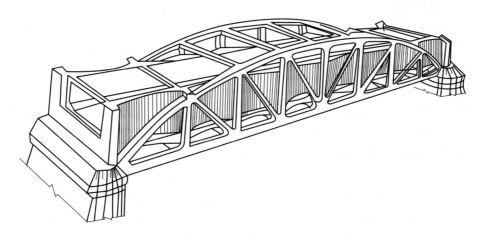

图 3-12-55　下承式桁架拱式渡槽布置图

　　桁架拱结构一般用钢筋混凝土建造，拱形弦杆一般为受压杆，受拉腹杆可采用预应力钢筋混凝土制作。杆截面尺寸一般都较小，但整个结构的刚性大自重小，可减小拱脚的水平推力，对墩台变位的适应性也较好。

　　桁架拱式渡槽的桁架拱是墩台与槽身之间的支承结构，相当于拱式渡槽的主拱圈和拱上结构。由于它是以杆系结构代替实体主拱圈和拱上结构，所以比一般拱式渡槽轻巧，造型美观，整体性和稳定性比较强，承载性能良好，对地基的要求较低，施工装配化程度高，广泛应用于缺乏圬工材料的软土地区。

　　桁架拱渡槽，按其结构特征和槽身在桁架拱上的位置不同，可分为上承式、下承式、中承式和复拱式 4 种形式，如图 3-12-56 所示。

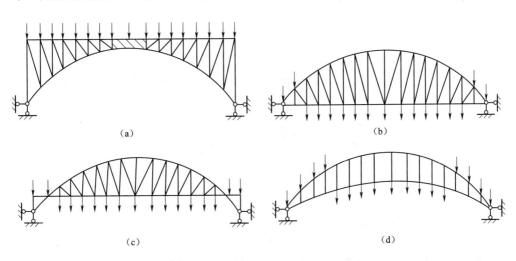

图 3-12-56　桁架拱结构示意图
(a) 上承式；(b) 下承式；(c) 中承式；(d) 复拱式

283

五、斜拉渡槽

斜拉渡槽与斜拉桥一样，主跨跨越能力大（已达 440.5m），支承结构及其基础的数量非常少，适应地基条件的能力较强。施工多采用预制装配，结构合理，造型美观，适用于各种流量，是跨越深、宽河谷的一种优良的新型输水交叉建筑物。

斜拉渡槽的结构如图 3-12-57 所示，由槽墩、塔架、斜拉索（简称拉索）组成的支承结构和主梁（即槽身）组成。主梁支承在斜拉索上，拉索固定在塔架上，塔架将荷载传给槽墩，再传至基础，是悬挂式的支承结构。

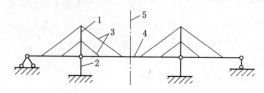

图 3-12-57 斜拉渡槽纵向布置示意图
1—塔架；2—槽墩；3—斜拉索；4—主梁；5—中线

塔架之间的跨径（称主跨）很大，而槽身的拉索间距却较小（密索时，索距 6～8m）。槽身受力为小跨径的弹性支承连续梁。

斜拉渡槽的塔架、槽墩是受压为主的构件，主梁（槽身）为偏心受压构件，高强度的钢拉索为受拉构件，从而能充分发挥各自的抗力优势，使所用材料数量少，经济效益大。因此，斜拉渡槽是各种混凝土渡槽中主跨度可以最大，最能有效利用材料特性的合理结构。世界上第一座钢筋混凝土斜拉渡槽，是西班牙的坦佩尔渡槽，建于 1925 年，主跨长 60.3m。1967 年以后，南非、阿根廷又修建了斜拉渡槽。我国 1983 年修建了广西梧州的洞口、德梗两座斜拉渡槽，1984—1987 年吉林省修建了 7 座斜拉渡槽，1988 年修建了黑龙江东宁县三岔口灌区三支二干斜拉渡槽，6 年里就兴建了 10 座斜拉渡槽。

斜拉索的纵向布置形式有辐射形、扇形、竖琴形、星形和组合形，如图 3-12-58 所示。

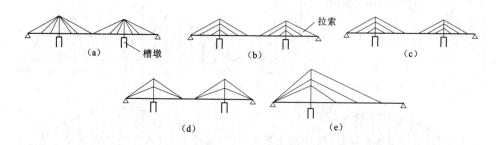

图 3-12-58 拉索布置形式
(a) 辐射形；(b) 扇形；(c) 竖琴形；(d) 星形；(e) 组合形

塔架（又称为索塔）的形式可分为单面索塔和双面索塔两大类，单面索塔（图 4-12-59）有独柱塔、A 形塔、倒 Y 形塔。双面索塔有平行双面索塔（图 3-12-60）和交叉双面索塔（图 3-12-61）两种。

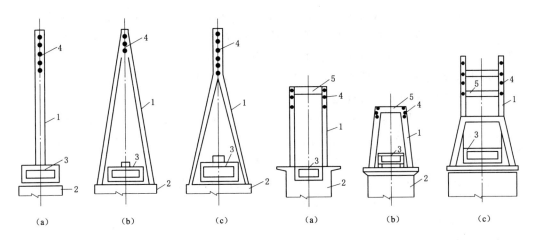

图 3-12-59　单面索塔
(a) 独柱塔；(b) A形塔；(c) 倒Y形塔
1—塔架；2—槽墩；3—槽身；4—锚固点

图 3-12-60　平行双面索塔
(a) 平行门形塔；(b) 倾斜门形塔；(c) 组合门形框架塔
1—塔架；2—槽墩；3—槽身；4—锚固点；5—横梁

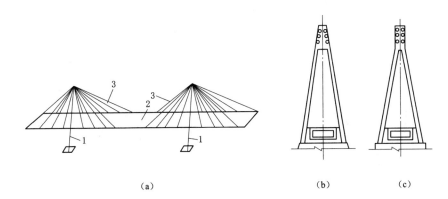

图 3-12-61　交叉双面索塔
(a) 空间体系布置；(b) A形塔；(c) 倒Y形塔
1—塔架；2—主梁；3—斜拉索

任务三　倒 虹 吸 管

一、倒虹吸管的特点

倒虹吸管是渠道输送渠水通过河流、山谷、洼地、道路或其他渠道的下凹式压力输水管道，是一种渠道交叉建筑物。倒虹吸管既可铺设在地面，也可埋设在地下，其管道应密封、抗裂、抗渗、耐磨、防腐，满足强度、稳定、耐久性的要求。

倒虹吸管与渡槽相比，倒虹吸管具有工程量小、造价低、不影响河道泄洪等优点。缺点是水头损失较大；当输送小流量多泥沙水时易淤积堵塞；运用和管理不方便；通航渠道上不能采用。

渠道与渠道、河流、山谷等障碍物相交时，可选用倒虹吸管、渡槽、填方渠道下

285

的涵洞等交叉建筑物。选用时应根据高程、造价等因地制宜、全面考虑。在难以修建渡槽，采用高填方或绕线方案有困难时，经过经济技术比较，倒虹吸管往往是常被采用的方案。当渠道与道路或河流平面交叉，渠道水位与路面高程或河水位相接近时，不便采用渡槽或其他交叉建筑物时，通常也采用倒虹吸管。

二、倒虹吸管的分类与选型

倒虹吸管按不同分类方式分成不同类型。按断面形状分，有圆形、箱形、拱形；按建筑材料分，有钢筋混凝土管、预应力混凝土管、预应力钢筒混凝土管（PCCP）、玻璃钢夹砂管、钢管、球墨铸铁管或其他管材等多种。

按管路布置可分为竖井式、斜管式、曲线式、桥式倒虹吸管四类。

（一）按倒虹吸管的断面形状分类

1. 圆形管道

圆形管道（图 3-12-62）与过水面积相同的箱形、拱形管道相比，水流条件好，过水能力最大。圆形管管壁所受的内水压力均匀，抵抗外部荷载性能好，与通过同样流量的箱形钢筋混凝土管道相比，可节约 10％～15％钢材，圆管能承受高水头压力，应优先采用。圆管施工方便，且适宜于成批生产，质量较易掌握，因此圆管应用最多。当圆管直径太大时，管重很大，吊装及安装困难。

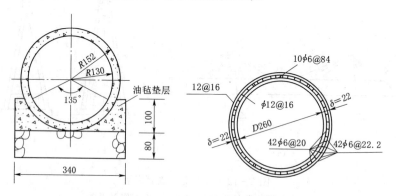

图 3-12-62 圆形倒虹吸管

2. 箱形管道

箱形管道（图 3-12-63）可做成单孔或多孔，其结构简单，施工方便，但其受力性能不如圆管，材料用量比圆管稍多，但对于大流量、低水头的倒虹吸管采用箱形断面比较经济合理。多孔箱形管有利于调节水量、检修和防淤。例如山东省的黄庄倒虹吸管，压力水头 6m，流量为 238m³/s，共分 7 孔；每孔为 4.0m×4.2m 的箱形断面。

小型箱形管道可用砖、石或钢筋混凝土做侧墙和底版，钢筋混凝土做盖板构成，适用于低水头、小流量倒虹吸管。

3. 拱形管道

拱形管道的过水能力比箱形管大。由于顶板和底版做成正、反拱形，更能适应平原河网地区的低水头、大流量、外水压力大、地基软弱的条件，但施工比较复杂。

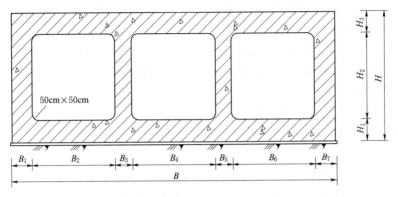

图 3 - 12 - 63 箱形倒虹吸管

（二）按倒虹吸管的建筑材料分类

1. 钢筋混凝土管

钢筋混凝土管的优点是耐久、价廉、变形小、节约金属材料、制造简便、糙率小、抗震性能好等。缺点是管壁厚、自重大、钢筋未能充分发挥作用、抗裂性能较差等。适用于水头 30m 左右，最大可达 50～60m，管径通常不大于 3m。

2. 预应力钢筋混凝土管

预应力钢筋混凝土管除了具有钢筋混凝土管的优点外，还具有较好的弹性、不透水性和抗裂性，能充分发挥材料的性能。由于充分利用高强度钢筋，能节约大量钢材，又能承受高水头压力，在相同管径、相同压力条件下，金属用量为金属管的 10%～40%，为钢筋混凝土管的 70%～80%，并且由于管壁薄、工程量小、造价比钢筋混凝土管低。预应力钢筋混凝土管重量轻，吊装施工安装方便；不易锈蚀，使用寿命长。缺点是施工技术较复杂、性脆、易碰坏，远程运输后预应力值可能有损失。适用于高水头的情况。

3. 钢管

钢管由钢板焊接而成。具有很高的强度和抗渗性，所以可用于任何水头和较大的管径。引大入秦工程中的光明峡倒虹吸管全长 524.8m，设计水头 107m；水磨沟倒虹吸管全长 567.96m，设计水头 67m，这两座倒虹吸管均由 $\phi 2.65m$ 的双排钢管组成，是高水头大跨度钢质桥式倒虹吸。缺点是造价高、刚度较小，可能会由于主管的变形使伸缩节内填料松动而使接头漏水；制造技术要求高，且防锈与维护费用高。

4. 钢衬钢筋混凝土管

钢衬钢筋混凝土管利用钢板与混凝土二者的优点，把高强薄壁钢筒内衬于管道内缘应力最大部位，施工时能做内模，运行时能把水头损失减小到最小程度。

5. 素混凝土管

素混凝土管节约钢材，但对施工要求很高，质量难于保证。混凝土管适用于水头较低、流量较小的情况，一般用于水头为 4～6m 的倒虹吸管。从混凝土管运行情况看，管身裂缝、接缝处漏水严重的现象经常发生，这多与材料强度、施工技术与质量等因素有关。

低水头、大流量、埋深小的倒虹吸管，宜采用钢筋混凝土矩形箱式断面；管径或设计内水压力较大时，宜采用钢筋混凝土管或预应力混凝土圆形管；高水头（水头大于 50m）或管外土压力较大（管顶填土厚度大于 5.0m）时，宜选用预应力钢筒混凝土管、钢管或球墨铸铁管；有耐腐蚀、耐冰冻、抗高温等特殊要求时，宜优先选用玻璃钢夹砂管。

（三）按倒虹吸管的管路布置分类

根据管路埋设情况，倒虹吸管的管路布置形式可分为：竖井式、斜管式、曲线式、桥式倒虹吸管四类。

1. 竖井式倒虹吸管

多用于压力水头较小（$H < 3m$），穿越道路的倒虹吸（图 3-12-64）。这种形式构造简单、管路短。进出口一般用砖石或混凝土砌筑成竖井。竖井断面为矩形或圆形，其尺寸稍大于管身，底部设 0.5m 深的集沙坑，以沉积泥沙、清淤、检修管路时排水。管身断面一般为矩形、圆形。竖井式倒虹吸管水力条件差，但施工比较容易，一般用于工程规模较小的倒虹吸管。

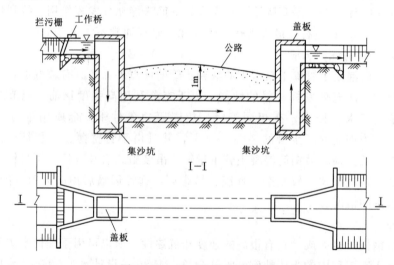

图 3-12-64 竖井式倒虹吸管

2. 斜管式倒虹吸管

多用于压力水头较小，穿越渠道、河流的情况（图 3-12-65）。斜管式倒虹吸管构造简单，施工方便，水力条件好，实际工程中常被采用。

3. 曲线式倒虹吸管

当岸坡较缓（土坡边坡系数 $m > 1.5$、岩石坡 $m \geq 1.0$）时，为减少施工开挖量，管道可随地面坡度铺设成曲线形（图 3-12-66）。管身常为圆形的混凝土管或钢筋混凝土管，可现浇也可预制安装。管身一般设置管座。当管径较小且土基很坚实时，也可直接设在土基上。在管道转弯处应设置镇墩，并将圆管接头包在镇墩内。为了防止温度引起的不利影响，减小温度应力，管身常埋于地下，为减小工程量，埋置不宜过深。从倒虹管工程运行情况看，不少工程因温度影响或土基不均匀沉陷，造成管身裂

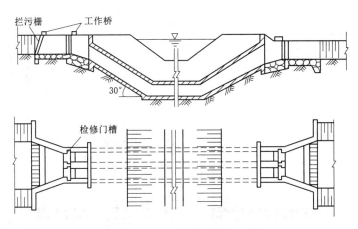

图 3-12-65 斜管式倒虹吸管

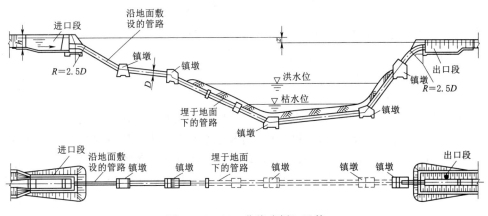

图 3-12-66 曲线式倒虹吸管

缝,有的渗漏严重,危及工程安全。

4. 桥式倒虹吸管

当渠道通过较深的复式断面或窄深河谷时,为降低管道承受的压力水头,减小水头损失,缩短管身长度,便于施工,可在深槽部位建桥,管道铺设在桥面上或支承在桥墩等支承结构上(图 3-12-67)。

桥下应有足够的净空高度,以满足泄洪要求。在通航河道上应满足通航要求。

管道在桥头山坡转弯处设置镇墩,并在镇墩上设置放水孔(也可兼作进人孔),以便于检查修理。

三、倒虹吸管的布置与构造

倒虹吸管一般由进口、管身、出口三部分组成。

(一)管路布置

管路布置应根据地形、地质、施工、水力条件等分析确定。总体布置的一般原则是:管身最短、岸坡稳定、管基密实,进出口连接平顺,结构合理。倒虹吸管轴线在平面上的投影为直线并与河流、渠沟、道路中心线正交,倒吸管宜设在河道较窄、河

12-8 ▶

倒虹吸的布置与构造

289

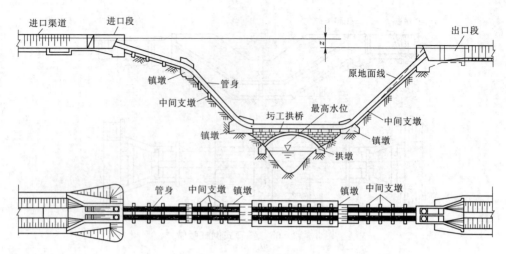

图 3-12-67 桥式倒虹吸管

床及两岸岸坡稳定且坡度较缓处。根据地形、地质条件和跨越河流、沟、道路等具体情况选用露天式、地埋式、桥式布置。根据流量大小、水头损失、输沙率、检修方便等，可采用单管、双管或多管方案。

（二）进、出口段

倒虹吸管进、出口段应布置在稳定、坚实的原状地基上。进口段包括进水口、拦污栅、节制闸、进口渐变段、沉沙池冲沙闸和退水闸等。进口段的结构形式，应保证通过不同流量时管道进口处于淹没状态，以防止水流在进口段发生跌落、产生水跃而使管身引起振动。进口具有平顺的轮廓，以减小水头损失，并应满足稳定、防冲和防渗等要求。

进口前、出口后应设渐变段与渠道平顺连接，进口渐变段长度宜取上游渠道设计水深的3～5倍，出口渐变段长度宜取下游渠道设计水深的4～6倍。

（1）进水口。应修建在地基较好、透水性小的地基上。当地基较差、透水性大时应作防渗处理。通常作30～50cm厚的浆砌石或作15～20cm的混凝土铺盖，其长度为渠道设计水深的3～5倍。

挡水墙可用混凝土浇筑，也可用坝工材料砌筑。砌筑时应妥善与管身衔接好，防止渗漏。进水口的形式应满足通过不同流量时，渠道水位与管道入口处水位的良好衔接，进口轮廓应使水流平顺，以减小水头损失。

对于岸坡较陡、管径较大的钢筋混凝土管，进水口段常用圆弧曲线在上下、左右方向逐渐扩大成喇叭形与挡水墙相接，如图3-12-68所示。

当岸坡较缓时，可将管身直接伸入胸墙0.5～1.0m，并与喇叭口连接。对于小型倒虹吸管，为了施工方便，一般将管身直接伸入挡水墙内，如图3-12-67所示。

（2）节制闸。确保双管或多管布置的倒虹吸管按设计要求单管或部分管运行，在进出口均设置节制闸。小流量时，可单管或部分管道过水，以防止进口水位跌落，同时可增加管内流速，防止管道淤积（图3-12-69）。闸门常用平板闸门或叠梁闸门。

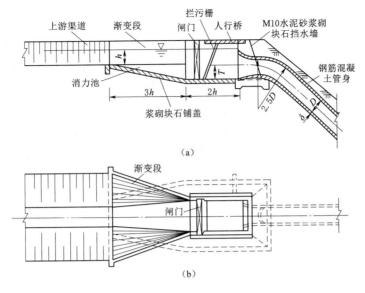

图 3-12-68 进口布置图

（a）纵断面图；（b）平面图

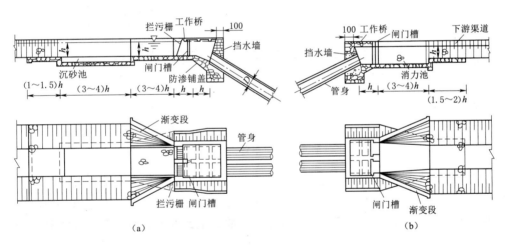

图 3-12-69 双管倒虹吸进出口布置图（单位：cm）

（a）进口布置图；（b）出口布置图

（3）拦污栅。为了防止漂浮物或人畜落入渠内被吸入倒虹吸管内，在进口渐变段后设置拦污栅。拦污栅的布置应有一定的坡度，以增加过水面积和减小水头损失，常用坡度为 1/5～1/3。栅条用扁钢做成，其间距为 20～25cm。

为了清污或启闭闸门可设工作桥或启闭台。启闭台台面高出闸墩顶的高度为闸门高加 1.0～1.5m。

（4）沉沙池和冲沙闸。沉砂池的主要作用是拦截渠道水流携带的大粒径沙石和杂物，以防止进入倒虹吸管内引起管壁磨损和淤积堵塞。有的倒虹吸管由于管理不善，管内淤积的碎石杂物高度达管高之半，严重影响了输水能力，如图 3-12-70 所示。

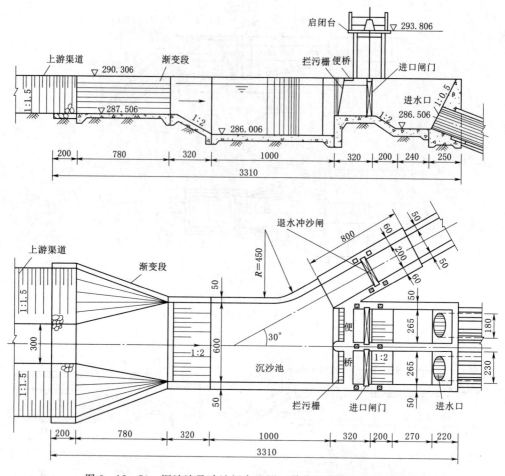

图 3-12-70　沉沙池及冲沙闸布置图（单位：高程 m，尺寸 cm）

　　在悬移质为主的平原区渠道，也可不设沉沙池。有输沙要求的倒虹吸管，设计时应使管内流速不小于挟沙流速，同时为保证输沙和防止管道淤积，可考虑采用双管或多管布置。在山丘地区的绕山渠道，泥沙入渠将造成倒虹吸管的磨损，沉沙池应适当加深。

　　（5）进口渐变段　倒虹吸管进口前一般设渐变段与渠道平顺连接，以减少水头损失。渐变段形式有扭曲面、八字墙等。其底宽可以是变化的或不变的。渐变段长度一般采用 3～5 倍渠道设计水深。对于渐变段上游渠道应适当加以护砌。

　　（6）1～3 级和失事后损失大的倒虹吸管在倒虹吸管的进口设退水闸、溢流堰等安全设施。当倒虹吸管发生事故时，关闭倒虹吸管前闸门，将渠水从退水闸泄出。

　　（三）管身段

　　1. 断面尺寸

　　倒虹吸管的断面尺寸主要根据渠道规划所确定的上游渠底高程、水位、通过的流量和允许的水头损失，通过水力计算而确定的，通过计算还能确定倒虹吸管的水头损失值和进出口的水面衔接。

2. 分缝与止水

为了防止管道因地基不均匀沉陷及温度过低产生较大的纵向应力，使管身发生横向裂缝，管身应设置伸缩缝，缝内设止水。缝的间距应根据地基、管材、施工、气温等条件确定。对于现浇钢筋混凝土管，缝的间距一般为：在土基上 15～20m；在岩基上 10～15m。如果管身与岩基之间设置油毛毡垫层等措施，以减小岩基对管身收缩约束作用，管身采用分段间隔浇筑时，缝的间距可增大至 30m。

伸缩缝的形式主要有平接、套接、企口接以及预制管的承插式接头等（图 3-12-71）。缝的宽度一般为 1～2cm，缝中堵塞沥青麻绒、沥青麻绳等填料。

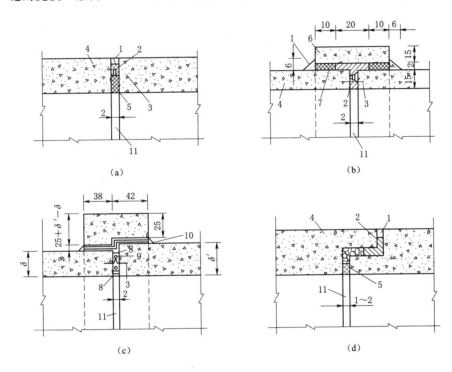

图 3-12-71 管身伸缩缝形式（单位：cm）

（a）平接；（b）管壁等厚套；（c）管壁变厚套；（d）企口接

1—水泥砂浆封口；2—沥青麻绒；3—金属止水片；4—管壁；5—沥青麻绳；6—套管；
7—石棉水泥；8—柏油杉板；9—沥青石棉；10—油毛毡；11—伸缩缝

现浇管一般采用平接或套接，缝间止水用金属止水片等。以及使用环氧基液贴橡皮；PT 胶泥防渗止水材料在山东省引黄济青工程中被广泛采用，应用效果良好。

预制钢筋混凝土管及预应力钢筋混凝土管的管节接头处即为伸缩缝。接头形式有平口式和承插式。承插式接头安装方便，密封性好，具有较大的柔性，目前大多采用这种形式（图 3-12-72）。

3. 放水孔和进人孔

为了清除管内淤积泥沙，放空管内积水和便于检修，在管段上应设置冲沙放水孔。冲砂孔的底部高程一般与河道枯水位齐平，如图 3-12-73 所示，也可将冲砂放

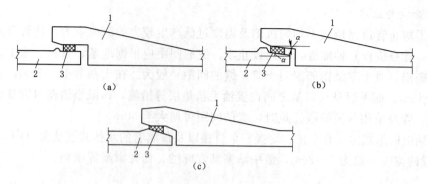

图 3-12-72　钢筋混凝土管承插式接头
(a) 平直型；(b) 双楔型；(c) "63" 型
1—承口；2—插口；3—橡皮圈

水孔设在倒虹吸管最低的镇墩中，如图 3-12-74 所示，为便于阀门的操作和管理，可设置竖井，竖井口高程应高于河道最高洪水位。

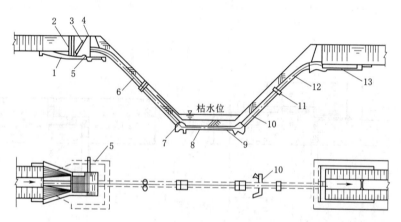

枯水位

图 3-12-73　倒虹吸管布置图
1—进口；2—闸门；3—拦污栅；4—盖板；5—泄水孔；6—管身；7—镇墩；8—管身；
9—埋入深度 0.5～1.0m；10—冲沙放水孔；11—伸缩缝；12—管身；13—消力池

对于桥式倒虹吸管，放水孔设在管道最底部位，引出支管连接以高压阀门，可将积水经阀门排入河道。

倒虹吸管较长，为便于检修，常在镇墩上设进人孔，如图 3-12-75 所示。通常进人孔与放水孔结合布置。进人孔孔径不小于 70cm，钢管进人孔可适当减小，以使检修人员进出方便。若布置在管身上时，需将管身局部加厚，以保证其刚度及受力要求。进人孔设封盖以防漏水，封盖应有足够的强度和刚度。

4. 镇墩

在倒吸管的轴线方向变化处、管道材质变化处、地面式管段与架空式管段连接处、分段式钢管每两个伸缩接头之间都应设置镇墩，其主要作用是连接和固定管道。在斜坡段若坡度陡，长度大，为防止管身下滑，保证管身稳定，也应在斜坡段设置镇

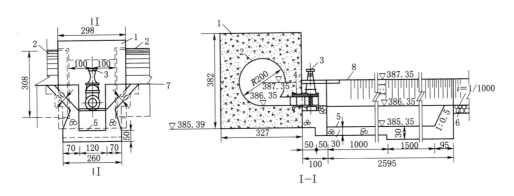

图 3-12-74 设在镇墩内的冲沙放水孔（单位：高程，m；尺寸，cm）
1—镇墩；2—管壁；3—高压阀门；4—预埋钢管；5—消力池底板；
6—干砌石护底；7—两管轴线夹角；8—原地面

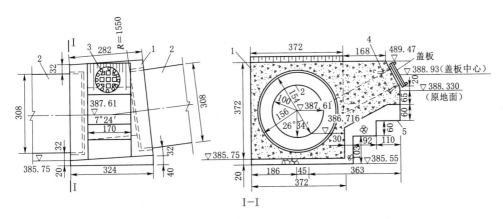

图 3-12-75 设在镇墩内的进人孔（单位：高程，m；尺寸，cm）
1—镇墩；2—管壁；3—铸铁盖板；4—预埋钢管；5—水泥砂浆砌石

墩，其设置个数视地形、地质条件而定。

镇墩的材料主要为砌石、混凝土或钢筋混凝土。砌石镇墩多用于小型倒虹吸工程。在岩基上的镇墩，可加锚杆与岩基连结，以增加管身的稳定性。

镇墩承受管身传来的荷载及水流产生的荷载，以及填土压力、自身重力等，为了保持稳定，镇墩一般是重力式的。

镇墩与管端的连接形式有两种：刚性连接和柔性连接（图3-12-76）。

刚性连接是把管端与镇墩混凝土浇筑在一起，砌石镇墩是将管端砌筑在镇墩内。这种形式施工简单，但适应不均匀沉降的能力差。由于镇墩的重量远大于管身，当地基发生不均匀沉陷时可能使管身产生裂缝，所以一般多用于斜管坡度大、地基承载能力高的情况。

柔性连接是用伸缩缝将管身与镇墩分开，缝中设止水，以防漏水。柔性连接施工比较复杂，但适应不均匀沉陷能力好，常用于斜坡较缓的土基上。

斜坡段上的中间镇墩，其上部与管道的连接多为刚性连接，下部多为柔性连接。

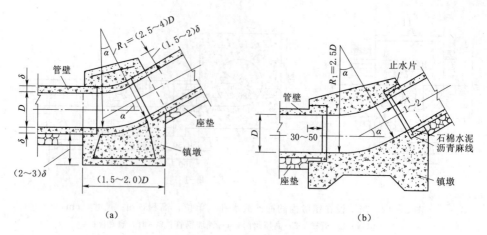

图 3-12-76 镇墩与管端的连接

(a) 刚性连接；(b) 柔性连接

砌石镇墩在砌筑时，可在管道周围包一层混凝土，其尺寸应考虑施工及构造要求。

5. 其他

在倒虹吸管下设置管座，包括连续式管座和间断式管座。连续式管座应用于管径较大、壁厚较大、随温度管长伸缩变化较小的倒虹吸管，间断式管座应用于自身具有纵向承载能力、管道长度对温度变化敏感的倒虹吸管。管座应坐落在良好地基上，管座与管道的接触面上应涂抹足够厚度的沥青或直接铺设数层沥青油毡。

若在较好的土基上修建小型倒虹吸管可不设连续座垫，而设中间支墩，支墩的间距视地基、管径大小等情况而定，一般采用 2~8m。

为防止温度、冰冻、耕作等不利因素影响，管道应埋设在耕作层以下；在冰冻区，管顶应布置在冰冻层以下；在穿越河道时，管顶应布置在冲刷线以下 0.5m；当穿越公路时，为改善管身的受力条件，管顶应埋设在路面以下 1.0m 左右。

任务四 桥 梁

当渠道穿越公路、生产道路时，为了便利生产和交通，需要修建桥梁。此外，在修建水闸等水工建筑物时，为沟通两岸交通，也常把桥梁与水闸等水工建筑物结合布置。

一、桥梁的类型

按主要承重结构体系分类：梁式桥、拱式桥、刚架桥、斜拉桥、悬索桥、组合体系桥等。

按桥梁上部结构的建筑材料分类：木桥、钢桥、圬工桥（包括砖桥、石桥、混凝土桥）、钢筋混凝土桥、预应力混凝土梁桥等。木梁桥和石梁桥只用于小桥；钢筋混凝土梁桥用于中、小桥；钢梁桥和预应力混凝土梁桥可用于大、特大桥。

按桥面在桥跨结构中的不同位置分类：上承式桥、中承式桥、下承式桥。

按用途分类：公路桥、铁路桥、公铁两用桥、城市桥、人行桥及其他专用桥梁等。

按制造方法分类：混凝土桥分就地灌筑桥和装配式桥两类。也有两者结合的装配、现浇式混凝土桥。钢桥一般都是装配式的。

按跨径分类：特大桥（$L \geqslant 500m$，$L_0 \geqslant 100m$）、大桥（$100m \leqslant L < 500m$，$40m \leqslant L_0 < 100m$）、中桥（$30m < L < 100m$，$20m \leqslant L_0 < 40m$）、小桥（$8m \leqslant L \leqslant 30m$，$5m < L_0 < 20m$）。其中 L 为多孔跨径总长；L_0 为单孔跨径。

二、桥面构造

桥面构造包括行桥面铺装、排水防水系统、人行道（或安全带）、缘石、栏杆、护栏、照明灯具和伸缩缝等（图 3-12-77）。

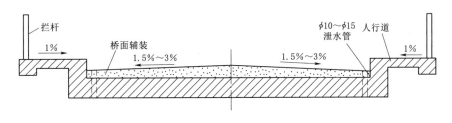

图 3-12-77　桥面构造

桥面构造直接与车辆、行人接触，它对桥梁的主要结构起保护作用，使桥梁能正常使用。同时，桥面构造多属外露部位，其选择是否合理，布置是否恰当直接影响桥梁的使用功能、布局和美观。由于桥面构造工程量小，项目繁杂，在施工中又多在主体工程结束之后进行，往往在设计和施工中得不到应有的重视，从而造成桥梁使用中的弊病或过早地进行维修、养护，甚至会中断交通。因此，必须认真设计，精心施工。

（一）桥面铺装

桥面铺装即行车道铺装，也称为桥面保护层，它是车轮直接作用的部分。桥面铺装的作用在于防止车辆轮胎或履带直接磨耗行车道板，保护主梁免受雨水侵蚀，并对车辆轮重的集中荷载起扩散作用。因此，行车道铺装要求有行车舒适、抗滑、不透水（和桥面板一起作用时）、刚度好等。

桥面铺装可采用水泥混凝土、沥青混凝土和泥结碎石等各种类型，通常选择与道路路面材料一致。水泥混凝土和沥青混凝土桥面铺装用得较广，能满足各项要求。沥青混凝土桥面铺装维修养护方便，但易老化和变形。泥结碎石桥面铺装，耐久性较差，仅在中级或低级公路桥梁上使用。为使铺装层具有足够的强度和良好的整体性（能起联系各主梁共同受力的作用），一般应在混凝土中铺设直径为 $4 \sim 6mm$ 的钢筋网。

（二）排水防水系统

1. 桥面纵、横坡

桥面设置纵、横坡，以利雨水迅速排除，从而保护了行车道板，延长桥梁使用寿命。桥面上设置纵坡，首先有利于排水，同时，在平原地区，还可以在满足桥下通航净空要求的前提下，降低墩台标高，减少桥头引道土方量，从而节省工程费用。桥面的纵坡，一般都做成双向纵坡，在桥中心设置曲线，纵坡一般以不超过 3% 为宜。

桥面的横坡一般采用 1.5%～3.0%。通常有三种设置形式。对于板桥（矩形板或空心板）或就地浇筑的肋板式梁桥，为节省铺装材料并减轻恒载重量，可以将横坡直接设在墩台顶部，而使桥梁上部构造做成双向倾斜，此时，铺装层在整个桥宽上做成等厚的。在装配式肋板式梁桥中，为使主梁构造简单、架设与拼装方便，通常横坡不再设在墩台顶部，而直接设在行车道板上。先铺设一层厚度变化的混凝土三角形垫层，形成双向倾斜，再铺设等厚的混凝土铺装层。在比较宽的桥梁（或城市桥梁）中，用三角垫层设置横坡将使混凝土用量或恒载重量增加太多。为此，可将行车道板做成倾斜面而形成横坡。

2. 防水层

桥面的防水层，设置在行车道铺装层下边，它将透过铺装层渗下的雨水汇集到排水设备（排水管）排出。

桥面防水层在伸缩缝处应连续铺设，不可切断；纵向应铺过桥台背；截面横向两侧，应伸过缘石底面从人行道与缘石砌缝里向上叠起 0.10m。如无需设防水层，但考虑桥面铺装长期磨损，如桥面排水不良等，仍可能漏水，故桥面在主梁受弯作用处应设置防水层。

3. 桥面排水系统

为了迅速排除桥面积水，防止雨水积滞、渗入梁体而影响桥梁的耐久性，在桥梁设计时要有一个完整的排水系统。在桥面上除设置纵横坡排水外，常常需要设置一定数量的排水管。

通常当桥面纵坡大于 2%；而桥长小于 50m 时，一般能保证从桥头引道上排水，桥上就可以不设排水管。此时，可在引道两侧设置流水槽，以免雨水冲刷引道路基。

当桥面纵坡大于 2%，而桥长大于 50m 时，为防止雨水积滞桥面就需要设置排水管，每隔长 12～15m 设置一个。当桥面纵坡小于 2% 时，排水管需要设置更密一些，一般每隔 6～8m 设置一个。排水管可沿行车道两侧左右对称排列，也可交错排列。排水管离缘石的距离为 0.10～0.50m。

对于一些跨径不大、不设人行道的小桥，为了简化构造和节省材料，可以直接在行车道两侧的安全带或缘石上预留横向孔道，用铁管或竹管等将水排出桥外，管口要伸出构件 0.02～0.03m 以便滴水。这种做法虽简便，但因孔道坡度平缓，易于淤塞。

（三）人行道与路沿石

人行道（图 3-12-78）是用路缘石或护栏及其他类似设施加以分隔的专门供人行走设施，高出行车道 0.25～0.35m。人行道顶面一般铺设 20mm 厚的水泥砂浆或沥青砂作为面层，并以此形成人行道顶面的排水横坡。人行道在桥面断缝处也必须做伸缩缝。

不设人行道的桥上，两边应设宽度不少于 0.25m，高为 0.25～0.35m 的路沿石。为了保证行车安全，路沿石的高度不小于 0.4m。

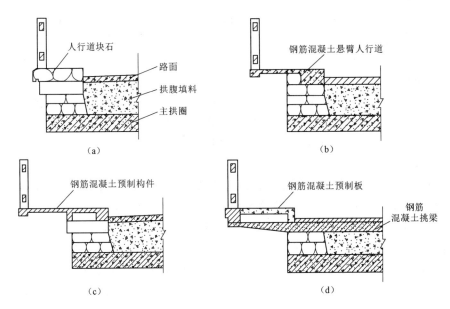

图 3-12-78　人行道布置图

(a) 块石人行道；(b) 钢筋混凝土悬臂梁人行道；
(c) 钢筋混凝土悬臂预制梁人行道；(d) 钢筋混凝土挑梁人行道

路沿石可以做成预制块件或与桥面铺装层一起现浇。如图 3-12-79 现浇的路沿石应每隔 2.5～3m 做一断缝，以免参与主梁受力而被损坏。

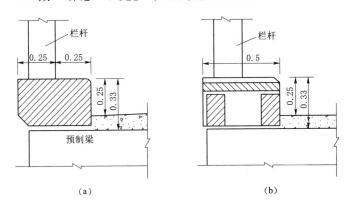

图 3-12-79　防护栏底座

(a) 矩形截面防护栏底座；(b) 肋板截面防护栏底座

（四）栏杆

栏杆是桥上的安全防护设施，要求坚固耐用；栏杆又是桥梁的表面建筑，要注意造型美观。栏杆的高度一般为 1.1～1.2m，栏杆的间距一般为 1.6～2.7m，标准设计为 2.5m。

栏杆常用混凝土、钢筋混凝土、钢、铸铁或钢与混凝土混合材料制作，从形式上可分为节间式、连续式。节间式由立柱、扶手及横档（或栏杆板）组成，扶手支承于立柱上。连续式具有连续的扶手，一般由扶手、栏杆板（柱）及底座组成。节间式栏杆便于预制安装，能配合灯柱设计。连续式栏杆有规则的栏杆板，富有节奏感，简洁、明快，但一般自重比较大。

三、桥梁的荷载

作用在桥梁上的荷载主要有：自重、汽车冲击力、车辆荷载引起的土侧压力、汽车制动力、摩阻力等。习惯上，桥梁按照计算荷载的大小分为汽车-6级、汽车-10级、汽车-15级、汽车-20级、汽车-超20级。

四、板桥

渠道上的小跨径桥梁常采用钢筋混凝土板桥，一般都是简支梁。板桥的板厚 t 一般为计算跨度的 $1/18 \sim 1/12$，计算跨度一般采用净跨加板厚。它的钢筋、模板及混凝土浇筑工作比 T 形截面梁简单。板桥有现浇整体和装配式两种，现浇整体板桥需在现场搭设脚手架和模板，一次浇筑完成，跨径一般不超过 6m；装配式板桥常先预制成宽 1m 的板（实际宽为 99cm，预留 1cm 作现场安装时的调整裕度）。

当板的跨径为 6～12m 时，为减轻板的自重和节省混凝土量，常采用空心板（图3-12-80）。装配式板桥在板块中间设铰以传递剪力，使整个桥面承受荷载。

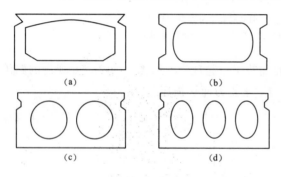

图 3-12-80 空心板

(a) 箱式空心铰接板；(b) 箱式空心板；(c) 双孔空心铰接板；(d) 三孔空心铰接板

五、梁桥

钢筋混凝土梁式桥是桥梁中最常用的形式之一。它由上部结构和下部结构组成。上部结构（又称为桥跨结构）包括行车道板、路面、人行道、栏杆、灯柱等。下部结构包括桥墩、桥台、基础等（图3-12-81）。

上部结构两支点的距离 l 称为计算跨径；两个桥台侧墙或八字墙尾端间距 L，称为桥梁全长；两桥台背前缘间距 L_1 为桥梁总长。设计洪水位线上相邻两桥墩的水平净距称桥梁的净跨径；设计洪水位或通航水位对上部结构最下缘高差 H，称为桥下净空高度。桥面对上部结构最低边缘的高差 h 称桥梁的建筑高度。

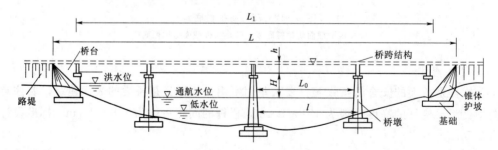

图 3-12-81 梁桥的基本组成

（一）装配式钢筋混凝土 T 形梁桥

当跨径大于 8～10m，为了减轻梁的自重，充分发挥混凝土的抗压性能，往往采用 T 形梁桥（图 3-12-82）。装配式 T 形梁桥的上部结构通常由 T 形截面主梁、横隔板（梁）和主梁翼板（桥面板）组成。图中为一净跨 9.5m，由 5 根预制 T 形梁桥装配而成的简支 T 形梁桥。T 形截面主梁的间距应根据荷载大小，桥面宽度及施工吊装能力等综合考虑决定。通常采用 1.3～1.7m。主梁高度 h 视跨径大小、主梁间距及荷载大小等而定。

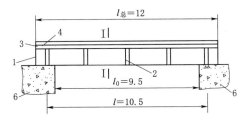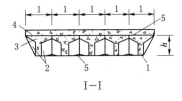

图 3-12-82　装配式 T 形梁桥（单位：m）
1—主梁；2—横隔板；3—主梁翼板；4—路面；5—连接钢板；6—桥墩

为了保证上部构造的整体性和横向刚度，常在 T 形梁两端及跨径中间设置横隔板。横隔板的厚度可采用 12～15cm，间距为 2.5～5.0m。T 形梁的横向主要是依靠横隔板及翼板的拼装接头联成整体，因此，接头必须保证有足够的强度和刚度，不致因受荷载的反复作用和冲击而松动。对于跨径小于 12m 的装配式 T 形梁桥，为了施工方便，常取消中横隔板，而仅在两端设置端横隔板。这时，主梁主要是依靠翼板间的联结来保证上部结构的整体作用。翼板间的连接常采用图 3-12-83 的形式，即将 T 形梁翼板内伸出的钢筋向上弯折伸入铺装层，与桥面铺装层中附加的横向短钢筋与纵向钢筋形成

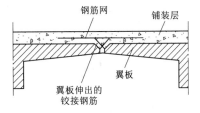

图 3-12-83　翼板连接图

钢筋网，再浇灌铺装层混凝土。T 形梁如果不设中隔板而仅由端隔板及翼板连接，则属于铰接形式；当有中横隔板连接时，则属于刚性连接形式。

（二）墩台和支座

1. 墩台

桥梁的墩台是桥梁的承重结构。墩台的形式选择和结构设计关系着桥梁的安全和经济，由于设计和施工中的质量问题，运行后再进行加固和技术改造非常困难。墩台的形式常用的有重力式、桩柱式等，其构造与渡槽的槽墩相类似。

2. 支座

支座的作用是把上部结构的各种荷载传递到墩台上，并能适应活载、温度变化、混凝土收缩与徐变等因素引起的位移。

简支梁桥通常每跨一端设置固定支座，另一端设活动支座。多跨简支梁桥，一般把固定支座设在桥台上，每一个桥墩上布置一个活动支座和一个固定支座，以使各墩

台能均匀承受纵向水平力。常用的支座形式有两种。

（1）在跨径小于10m的简支梁桥常采用简单的垫层支座。垫层是用油毛毡或水泥砂浆制成，其厚度要求在压实后不小于10mm。固定的一端，加设套在铁管中的锚钉，锚钉埋在墩帽内。

（2）在跨径12~15m的简支梁桥中，常采用平面钢板支座。平面钢板活动支座由两块钢板做成，钢板分别固定在墩台和桥跨结构中，两块钢板接触面应平整光滑并涂石墨润滑剂，以减小摩擦力和防止生锈。固定支座用一块钢板做成，在其顶面和底面各焊接锚钉，以固定梁的位置（图3-12-84）。

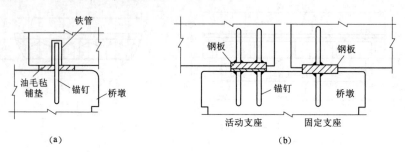

（a）　　　　　　　　　　　　　　　（b）

图3-12-84　支座的形式

（a）油毛毡垫层支座；（b）平面钢板支座

六、拱桥

渠道上的拱桥，在石料丰富的山丘地区，跨径小于15m时多采用实腹式石拱桥，跨径较大时常采用空腹式石拱桥。双曲拱桥被广泛应用，此外还常用桁架拱桥、三铰拱桥、二铰拱桥、微弯板拱及扁壳拱桥等。它们大多具有结构轻、自重小、省材料、造价低、可预制装配等特点。本节仅简要介绍石拱桥和双曲拱桥。

（一）石拱桥

石拱桥的各组成部分如图3-12-85所示。

跨度在20m以下的石拱桥，主拱圈一般采用等截面圆弧拱，大跨度常采用等截面或变截面悬链线拱。石拱桥路面与梁桥相同，拱上结构与渡槽相似。

（二）双曲拱桥

双曲拱桥是常见的桥梁之一。它由路面、主拱圈、拱上结构和墩台所组成。除路面构造外，和双曲拱渡槽基本相似。

（1）桥面构造（图3-12-86）：为了分布车轮荷载的集中压力和减小冲击力的影响，主拱圈及腹拱顶部的填料厚度（包括路面），一般为30~50cm。填料常为透水性较好的砂石或混凝土，路面设排水坡，并做好排水设施。

（2）双曲拱桥主拱圈轴线常采用圆弧形和悬链线两种。跨径在20m以下时，多选用实腹式圆弧拱；大中跨径多采用空腹式悬链线拱。

（3）由于有车辆荷载的作用，为使主拱圈有较好的整体性，应加强横向联系。对跨径较大的双曲拱桥，在拱顶、1/4拱跨、腹拱立墙（柱）下面、分段预制拱肋接头等处必须设置横隔板，板厚15~20cm，间距3~5m。对于小跨径的双曲拱桥，当桥

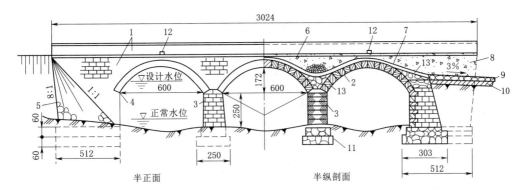

图 3-12-85 石拱桥（单位：cm）

1—拱上建筑；2—浆砌料石拱圈；3—浆砌石墩；4—拱脚；5—干砌石护坡；6—碎石或
砂砾填料路面；7—石灰三合土层；8—渗水土壤；9—片石盲沟 $30 \times 50 cm^2$；
10—黏土夯实层；11—浆砌块石基础；12—泄水孔；13—浆砌片石护拱

面较宽时，拱顶处的横隔板应特别加强。

　　当桥面较宽时，为节省材料，人行道可用悬臂挑出。

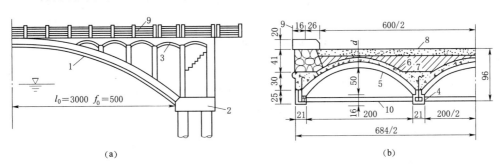

图 3-12-86 双曲拱桥构造图（单位：cm）

（a）半正面图；（b）拱顶横断面图

1—主拱圈；2—井注桥墩；3—两铰腹拱；4—拱肋；5—预制拱波；
6—现浇拱波；7—填料；8—路面；9—栏杆；10—拉杆

任务五 涵 洞

　　涵洞是渠系建筑物中较常见的一种交叉建筑物。当渠道与道路、沟谷等障碍物相交时，在交通道路或填方渠道下面，为输送渠水或宣泄沟谷来水而埋设的具有封闭断面的建筑物叫作涵洞。涵洞一般不设置闸门，其跨度往往较小。当涵洞进口段设置挡水和控制流量的闸门时，则称为涵洞式水闸（简称涵闸或涵管）。所以通常所说的涵洞主要指不设闸门的输水涵洞和排洪涵洞，一般由进口、洞身、出口三部分组成。如图 3-12-87 所示。涵洞建筑材料主要为砖石、混凝土、钢筋混凝土。在四川、新疆等地区采用干砌卵石拱涵已有悠久的历史，且积累了丰富的经验。

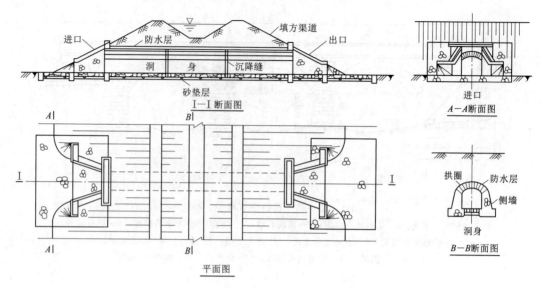

图 4-12-87 填方渠道下的石拱涵洞

涵洞在布置上其方向应与渠道、河流方向一致，以使进出口水流顺畅，避免上与下冲。涵洞轴线力求与渠、路正交，以缩短洞身长度。洞底高程等于或接近原溪沟底高程。纵坡等于或稍大于天然沟道底坡，且不大于5%。

一、涵洞的类型

按水流状态的不同，涵洞可能是有压、无压或半有压的。有压涵洞的水流充满整个洞身，从进口到出口都有压。无压涵洞的水流从进口到出口都保持有自由水面。半有压涵洞的进口洞顶为水流封闭，但洞内的水流有自由表面。

按承担任务的不同，分输水涵、排水涵和交通涵。渠道上的输水涵，一般是无压涵洞，上下游水位差较小，其过涵流速一般在2m/s左右，故一般可以不考虑专门的防排水、消能问题。排洪涵可以设计成有压涵洞、无压涵洞、半有压涵洞。当不会因涵洞前雍水而淹没农田和村庄时，采用有压涵洞或半有压涵洞。在布置半有压涵洞时需采用必要措施，保证过涵水流只在进口一小段为有压流，其后的洞身直到出口均为稳定的无压明流。

二、涵洞的洞身横断面形式

根据用途、工作特点及结构形式和建筑材料等，将涵洞洞身断面常分为圆形、箱形、盖板式和拱形等几种。

（一）圆涵

水力条件和受力条件较好，能承受较大的填土和内水压力作用，一般多用钢筋混凝土、混凝土预制管，如图3-12-88所示。其优点：结构简单、工程量小、便于施工。当泄水量大时，可采用双管或多管涵洞，单管直径一般为0.5~6m。钢筋混凝土圆涵根据有无基础分为有基圆涵、无基圆涵、四铰圆涵。四铰管涵是一种新型管涵结构，它是将圆形管涵的管顶、管腹和管底用铰（缝）分开，采用钢筋混凝土或混凝土预制构件装配而成，适用于明流涵洞。由于改善了受力条件，可节省钢材水泥，降低工程造价，通常管径为 1.0～1.5m，壁厚为 12～16cm。

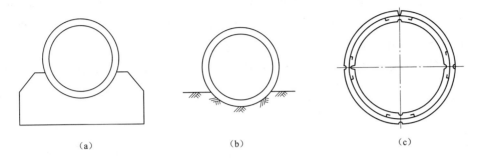

图 3-12-88 圆涵
(a) 基圆涵；(b) 无基圆涵；(c) 四铰圆涵

（二）箱涵

箱涵为刚结点矩形钢筋混凝土结构，具有较好的静力工作条件，对地基不均匀沉降的适应性好，可根据需要灵活调节宽高比，泄流量较大时可采用双孔或多孔布置，如图 3-12-89 所示。适用于洞顶埋土较厚、洞跨较大、地基较差的无压或低压涵洞，可直接敷设于砂石地基、砌石、混凝土垫层上。小跨度箱涵可以分段预制，然后现场安装。

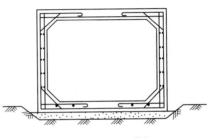

图 3-12-89 箱涵

（三）盖板涵

一般采用矩形或方形断面，由边墙、底版、盖板组成（图 3-12-90）。侧墙和底版可用混凝土或浆砌石建造。盖板一般采用预制钢筋混凝土板，盖板一般简支于侧墙上。若地基较好、孔径不大，底板可做成分离式，底部用混凝土或砌石保护，下垫砂石以利排水。主要用于填土较薄或跨度较小的无压涵洞。

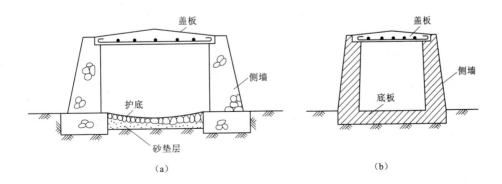

图 3-12-90 盖板涵
(a) 底板和侧墙为浆砌石结构的盖板涵；(b) 底板和侧墙为钢筋混凝土结构的盖板涵

（四）拱涵

由拱圈、侧墙、底板组成。工程中最常见的有半圆拱、平拱两种形式。拱圈可做成等厚或变厚的，混凝土拱厚一般不小于20cm，砌石拱厚一般不小于30cm。拱涵多用于地基条件较好、填土较高、跨度较大、泄量较大的无压涵洞。

拱涵的底板根据跨度大小以及地基情况，可采用整体式、分体式两种形式（图3-12-91）。为改善整体式底板的受力条件，工程上采用反拱底板（图3-12-92）。

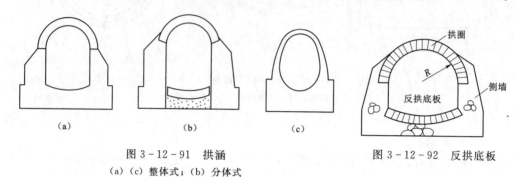

图3-12-91 拱涵
（a）（c）整体式；（b）分体式

图3-12-92 反拱底板

二、涵洞的构造

（一）进、出口

涵洞的进、出口是连接洞身和填方土坡，也是洞身和上、下游水道之间的连接段，平顺水流以降低水头损失和防止冲刷。最常见的进、出口形式有圆锥护坡式、八字形斜降墙式、反翼墙式、八字墙式、进口抬高式，如图3-12-93所示。

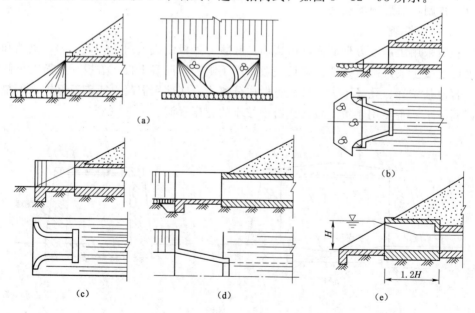

图3-12-93 涵洞进、出口形式
（a）圆锥护坡式；（b）八字形斜降墙式；（c）反翼墙式；
（d）八字墙式；（e）进口抬高式

（1）圆锥护坡式。进、出口设圆锥形护坡与渠堤外坡连接，构造简单、省材料，但进口水流收缩大，与其他类型进水口相比，上游壅水时易封住洞顶，一般用于小型工程。

（2）八字形斜降墙式。翼墙在平面上呈八字形，八字墙面与水流方向成 $30°\sim40°$ 交角，墙顶随两侧土坡的降低而逐渐降低，进流条件比圆锥护坡式有所改善，但仍易使上游产生壅水而封住洞顶。

（3）反翼墙式。指涵洞进口两侧翼墙高度不变以形成廊道，水面降落产生在该段翼墙内，可降低洞身高程，适用于无压涵洞的进口，但工程量较大，采用较少。

（4）八字墙式。将八字翼墙伸出填土边坡之外，其作用与反翼墙式相似，若翼墙改用扭曲面式，即成为扭曲面护坡式，水流条件会更好，但施工较麻烦。

（5）进口抬高式。对于无压涵洞，为了保证进口水流不封住洞顶，可将进口 $1.2H$（H 为洞高）长度范围内洞身高度适当加大，使进口水面降落在此段范围内，以免水流封住洞口；对于半有压涵洞，为使水流封住进口洞顶时洞内仍能保持稳定的无压流态，可将进口一小段洞身高度适当减小，并在其后设通气孔，以稳定洞内水面；对于有压涵洞，可将进口段洞身的顶部做成逐渐收缩的曲线形式，使进口有平顺的水流边界和进流能力。

（二）洞身构造

为了适应温度变化引起的变形和地基的不均匀沉降，涵洞应设置沉降缝。对于砌石、混凝土、钢筋混凝土涵洞，分缝间距一般不大于 10m，且不小于 $2\sim3$ 倍洞高；对于预制安装管涵，按管节长度设缝。常在进出口与洞身连接处、洞身段作用变化较大处设沉降缝，缝中应设止水，构造要求与倒虹吸管相似。

为了防止涵洞顶部及两侧渗漏，可在洞外填筑一层防渗黏土，厚度为 $0.5\sim1.0m$，有压涵洞的洞身应在洞身外设置截水环。若涵洞顶部为渠道，则顶部应设一层防渗层，洞顶填土应不小于 1.0m，对于有衬砌的渠道，也应不小于 0.5m，以保证洞身具有良好的工作条件。

无压涵洞的净空高度应≥（1/4）的洞高，净空面积应≥（30%）的涵洞断面。

（三）基础

涵洞基础（图 3-12-94）一般采用混凝土或浆砌石管座，管座顶部的弧形部分与管体底部形状吻合，其包角一般采用 $90°\sim135°$。箱涵和拱涵在岩基上只需将基面

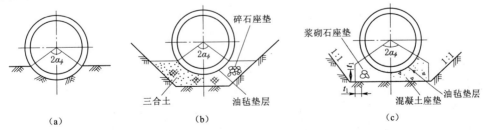

图 3-12-94 涵洞基础
(a) 夯实土基础；(b) 三合土和碎石基础；(c) 混凝土基础

整平即可；对于在压缩性小的土层上采用三合土夯实；在软基上通常用碎石垫层。在寒冷地区，基础应埋于冰冻层以下 0.3～0.5m。

任务六 跌水与陡坡

当渠道通过地面过陡或有集中落差的地段时，为了保持渠道的设计比降，避免大填方或深挖方，需要修建建筑物，将水流落差集中，连接上、下游渠道，这种建筑物称落差建筑物。落差建筑物有跌水、陡坡、斜管式跌水、跌井等（图 3-12-95），其中，跌水、陡坡最为常见，而斜管式跌水和跌井一般适用于泄洪、退水渠末端或有抗冻要求的 4 级、5 级渠道上。

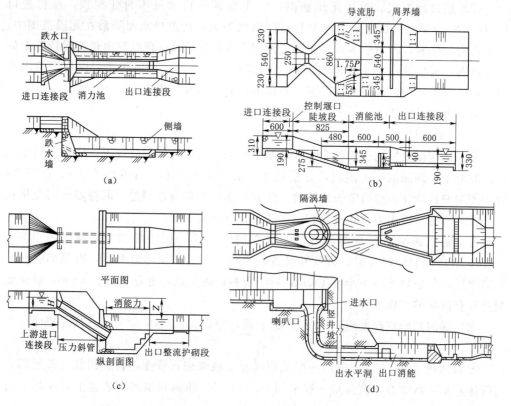

图 3-12-95 落差建筑物的形式（单位：cm）

(a) 单级跌水；(b) 陡坡；(c) 斜管式跌水；(d) 跌井

使上游渠道的水流自由跌落、再平顺流入下游渠道的落差建筑物叫跌水；上游渠道的水流沿明渠陡槽下泄平顺流入下游渠道的落差建筑物叫陡坡。落差建筑物应选择抗冲、耐磨、抗渗、抗冻的建筑材料，一般采用混凝土和钢筋混凝土建造。

跌水和陡坡一般采用明流开敞式布置，其轴线与渠道中心线重合，与上、下游渠道水面平顺衔接，通过不同流量时上游渠道内的水流不出现较大的水面降落和壅高，以免上游渠道产生冲刷或淤积。出口处必须设置消能防冲设施，充分消能，出流平顺，避免冲刷下游渠道。

12-9

跌水

一、跌水

跌水有单级跌水和多级跌水两种形式，二者构造基本相同。一般单级跌水的跌差小于 5m，超过此值时应采用多级跌水。

（一）单级跌水

单级跌水一般由进口连接控制段、跌水墙、消力池和出口连接段等组成。

1. 进口连接控制段

为使渠水平顺进入跌水口，使泄水有良好的水力条件，常在渠道与跌水墙之间设进口连接控制段，底坡为缓坡。其形式有扭面翼墙、八字墙翼墙等。扭面翼墙较好，水流收缩平顺，水头损失小，最为常用。

连接段长度 L 与上游渠底宽 B 和水深 H 的比值有关，B/H 越大 L 越长。连接段底边线与渠道中线夹角 α 不超过 45°（图 3-12-96）。

连接段常用混凝土衬砌，以防止水流冲刷和延长渗径，防止绕渗及减少跌水墙后和消力池底板的渗透压力。连接段翼墙在跌水口处应有一段直线段，墙顶应高出渠道最高水位 0.3m。为了防止渗漏和延长渗径，进口连接段前的渠道可设置铺盖。

2. 跌水墙

跌水墙是跌水的关键结构，跌水墙设置有跌水口，控制跌水的下泄流量，跌水口可以不设闸门。

跌水墙为下游面直立的挡土墙。由于跌水墙插入两岸，其两侧有侧墙支撑，稳定性

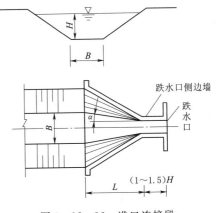

图 3-12-96 进口连接段

较好，按重力式挡土墙设计。在可压缩性的地基上，跌水墙与侧墙间常设沉陷缝。在沉陷量小的地基上，可不作接缝，将二者固接起来。为防止上游渠道渗漏而引起跌水下游的地下水位抬高，减小渗流对消力池底板等的渗透压力，应做好防渗排水设施。

使上游渠道水面在各种流量下不产生壅高和降落，常将跌水口缩窄，减少水流的过水断面，以保持上游渠道的正常水深。跌水缺口的横断面形式有矩形、梯形、底部加抬堰等形式（图 4-12-97）。跌水口末端底部应伸出跌水墙外以扩散水流的跌舌。

（1）矩形跌水口 [图 3-12-97（a）]，跌水口为底部高程与上游渠底相同的矩形。当通过设计流量时，跌水口前的水深与渠道相近。但流量大于或小于设计流量时，上游水位将产生壅高和降落。这种跌水口水流集中，单宽流量大，对下游消能不利。但其结构简单，施工方便，常用于渠道流量变化不大、有闸门控制的情况。

（2）梯形跌水口 [图 3-12-97（b）]，跌水口为底部高程与渠道相同的梯形。较矩形跌水口有所改善，在通过各种流量时，上游渠道不致产生过大壅水和降落现象。其单宽流量较矩形为小，减小了对下游渠道的冲刷。常用于流量变化较大或较频繁的情况。梯形跌水口的单宽流量仍较大，水流较集中，造成下游消能困难。

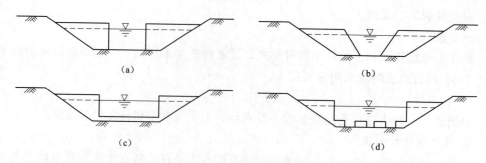

图 3-12-97 跌水口形式

(a) 矩形跌水口；(b) 梯形跌水口；(c)、(d) 抬堰式跌水口

（3）抬堰式跌水口 [图 3-12-97（c）]，在跌水口底部作一抬堰，其宽度与渠底相等。这种跌水口在通过设计流量时，能使跌水口前水深等于渠道正常水深。但通过小流量时，渠道水位将产生壅高，同时抬堰前易造成淤积，对含沙量大的渠道不宜采用，适用于流量及含沙量小的渠道上。有时为了解决淤积问题，在堰上做矩形小缺口 [图 3-12-97（d）]。

3. 消力池（消力塘）

为使下泄水流形成水跃，以消减水流能量，跌水墙下设消力池。消力池宽度不小于渠道底宽，长度大于跌落水舌的水平投影长度加水跃长度。横断面形式一般为矩形、梯形和折线形。折线形布置为渠底高程以下为矩形，渠底高程以上为梯形，如图 3-12-98 所示。

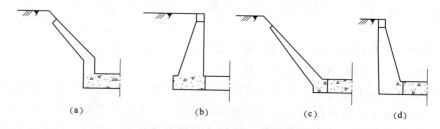

图 3-12-98 消力池的横断面形式

(a) 折线形消力池；(b) 矩形消力池；(c)、(d) 梯形消力池

4. 出口连接段

下泄水流经消力池后，在出口处仍有较大的能量，流速在断面上分布不均匀，对下游渠道常引起冲刷破坏。为改善水力条件，防止水流对下游冲刷，在消力池与下游渠道之间设出口连接段。

出口连接段平面为对称收缩型，长度使每侧收缩角为 8°～20°，总长度为 8～15 倍跃后水深。出口整流段的长度应大于下游渠道水深的 3 倍，断面尺寸、纵坡与下游渠道相同。

在出口连接段后的渠道仍应用干砌或浆砌石或混凝土衬砌，以调整水流，防止冲刷，其护砌长度一般不小于 3 倍下游水深。

（二）多级跌水

多级跌水的组成和构造与单级跌水相同。只是将消力池分成几个阶梯，各级落差和消力池长度都相等，使每级具有相同的工作条件，并便于施工（图3-12-99）。

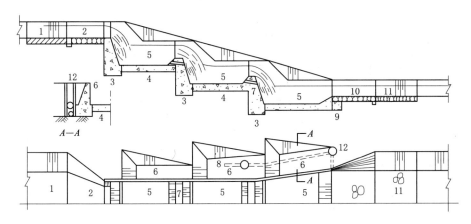

图3-12-99 多级跌水

1—防渗铺盖；2—进口连接段；3—跌水墙；4—跌水护底；5—消力池；6—侧墙；7—泄水孔；
8—排水管；9—反滤体；10—出口连接段；11—出口整流段；12—集水井

多级跌水有设消力槛、不设消力槛两种形式。一般在上一级消力池末端设置一定高度的尾槛，用来造成淹没水跃，并作为下一级的控制堰口，各级同样布置。消力池的尾槛上常留10cm×10cm或20cm×20cm的泄水孔，以放空消力池内的积水。消力池的长度一般不超过20m，沉陷缝常设在池的两端，缝内设止水。

多级跌水的分级数目和各级落差大小，应根据地形、地质、工程量大小等具体情况综合分析确定。当受地形地质条件影响较大时，也可修建不连续的多级跌水。工程实践说明，多级跌水的跌水墙工程量与其数目成反比，即增加跌水数目，减小各级落差，在一般情况下，跌水墙的工程量将减小。

有时为了充分利用水资源，可考虑在落差集中处修建小水电站。

二、陡坡

陡坡由进口连接段、控制堰口、陡坡段、消力池和出口连接段组成。

根据不同的地形条件和落差大小，陡坡也可以建成单级或多级。多级陡坡常建在落差较大且有变坡或台阶地形的渠段上。

陡坡的构造与跌水相似，不同之处是陡坡段代替了跌水墙。由于陡坡段水流速度较高，对进口和陡坡段布置要求较高，以使下泄水流平稳、对称且均匀地扩散，有利于下游消能和防止对下游渠道的冲刷。

在平面布置上，陡坡底可做成等宽的、底宽扩散形和菱形三种。底部等宽度布置形式较简单，但对下游消能不利，常用于小型渠道和跌差小的情况。

陡坡段的横断面一般为矩形，土基上也可采用边坡为1:1～1:1.5的梯形。陡坡段的边墙、底板每隔10～15m分缝，缝内设置止水。

12-10
陡坡

（一）扩散形陡坡

陡坡段采用扩散形布置（图3-12-100），可以使水流在陡坡上发生扩散，以减小单宽流量，对下游消能防冲有利，每侧扩散角小于11°。

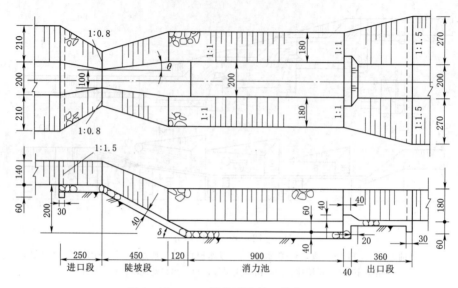

图3-12-100 扩散形陡坡（单位：cm）

陡坡的比降应根据地形、地质、跌差及流量大小等条件确定。当流量大、跌差大时，陡坡比降应缓一些；当流量较小、跌差小且地质条件较好时，可陡一些。土基上陡坡比降通常取1:2.5～1:5。

对于土基上的陡坡，单宽流量不能太大，当落差不大时，多从进口后开始采用扩散形陡坡。

（二）菱形陡坡

菱形陡坡在平面布置上，上游段扩散、下游段收缩，在平面上呈菱形（图3-12-101）。在收缩段的边坡上设置导流肋。这种布置使消力池段的边墙边坡向陡槽段延伸，使其成为陡坡边坡的一部分，从而使水跃前后的水面宽度一致，两侧不产生平面回流漩涡，使消力池平面上的单宽流量和流速分布均匀，减轻了对下游的冲刷。工程实践表明，这种陡坡运用效果良好。一般用于跌差2.5～5.0m的情况。

（三）陡坡段的人工加糙

在陡坡段上进行人工加糙，对促使水流紊动扩散，降低流速，改善下游流态及消能均起着重要作用。常见的加糙形式有双人字形槛、交错式矩形糙条、单人字形槛、棋布形方墩等，如图3-12-102所示。

陡坡出口消能采用消力池，使水流在池中产生淹没水跃以消减水流能量，其布置形式与跌水相似。为了提高消能效果，消力池中常设一些辅助消能工，如消力齿、消力墩、尾槛等。

消力池出口常用连接段与下游渠道连接，当消力池底宽大于下游渠道底宽时，出口连接段为平面收缩形式。

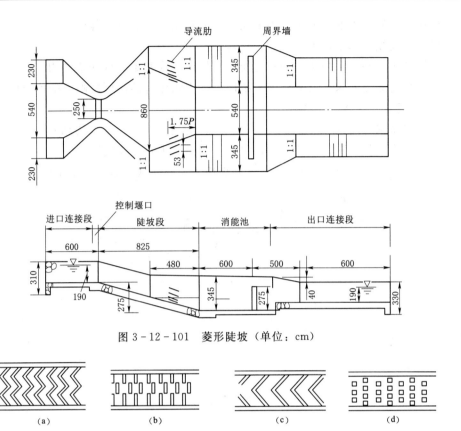

图 3-12-101　菱形陡坡（单位：cm）

图 3-12-102　人工糙面的形式

（a）双人字形槛；（b）交错式矩形糙条；（c）单人字形槛；（d）棋布形方墩

三、其他形式的落差建筑物

（一）悬臂式跌水

悬臂（挑流）式跌水（图 3-12-103）一般由进口、陡槽、悬臂式挑流鼻坎、支撑结构及基础组成，通常在下游抗冲能力较强是选用。

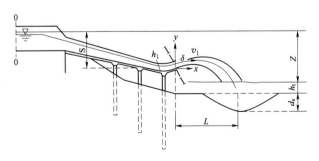

图 3-12-103　悬臂式跌水

悬臂式跌水的进口与一般的陡坡进口相同。陡槽的横断面应采用矩形，其底坡和横断面尺寸应按材料的抗冲流速来确定。

挑流鼻坎应使挑射出的水流不危及基础的安全，并达到最佳的效能效果。常用的鼻坎形式有连续式、矩形差动式和梯形差动式。

支撑结构及基础常采用以钢筋混凝土管柱或桩为基础的桩柱式结构。基础埋置深度既要满足承载力要求，又要满足下游冲刷坑内水流翻滚淘刷影响下的稳定要求。

（二）斜管式跌水

斜管式跌水（图3—12—104）由进口、压力管、半压力式消力塘和出口组成。其特点是压力管所代替陡坡的陡槽段，斜管上面覆盖土石。在我国南方一些退、泄水渠道上常采用，其落差应小于6m。斜管的纵坡大于临界底坡且不陡于1:2。

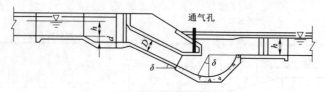

图3—12—104　斜管式跌水

压力管进口应淹没在渠道水位以下一定深度，出口应置于下游渠底高程以下，通常管内壁的顶部与下游渠底高程齐平，使压力管进出口总是淹没的，以保证管内为稳定的有压流。

参 考 文 献

[1]　麦家煊. 水工建筑物 [M]. 北京：清华大学出版社，2005.

[2]　赵纯厚，朱振宏，周端庄. 世界江河与大坝 [M]. 北京：中国水利水电出版社，2000.

参 考 文 献